Auto-Reparaturanleitung Band 1356

Mercedes Sprinter

Baureihen 910
Frontantrieb

Motoren
OM 651 Dieselmotor
OM 654 Dieselmotor

Modelljahre 2018 bis 2023

AF844345

bucheli verlag

IMPRESSUM

ISBN 978-3-7168-2338-5

Auto-Reparaturanleitung
Band 1356

Text und redaktionelle Bearbeitung:
Christoph Pandikow

Bilder/Zeichnungen:
Silke Pandikow; Christoph Pandikow; autoaid GmbH; Hella KGaA Hueck & Co; Bosch Presseabteilung, Mercedes-Benz Presseabteilung, PCI-Diagnosetechnik GmbH & Co. KG

Herstellung: Silke Pandikow, 65554 Limburg/Lahn

Druck und Bindung:
DZS GRAFIK d.o.o,
1210 Ljubljana, Slovenia

Sie finden uns im Internet unter www.motorbuch.de und www.bucheli-verlag.de

1. Auflage 2026

Inhalt

Mercedes-Benz Mobile Service
S DL 1809
S PJ 3918

Inhalt

Folgende Symbole verdienen im Laufe der Arbeit besondere Beachtung:

Sichtprüfung
Teil genau ansehen; besonders beachten.

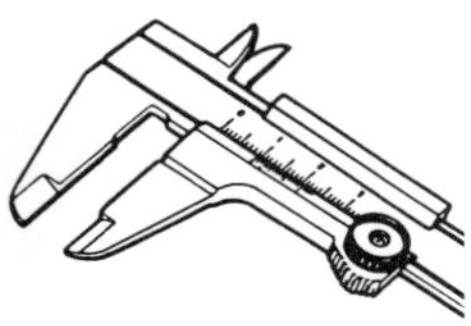

Messen
Schieblehre oder anderes Messwerkzeug nötig.

Achtung
Besondere Vorsicht geboten; Sicherheitshinweise beachten!

Tipp
Wertvoller Hinweis für einfacheres Schrauben; Erläuterung von Bauteilen und Begriffen.

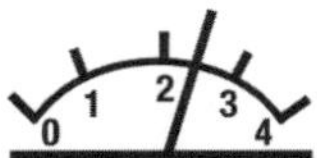

Messen mit elektr. Messgeräten
Multimeter- oder Diagnosegeräte-Einsatz erforderlich.

1 Einleitung

Arbeiten mit diesem Buch

Ein Reparaturhandbuch ist dann ein Reparaturhandbuch, wenn es bei Reparaturen zur Hand gehen kann. Es soll also helfen, Ihren Sprinter wieder »in die Gänge« zu bringen. Ganz klar, als blutiger Laie werden Sie nur mit einiger Hilfe gezielt arbeiten können. Bedenken Sie, dass Ihr Fahrzeug in jedem (oder zumindest in fast jedem) Teil etwas mit Sicherheit im Straßenverkehr zu tun hat. Jede einzelne Sekunde, in der Ihr Fahrzeug in Betrieb ist. Nehmen Sie die Fehler deshalb immer ernst. Gerade Anfänger übersehen oft Kleinigkeiten, die nachher durchaus größere oder zumindest schwer aufzufindende Fehler ergeben. Bei einer Fehlersuche am eigenen Fahrzeug unterhielten sich zwei angehende Kfz-Mechatroniker: »... was hast du denn zuletzt repariert?«, letztendlich fand sich dort dann auch der Fehler. Diese Anekdote zeigt sehr deutlich, dass zum einen die eigene Arbeit, zum anderen der Ablauf der Arbeiten, die Kenntnisse über den Funktionszusammenhang der Systeme und natürlich auch über die Informationsquellen, die zur Verfügung stehen, immer hinterfragt werden müssen. Dieses Buch eignet sich aber auch, um die Details Ihres Sprinter 910 einmal genauer unter die Lupe zu nehmen.

Wir haben den Aufbau so gestaltet, dass die Informationen praxisgerecht auf- und umgearbeitet wurden.

In den einzelnen Kapiteln wird der Umgang mit den Test- und Messgeräten genauer vorgestellt. Es handelt sich um getestete Übungen, die Sie problemlos nachvollziehen können. »An modernen Autos kann man gar nichts mehr selber machen!«, das ist ein typischer Satz, der weder richtig ist noch die motivierten Schrauber unter den Lesern von der Reparatur abhalten sollte. Betrachtet man sich die Probleme genauer, die mit der Fehlerdiagnose entstehen, stellt sich ein einfaches Prinzip heraus. Grundsätzlich sind Bauteile, deren Funktionsabläufe nachvollzogen und im wahrsten Sinne des Wortes »begriffen« werden können, leicht zu prüfen.

Elektrisches Messen
Leuchtet eine Glühlampe nicht, wird sie in der Regel demontiert und der Zustand des Glühfadens gegen das Licht kontrolliert. Über die Glühlampe, beziehungsweise ihren Aufbau, ist jedem bekannt, dass sie ohne den Glühfaden nicht funktionieren kann. Könnte man in alle Bauteile hineinsehen und den Funktionsablauf und den Aufbau auf diese Art kontrollieren, würde kaum ein Mechaniker über die immer komplizierter werdende Technik schimpfen. Hier kommt die Messtechnik zum Zuge. Es ist nämlich möglich, die Funktionsabläufe und die Funktion optisch zu überprüfen. Es ist auch möglich, das Bauteil selbst zu prüfen. Auch dafür werden keine teuren Spezialgeräte gebraucht. Sie oder Ihr Mechaniker müssen sich lediglich bereit erklären, die Technik und dazugehörige Prüfmethoden anzunehmen und gelegentlich auch etwas dazuzulernen.

Ganz klar gibt es Einschränkungen für Arbeiten, die aus Sicherheitsgründen nicht durchgeführt werden sollten. Dazu zählen Arbeiten z. B. an der Klimaanlage und am Airbagsystem.

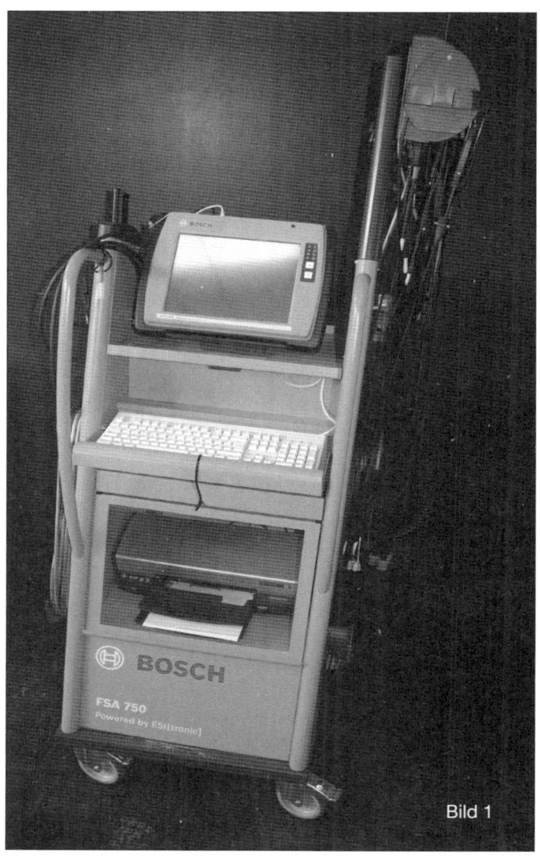

Bild 1
Bosch KTS 650/670 mit FSA 750-Modul und Abgastester.

Sichtprüfung Messen

»Die Tester kann sich keiner leisten!«, ist auch eine These, die wir widerlegen werden. Anhand der Beschreibungen der Spezialwerkzeuge und deren ungefähren Preise lassen sich hier die Kosten leicht überschauen. Die notwendige Ausrüstung ist bei den meisten Schraubern oftmals schon vorhanden. Andere Teile sind gar nicht so teuer und lassen sich sinnvoll als Geburtstagsgeschenkidee an die Lieben weitergeben. Die Aufgabe dieses Reparaturhandbuches ist es, eine Hilfestellung für Wartungsarbeiten und Reparaturen am Sprinter zu geben.
Das Buch wendet sich an die ambitionierten Schrauber, die mit ihrer Erfahrung Reparaturen, Wartungsarbeiten und Einstellungen an ihrem Fahrzeug vornehmen wollen. Da zu allen diesen Arbeiten ein OBD-Diagnosetester dazugehört und dieser für deutlich unter 100 Euro im günstigsten Fall erhältlich ist, wird die Arbeit anhand eines »Beispiel«-Testers dargestellt. Sie halten ein Buch in der Hand, das Lernstoff, Informationsquelle und Nachschlagewerk ist. Es soll die praktische Arbeit am Fahrzeug erleichtern und Sie ermutigen sich »Know-how« anzueignen, auch als Ungeübter den ersten Schritt zu machen oder als Erfahrener sich recht tiefgehend mit der Diagnose auseinanderzusetzen.
Um einen möglichst schnellen Zugriff auf die Informationen in diesem Buch zu ermöglichen, sind die technischen Daten, die zur Einstellung, Reparatur und Wartung benötigt werden, in einem separaten Kapitel zusammengefasst. Alle technischen Angaben, die speziell bei den Arbeiten benötigt werden, finden Sie natürlich auch an den entsprechenden Stellen. Die Montagearbeiten werden auf gängige Reparaturen beschränkt. Sie sollten aber immer sicherstellen, dass Sie in der Lage sind die Reparaturen selbst durchzuführen. Ungeeignete Messgeräte oder auch fehlerhafte Handhabung eines Messgerätes können nicht nur finanzielle Folgen haben. Für die Arbeiten an Airbagsystemen ist eine spezielle Ausbildung erforderlich, die mit einem Sachkundenachweis abgeschlossen wird.

⚠ Unterlassen Sie es zu Ihrer eigenen Sicherheit, an Sitzen oder anderen Bauteilen Hand anzulegen, ohne diese spezielle Ausbildung abgeschlossen zu haben. Arbeiten an diesem System ohne Sachkunde sind GROB fahrlässig und gefährden Ihr Leben. Sollten Probleme an diesem System auftauchen, suchen Sie immer eine Werkstatt auf und erkundigen Sie sich auch darüber, inwieweit die »Airbag-Sachkunde« besteht.

⚠ In den einzelnen Airbageinheiten befinden sich zwar »kleine«, aber nicht ungefährliche Mengen an Sprengstoff. Nicht umsonst sind der Transport, der Umgang und die Lagerung gesetzlich im Sprengstoffgesetz geregelt. Die Arbeiten am Airbagsystem werden aus diesem Grunde nicht beschrieben. Es gibt aber auch so noch genügend Arbeiten, die Sie durchaus in Eigenregie angehen können.
Natürlich beschäftigt sich dieses Buch nicht nur mit Elektronik oder der reinen Montagearbeit. Auch einige Arbeiten mit den Diagnosegeräten wurden mit Praxisbezug ausgewählt und im Detail dargestellt.

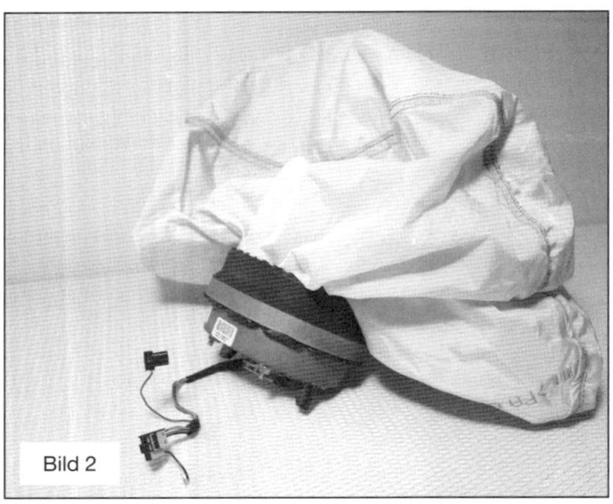

Bild 2
EXPLOSIV: gezündeter Airbag.

Bild 3
»Self-made«-Beulendoktor.

Sicherheit geht immer vor

Sicherheit hat beim Heimwerken absolute Priorität. Sie sollten nur Arbeiten anpacken, die Sie wirklich beherrschen. Handwerkliche Tätigkeiten, mit denen man in der Praxis bislang wenig oder gar keine Erfahrung hatte, sollte man niemals auf die leichte Schulter nehmen. Unsachgemäß ausgeführte Arbeiten können früher oder später fatale Folgen haben (Bilder 4-12).

Umgang mit Pyrotechnik-Bauteilen

⚠ Der Sicherheitsaspekt gilt insbesondere für pyrotechnische Bauteile. Diese enthalten einen Treibstoff, bei dessen Abbrand ein Gas erzeugt wird. In manchen Fällen steht für die Gaserzeugung noch zusätzlich in einem Druckbehälter gespeichertes Druckgas zur Verfügung.
Die Zündung erfolgt über elektrische/mechanische Anzünder. Bei unsachgemäßer Handhabung von Komponenten dieser Systeme kann es zu schweren Unfällen kommen. Deshalb keine Schraub- oder gar Reparaturversuche an der Sicherheitsausstattung vornehmen, sondern bei notwendigen Instandsetzungen an eine Fachwerkstatt mit Fehler-Auslesegeräten, Diagnose-Einrichtungen und geschultem Personal wenden!

⚠ Mechaniker, die an Rückhaltesystemen arbeiten, müssen spezielle Schulungen nachweisen und bei den zuständigen Behörden gemeldet sein.
Pyrotechnische Bauteile dürfen auch nur im eingebauten Zustand und mit vom Hersteller frei gegebenen Diagnosesystemen geprüft werden, keinesfalls mit Prüflampe, Voltmeter oder Ohmmeter.
Nach dem Berühren von gezündeten pyrotechnischen Bauteilen: Hände waschen!
Bauteile, die auf eine harte Unterlage herabgefallen sind oder Beschädigungen zeigen, dürfen nicht mehr verbaut werden.

⚠ Lagerung, Transport und Entsorgung von Airbag-, Gurtstraffer- und Batterieabtrennungseinheiten (pyrotechnische Bauteile) unterliegen der jeweiligen nationalen Gesetzgebung.

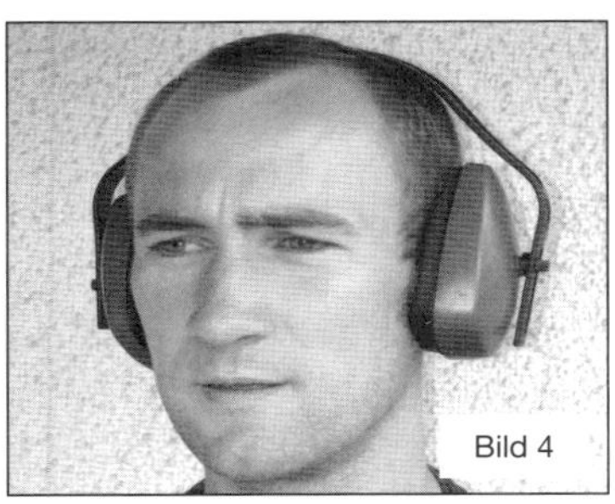

Bild 4
Gehörschutz: Bei Blecharbeiten mit Winkelschleifer u. Ä. notwendig.

Bild 5
Schutzbrille: Besonders beim Bohren, Schleifen und Meißeln tragen.

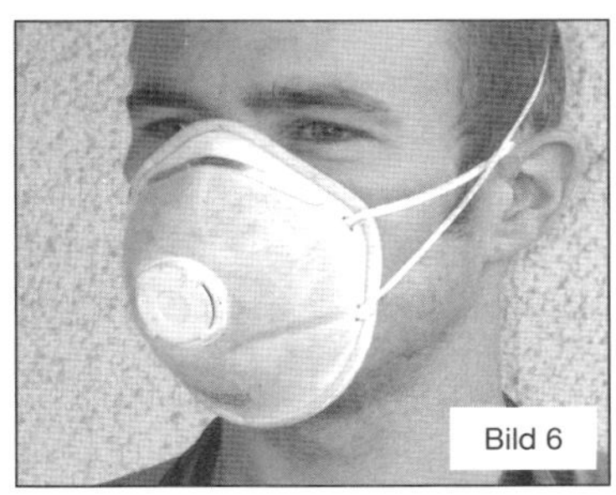

Bild 6
Atemschutzmaske mit auswechselbaren Filterelementen: Bei Arbeiten mit atemgängigen Stäuben unerlässlich.

Bild 7
Bei Arbeiten in der Grube: Unbedingt für Frischluft sorgen.

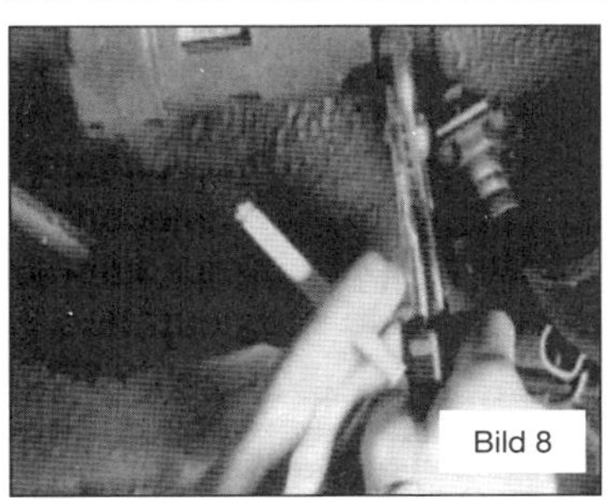

Bild 8
Nicht rauchen: Das sollte eigentlich bei Arbeiten gerade an der Kraftstoffanlage die Regel sein.

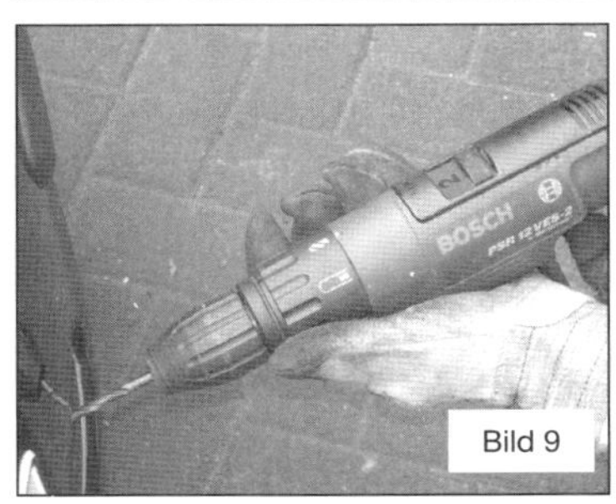

Bild 9
Arbeitshandschuhe: Bei vielen Arbeiten angebracht, beim Umgang mit Bohrmaschinen jedoch sehr gefährlich.

Bild 10
Leere Sprühdosen, Altöl, Bremsflüssigkeit u. Ä. als Sondermüll entsorgen.

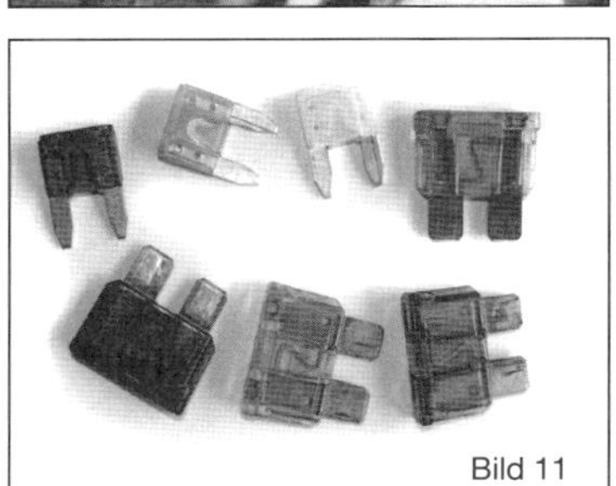

Bild 11
Durchgebrannte Sicherungen niemals mit Alufolie, Büroklammern o. Ä. flicken.

Bild 12
Hochspannung: Vorsicht bei laufendem Motor oder eingeschalteter Zündung.

Umgang mit Bauteilen der Klimaanlage
Für das Kfz-Gewerbe sind z. B. auf europäischer Ebene zahlreiche relevante Gesetze erlassen worden. National ist z. B. in der BRD zusätzlich zur Präzisierung der europäischen Gesetzgebung ab dem 1. August 2008 die Chemikalien-Klimaschutzverordnung in Kraft getreten.

- Verordnung (EG) Nr. 1005/2009
- Verordnung (EG) Nr. 842/2006
- Verordnung (EG) Nr. 706/2007
- Verordnung (EG) Nr. 307/2008
- Richtlinie 2006/40/EG
- Chemikalien-Klimaschutzverordnung, Kreislaufwirtschafts- und Abfallgesetz (für die BRD)

Alle Personen, die an Kraftfahrzeug-Klimaanlagen Wartungs- und Reparaturarbeiten durchführen, müssen eine Schulung oder ein Trainingsprogramm besucht haben und die Sachkunde nachweisen (Sachkunde-Nachweis).

⚠ Beim unkontrollierten Druckablassen besteht Gefahr durch Vereisung. Hieraus können schwerwiegende Verletzungen entstehen (Gefrierbrand ist nicht nur bei Grillfleisch unschön!). Bei nicht entleertem Kältemittelkreislauf tritt Kältemittel aus. Das Kältemittel ist vor dem Öffnen des Kältemittelkreislaufs abzusaugen. Wird der Kältemittelkreislauf nach dem Absaugen innerhalb 10 Minuten nicht geöffnet, kann durch Nachverdampfung Druck im Kältemittelkreislauf entstehen. Das Kältemittel muss dann nochmals abgesaugt werden. Alle geöffneten Bauteile des Kältemittelkreislaufs sind gegen Eintritt von Luftfeuchtigkeit mit geeigneten Verschlussstopfen zu verschließen. Es ist verboten beim Betrieb, bei Instandsetzungsarbeiten und bei Außerbetriebnahme von Erzeugnissen, die Kältemittel enthalten, entgegen dem Stand der Technik, die in ihnen enthaltenen Stoffe in die Atmosphäre entweichen zu lassen.

Bild 13

Bild 13
Achtung Stromschlag! Restladungen und Induktionsspannungen können gesundheitsgefährdend sein.

Verletzungsgefahr durch automatischen Motorstart bei Fahrzeugen mit Start-Stopp-System
Bei Fahrzeugen mit aktiviertem Start-Stopp-System (erkennbar an einer Meldung im Schalttafeleinsatz) kann der Motor bei Bedarf automatisch starten.

☞ Deshalb sicherstellen, dass bei Arbeiten am Fahrzeug das Start-Stopp-System deaktiviert ist (Zündung ausschalten, bei Bedarf Zündung wieder einschalten).

Verletzungsgefahr bei Arbeiten an der elektrischen Anlage
Nicht nur die schon angesprochene Zündanlage birgt einige Überraschungen, die Sie in ungünstigen Situationen oder bei körperlichen Vorschäden leicht in Lebensgefahr bringen können. Im Gegensatz zur Hauselektrik sind keine »Personenschutzschalter« vorgesehen. Ziehen Sie grundsätzlich nicht leitende Handschuhe an, wenn Sie an Bauteilen arbeiten, deren Ladungszustand Sie nicht kennen.

HV-System im eSprinter
Der elektrische Sprinter oder »eSprinter« ist ein rein elektrisch betriebenes Fahrzeug. Für die Arbeiten an Elektrofahrzeugen ist ein besonderer Lehrgang erforderlich. Zumindest für alle Arbeiten, die einen Eingriff in oder um das Hochvoltsystem erforderlich machen. Für diese Fahrzeuge wird noch ein gesonderter Band mit den Besonderheiten zu Antrieb, Komponenten und den Arbeiten daran erscheinen.

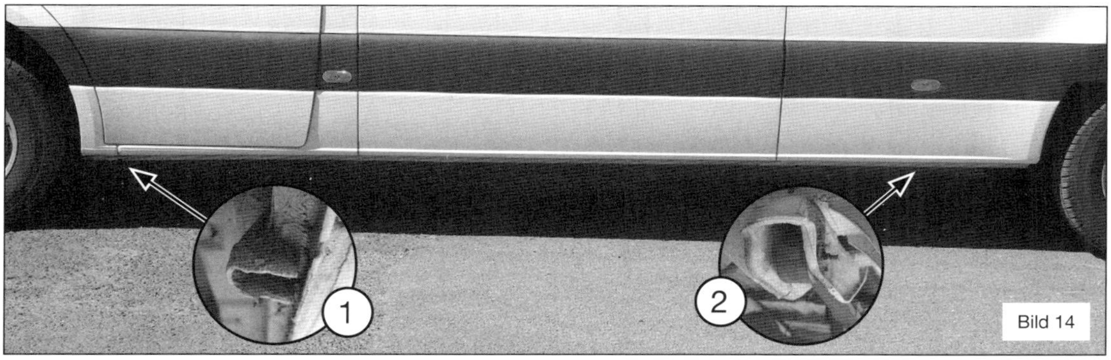

Bild 14
Aufnahmepunkte an der Karosserie für Wagenheber und Hebebühne.
1 Wagenheberaufnahme am Schweller vorne
2 Wagenheberaufnahmepunkt an der Blattfederaufnahme

Richtiges Aufbocken

Im Bordwerkzeug des Mercedes Sprinter 910 ist, wie schon beim Vorgängermodell, ein hydraulischer Wagenheber vorhanden. Spindelwagenheber sind für das Fahrzeuggewicht weniger geeignet. Ob Sie nun den originalen Wagenheber oder einen Werkstattwagenheber einsetzen: Es sollte grundsätzlich eine geeignete Gummi- oder Holzzwischenlage verwendet werden, um Schäden an der Karosserie oder auch am Korrosionsschutz zu vermeiden.

Das Fahrzeug darf keinesfalls an der Motorölwanne, am Getriebe, an der Hinterachse, der Vorderachse oder an den Unterholmen angehoben werden, da sonst schwerwiegende Schäden eintreten können.

Es darf nur an den auf den Abbildungen gezeigten Aufnahmepunkten angehoben werden. Andere Bereiche sind nicht in der Lage, das Fahrzeuggewicht auf der Hebebühne sicher aufzunehmen.

Wichtige Grundregeln:

Aufgrund der Unfallgefahr niemals bei angehobenem Fahrzeug den Motor anlassen.

Wenn unter dem Fahrzeug gearbeitet werden soll, muss es mit geeigneten Unterstellböcken sicher abgestützt werden.

Fahrzeuge mit schwerem Aufbau und Kasten-, Kombifahrzeuge mit langem Radstand müssen zusätzlich abgestützt werden. Stellen Sie hierzu eine handelsübliche Stütze senkrecht unter den Abschlussquerträger.

Bei Arbeiten auf der Hebebühne müssen Sie das Fahrzeug zusätzlich mit Spanngurten an der Hebebühne gegen Abrutschen sichern.

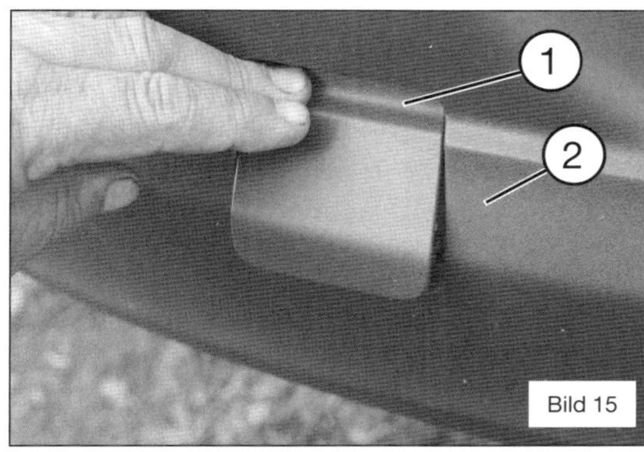

Bild 15
Abdeckung der Abschleppöse vorne im Stoßfänger.
1 Abdeckung
2 Stoßfänger

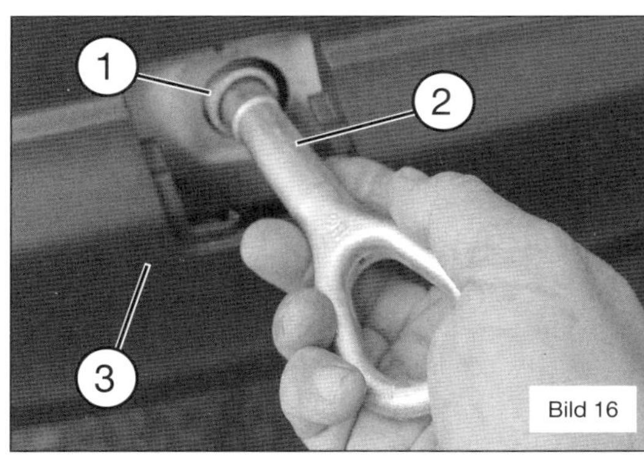

Bild 16
Einschrauben der Abschleppöse vorne.
1 Gewinde im Rahmenträger
2 Abschleppöse
3 Stoßfänger

An- und Abschleppen

Bei manchen Pannen muss das Fahrzeug abgeschleppt werden. Anschleppen, weil der Motor nicht anspringen will, sollte man nur, wenn keine Möglichkeit besteht, den Motor mit Starthilfekabeln zu starten.

Fahrzeuge ohne Schmiermittel im Schaltgetriebe oder mit Automatikgetriebe dürfen nur mit angehobenen Antriebsrädern abgeschleppt werden.

Das Anschleppen von Fahrzeugen mit automatischem Getriebe zum Starten des Motors ist aus technischen Gründen nicht möglich. Beim Abschleppen von Fahrzeugen mit automatischem Getriebe muss der Wählhebel in Position »N« sein, und es darf nicht weiter als 50 km und nicht schneller als 50 km/h geschleppt werden, da sonst das Getriebe zerstört wird. Grundsätzlich ist es natürlich auch hier besser, zumindest die Antriebsachse anzuheben.

Zum An- und Abschleppen sollten Kunstfaserseile oder Seile aus ähnlich elastischem Material verwendet werden. Sicherer ist eine Abschleppstange. Beim Abschleppen dürfen keine unzulässigen Zugkräfte und keine stoßartigen Belastungen auftreten. Seil oder Stange dürfen nur an den vorgesehenen Abschleppösen vorn oder hinten angebracht werden. Die einschraubbare Öse befindet sich im Bordwerkzeug, die Einschraubgewinde werden nach Entfernen einer kleinen Abdeckung in den Stoßfängerverkleidungen vorn und hinten zugänglich. Von Hand eindrehen, mit durchgestecktem Radschraubenschlüssel festziehen.

Bei Schleppmanövern abseits regulärer Straßen besteht die Gefahr, dass die Befestigungsteile überlastet werden. Wird ein Abschleppseil verwendet, muss der Fahrer des ziehenden Wagens beim Anfahren und Schalten besonders weich einkuppeln.

Der Fahrer des gezogenen Wagens hat darauf zu achten, dass das Seil straff gehalten wird. An beiden Fahrzeugen die Warnblinkanlage einschalten. Die Zündung muss eingeschaltet sein, damit das Lenkrad nicht blockiert ist und Blinkleuchten, Hupe und Scheibenwischer bei Notwendigkeit eingeschaltet werden können. Da der Bremskraftverstärker nur bei laufendem Motor arbeitet, muss ggf. das Bremspedal kräftiger getreten werden. Beim Anschleppen von Fahrzeugen mit Schaltgetriebe ist Folgendes zu beachten:

- Vor dem Anschleppen 2. oder 3. Gang einlegen, Kupplung halten.
- Zündung einschalten, damit das Lenkrad nicht blockiert und Blinkleuchten, Hupe sowie Wisch-/Waschanlage benutzt werden können.
- Kupplungspedal loslassen, wenn beide Fahrzeuge in Bewegung sind.
- Sobald der Motor angesprungen ist, Kupplung treten und Gang herausnehmen, um Auffahren auf das Zugfahrzeug zu vermeiden.

Einige Kniffe für Schrauber

Eine unlösbare Verschraubung oder eine abgerissene Schraube haben schon manchen Heimwerker von seinem Reparaturvorhaben wieder abgebracht. Unsere Hinweise sollen helfen, ungewohnte Arbeiten durchzuführen.

Passendes Werkzeug

Achten Sie gerade dann, wenn Verschraubungen schlecht zugänglich sind oder schon erkennbare Korrosionsschäden haben, auf passgenaues Werkzeug. Nichts ist ärgerlicher, als eine unnötige Mehrarbeit selbst verschuldet zu haben.

Verrostete Verschraubungen lösen

- Die freiliegenden Gewindegänge des Gewindebolzens von Rost und Schmutz befreien.
- Gewinde mit einer Drahtbürste säubern und anschließend mit Rostlöser besprühen.
- Bei Schnell-Rostlösern die Mutter sofort losdrehen.
- Bei anderen Rostlösern etwas warten.
- Wenn die Kanten einer Mutter bereits rund gedreht sind, oder wenn Rost die Anlageflächen deformiert hat, helfen nur noch Hitze oder Gewalt.
- Erwärmen Sie die Verschraubung.
- Gripzange verwenden. Damit lässt sich die Mutter fest greifen und oft losdrehen.
- Hilft das nicht weiter, wird ein scharfer Meißel angesetzt und die Mutter aufgemeißelt.
- Eine gut zugängliche Mutter kann auch entlang des Gewindes mit einer Metallsäge aufgesägt werden. Werkstätten benutzen einen Mutternsprenger.

Innensechskant- und Innenvielzahnschrauben lösen

- Das Schraubenloch muss von jeglichem Schmutz gesäubert sein, ehe das Werkzeug angesetzt wird.
- Am besten eignen sich Steckeinsätze mit langem Sechskant oder Vielzahn (Torx).
- Im Gegensatz zu Winkelschlüsseln, bei denen die Kraft schräg ansetzt, vertragen die Steckeinsätze einen Hammerschlag auf der Adapterseite mit dem Vierkant. Der Schlag lockert den Sitz der Schraube und erleichtert merklich das Lösen.

Schlitz- und Kreuzschlitzschrauben lösen

Schrauben können so fest sitzen, dass sie sich nicht mehr mit dem Schraubendreher herausdrehen lassen. Bei Kreuzschlitzschrauben dreht sich der Schraubendreher auch bei starkem Druck auf den Griff aus dem Kreuzschlitz heraus. Nach einigen erfolglosen Versuchen ist der Schlitz vermurkst, die Schraube ist praktisch unlösbar.

- Stabilen Schraubendreher ansetzen und mit kräftigem Hammerschlag auf das Griffende versuchen die Schraubverbindung zu lösen. Meistens bricht die mit dem Kopf fest korrodierte Schraube los. Sie lässt sich dann normal herausdrehen.
- Hilft der kräftige Hammerschlag nichts, muss ein Schlagschrauber her. Bei jedem Schlag auf dessen Griffoberseite wird der Schraubendrehereinsatz unter Druck ein wenig weitergedreht.

Blechschrauben ausbohren

Lässt sich in einem Schraubenkopf kein Werkzeug mehr ansetzen, hilft nur noch Ausbohren.

- Erst entfernt man mit einem passenden Bohrer den Schraubenkopf, eventuell mit einem kleineren Bohrer vorbohren.
- Das Gewindeteil lässt sich jetzt entweder durchstoßen oder mit einer Zange von der Rückseite abnehmen.
- Andernfalls mit einem dünnen Bohrer das Gewindeteil ausbohren. Den Bohrerdurchmesser nicht zu groß wählen, sonst hält später nur eine dickere Blechschraube.

Stehbolzen lösen und festdrehen

- Anlagefläche für Schraubenschlüssel schaffen.
- Auf dem freien Gewindeteil zwei Muttern fest gegeneinander drehen (kontern).
- An den blockierten Muttern den Schraubenschlüssel ansetzen und den Bolzen lösen.

Abgerissene Schrauben ausbohren

Das Gegengewinde, in dem die abgerissene Schraube steckt, sollte möglichst wenig Schaden nehmen.

- Körnerschlag auf Schraubenrest Mitte.
- Bis Schraubengröße M8 mit einem Kernlochbohrer arbeiten. Das ist der Durchmesser einer Schraube ohne Gewindeflanken.

Bild 17

Bild 17
Genaues Bohren ist erforderlich, um die Bauteile nicht zu beschädigen.

Bild 18

Bild 18
Gewindeschneiden mit Vorsicht und Bedacht.

Faustregel: Gewindedurchmesser multipliziert mit 0,8.

- Schrauben größer als M8 mit einem dünneren Bohrer vorbohren.
- Wenn sich die Metallreste nicht mit einer Reißnadel aus den Gewindegängen entfernen lassen, Gewinde nachschneiden.

Gewinde schneiden

Hat das Metall noch genug Substanz, kann ein größeres Gewinde eingeschnitten werden. Andernfalls muss eine Gewindebuchse eingesetzt werden.

Das Nach- oder Neuschneiden von Gewinden geht in drei Stufen vor sich. Die entsprechenden Gewindeschneider heißen Vorschneider (mit einem Ring am Schaft gekennzeichnet), Mittelschneider (zwei Ringe am Schaft) und Fertigschneider (drei Ringe oder ohne Kennzeichnung).

- Gewindeschneider nacheinander unter ständigem Ölen in das vorgebohrte Kernloch hinein- und wieder herausdrehen.
- Beim Hineindrehen ab und zu absetzen und ein Stück zurückdrehen, sonst werden die Metallspäne zu lang und klemmen.

Bild 1
Abmessung Frontansicht.
A Fahrzeughöhe
B Spurweite
C Breite ohne Spiegel
D Breite mit Spiegeln

Die Abmessungen können je nach Ausstattung, Fahrwerksausführung und Rad/Reifenkombinationen unterschiedlich ausfallen!

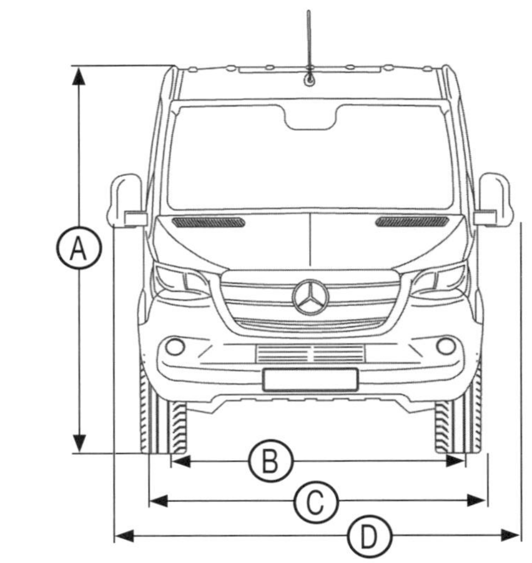

Bild 1

2 Modell

Modellvorstellung

In der dritten Generation Sprinter haben Volkswagen und Mercedes wieder eigene Wege gefunden. Im Februar 2018 wurden die Modellreihen 907 und 910 in Duisburg vorgestellt. Die Baureihe W907 ist die Bezeichnung für die heck- und allradgetriebenen Fahrzeuge. Neu in dieser Generation ist mit der Baureihe W910 der Frontantrieb in einem Sprinter. Äußerlich kaum zu unterscheiden ergibt sich durch das Antriebskonzept ein klarer Vorteil in Sachen Ladehöhe beziehungsweise auch in der Höhe der Ladekante der Fahrzeuge.
Die frontgetriebenen Sprinter mit der Baubezeichnung W910 wurden bis zur Fahrzeuglänge von 5932 mm mit einem zulässigen Gesamtgewicht von 3000 kg bis 4100 kg ausgeliefert. Die Gewichtsklassen darüber sind heck- oder allradgetriebene Sprinter mit der Modellbezeichnung W907. Diese Fahrzeuge beschreiben wir im Band 1351 dieser Buchreihe.

Markante Veränderungen
Alles anders, alles neu! Der Sprinter 910 weist nicht nur in Sachen Fahrerassistenzsystemen die Merkmale moderner Transporter auf. Moderne Technik ist nun klarer Bestandteil des Arbeitstiers unter den Kleintransportern. Markante optische Erscheinung, komplette Neugestaltung des Innenraums und trotzdem die wichtigen und robusten Gene des Vorgängers beibehalten. Die Technik des Sprinters werden wir in diesem Buch, wie bei den Vorgängern, genauer unter die Lupe nehmen und wichtige Arbeitsschritte daran beschreiben.

Baumusterkennzeichen
Über acht Ziffern wird der Sprinter genauer bezeichnet. Die wichtigsten zur Identifikation sind die Stellen 1 - 6 in der Tabelle.

Stelle	*Bezeichnung*	*Beispiel*
1-3	Modellreihe	907 = Sprinter ab 2018 mit Heckantrieb 910 = Sprinter ab 2018 mit Frontantrieb
4	Aufbauart	1 = Fahrgestell mit Fahrerhaus 2 = Fahrgestell mit Doppelkabine 6 = Kastenwagen 7 = Kombi
5	Zul. Gesamtgewicht	2 = bis 3000 kg 3 = bis 3500 kg 4 = bis 4100 kg 5 = bis 5000 kg
6	Radstand	1 = 3250 mm 3 = 3665 mm 5 = 4325 mm 7 = langer Überhang
7	Steuerseite	1 = Linkslenker 2 = Rechtslenker
8	Ausführung	3 = komplett

Abmessungen
Frontansicht (Bild 1):
Die Abmessung in der Frontansicht sind für die unterschiedlichen Karossierbauformen nicht wesentlich verändert worden. Sie können je nach Ausstattung und Fahrwerksausführung abweichen.

Kürzel	*Bezeichnung*	*Abmessung*
A	Fahrzeughöhe (normal) (Hochdach) (Superhochdach)	2292 mm 2638 mm 2831 mm
B	Spurweite vorne	1996 mm
C	Karosseriebreite	2020 mm
D	Fahrzeugbreite mit Spiegel	2345 mm

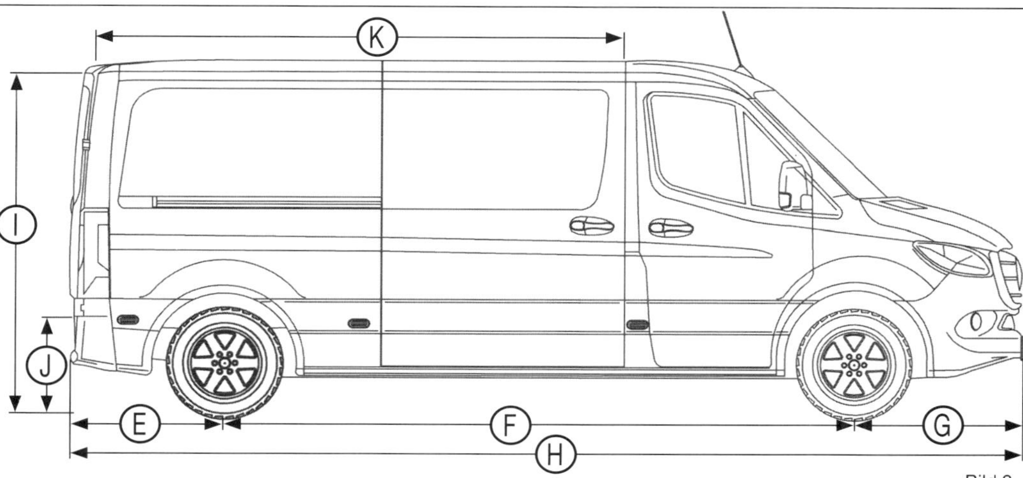

Bild 2

Bild 2
Abmessungen beim Transporter oder Kombi.
E Überhang hinten
F Radstand
G Überhang vorne
H Fahrzeuglänge
I Laderaumhöhe
J Ladekante
K Laderaumlänge

Die Abmessungen können je nach Ausstattung, Fahrwerksausführung und Rad/Reifenkombinationen unterschiedlich ausfallen!

Doka Pritsche (Doppelkabine):
Die »Doka«-Ausführung der Pritsche ist mit bis zu fünf Sitzplätzen aufgeteilt in zwei Reihen ausgestattet. Die Karosserieform wird seitens Mercedes mit Heckantrieb angeboten. Diese Fahrzeuge beschreiben wir im Band 1351 dieser Buchreihe.

Kasten und Kombi (Bild 2):
Werkseitig werden die Kombis (Tourer) bei Mercedes nur mit Heckantrieb beschrieben. Allerdings werden die Umbauten und Umrüstungen die klare Trennung schnell verwischen.

Um Schäden bei Durchfahrtsbeschränkungen zu vermeiden, sollten Sie Ihr Fahrzeug individuell nachmessen.

Die Abmessungen des Laderaums können je nach Variante der Innenausstattung von den angegebenen Werten abweichen.

Kürzel	*Bezeichnung*	*Abmessung*
E	Überhang hi. (kurz, normal) (lang)	996 mm 1621 mm
F	Achsabstand (kurz) (Standard)	3250 mm 3665 mm
G	Überhang vorne	1021 mm
H	Fahrzeuglänge (kurz) (normal) (lang)	5267 mm 5932 mm 6967 mm
I	Laderaumhöhe (normal) (Hochdach)	1719 mm 2009 mm
J	Ladekante	566 - 628 mm
K	Laderaumlänge (kurz) (normal) (lang)	2607 mm 3272 mm 4307 mm

Pritsche (Fahrerhaus) (Bild 3):
Die »Singelcab«-Ausführung der Pritsche ist mit zwei oder drei Sitzplätzen in einer Reihe ausgestattet. Die Pritsche ist für die

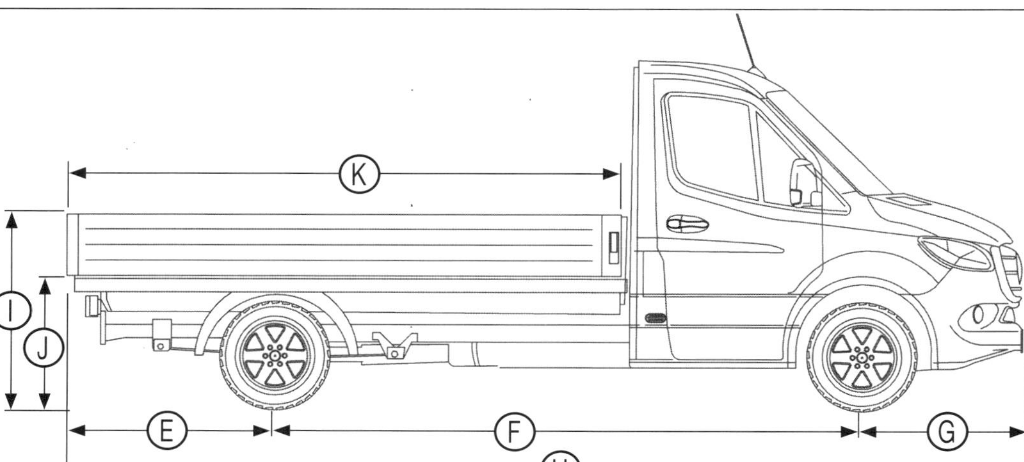

Bild 3

Bild 3
Abmessungen beim Pritschenfahrzeug.
E Überhang hinten
F Radstand
G Überhang vorne
H Fahrzeuglänge
I Kastenhöhe
J Ladekante
K Pritschenlänge

Die Abmessungen können je nach Ausstattung, Fahrwerksausführung und Rad/Reifenkombinationen unterschiedlich ausfallen!

Sichtprüfung Messen

Gewichtklasse mit 3500 kg mit drei Pritschenlängen lieferbar. Wir verwenden hier werksnahe Daten. Natürlich können wir in der folgenden Tabelle keine Rücksicht auf Veränderungen durch Umbauer von Sonderaufbauten oder sogar kippbaren Ladeflächen nehmen.

Kürzel	*Bezeichnung*	*Abmessung*
E	Überhang hinten (kurz) (normal) (lang)	1225 mm 1360 mm 1600 mm
F	Achsabstand (kurz) (normal) (lang)	3250 mm 3665 mm 4325 mm
G	Überhang vorne	1021 mm
H	Fahrzeuglänge (kurz) (normal) (lang)	5496 mm 6046 mm 6946 mm
I	Kastenhöhe (kurz) (normal) (lang)	1388 mm 1384 mm 1378 mm
J	Ladekantenhöhe (kurz) (normal) (lang)	985 mm 981 mm 975 mm
K	Pritschenlänge (kurz) (normal) (lang)	2972 mm 3522 mm 4422 mm

Motor und Antrieb

Auch in Sachen Motorkonzept hat sich im neuen Modell einiges verändert. Der OM 464, der noch im Vorgängermodell zum Einsatz kam, ist in dieser Modellreihe entfallen. Einer der meistverbauten Motoren für Pkw und leichte Nutzfahrzeuge war der OM 651, der in Schrauberkreisen auch als »Taxi-Motor« bezeichnet wurde. Dieser Motor kommt auch im 907er-Sprinter noch bis 2021 zum Einsatz. Der Sechszylinder (OM 642) mit 3,0 l Hubraum wurde nur bei den Fahrzeugen mit Heck- und Allradantrieb unter der Typenbezeichnung W907 verbaut. Die neue Motorengeneration (OM 654) deckt mit vier Zylindern und Turboaufladung mit lediglich 1950 cm³ die komplette Leistungspalette der Motoren bis 140 kW ab. Ein genialer Schachzug, da hier viele sogenannte »Identteile« die Teilebevorratung und somit auch die Kosten eindämmen. Die Besonderheiten im schrauberischen Bereich dieses »Powerwürfels« werden wir uns noch genauer ansehen. Eine Besonderheit findet sich schon in der Materialwahl. Der Motorblock besteht aus Aluminium, die Kolben aber sind aus Stahl gefertigt. Die Brennraummulde ist als Stufenmulde ausgeführt, was die Brenngeschwindigkeit und das Abgasverhalten positiv beeinflusst. Zum Thema Lebensdauer der Motoren: Mit Motoren mit dem »kleinen« Hubraum hat Mercedes viele Jahre Erfahrung mit den schon legendären 2,2-l-Turbodiesel (OM 651) gesammelt.

Dieselmotoren:
Zwei unterschiedliche Dieselmotoren bilden die Basis für sieben unterschiedliche Leistungsbereiche. Sogar die kleinste Motorleistung mit 84 kW (114 PS) überzeugt mit recht kräftigem Antritt und gutem Durchzugsvermögen dank moderner Aufladung mit unterschiedlichen Turboladersystemen in unterschiedlichen Leistungsstufen.

Getriebevarianten:
Der Sprinter ist in der Schaltvariante mit einem Sechsganggetriebe ausgerüstet. Weiterhin ist auch ein Wandler-Automatikgetriebe lieferbar. Die Getriebereparaturen werden wir nur eingeschränkt darstellen können.

Nebenabtriebe:
Im Sprinter gibt es zwei unterschiedliche Nebenabtriebe. Eine zusätzliche (breitere) Riemenscheibe auf der Kurbelwelle und ein angeflanschter Nebenantrieb am Getriebeausgang über eine spezielle Welle.
Beide Varianten sind nur mit erheblichem Aufwand nachrüstbar. Sollten Sie also einen Nebenantrieb benötigen, sollten Sie ein entsprechendes Fahrzeug suchen. In den

Bild 4

Bild 4
Neues Kraftpaket. Der OM 654 mit 2,0-l-Hubraum übernimmt den Platz im Motorraum in der kompletten Leistungsbreite ab dem Modelljahr 2021.

meisten Fällen werden Sie wahrscheinlich bei Fahrzeugen fündig, die im kommunalen Einsatz bei Gemeinden und Verbänden waren.

Assistenzsysteme
Fahrassistenzsysteme gehören heute zu fast jeder Ausstattungsliste der Fahrzeuge in diesen Baujahren. Auch im Sprinter 910 finden Sie Systeme, die in der ersten Modellreihe nicht denkbar waren. Je nach Ausstattung unterschiedliche Systeme und Funktionen, die aus Verknüpfungen der Systeme entstehen.

Das Start-Stopp-System
Eine weitere Besonderheit der technischen Ausrüstung ist das Start-Stopp-System. Die Start-Stopp-Funktion ist recht leicht vorstellbar. Über das Bordnetzsystem lässt sich natürlich auch die Nutzung des Fahrzeuges erkennen. Entsprechend wird bei aktiviertem System und einer Haltephase der Motor abgestellt. So wird Kraftstoff eingespart und CO_2 vermieden. Bei diesen Fahrzeugvarianten ist ein verstärkter Starter verbaut.

Sicherheitssysteme
Reifendruckkontrolle:
Im Sprinter 910 ist ein »aktives« System verbaut, das den Druck über Sensoren im Rad erfasst. Neue Reifendrucksensoren, wie beispielsweise in den Winterrädern, werden bei der ersten Fahrt automatisch eingelernt. Der Reifendruck und die Reifentemperatur werden im Multifunktionsdisplay angezeigt. Grundsätzlich sollten Sie den Reifendruck trotz dieses Systems auch regelmäßig manuel kontrollieren.

Airbagsystem:
Zur Serienausstattung des Sprinter 910 zählen je ein Full-Size-Airbag für Fahrer und Beifahrer sowie ein Seiten-Airbag auf der Fahrer- und Beifahrerseite. Die Airbags im Lenkrad und in der Instrumententafel werden ausgelöst, wenn ein Aufprall entsprechender Stärke von vorn erfolgt und die Kollisionskräfte innerhalb eines 60-°-Winkels wirken. Die Seiten-Airbags werden durch den jeweiligen Crash-Sensor einzeln, je nach Aufprall von links oder rechts, ausgelöst. Hinzu kommen noch die beiden Window-bags, die über den Türfenstern verbaut sind und den Kopfbereich schützen.

ISOFIX und Kindersitzbefestigung:
Im Sprinter sind nur die hinteren Sitzreihen für die Befestigung eines Kindersitzes über ein ISO-Fixsystem vorgesehen. Die Befestigung auf den Vordersitzen ist möglich. Sie sollten hier unbedingt Ihre Fahrzeugbedienungsanleitung und die Anleitung zu dem Kindersitz beachten.

Bremssysteme:
Auch das Bremssystem des 910 verfügt über EBD (Electronic Brake Force Distribution), die elektronische Bremskraftverteilung auf Vorder- und Hinterräder, ESP (Electronic Stability Program) ist die elektronische Kontrolle der Fahrzeugstabilität und ergänzend der Hill Holder (mit ESP), der das Bremsen und Anfahren auf geneigten Straßen ohne Hilfe der Handbremse erlaubt. Der HBA (Hydraulic Brake Assistance) ist der elektrohydraulische Bremsassistent, der automatisch den Druck des Bremskreises während einer Notbremsung (mit ESP) erhöht.

Elektrische Servolenkung
Neben der mechanischen Lenkung, die es nur in der Basisversion gab, wird ein elektrisches Lenksystem verbaut. Das EPS (Electric-Power-Steering) übernimmt neben der Lenkkraftunterstützung auch die Anpassung der Lenkkräfte an die tatsächlichen Anforderungen und die Fahrgeschwindigkeit sowie die aktive Lenkrückstellung. Es gibt keine hydraulischen Komponenten mehr.

Identifizierung

Fahrgestellnummer (1 im Bild 5)
Die Fahrzeug-Identifizierungsnummer (1 im Bild 5) befindet sich an der Spritzwand etwa in der Mitte des Motorraums (1), im Sichtfenster im Scheibenrahmen und auf der

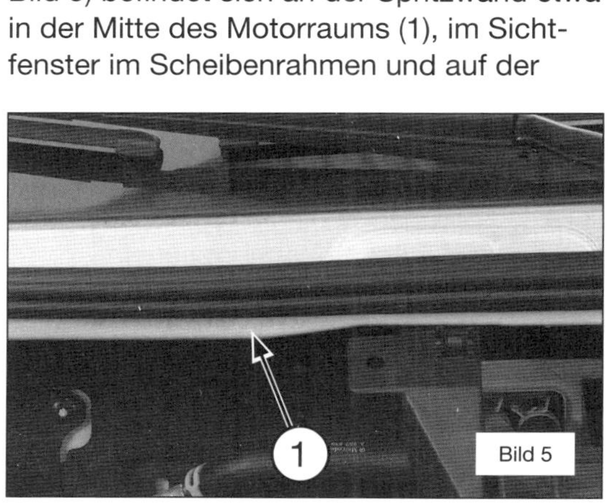

Bild 5
Fahrgestellnummer beim 910.
1 Eingestanzt unterhalb der Motorhaube im Scheibenrahmen

Fahrerseite auf dem Typenschild. Im Bild 6 ist sie mit der Kennziffer (2) gekennzeichnet.

Aufschlüsselung der Fahrzeug-Identifizierungsnummer (FIN):

FIN	Bedeutung
WDB	Herstellerzeichen
907	Baureihe
633	Baumusterkennzeichen
N	Produktionsstätte
123456	Laufende Nummer

Das Typenschild (2 im Bild 6)
Das Typenschild findet sich je nach Fahrzeugvariante am Schlossträger, an der Sitzkiste des Fahrersitzes (Bild 6), der B-Säule der Fahrerseite oder im Radhausinnenblech im Motorraum links. Für die meisten Serienfahrzeugen mit werksmäßig ausgelieferter Karosserie (also selten Wohnmobile) finden Sie das Typenschild auf der Sitzkiste im Einstiegsbereich des Fahrers (auf der linken Seite).

Die Farbnummer
Die Farbnummer kann, soweit es sich um den originalen Farbton handelt, leicht über den Fachhandel über die Fahrgestellnummer ausgelesen werden. Diese Informationen können Sie über Ersatzteilprogramme oder im Netz abfragen.

Die Motornummer
Die Motornummer finden Sie als Einschlag oder Fräszahlen auf einer Fläche von hinten auf dem Motorblock. Sie ist meist aber schlecht lesbar. Notieren Sie sich diese Nummern und Zahlenfolge zur besseren zukünftigen Zugänglichkeit, möglichst vorne in Ihrem Serviceheft oder im Kapitel 17 am Ende dieses Bandes.

Die Getriebekennnummer
Die Getriebekennzeichnung kann an zwei unterschiedlichen Stellen erfolgen. Zum einen finden Sie die Kennnummer eingeschlagen im Bereich des Schwungrad-(Kupplungs-) Gehäuses. Zum anderen ist oft ein Aufkleber von unten vorne ersichtlich angebracht. Der Aufkleber ist oft kaum noch oder zumindest schlecht lesbar. Notieren Sie sich auch diese Nummern und Zahlenfolge in Ihrem Serviceheft oder im Kapitel 17 am Ende dieses Bandes.

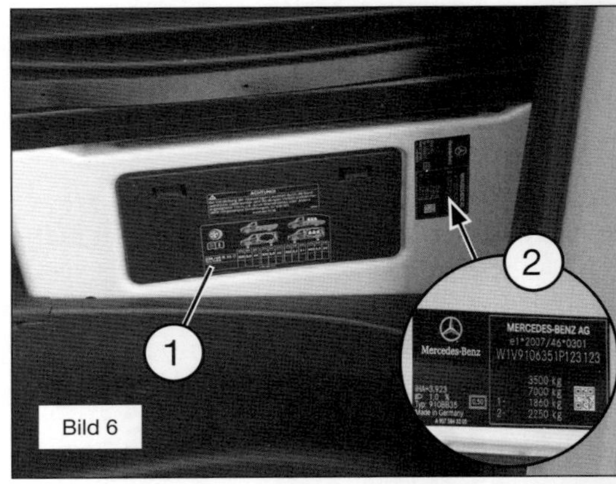

Bild 6

Bild 6
Am Fahrersitzkasten.
1 Luftdrucktabelle
2 Typenschild

Servicevorgaben

ASSYST (Aktives Service-System)
»ASSYST« ist die Bezeichnung, die Mercedes Benz für eine flexible Wartungsintervallanzeige verwendet. Bei Fahrzeugen mit »ASSYST« wird der nächste Servicetermin in Abhängigkeit von der Fahrleistung und der Fahrweise des Fahrers ermittelt. Die Zeit zwischen einzelnen Serviceterminen verlängert sich, wenn das Fahrzeug schonend bei mittleren Drehzahlen gefahren und Kurzstrecken vermieden wurden, bei denen der Motor die Betriebstemperatur nicht erreicht hat. Die Fälligkeit wird im Display angezeigt.

Standzeiten ohne Batterie:
ASSYST erfasst nur die Zeiten, in denen die Batterie angeklemmt ist. Die Zeitangabe im Display wird verfälscht. Um den zeitabhängigen Service zu errechnen, ziehen Sie die Standzeiten ohne Batterie von den angezeigten Tagen der Servicemeldung ab.

Service- und Inspektionsumfang:
Im Display werden der Werkstattcode und die verbleibende Strecke oder die Anzahl der Tage angezeigt. Ein »A« steht für einen Service mit kleinem Umfang, ein »H« für einen Service mit großem Umfang. Der Buchstabe stellt die werkseitige Zeitvorgabe dar. Die Fälligkeit der Inspektionsarbeiten werden auf einem ähnlichen Weg dargestellt. Hier bedeutet die Zahl hinter dem »B« in der Displaymeldung, die Abfolge der erfolgten B-Service. »B3-Service« ist also der dritte fällige Service.

Kennung	Bedeutung
A	bis 1 h Zeitaufwand
B	bis 2 h Zeitaufwand
C	bis 3 h Zeitaufwand
D	bis 4 h Zeitaufwand
E	bis 5 h Zeitaufwand
F	bis 6 h Zeitaufwand
G	bis 7 h Zeitaufwand
H	bis 8 h Zeitaufwand

Unterschiedliche Servicecodes:
Auf dem Fahrzeugdatenaufkleber ist entsprechend zu dem Land, für das das Fahrzeug vorgesehen ist, ein Servicecode angegeben.

Wartungs-code	Bedeutung
JI1	alle 10.000 km oder 24 Monate
J1W	alle 12 Monate
JI2	alle 15.000 km oder 24 Monate
JI3	alle 20.000 km oder 24 Monate
JI4	alle 25.000 km oder 24 Monate
JI5	alle 30.000 km oder 24 Monate
JI6	alle 40.000 km oder 24 Monate
JI7	alle 60.000 km oder 24 Monate
JI8	alle 15.000 Meilen oder 12 Monate
JI9	alle 20.000 Meilen oder 24 Monate

Abfrage der anstehenden Serviceereignisse

Fahrzeuge ohne Multifunktionslenkrad:

- Schließen Sie die Motorhaube.
- Schließen Sie alle Türen.
- Drehen Zündschlüssel in Stellung »1«.
- Drücken Sie die Entertaste (1 im Bild 7), bis Sie den Menüpunkt »Total distance« (die Gesamtlaufleistung) erreicht haben.
- Drücken Sie die Entertaste (1) erneut und halten Sie sie für zwei Sekunden fest.
- Drücken Sie nun die Taste »OK« (2). Im Bildschirm erscheint die Menüliste mit »Vehicle data« (Fahrzeugdaten), »Dynamometer Test« (Rollentest) und »ASSYST PLUS«.
- Wählen Sie mit den Tasten (3) den Menüpunkt »ASSYST PLUS« an.
- Bestätigen Sie die Auswahl mit der OK-Taste (2). Sie befinden sich nun im Menüpunkt »Servicedaten« (Service Data).
- Drücken Sie die Tasten (3), um in der Liste den Menüpunkt »Full Service« (Gesamtservice) anzuwählen.

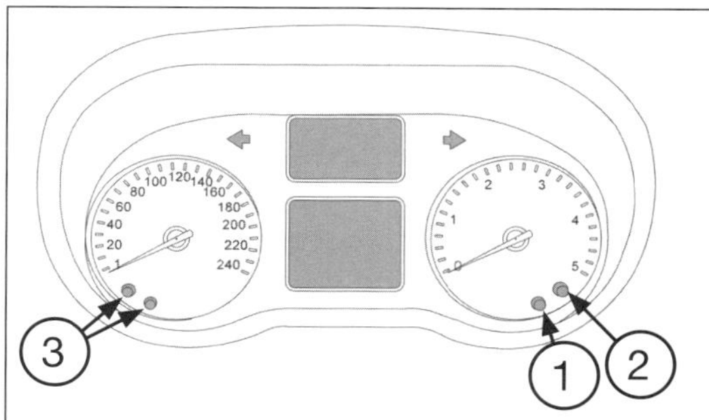

Bild 7

Bild 7
Tachometertasten bei Fahrzeugen ohne Multifunktionslenkrad.
1 Entertaste
2 »OK«-Taste
3 Taste »nach rechts« oder »nach unten»

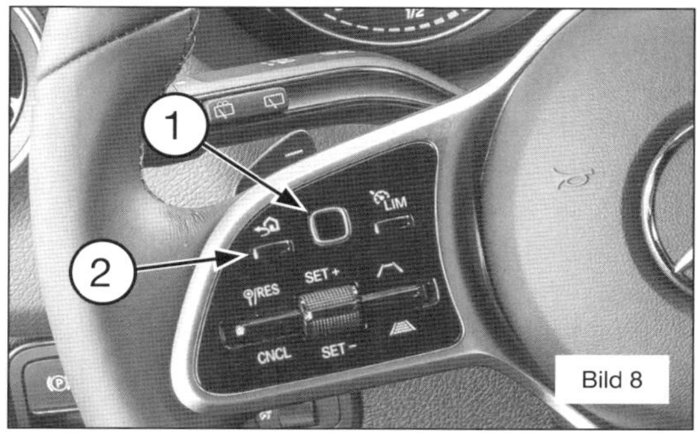

Bild 8

Bild 8
Tasten bei Fahrzeugen mit Multifunktionslenkrad.
1 Touch-Controltaste links
2 »zurück«-Taste

- Bestätigen Sie die Auswahl mit der OK-Taste (2).

Auf dem Display werden nun die durchzuführenden Servicearbeiten aufgelistet.

- Drücken Sie die Entertaste (1) so oft, bis Sie den Menüpunkt »Total distance» (Gesamtfahrleistung) erreicht haben.
- Schalten Sie die Zündung wieder aus.

Fahrzeuge mit Multifunktionslenkrad:

- Schließen Sie die Motorhaube.
- Schließen Sie alle Türen.
- Drehen Zündschlüssel in Stellung »1«.
- Drücken Sie die Taste (1 im Bild 8) am Multifunktionslenkrad, bis Sie am Touchpad »Total distance» (Gesamtfahrleistung) erreicht haben.
- Drücken Sie die Taste (2) und halten Sie sie für zwei Sekunden fest.
- Drücken Sie die Taste (1).
- Halten Sie die Tasten (1) und (2) gedrückt.

Auf dem Bildschirm erscheint die Menüliste mit »Vehicle data« (Fahrzeugdaten), »Dynamometer Test« (Rollentest) und »ASSYST PLUS«.

- Wählen Sie mit der Taste (1) den Menüpunkt »ASSYST PLUS« an.
- Bestätigen Sie die Auswahl mit der Taste (1). Sie befinden sich nun im Menüpunkt »Servicedaten« (Service Data).

- Drücken Sie die Tasten (1), um in der Liste den Menüpunkt »Full Service« (Gesamtservice) anzuwählen.
- Bestätigen Sie die Auswahl mit der OK-Taste (1).

Auf dem Display wird nun »confirm Service« (Service bestätigen) angezeigt. Anschließend werden die durchzuführenden Servicearbeiten aufgelistet.

- Drücken Sie die Taste (2) so oft, bis Sie am Touchpad »Total distance» (Gesamtfahrleistung) wieder erreicht haben.
- Schalten Sie die Zündung wieder aus.

Rücksetzen ohne Diagnosetester

Fahrzeuge ohne Multifunktionslenkrad:

- Schließen Sie die Motorhaube.
- Schließen Sie alle Türen.
- Drehen Zündschlüssel in Stellung »1«.
- Drücken Sie die Entertaste (1 im Bild 7), bis Sie den Menüpunkt »Total distance« (die Gesamtlaufleistung) erreicht haben.
- Drücken Sie die Entertaste (1) erneut und halten Sie sie für zwei Sekunden fest.
- Drücken Sie nun die Taste »OK« (2). Im Bildschirm erscheint die Menüliste mit »Vehicle data« (Fahrzeugdaten), »Dynamometer Test« (Rollentest) und »ASSYST PLUS«.
- Wählen Sie mit den Tasten (3) den Menüpunkt »ASSYST PLUS« an.
- Bestätigen Sie die Auswahl mit der OK-Taste (2). Sie befinden sich nun im Menüpunkt »Servicedaten« (Service Data).
- Drücken Sie die Tasten (3), um in der Liste den Menüpunkt »Full Service« (Gesamtservice) anzuwählen.
- Bestätigen Sie die Auswahl mit der OK-Taste (2).

Auf dem Display werden nun die durchzuführenden Servicearbeiten aufgelistet.

- Drücken Sie die Tasten (3), um in der Liste den Menüpunkt »Service« (Gesamtservice) anzuwählen.
- Bestätigen Sie die Auswahl mit der OK-Taste (2).
- Wählen Sie mit den Tasten (3) an, welches Öl Sie verwendet haben.
- Bestätigen Sie die Auswahl mit der OK-Taste (2).

Auf dem Display wird nun mit »Service performed« (Service durchgeführt?) angezeigt.

- Wählen Sie mit den Tasten (3) »Yes« an.
- Bestätigen Sie die Auswahl mit der OK-Taste (2).
- Die Tasten (3) wiederholt drücken, bis Sie auf dem Display »Confirmation« (Bestätigung) lesen können.
- Bestätigen Sie die Auswahl mit der OK-Taste (2). Damit wird die Zeile »no take back« angewählt. Abschließend erscheint im Display »Full Service competed«.
- Drücken Sie die Taste (1) so oft, bis Sie am Touchpad »Total distance» (Gesamtfahrleistung) wieder erreicht haben.
- Schalten Sie die Zündung wieder aus.

Fahrzeuge mit Multifunktionslenkrad:

- Schließen Sie die Motorhaube.
- Schließen Sie alle Türen.
- Drehen Zündschlüssel in Stellung »1«.
- Drücken Sie die Taste (1 im Bild 8) am Multifunktionslenkrad, bis Sie am Touchpad »total distance« (Gesamtfahrleistung) erreicht haben.
- Drücken Sie die Taste (2) und halten Sie sie für zwei Sekunden fest.
- Drücken Sie die Taste (1).
- Halten Sie die Tasten (1) und (2) gedrückt.

Auf dem Bildschirm erscheint die Menüliste mit »Vehicle data« (Fahrzeugdaten), »Dynamometer Test« (Rollentest) und »ASSYST PLUS«.

- Wählen Sie mit der Taste (1) den Menüpunkt »ASSYST PLUS« an.
- Bestätigen Sie die Auswahl mit der Taste (1). Sie befinden sich nun im Menüpunkt »Servicedaten« (Service Data).
- Drücken Sie die Tasten (1), um in der Liste den Menüpunkt »Full Service« (Gesamtservice) anzuwählen.
- Bestätigen Sie die Auswahl mit der OK-Taste (1). Auf dem Display wird nun »confirm Service« (Service bestätigen) angezeigt. Anschließend werden die durchzuführenden Servicearbeiten aufgelistet.
- Wählen Sie mit der Taste (1) die Zeile »confirm service» (Service bestätigen) an.
- Bestätigen Sie die Auswahl mit der OK-Taste (1).
- Wählen Sie mit der Taste (1) die verwendete Ölspezifikation an.
- Bestätigen Sie die Auswahl mit der OK-Taste (1). Auf dem Display wird nun mit »Service performed« (Service durchgeführt?) angezeigt.

■ Wählen Sie mit den Tasten (1) »Yes« an.
■ Bestätigen Sie die Auswahl mit der OK-Taste (1).
■ Die Tasten (3) wiederholt drücken, bis Sie auf dem Display »Confirmation« (Bestätigung) lesen können.
■ Bestätigen Sie die Auswahl mit der OK-Taste (1). Damit wird die Zeile »no take back« angewählt. Abschließend erscheint im Display »Full Service competed«.
■ Drücken Sie die Taste (2) so oft, bis Sie am Touchpad »total distance» (Gesamtfahrleistung) wieder erreicht haben.
■ Schalten Sie die Zündung wieder aus.

Rücksetzen mit dem Diagnosetester

Die Rücksetzung der Wartungsanzeige funktioniert nur mit Testern, die für diese Funktion auch vorgesehen sind. Die meisten OBD-Scanner sind nur für Motor und Antrieb vorgesehen.

Grundsätzlich sollten Sie die Inspektionen und Wartungsarbeiten nicht außerhalb der Intervalle zurücksetzen. Da meistens keine Ölzettel mit Datum und Fahrleistung im Motorraum zu finden sind, ist die Wartungsanzeige die wichtigste Informationsquelle für den Wartungsstatus Ihres Fahrzeuges.

■ Zündung ausschalten.
■ Den Tester im Fahrzeug an der OBD-Anschlussdose anschließen.
■ Zündung einschalten und den Tester starten.
■ Die Inspektionsrücksetzung erfolgt im Tachometersteuergerät. Der Zugang wird meist über die »Geführte Funktionen« erleichtert.
■ Nacheinander auswählen: Marke, Typ, Modelljahr, Motorkennbuchstaben. Fahrzeugidentifikation bestätigen.
■ Dann wiederum nacheinander auswählen: Schalttafeleinsatz, Service-Intervall-Anzeige zurücksetzen.
■ Die Anpassung gemäß den »Geführten Funktionen« vornehmen, dann »Sprung« anwählen und »Beenden« drücken.
■ Zündung ausschalten, Diagnosestecker abziehen.
■ Zündung wieder einschalten.
■ Es wird nun kein Serviceereignis mehr angezeigt.

Regelmäßige Kontrollen

Regelmäßige Kontrollen

Hier beschreiben wir die Arbeitsschritte, die Sie zwischendrin z. B. beim Tanken oder bei der Fahrzeugreinigung kontrollieren sollten:

Arbeitsschritte	Bemerkung	OK/Defekt
Scheibenwaschwasser auffüllen. Scheibenwischer und Waschanlage prüfen.		
Wasserablauf im Wasserkasten prüfen (Blätter u. Blütenreste).		
Motorölstand und Kühlflüssigkeit prüfen, eventuell nachfüllen.		
Kontrollleuchten, Standlicht, Abblend- und Fernlicht prüfen.		
Bremsleuchten, Blinker und Warnblinker sowie das Signalhorn (auch Lichthupe) prüfen.		
Bremsen und Bremsflüssigkeit prüfen, Handbremshebelweg prüfen und eventuelle Einstellung prüfen.		
Reifen (und, falls vorhanden, Reserverad): Zustand, Reifenlaufbild, Fülldruck und Profiltiefe prüfen. Wenn damit ausgestattet: Haltbarkeitsdatum des Reifenreparatur-Sets prüfen (Bild 9).		
Prüfen Sie, ob das Haltbarkeitsdatum des Verbandskastens überschritten ist (Bild 10).		

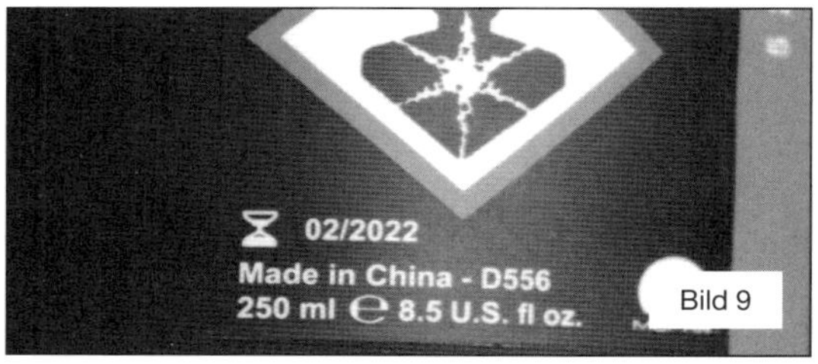

Bild 9

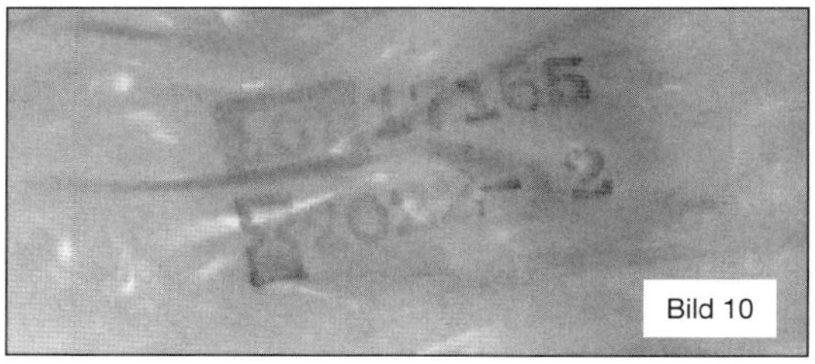
Bild 10

Bild 9
Fälligkeitsdatum für das Reifenfüllset.

Bild 10
Fälligkeitsdatum für den Verbandskasten.

Sichtprüfung Messen

Wartung nach Plan

Mercedes Benz schreibt Wartungsintervalle nach Wartungscode vor. Bei Fahrzeugen, die überwiegend auf Kurzstrecken oder im Anhängerbetrieb eingesetzt werden und solche, die besonderen Belastungen wie staubreicher Umgebung ausgesetzt sind, sollten die Wartungsintervalle verkürzt werden. Mercedes vergibt hier Wartungscodes, die der Belastung Rechnung tragen. Wir haben hier einen eigenen Wartungsplan erstellt, der (angelehnt an den originalen Wartungsplan) die Arbeitsschritte in einen Arbeitsablauf integriert.
Die drei Spalten im Wartungsplan beschreiben die erforderlichen Arbeiten.

Die folgenden Seiten können Sie durchaus auch als Kopiervorlage für die »Wartung in Eigenregie« nutzen. In der Spalte Bemerkung können Sie Auffälligkeiten oder auch die Haltbarkeit von Verbandskasten oder Reifenfüllset vermerken.

Ölservice (»Ö« in den nachfolgenden Tabellen) als kleine Inspektion
Wir empfehlen diese Wartungsschritte alle 15.000 km oder zumindest einmal im Jahr durchzuführen.

Wartung (»W« in den nachfolgenden Tabellen) als große Inspektion
Wir empfehlen diese Wartungsschritte, alle 30.000 km oder zumindest alle zwei Jahre durchzuführen.

Zusatzarbeiten (»Z« in den nachfolgenden Tabellen) als Zusatzarbeiten
Für die Zusatzarbeiten finden Sie Anmerkungen im Beschreibungstext oder auch Fälligkeitshinweise. Diese Arbeiten fallen dann je nach Beschreibung zusätzlich an.

Umfang im Fahrzeuginnenraum

Hier beschreiben wir die Arbeiten, die im Fahrzeuginnenraum durchgeführt werden sollen (Ö = Ölservice 10.000 - 20.000 km, W = Wartung 20.000 - 40.000 km, Z = Zusatzarbeiten):

Ö	W	Z	Bezeichnung	Bemerkung	OK/Defekt
X	X		Elektrische Fensterheber, Heckscheibenheizung, Sitzheizung, Zigarettenanzünder und Spiegeleinstellung auf Funktion prüfen.		
X	X		Bedienelemente von Heizung, Lüftung und Klimaanlage auf Funktion prüfen.		
X	X		Scheibenwischer, Scheibenwaschanlage auf Funktion prüfen.		
X	X		Leuchten im Kombiinstrument und Innenbeleuchtung prüfen.		
X	X		Kombiinstrument: Serviceanzeige zurücksetzen.		
		X	Verbandskasten prüfen.	Verfallsdatum:	
		X	Reifendichtmittel prüfen.	Verfallsdatum:	
	X		Batterie: Flüssigkeitsstand prüfen, eventuell korrigieren.		
		X	Aktivkohle-Staubfilter Innenraum erneuern (je nach Verschmutzung).		
X	X		Fehlerspeicher auslesen.		
	X		Kupplungspedalweg prüfen/nachstellen.		
X	X		Wartungsintervall zurücksetzen ( ) Manuell / ( ) Tester.		

Umfang an der Fahrzeugaußenseite

In diesem Abschnitt geht es um die Karosserie und die Anbauteile außen (Ö = Ölservice 10.000 - 20.000 km, W = Wartung 20.000 - 40.000 km, Z = Zusatzarbeiten):

Ö	W	Z	Bezeichnung	Bemerkung	OK / Defekt
X	X		Außenbeleuchtung auf Funktion prüfen.		
	X		Scheinwerfereinstellung prüfen und einstellen.		
X	X		Karosserie im sichtbaren Bereich auf Lackschäden prüfen.		
X	X		Zustand der Türdichtungen prüfen.		
X	X		Frontscheibe auf Beschädigung prüfen.		
	X		Zentralverriegelung auf Funktion prüfen.		
	X		Scharniere und Türschlösser und Klappen schmieren.		
	X		Verdeck und Verdeckführungen prüfen/ reinigen/schmieren.		

Umfang an der Fahrzeugunterseite

Arbeiten unter dem Fahrzeug sind in diesem Abschnitt als Schwerpunkt anzusehen (Ö = Ölservice 10.000 - 20.000 km, W = Wartung 20.000 - 40.000 km, Z = Zusatzarbeiten):

Ö	W	Z	Bezeichnung	Bemerkung	OK / Defekt
X	X		Reifen auf Beschädigung und Rissbildung prüfen.		
X	X		Alle sichtbaren Teile der Fahrzeugunterseite auf Beschädigungen und Undichtheit prüfen.		
X	X		Alle Anschlussleitungen und Anschlusskabel auf Beschädigungen und schadhafte Befestigung prüfen.		
X	X		Motor, Getriebe und Bauteile der Betriebshilfsstoffe auf Undichtheiten und schadhafte Befestigung prüfen.		
X	X		Alle sichtbaren Teile der Abgasanlage auf Beschädigungen, Undichtheiten und schadhafte Befestigung prüfen.		
X	X		Hitzeschutzbleche auf Beschädigungen, Befestigung und Korrosion prüfen.		
X	X		Gummilagerung der Hinterachse und der Stoßdämpfer hinten auf Verschleiß, Rissbildung oder Beschädigungen prüfen.		
X	X		Alle sichtbaren Teile von Motor und Getriebe auf Beschädigungen, Undichtheiten und schadhafte Befestigung prüfen.		
X	X		Antriebswellen auf Spiel und den Zustand der Manschetten überprüfen.		

Ö	W	Z	Bezeichnung	Bemerkung	OK / Defekt
X	X		Spur- und Lenkstangen Manschetten prüfen.		
X	X		Keilrippenriemen im sichtbaren Bereich auf Verschleiß prüfen (Dieselmotor).		
	X		Vorderachsgelenke auf Spiel prüfen, Manschetten prüfen.		
	X		Spur- und Lenkstangengelenke auf Spiel prüfen (1 x jährlich).		
	X	X	Koppelstangen und Stabilisatoren: Lagerungen und Manschetten prüfen.		
		X	Keilrippenriemen erneuern (Benzinmotor) alle 100.000 km.		
		X	Kühlmittel Hauptkreislauf erneuern (alle 60.000 km).	Siehe auch: »Umfang im Motorraum«	
		X	Dichtmanschetten, Radbremszylinder und Bremsnachsteller auf Beschädigung prüfen.		
X	X		Unterbodenverkleidung auf Beschädigungen, Befestigung und Korrosion prüfen.		

Umfang im Motorraum

Arbeiten, die speziell im Motorraum anfallen, werden hier vorgestellt (Ö = Ölservice 10.000 - 20.000 km, W = Wartung 20.000 - 40.000 km, Z = Zusatzarbeiten):

Ö	W	Z	Bezeichnung	Bemerkung	OK / Defekt
X	X		Motorkühlsystem: Kühlmittelstand und Frostschutzgehalt prüfen.	(Siehe Serviceklappe vorne)	
		X	Motorkühlsystem: Wechsel (alle 60.000 km).		
X	X		Motor Öl- und Filterwechsel.		
		X	Getriebeölstand kontrollieren/wechseln (Kontrolle alle 60.000 km) (Wechsel bei 180.000 km)		
	X		Kraftstoffleitungen auf Dichtheit und Zustand prüfen.		
		X	Kraftstofffilter wechseln.	Alle 60.000 km	
		X	Luftfiltereinsatz erneuern alle 60.000 km.		
		X	Innenraumfiltereinsatz erneuern alle 60.000 km.		
		X	Ventilspiel prüfen, alle 60.000 km (wenn erforderlich einstellen).		
X	X		Scheibenwaschanlage: Flüssigkeitsstand prüfen, richtigstellen.		

X	X		Bremsanlage: Bremsflüssigkeitsstand prüfen.		
X	X	X	Bremsflüssigkeit Nasssiedepunkt prüfen/erneuern (alle 2 Jahre).		

Umfang rund um das Thema Rad und Bremse

In diesem Abschnitt stellen wir Ihnen die Arbeiten für die Wartung an Rad und Bremse vor (Ö = Ölservice 10.000 - 20.000 km, W = Wartung 20.000 - 40.000 km, Z = Zusatzarbeiten):

Ö	W	Z	Bezeichnung	Bemerkung	OK / Defekt
X	X		Bremsentest auf einem Prüfstand durchführen und Ergebnisse notieren.		
	X		Vorderachse: Bremsbelagstärke prüfen.		
	X		Vorderachse: Bremsscheiben auf Zustand prüfen.		
	X		Hinterachse: Bremsbelagstärke prüfen.		
X	X		Reifendruck korrigieren und den korrigierten Reifendruck unter Bemerkungen vermerken.		
	X		Zustand von Bremsleitungen und Schläuchen prüfen.		
	X		Befestigungen von Bremsleitungen und Schläuchen prüfen.		

Wartungsdaten

Hier stellen wir Ihnen die wichtigsten Wartungsdaten für Ihren Sprinter (W910) mit Frontantrieb zusammen:

Arbeitsschritte	Bemerkung	Daten und Messwerte
Motoröl	0W30 0W40 (nach Temperatur) (MB 229.51, MB 229.52, MB 229.31)	OM 651: 11,5 l mit Ölfilterwechsel OM 654: 10,0 l mit Ölfilterwechsel Ablassschraube: 30 Nm Ölfilter: 25 Nm
Getriebeöl	6-Gang-Schaltgetriebe 700.760, 700.761, 700.762	75W80 synthetisch API GL3, GL4, GL4+, (DB 235.10) ca. 2,2 l bis 2,5 l (siehe Kapitel 10 »Kraftübertragung«) Einfüllschraube: 33 Nm Ablassschraube: 30 Nm
	9-Gang-Automatikgetriebe 700.750, 700.751, 700.752	Spezifikation ATF 3+ nur Ölwanne ca. 4,0 l bis 5,0 l Wechsel ca. 9,0 l bis 10,0 l (siehe Kapitel 10 »Kraftübertragung«) Ablassschraube: 35 Nm
Kühlmittel	Motorkühlsystem und Zusatzheizsystem, Standheizung (soweit wasserführend)	G11, G12, G12+, G12++, G13, MB 325.0, MB 325.2, MB 325.3, MB 325.5, MB 325.6 Wechsel ca. 8,0 l bis 12,2 l

3 Werkzeug und Ausrüstung

Ob nun reines Hobby oder beruflich: Das Schrauben birgt gewisse Risiken. Vom kleinen Kratzer bis hin zum tödlichen Unfall ist schon alles vorgekommen. Ärgerlich ist es aber auch schon, wenn durch einen unpassenden Schraubenschlüssel eine Schraube so beschädigt wird, dass sie sich nur mit einem erheblichen Aufwand lösen lässt. Einige Arbeiten werden durch Spezialwerkzeug deutlich erleichtert. Sollten Sie bestimmte Tätigkeiten öfter durchführen, scheuen Sie sich nicht, die Preise für das Spezialwerkzeug anzufragen. Gelegentlich sind die Preise so günstig, dass es sich nicht mal lohnt, die Werkzeuge nachzubauen.

Bild 1

Bild 1
Werkbank und Ablage.

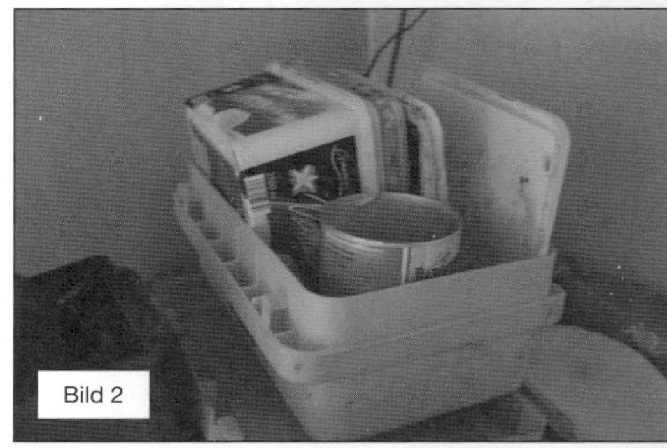

Bild 2

Bild 2
Kistchen und Kästchen – das spart Zeit.

Standardausrüstung für mechanische Arbeiten

Sicherlich ist es immer besser, auf die Werkzeugsätze der Top-Markenhersteller zurückzugreifen. Als Basis allerdings sind auch schon günstigere Ausführungen recht bekannter Marken erhältlich. Gerade für die Arbeiten an modernen Fahrzeugen müssen neben den üblichen Sechskantnüssen auch Vielzahn- und Torxeinsätze zur Verfügung stehen (Bild 4). Eine günstige Alternative für unsere Zwecke bieten »Snap On«- oder »KS-Tool«-Werkzeugkoffer, die ein sehr komplettes Angebot liefern. Sind die Sätze im Angebot, kann man sein Werkzeugsortiment mit einem solchen Set leicht auch um 100 Euro erweitern.

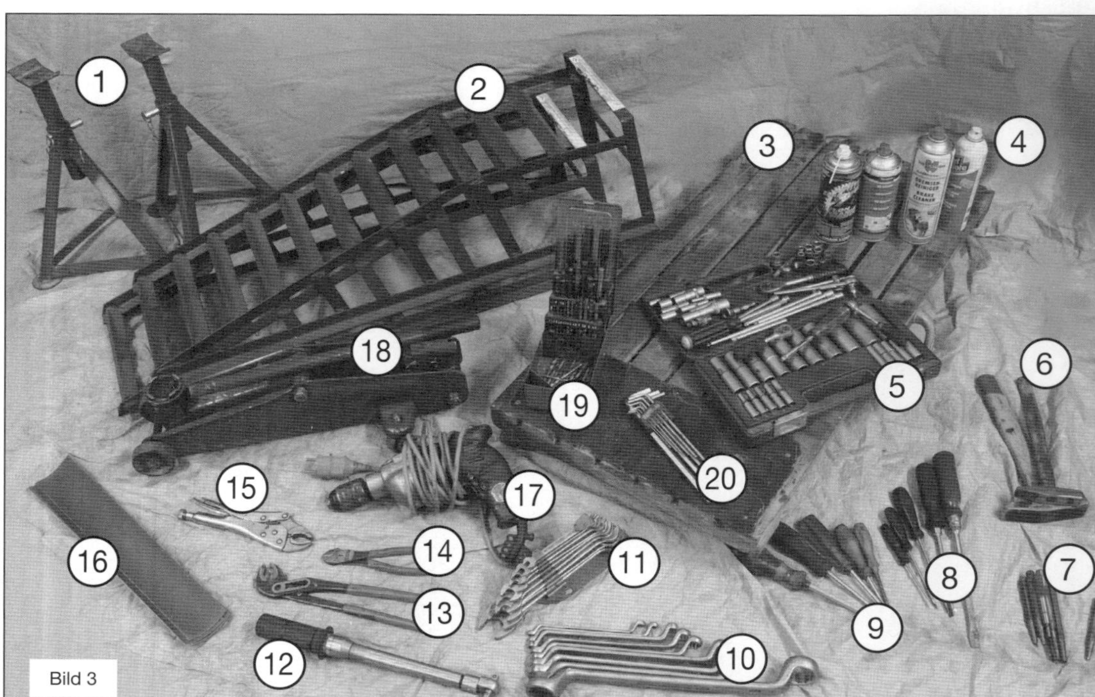

Bild 3

Bild 3
Standardwerkzeug in der Übersicht.

1 Unterstellböcke
2 Auffahrrampen
3 Rollbrett
4 Sprühfett, Rostlöser und Bremsenreiniger
5 Ratschenkasten-Werkzeugset
6 Schlosserhammer 500 g und Schlosserhammer 200 g
7 Durchschlagset und Körner
8 Schlitz-Schraubendreherset
9 Kreuz-Schraubendreherset
10 Ringschlüsselset
11 Gabelschlüsselset
12 Drehmomentschlüssel
13 Wasserpumpenzange
14 Seitenschneider
15 Grip- oder Schnappzange
16 Schleifpapier Korn 120
17 Handbohrmaschine
18 Hydraulischer Wagenheber
19 Bohrerset
20 Innensechskant/Torx/Vielzahnset

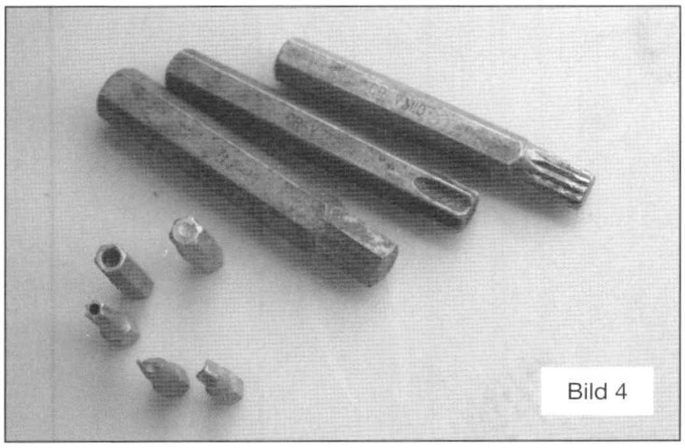

Bild 4

Bild 4
Innensechskant, Torx und Vielzahn bis öfter mal was Neues.

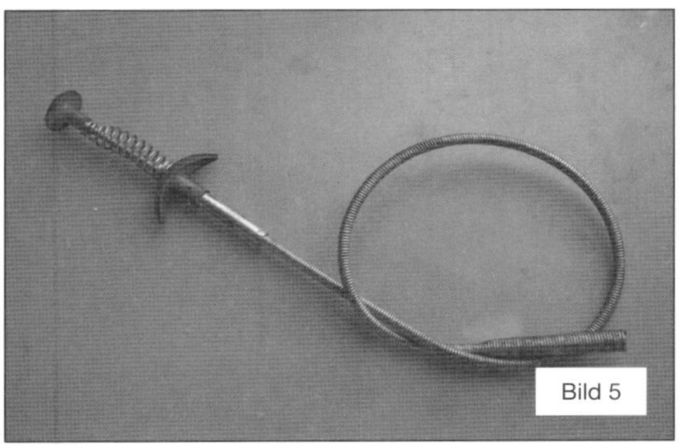

Bild 5

Bild 5
Greifer, um unzugängliche Stellen erreichen zu können.

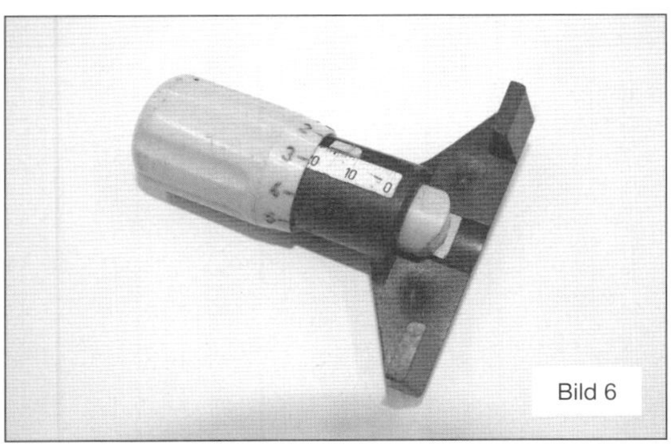

Bild 6

Bild 6
Zahnriemenvorspannungsprüfer.

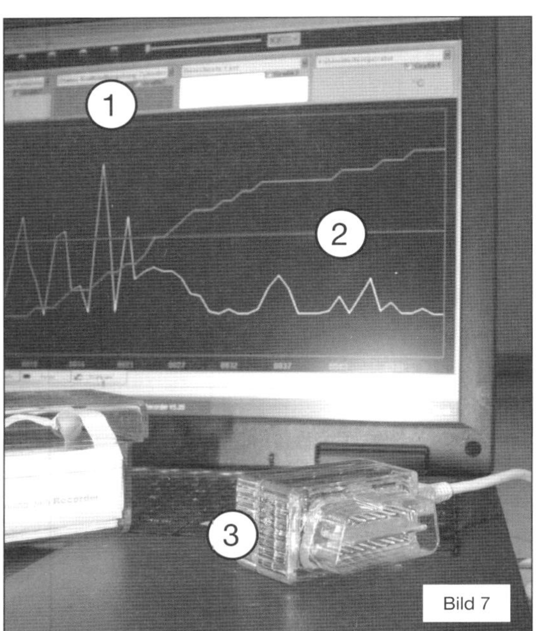

Bild 7

Bild 7
Aufzeichnen während der Fahrt. Alle OBD-Daten bis zu 24 Stunden erfassen.
1 Laptop
2 Kennlinien
3 Datenlogger

An Werkzeug lässt sich leider kein Geld einsparen. Zum einen ist die Lebenserwartung dieses Werkzeuges stark an den Anschaffungspreis gekoppelt und zum anderen ist es extrem wichtig, dass die Maßhaltigkeit genau stimmt.
Wenn es um die Demontage von einzelnen Bauteilen geht oder auch nur zur Ablage von ausgebauten Fahrzeugteilen, ist eine Werkbank sehr hilfreich (Bild 1). Ist sie stabil genug, kann sie bei der Demontage der Motorteile gute Dienste leisten. Bei der Demontage fallen regelmäßig einige Schrauben an. Um diese besser wieder zuordnen zu können und sie sicher und sauber zu lagern, empfiehlt es sich, für die einzelnen Baugruppen jeweils eine, am besten verschließbare Kiste zu verwenden (Bild 2).

Spezialwerkzeuge
Ein hilfreicher Spezialist für enge Stellen ist ein sogenannter Greifer oder auch ein »Magnet am Stiel« (Bild 5). Der Motorraum ist gerade bei heutigen Fahrzeugen recht zugebaut. Fällt eine Schraube oder Klammer hinunter, muss diese natürlich wieder herausgesammelt werden. Oft genug wird es für die Finger zu eng. Der Versuch, mit einem Schraubendreher das Entfallene in erreichbare Nähe zu bekommen, endet meist mit einer noch verzwickteren Lage. Der Greifer oder auch ein Magnet kann helfen, die entflohenen Teile ohne fingerbrecherische Aktionen wieder einzufangen.

Riemenvorspannungsprüfer (Bild 6)
Bei allen Motorvarianten ohne automatischen Riemenspanner muss dieser entsprechend den Angaben des Herstellers gespannt werden. Ist er zu lose, können genau wie bei zu fester Spannung Schäden an Riemen oder den Umlenkungen entstehen.

Standardausrüstung für Arbeiten an der elektrischen Anlage

Diagnose-Tools und Auslesegeräte
Unabdingbar ist heutzutage die in jedem Steuergerät eingebauten Fehlerspeicher auszulesen. Es geht schon lange nicht mehr

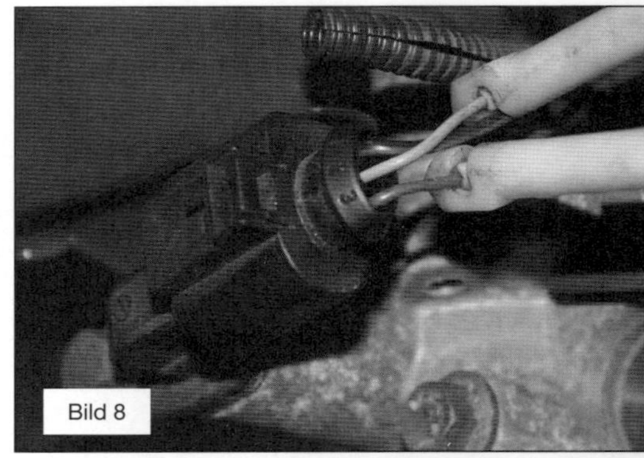

Bild 8
Nadelkontaktierer im Einsatz.

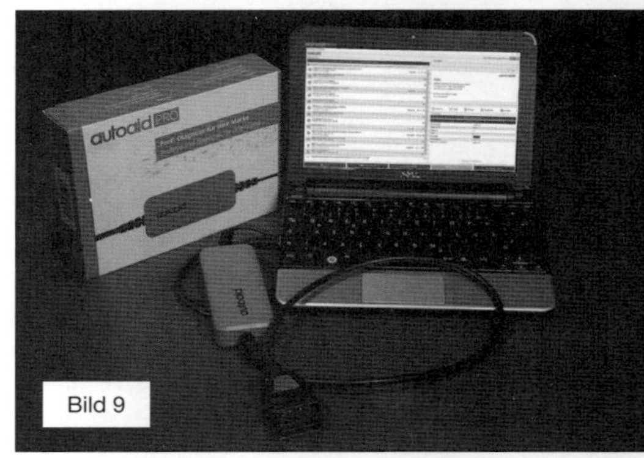

Bild 9
Freier Tester.
Autoaid STARTER, PRO oder EXPERT als Diagnoseset mit Dongel und Software.

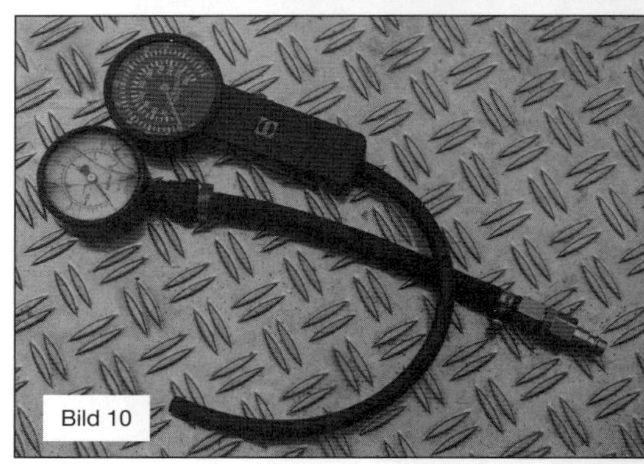

Bild 10
Kraftstoffdruckmanometer. Die Alten sind die besten: Sind die Innereien aus Blech, lassen sich damit nicht nur Luft-, sondern auch der Öl- und der Kraftstoffdruck messen. Anschlüsse und Gewindestücke gibts oft schon beim örtlichen Hydraulik-Händler oder im Werkzeugladen.

darum, die großen Fehler abzulegen, sondern eben auch kleine Funktionsstörungen, die vom Steuergerät erkannt werden, für eine Fehlerabfrage bei der Inspektion oder bei der Reparatur zu sichern. Es gibt heute schon Auslesegeräte für die OBD (On Board Diagnose) unter 100 Euro, die zumindest das Auslesen nach Codenummer ermöglichen. Wir verwenden den »Autoaid« (Autoaid GmbH) und den Starcom (PCI-Diagnosetechnik), um die Auslese, einige Bauteilprüfungen und Einstellungen im Bordnetz durchzuführen. Diese PC-basierten Diagnosesysteme liegen zwischen 300 bis 600 Euro ungefähr beim Preis eines Profiwerkzeugkastens. Zusätzlich wird lediglich ein Notebook mit Windows-Betriebssystem oder ein ausgedienter Desktop-PC benötigt. Regelmäßige, kostenlose Software-Updates halten Sie stets auf dem neuesten Stand (Bild 9). Die Auslesegeräte werden zunehmend vielfältiger und es ergeben sich neue Möglichkeiten. Der »C-Recorder« ermöglicht eine Langzeitüberwachung der Bordelektronik bis zu 24 h Fahrzeit (Nr. 3 in Bild 7). Das ist eine sehr hilfreiche Variante für die Fehlersuche, gerade bei kaum zu ortenden sporadisch auftretenden Fehlern.

Sinnvolle Anschaffung für die Messtechnik

Messspitzen

Riesige Probleme bereitet es, eine Messung an einem angeschlossenen Kabel am Bauteil in Funktion zu realisieren. Zumal ja weder die Isolierung noch das Kabel selbst oder der Stecker beschädigt werden sollen. Die Firma Rose Messtechnik in Limburg-Offheim stellt einen Nadelkontaktierer (Bild 8) her, der genau diese Anforderungen erfüllt (www.rose-netztechnik.de). Das Anstichloch im Kabel ist so klein, dass es keine relevanten Löcher in der Isolierung hinterlässt.

Messbechersatz »kraftstofffest«

Für die Messungen an der Benzinpumpe oder auch nur mal, um den Kraftstoff aufzufangen, werden Behältnisse mit Volumenangaben benötigt. Mit etwas Geduld finden sich in der Haushaltsabteilung des Supermarktes recht günstig verwendbare Messbecher oder Schüsseln. Auch ausrangierte Messuhren eignen sich durchaus für die Prüfung des Kraftstoff- oder Öldruckes.

Zum Selbermachen

Natürlich sind Messwerkzeuge in der Regel teuer. Es sei denn, man zeigt etwas Kreativität und Bastlerspürsinn. Die Profigeräte sind sicherlich deutlich professioneller, der Eigenbau aber ist genauso einsatzfähig und kostet oft nur wenige Euro. Messkabelsätze lassen sich aus passenden Anschlüssen vom Schrottplatz leicht und funktionell selbst herstellen (Bilder 11 bis 13). Neben normalen Labormesskabeln werden unterschiedliche Anschlüsse, Stecker und Y-Kabel benötigt, um Bauteile und Funktionen rund um die Motorsteuerung zu prüfen. Im Laufe der Berufsjahre sammeln sich schnell die unterschiedlichen Messadapter an.

Arbeiten an der Karosserie
Die Standardausrüstung für Arbeiten an der Karosserie haben wir im Bild 14 als Übersicht zusammengestellt. Mit der Ausrüstung lassen sich auch Korrosionsschäden und Kampfspuren, die im Alltagseinsatz entstehen, beseitigen. Korrosionsschutz und Ausbesserung des Unterbodens gehören schließlich auch zu den Wartungsarbeiten. Zumindest zu den erweiterten Arbeiten rund um die Wartung.

Bild 11

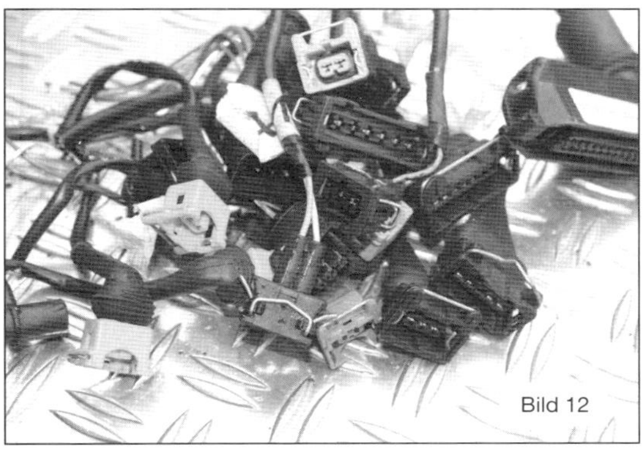
Bild 12

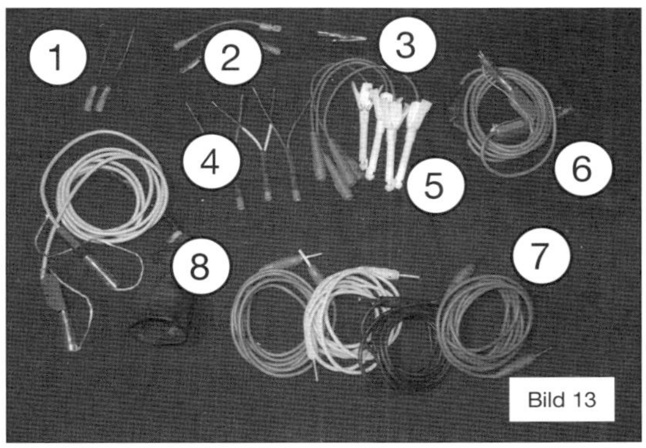

Bild 13

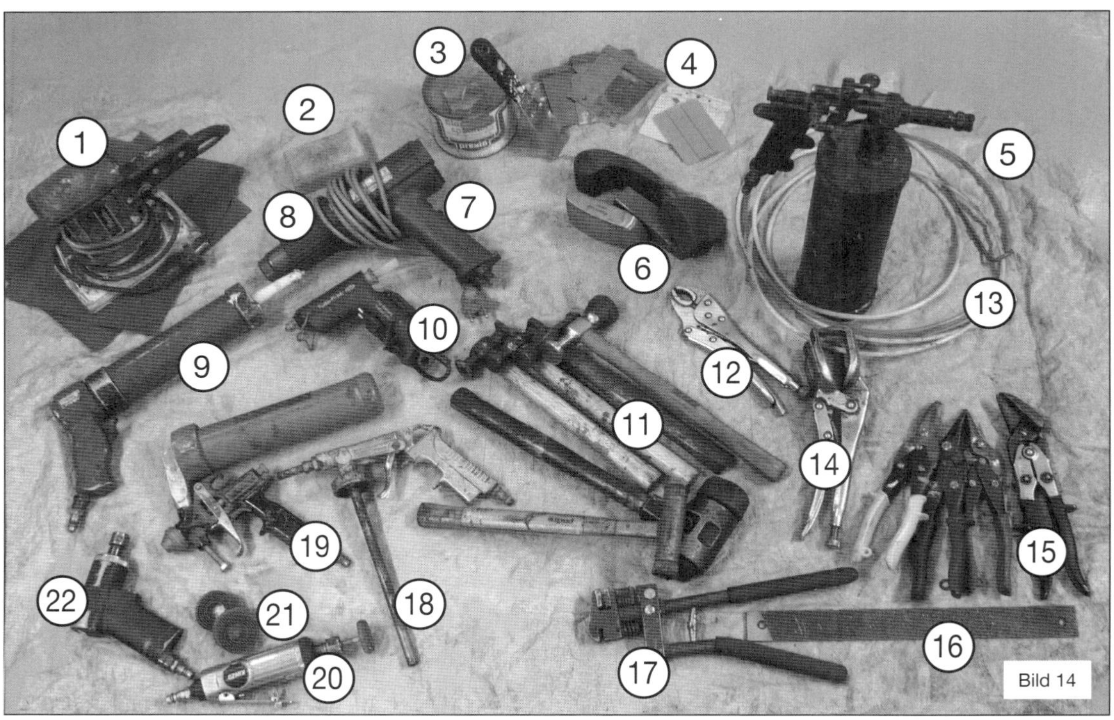

Bild 14

Bild 11
Fernschalter mit Anschlusskabel.

Bild 12
Die Kabel und Stecker ermöglichen den Test auch außerhalb des Fahrzeuges.

Bild 13
Messkabelsatz.
1 Messspitzen
2 Flachstecker auf Rundstecker für Laborkabel
3 Krokodilklemme
4 Y-Stecker
5 Nadelkontaktierer
6 Anschlusskabel mit Sicherung
7 Laboranschlusskabel
8 Anschlusskabel mit Schalter

Bild 14
Standard-Ausrüstung für Arbeiten an der Karosserie.
1 Schwingschleifer
2 Schleifklotz
3 Spachtelmasse
4 Japanspachtelset
5 Hohlraumpistole
6 Ausbeuleisen
7 Heißluftföhn
8 Schleifpapier
9 Kartuschen-Pistole
10 Heißklebepistole
11 Hammerset
12 Gripzange flach
13 Hohlraumversiegelungsonden
14 Gripzange abgesetzt und breit
15 Scherenset für gerade und kurvige Schnitte
16 Karosseriefeile
17 Absetzzange
18 Unterbodenschutzpistole
19 Nahtabdichtungs-Spritzpistole
20 Luftschleifer gerade
21 Bristol Look-Kunststoffschleifpads
22 Luftschleifer winklig

4 Motoren

In diesem Kapitel werden wir uns mit den Diesel-Motoren des Mercedes Benz Sprinter 910 beschäftigen. Den Sprinter gibt es mit sechs unterschiedlichen Motoren, die ausschließlich mit Commonrail-Einspritzsystem ausgeliefert worden sind. Moderne Aufladungssysteme ermöglichen einen besseren Drehmomentverlauf bei besserem Abgasverhalten und verbesserter Laufkultur. Die Basismotoren sind technisch gleich, die Leistungsabgabe wird elektronisch über ein Kennfeld vorgegeben. Ab dem Modelljahr 2021 wird der Basismotor für die verbleibenden drei Leistungsstufen auf den neuen OM 654 mit 2-l Hubraum beschränkt. Vom Chiptuning ist trotzdem abzuraten, da die Leistungsreduzierung grundsätzlich auch kleine technische Änderungen an Ladern und Einspritzsystem bedeuten kann. Wie in allen Bänden dieser Buchreihe werden wir die gängigsten Arbeiten am Motor und an der Motorsteuerung vorstellen. Messwerte und Drehmomente finden Sie in den Kapiteln 16 » Technische Daten« und 17 »Anzugsdrehmomente«.

Die Motormerkmale-Technische Daten

Die Bezeichnung der Motoren bei Mercedes Benz setzt sich, wie bei vielem, was Techniker bezeichnen, sehr einfach und auch sehr nachvollziehbar zusammen. Betrachten wir die Bezeichnung des »Taximotors« (OM 651 DE22 LA) der meist verbaute Sprintermotor, der in der Basis auch die meisten Taxis antreibt), im Detail:

Kürzel	Bedeutung
OM	Ölmotor (Diesel)
651	Baureihe (dreistellig)
DE	Direkteinspritzung
22	Hubraum (zweistellig)
L	Ladeluftkühlung
A	Abgasturbolader

OM 651 DE 22 LA (verbaut zwischen 2018 und 2021)			
Motor und Leistung	**211CDI, 311CDI, 411CDI, 84 kW/114 PS**	**214CDI, 314CDI, 414CDI, 514CDI, 105 kW/143 PS**	**216CDI, 316CDI, 416CDI, 516CDI), 120kW/163 PS**
Motortyp (Hubraum)	OM 651 (2143 cm³)		
Motorkennbuchstaben	651.958		
Zylinderzahl und Bauform	R4		
Ventile pro Zylinder	4		
Leistung kW bei 1/min	84/3800	105/3800	120/3800 121/3800
Drehmoment Nm bei 1/min	300/1200 - 2200	330/1200 - 2200	380/1200 - 2400
Bohrung Ø mm	83,0		
Hub mm	99,0		
Aufladesystem	Turbolader		
Material Zylinderkopf/Motorblock	Aluminium-Legierung/Grauguss		
Anzahl der Nockenwellen	2		
Lage der Nockenwellen	oben		
Antrieb der Nockenwellen	Steuerkette		
Massenausgleichswelle	2		
Anzahl der Kurbelwellenlager	5		
Gemischaufbereitung	Common-Rail		
Abgasreinigung	Dieselpartikelfilter, Zweiwege-Oxikat (Euro 5, Euro 6)		

OM 654 DE 20 LA (verbaut ab 2021)

Motor und Leistung	215CDI, 315CDI, 415CDI, 110kW/150 PS	217CDI, 317CDI, 417CDI, 125kW/170 PS	219CDI, 319CDI, 419CDI 140kW/190 PS
Hubraum		1950 cm³	
Motorkennbuchstaben		654.920	
Zylinderzahl		4	
Ventile pro Zylinder		4	
Leistung kW bei 1/min	110/3800	125/3800	140/3800
Drehmoment Nm bei 1/min	340/1500 - 2400	380/1500 - 2400	450/1500 - 2400
Bohrung Ø mm		82,0	
Hub mm		92,3	
Aufladesystem		Turbolader	
Material Zylinderkopf/Motorblock		Aluminium-Legierung	
Anzahl der Nockenwellen		2	
Lage der Nockenwellen		oben	
Antrieb der Nockenwellen		Steuerkette	
Massenausgleichswelle		2	
Anzahl der Kurbelwellenlager		5	
Gemischaufbereitung		Common-Rail	
Abgasreinigung		Dieselpartikelfilter, Zweiwege-Oxikat (Euro 6)	

Arbeiten am Motor

Maßnahmen für Sicherheit, einwandfreie Funktion und Sauberkeit

⚠ Bei Arbeiten am Motor, an der Kraftstoffversorgung (Kapitel 7) und an der Einspritzanlage sind bestimmte Maßnahmen zu treffen und Hinweise zu befolgen. Diese dienen der Arbeitssicherheit und der einwandfreien Funktion aller Systeme. Fehlfunktion oder Schäden durch Verunreinigung sollen durch diese Maßnahmen vermieden werden. Wir stellen sie hier als grundlegend für alle folgenden Arbeiten an Motor und Gemischaufbereitung voran.

Sicherheit

■ Bei allen Montagearbeiten am Kraftstoffsystem unbedingt Schutzbrille und Schutzhandschuhe tragen. Hautkontakt mit Kraftstoff vermeiden. Abschließend grundsätzlich die Hände waschen.

■ Der Kraftstoff bzw. die Kraftstoffleitungen im Kraftstoffsystem können sehr heiß werden (Verbrühungsgefahr). Außerdem steht das Kraftstoffsystem unter Druck. Vor dem Öffnen des Systems deshalb Putzlappen um die Verbindungsstelle legen und durch vorsichtiges Lösen der Verbindung Druck abbauen.

■ Aus Sicherheitsgründen muss vor dem Öffnen des Kraftstoffsystems die Sicherung für die Kraftstoffpumpe aus dem Sicherungshalter entfernt werden, da die Pumpe durch den Türkontaktschalter der Fahrertür aktiviert werden kann.

■ Kraftstoffleitungen sind mit Schnellverschlüssen gesichert. Kraftstoffschläuche dürfen nur mit Federbandschellen gesichert werden. Die Verwendung von Klemm- oder Schraubschellen ist nicht zulässig.

■ Beim Aus- und Einbau des Gebers für Kraftstoffvorratsanzeige oder der Kraftstoffpumpe (Kraftstofffördereinheit) aus gefüllten oder teilweise gefüllten Kraftstoffbehältern muss bereits vor Beginn der Arbeiten in die Nähe der Montageöffnung des Kraftstoffbehälters der Schlauch einer eingeschalteten Abgas-Absauganlage zum Absaugen der frei werdenden Kraftstoffgase gelegt werden.

Sichtprüfung Messen

Bei Diesel-Motoren ist die Einspritzanlage in einen Hochdruckbereich (maximal bis 2000 bar) und in einen Niederdruckbereich (ca. 6 bar) aufgeteilt.

■ Vor dem Öffnen des Hochdruckbereichs, z. B. beim Ausbau der Hochdruckpumpe, des Kraftstoffverteilers, der Einspritzventile, der Kraftstoffrohre oder des Kraftstoffdruckgebers, muss der Kraftstoffdruck im Hochdruckbereich definiert auf einen Restdruck von ca. 6 bar abgebaut werden. Dazu ist ein Werkstatt-Diagnosesystem nötig. Bei Einsatz des Werkstatttesters wird eine »Geführte Funktion: Kraftstoffhochdruck abbauen« nach Testeranweisungen ausgeführt.

■ Grundsätzlich muss die Zündung ausgeschaltet werden und ein sauberer Putzlappen um die Verbindungsstelle gelegt werden. Dann wird die Verbindungsstelle vorsichtig geöffnet und der Druck abgelassen. Der ausfließende Kraftstoff muss aufgefangen werden.

■ Abschließend sollte der Fehlerspeicher abgefragt, alle Einträge gelöscht und ein Readinesscode erzeugt werden.

Funktionssicherheit

■ Bei allen Montagearbeiten, insbesondere aufgrund der engen Bauverhältnisse im Motorraum, Leitungen aller Art z. B. für Kraftstoff, Kühl- und Kältemittel, Unterdruck und elektrische Leitungen so verlegen, dass die ursprüngliche Leitungsführung wieder hergestellt wird.

■ Alle Kabelbinder, die beim Ausbau gelöst oder aufgeschnitten werden, sind beim Einbau an der gleichen Stelle wieder zu befestigen.

■ Um Beschädigungen an den Leitungen zu vermeiden, auf ausreichenden Freigang zu allen beweglichen oder heißen Bauteilen achten.

Sauberkeit (5 Regeln)

■ Verbindungsstellen und deren Umgebung vor dem Lösen gründlich reinigen.

■ Ausgebaute Teile auf einer sauberen Unterlage ablegen und abdecken. Keine fasernden Lappen benutzen.

■ Geöffnete Bauteile sorgfältig abdecken bzw. verschließen, wenn die Reparatur nicht umgehend ausgeführt wird.

■ Nur saubere Teile einbauen: Ersatzteile erst unmittelbar vor dem Einbau aus der Verpackung nehmen. Keine Teile verwenden, die unverpackt (z. B. im Regal oder in Werkzeugkästen) aufgehoben wurden.

■ Bei geöffneter Kraftstoff- und Einspritzanlage möglichst nicht mit Druckluft arbeiten und das Fahrzeug nach Möglichkeit nicht bewegen.

Diagnosetester einsetzen

An diesem Kapitel lässt es sich leicht erkennen, dass viele Funktionen über die Elektronik virtuell realisiert worden sind.

Die Anschaffung eines Testers für die Diagnose ist zwingend erforderlich. Nicht einmal der Anbau der Anhängerkupplung oder das Einstellen des Lichtes ist mehr möglich, wenn man eine fachgerechte Arbeit abliefern möchte.

Es geht nicht darum, die Einträge im Fehlerspeicher zu löschen, um dann mal »rumzuraten«, was es denn gewesen sein könnte. Es wäre das Gleiche, wenn Sie die Seiten dieses Buches ungelesen ausreißen und dann raten, was denn dringestanden haben könnte. Die Diagnose über die Fehlerspeicher vereinfacht die Arbeit am Fahrzeug um einiges. Man muss lediglich lernen, mit diesem »Werkzeug« zu arbeiten. Ohne Tester bleibt nur der Weg zum Händler, um den Fehlerstatus zu erfassen oder Einstellungen zu machen.

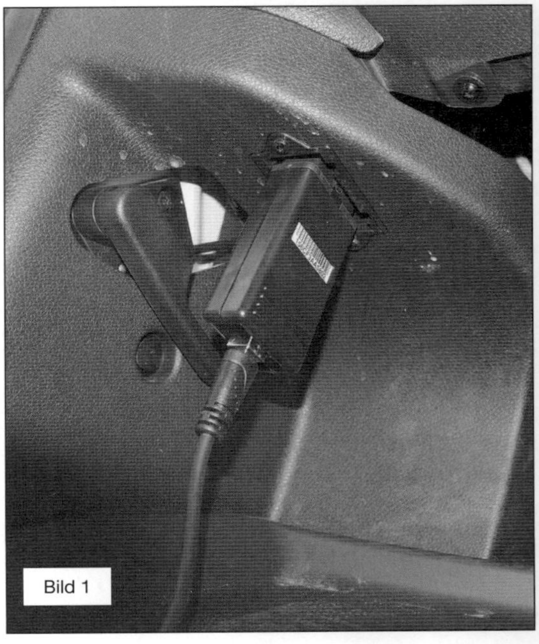

Bild 1

Bild 1
Anschluss eines Diagnose-Dongels an der fahrzeugeigenen OBD-Anschlussdose.

Mercedes-Benz Tester
Ein großer Teil der Reparaturarbeiten schließt die Diagnose von Fehlern ein. Diese wird durch die STAR DIAGNOSIS (Werkstatttestsystem bei den Mercedes-Benz-Werkstätten) im Zusammenspiel mit den Diagnosegeräten unterstützt. Diese können in der Fachwerkstatt an allen vernetzten Arbeitsplätzen betrieben werden und bieten direkten Zugriff auf aktuelle Werkstattliteratur sowie Unterstützung vom Hersteller über Telediagnose. Bei der Diagnose werden alle Kunden- und Fahrzeugdaten an die angeschlossenen Geräte weitergeleitet und sind automatisch an jedem Arbeitsplatz abrufbar. Während einer Reparatur können technische Problemlösungen nachgeschlagen oder im Servicenetz des Herstellers tagesaktuelle Zusatzinformationen abgerufen werden. Diese Anbindung an das Netzwerk ermöglicht Software-Updates von Steuergeräten, Geheimnis- und Komponentenschutz, Softwareversionsmanagement, Übertragung von Diagnoseprotokollen, die besagte Telediagnose, die softwaregestütze Durchführung von Aktionen und viele weitere Funktionen.

Das System »WIS/ASRA« steht mit aktuellen Daten zur Verfügung. Möglich sind dadurch:

- Datenaustausch zwischen kaufmännischem Bereich und Werkstatt;
- Datenaustausch über Werkstattauslastung und Terminvereinbarung;
- Austausch von Kunden-, Fahrzeug- und Termindaten;
- Rückfluss von Daten über bereits ausgeführte Reparaturen von der Werkstatt auf den Fortschrittsmonitor, sodass der Serviceberater gegebenenfalls in den laufenden Prozess eingreifen kann;
- Datenrückfluss von der Werkstatt für Qualitätskontrolle und Rechnungserstellung;
- Bereitstellung von Daten über benötigte Arbeitszeiten, Arbeitspositionen und Ersatzteile;
- Einbeziehung des Teiledienstes ab Terminvorbereitung in den Service-Prozess.

Testgerät für Mehrmarkenwerkstätten
Gerade für Mehrmarkenwerkstätten und auch freie Werkstätten ergibt sich durch die Vielzahl der unterschiedlichen Fahrzeugmarken das Problem, den Zugang zu den einzelnen Fahrzeugen mit möglichst wenigen Testern zu realisieren. Schließlich

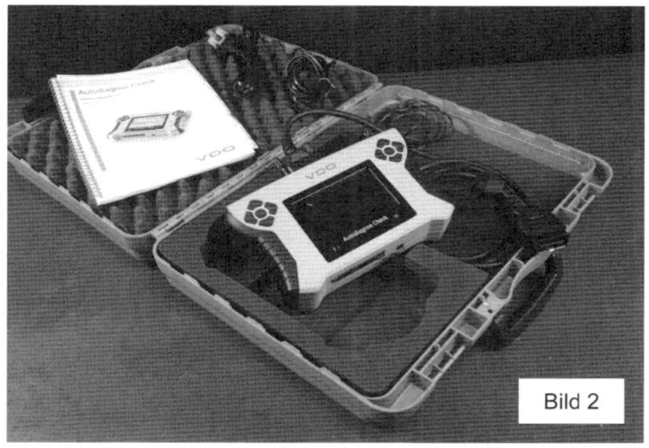
Bild 2

Bild 2
VDO-Diagnosetester.
Kleines Handgerät ohne Messfunktionen.

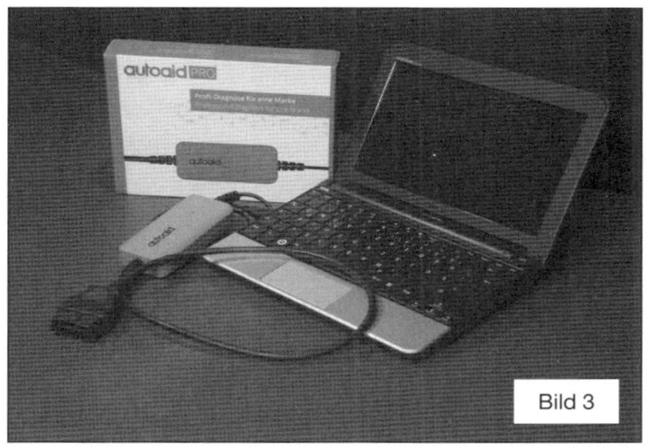

Bild 3

Bild 3
Autoaid.
Dongel mit OBD-Zugang und Software auf Laptop oder PC.

müssen die Tester nicht nur angeschafft, sondern auch auf dem neuesten Stand gehalten werden. Neben den Großen der Branche wie Bosch und Gutmann sind auch günstigere Tester als Komplettlösung wie der »VDO Autodiagnose Check« (Bild 2) als Beispiel für ein unabhängiges Handgerät oder der »Autoaid« (Bild 3) als Beispiel für einen Laptop-basierten Tester auf dem Markt. Der Schwerpunkt für diese Testerkategorie liegt in typischen Servicearbeiten und der Diagnose rund um den Antrieb.

Diagnosewerkzeuge für den Schrauber
Natürlich wählen wir wie auch beim Werkzeug nicht die billigste Variante aus, sondern empfehlen Ihnen die Anschaffung eines Systems, das im Laufe der nächsten Jahre noch einiges an Potenzial liefern wird.

Beispiel Laptoplösung »Autoaid«:
Der Fahrzeughersteller Mercedes ist nur bei wenigen Testerherstellern für die Diagnose außerhalb des genormten Bereichs der OBD im Fokus. Das verkleinert die Auswahl an Testern erheblich. Die Berliner Firma Autoaid liefert ab etwa 100 Euro ein Diagnosetool, das auch im Sprinter eine schon herausragende Diagnosetiefe liefert. Gerade

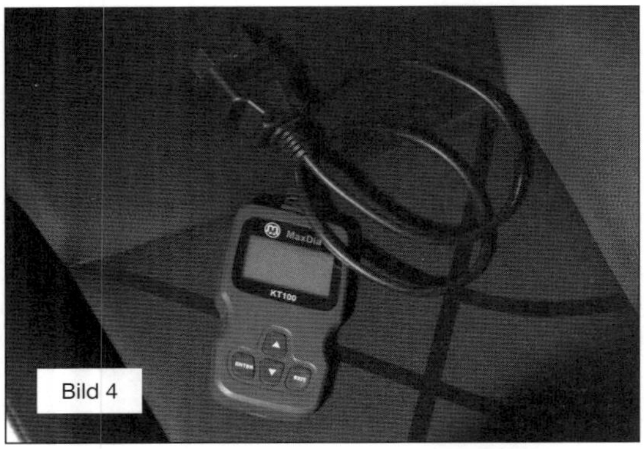

Bild 4

Bild 4
OBD-Handtester zum Lesen und Löschen.

diejenigen unter den Lesern, die dem Thema »Diagnose« kritisch gegenüberstehen, werden zumeist nach wenigen Versuchen erkennen, wie einfach der Umgang mit Laptop und Fahrzeug wird. Eine typische Situation im Umgang mit den Fahrzeugen dieser Generation liegt in der schon recht umfangreichen Steuerung und Regelungstechnik. Abgestimmt und eingestellt wird oft nur noch auf der virtuellen Ebene.

Handgeräte zum Lesen und Löschen
OBD2 ist das Zauberwort, welches den Zugang zumindest zu den Motorsteuergeräten ermöglicht. Die Normung der Diagnose ermöglicht zumindest in diesem Bereich den Zugang zu allen aktuellen Fahrzeugen. Um den Fehlerspeicher auszulesen oder auch Prüffunktionen der Eigendiagnose ausführen zu können, reicht meist schon ein Diagnosetool, welche durchaus schon um 50 Euro in diversen Onlineversteigerungen angeboten werden. Oft noch günstiger sind die kleinen Handgeräte schon im Baumarkt um die Ecke erhältlich. Wichtig ist, dass die entsprechende Software und zumindest eine Beschreibung auf Deutsch mitgeliefert wird.

Fehlerspeicher abfragen
Schwierig? Kann ich nicht? Ach was! Wer es schafft, E-Mails abzurufen, ohne den Computer zu zerstören, kann auch diese Arbeiten leicht erlernen. Wir zeigen Ihnen an einigen Beispielen, wie Aufgaben dieser Art angegangen werden können, und möchten Sie animieren, sich zusammen mit Fachforen auch mit der Thematik Tester und Diagnose genauer auseinanderzusetzen. Die Vorgehensweise unterscheidet sich zwischen den einzelnen Testgeräten kaum. Auch dann, wenn Sie ein Handgerät benutzen, werden Sie über die Menüführung eine ähnliche Beschreibung wie die Folgende erhalten. Wir werden diese Beschreibung am »Autoaid PRO« vorstellen.

■ Wir gehen davon aus, dass Sie den Diagnosetester ordnungsgemäß nach Handbuch installiert haben.

■ Schließen Sie den Diagnosetester an die OBD-Dose im Fahrerfußraum an.

☞ Die Diagnosedose finden Sie unter der Verkleidung links im Kniebereich der Armaturentafel (Bild 1). Der Anschluss ist sofort erkennbar. Stecken Sie den OBD-Stecker in die Diagnosedose und den Anschluss in die entsprechende Anschlussdose Ihres Testers.

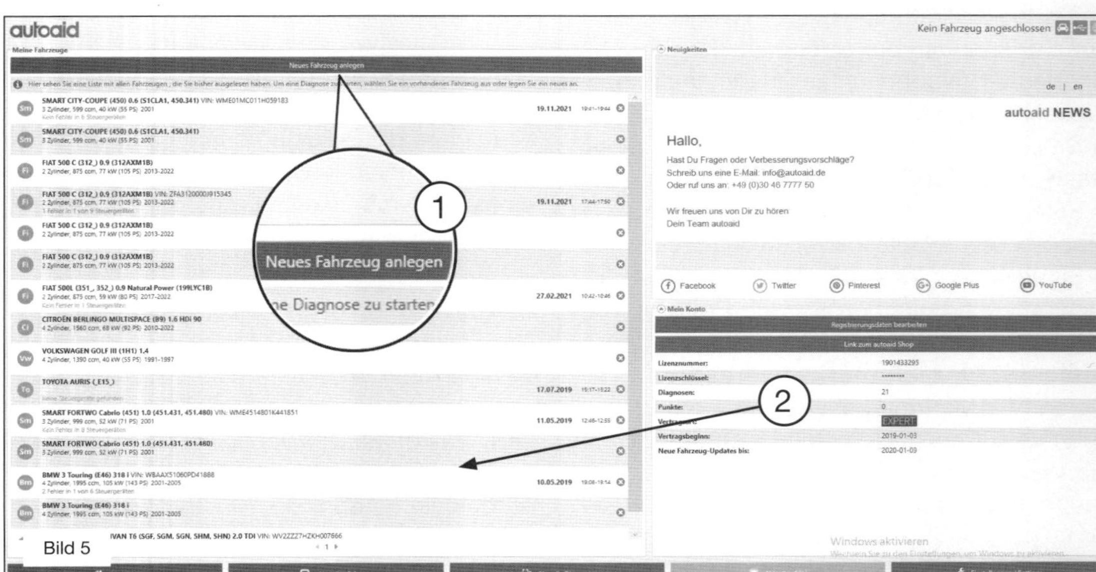

Bild 5

Bild 5
Startmaske des Diagnosetesters.
1 Funktionstaste zum Anlegen eines neuen Fahrzeuges
2 Liste der Fahrzeuge, die bereits angelegt wurden

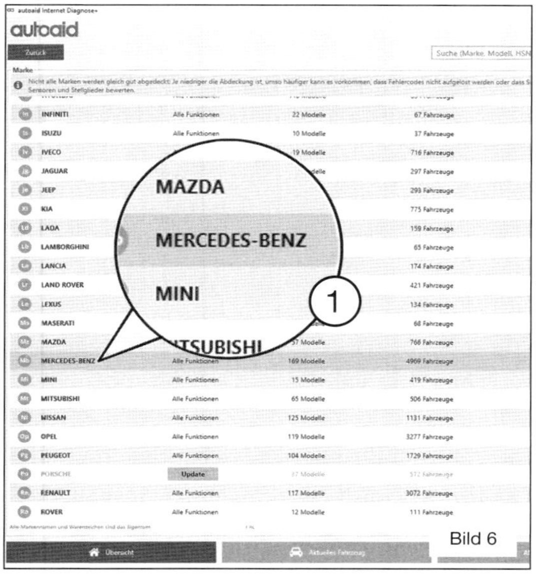

Bild 6

Bild 6
Anwahl des Fahrzeugherstellers.
1 Sprinter in der umfangreichen Herstellerliste

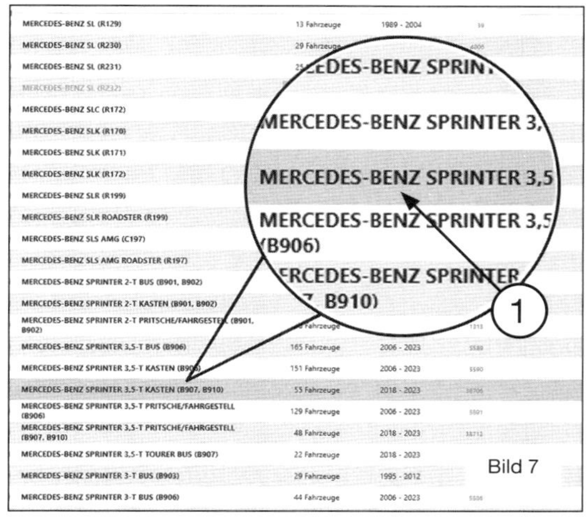

Bild 7

Bild 7
Anwahl des Fahrzeugtyps des Herstellers Sprinter.
1 Anwahl unseres Sprinters

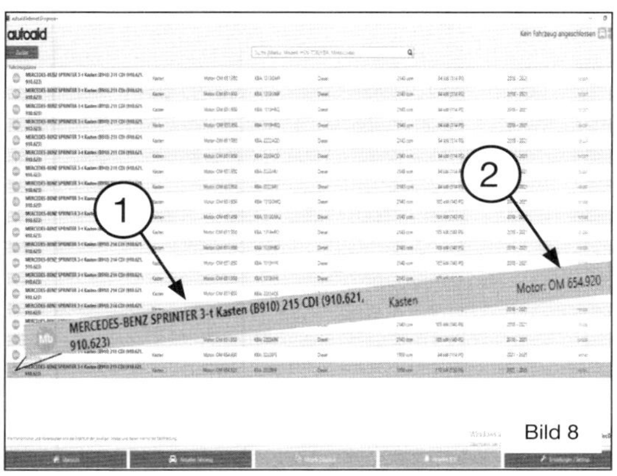

Bild 8

Bild 8
Anwahl der Motorisierung.
1 Anwahl für unseren Fahrzeugtyp
2 Motorcode

■ Starten Sie die entsprechende Diagnosesoftware auf Ihrem Laptop oder dem Tester (Bild 5).
■ Schalten Sie die Zündung ein.
■ Starten Sie die Testersoftware. Autoaid hat auf einen klassischen Startbildschirm verzichtet und führt Sie direkt in den Diagnosemodus zur Fahrzeugauswahl.
■ Klicken Sie mit einem Klick auf die Taste »neues Fahrzeug anlegen (1 im Bild 5)«. Die Diagnosesoftware wird nun gestartet und die Bildschirmmaske wechselt zur Auswahl des Fahrzeugherstellers.
■ Wählen Sie den Hersteller »Mercedes Benz« (Bild 6) mit einem Klick an. Die Bildschirmmaske wechselt nun zur Auswahl des Fahrzeugmodells.
■ Wählen Sie das Modell Ihres Sprinters (Bild 7) an. Die Bildschirmmaske wechselt nun zur Auswahl der Motorvariante.
■ Wählen Sie die Modellbezeichnung (1 im Bild 8) Ihres Sprinter mit der passenden Motorbezeichnung (2) mit einem Klick aus.

Der Tester fragt nun alle Steuergeräte ab und stellt den Fehlerstatus (1 im Bild 9) in einer Übersicht dar.

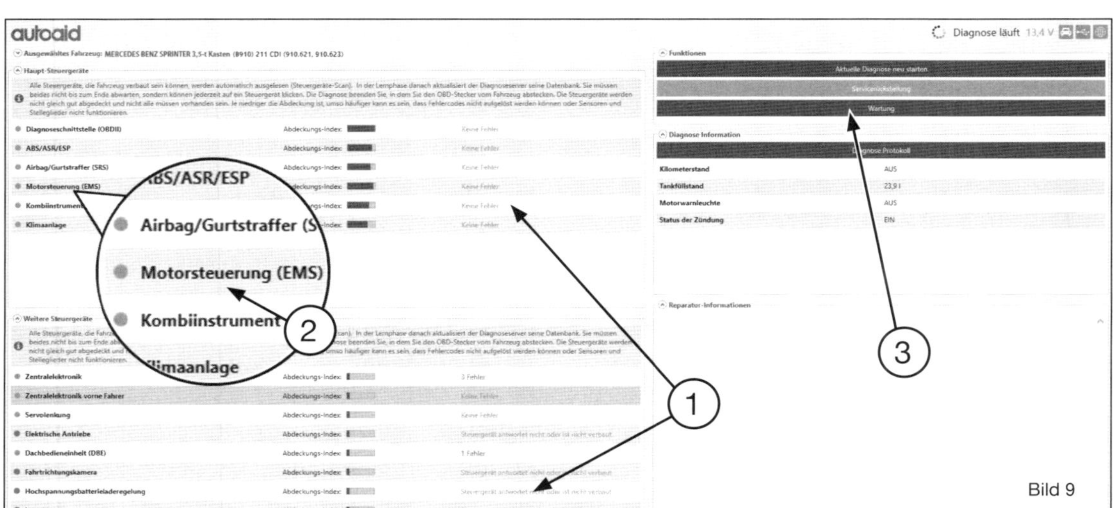

Bild 9

Bild 9
Praktische Übersicht vorliegender Fehler aller verbauten Steuergeräte.
1 Statusübersicht der Steuergeräte
2 Anwahl Motorsteuergerät (mit Doppelklick)
3 Anwahl für Wartungsarbeiten und Ähnlichem

Bild 10
Übersicht für das Motorsteuergerät im Detail.
1 Informationsfeld
2 Funktionstasten
3 Detailinformationen, wenn Fehler im Steuergerät abgelegt sind

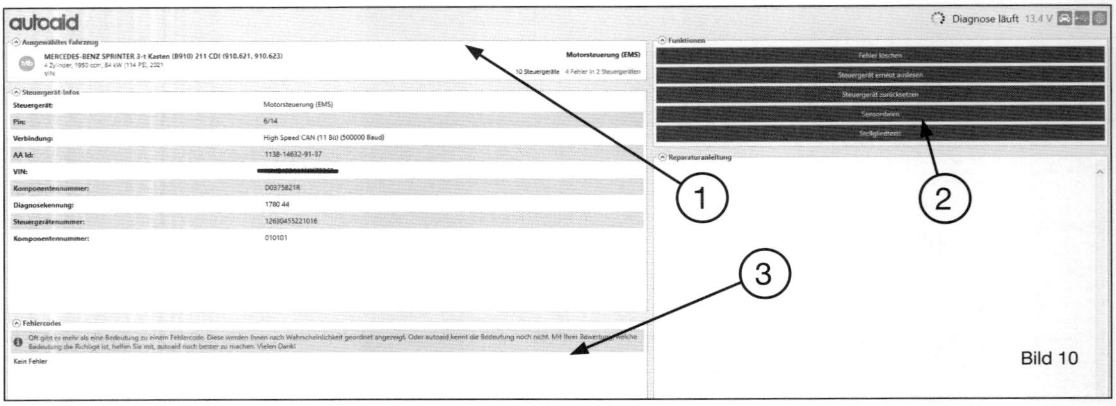

Bild 10

■ Wählen Sie das Motorsteuergerät (2) Ihres Sprinter mit einem Klick an.

Soweit Fehler vorliegen, können Sie hier die Details (3 im Bild 10), Informationen zum Fahrzeug (1) einsehen oder über die Funktionstasten (2) Funktionen und Sensoren prüfen und auch einen abgearbeiteten Fehler löschen.

Hier stellt sich dann auch ein Unterschied in der Diagnosetiefe der einzelnen Tester heraus. Bei einfachen Testern beschränkt man sich auf die Möglichkeiten, den Fehlerspeicher zu lesen und zu löschen. Je mehr Funktionen sich hinter dem einzelnen Steuergerät verbergen, umso aufwendiger ist die Software des Diagnosesystems.

Fehlerspeichereinträge drucken

Wenn Sie die Fehlereinträge speichern oder ausdrucken wollen, wählen Sie die entsprechende Funktion über die Funktionstasten Ihres Computers aus.

Fehlerspeichereinträge löschen

Sind Fehler im Fehlerspeicher abgelegt, die bekannt sind und lediglich noch nicht gelöscht wurden, können Sie nun wie im Folgenden beschrieben vorgehen.

■ Klicken Sie die Funktionstaste »Fehler löschen« (2 im Bild 10) an.

■ Lassen Sie das Fahrzeug einige Minuten laufen.

■ Klicken Sie die Funktionstaste »Fehlerspeicher erneut lesen« (2) an und kontrollieren Sie, ob der Fehler nicht erneut vorliegt.

Derselbe Vorgang kann auf dem Handgerät nachvollzogen werden. Lediglich die Anwahl ist deutlich geringer. Für einen Ausdruck muss eigentlich jedes mobile Gerät an einen Computer oder Laptop angeschlossen werden.
Die Anwahl der Funktionen erfolgt meist über die Pfeiltasten. »Enter« betätigt die getroffene Anwahl und »ESC« erlaubt den Rückzug aus der angewählten Maske.

Reine OBD2-Geräte ermöglichen in der Regel nur den Zugang zur Motorelektronik. Die Belegung und die Steuergerätesprache ist nur für den OBD2-Bereich verbindlich auf die abgasrelevanten Bauteile und die Motorelektronik geregelt.

Motor- und Unterbodenabdeckung aus- und einbauen

Die Motorabdeckung (Geräuschdämmung) ist nicht bei allen Modellen verbaut. Auch nicht immer in allen Teilen. Sollte in Ihrem Modell nur ein Teil oder keine Abdeckung über dem Motor verbaut sein, muss das nicht an der Vergesslichkeit eines Mechanikers liegen. Es kann sein, dass die Ausrüstung bereits ab Werk so vorgesehen war. Die obere Geräuschdämmung ist an der Motorhaube verbaut. Aus dem Zubehör kann eine Triebwerkschutzplatte verbaut sein.

Geräuschdämmung oben über dem Ventildeckel demontieren

Abdeckung oben am OM 651 (Bild 11):

■ Das Ölrohr am Luftfiltergehäuse ausclipsen.

■ Den Starthilfeanschluss am Luftfilterkasten ausclipsen.

■ Das Ansaugrohr zur Fahrzeugfront freilegen.

■ Den Ansaugschlauch zum Luftmassenmesser abklemmen.

■ Bauen Sie das Luftfiltergehäuse aus.

Bild 11
Motorraumansicht von oben am OM 651.

Bild 12
Motorraumansicht von oben am OM 654.

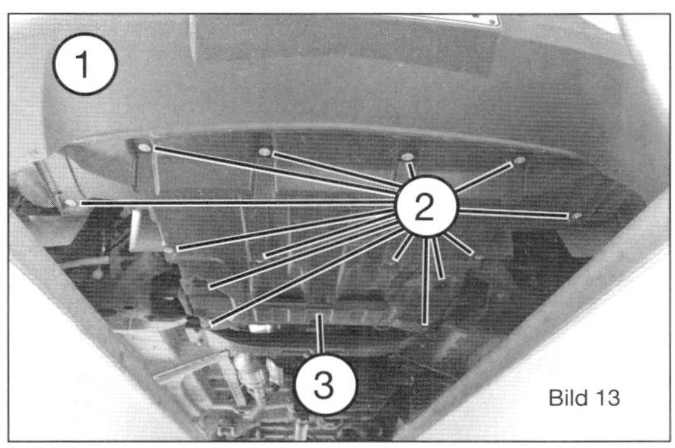

Bild 13
Serien-Motorabdeckung unten.
1 Stoßfänger vorne
2 Schrauben
3 Motorraumabdeckung

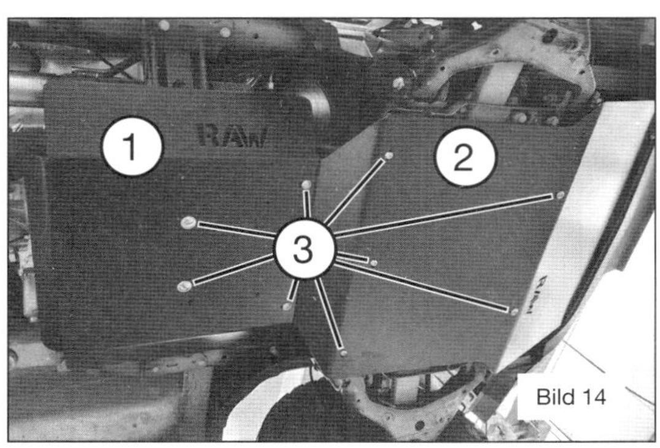

Bild 14
RAW Unterfahrschutz und Motorabdeckung unten als effektiver und robuster Triebwerkschutz.
1 Getriebeschutz
2 Motorschutz
3 Schrauben

■ Das Ölrohr am Ventildeckel lösen (1/4 Umdrehung wie beim Öldeckel) und abnehmen.

Verschließen Sie den Ventildeckel am besten sofort wieder mit dem Öldeckel.

■ Nehmen Sie die Kunststoffabdeckung nach oben ab.

■ Nehmen Sie die Geräuschdämmung über dem Ventildeckel ab.

Die Montage erfolgt sinngemäß in umgekehrter Reihenfolge.

Abdeckung am OM 654 (Bild 12):

■ Luftfiltergehäuse ausbauen.

■ Die Schnellverschlüsse (2) lösen.

■ Die vordere Motorabdeckung (1) ausbauen.

■ Die Schnellverschlüsse (4) lösen.

■ Den Kabelclip lösen.

■ Hintere Motorabdeckung (3) ausbauen.

Die Montage erfolgt sinngemäß in umgekehrter Reihenfolge.

Geräuschdämmung unten demontieren

Geräuschdämmung (Bild 13) demontieren:

■ Schrauben (2) herausdrehen und die Geräuschdämpfung abnehmen.

Die Montage erfolgt sinngemäß in umgekehrter Reihenfolge.

■ Drehen Sie die Schrauben und Muttern zuerst nur handfest an und richten Sie die Geräuschdämpfung spannungsfrei aus.

■ Drehen Sie die Schrauben mit jeweils 5 Nm Anzugsdrehmoment fest.

Prüfung auf Undichtigkeiten und Beschädigung

Die Sichtprüfung ist von oben und von unten vorzunehmen, weshalb die Geräuschdämpfung oben und unten abzubauen ist.

Sichtprüfung wie folgt durchführen:

■ Motor und Bauteile im Motorraum auf Undichtigkeiten und Beschädigungen prüfen.

■ Leitungen, Schläuche und Anschlüsse des Kraftstoffsystems, des Kühl- und Heizsystems, des Ölkreislaufs, der Klimaanlage, der Ansauganlage und der Bremsanlage auf Undichtigkeiten, Scheuerstellen, Porosität und Brüchigkeit prüfen.

■ Alle festgestellten Mängel durch Reparatur beseitigen.

■ Bei nicht verbrauchsbedingtem Flüssigkeitsverlust muss grundsätzlich die Ursache ermittelt und der Schaden beseitigt werden.

Bild 15
Riemenspannung prüfen. Grundsätzlich an Stellen, an denen der Riemen frei hängt (A).

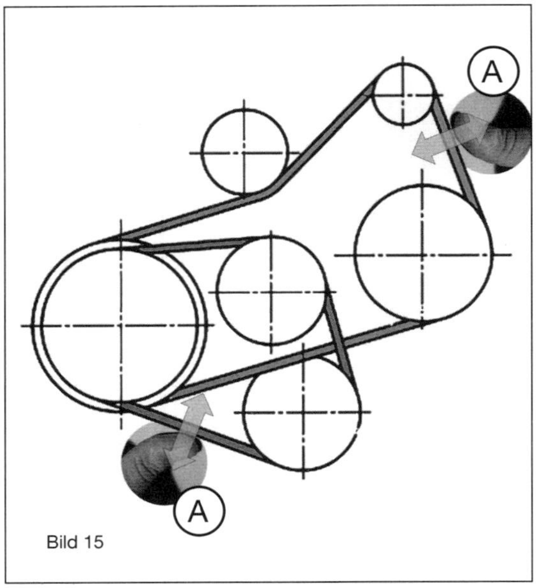

Bild 15

Bild 16
Kontrolle der Spannung des Keilrippenriemens.

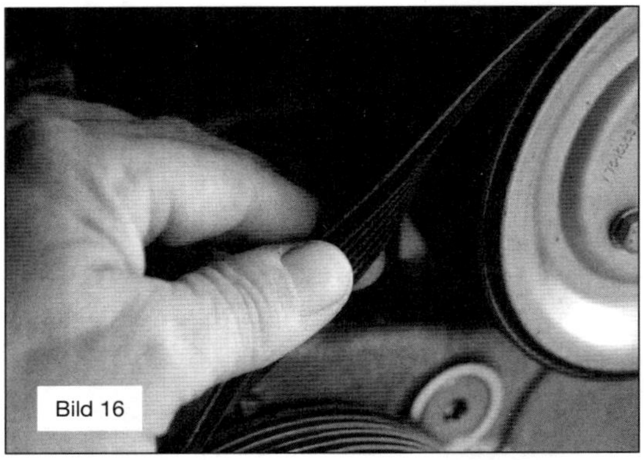

Bild 16

Keilrippenriemen prüfen

Der Keilrippenriemen oder auch Flachriemen ist für den Antrieb vieler Nebenaggregate wie der Klimaanlage zuständig. Aber auch Generator und Wasserpumpe werden durch ihn angetrieben. Die unterschiedlichen Einbaulagen des Keilrippenriemens Ihres Sprinters stellen wir Ihnen auch für die Montagearbeiten am Generator Aus- und Einbau an diese Stelle vor. In diesem Kapitel werden wir uns neben der Einbaulage auch mit den unterschiedlichen Spannvorrichtungen befassen und den Umgang mit ihnen darstellen.

Zustand prüfen

Kontrollieren Sie den Keil- und Keilrippenriemen nach folgenden Gesichtspunkten an mehreren Stellen:

- Unterbaurisse (Anrisse, Kernbrüche, Querschnittsbrüche),
- Lagentrennung (Deckschicht, Zugstränge),
- Ausbruch am Unterbau,
- Ausfransen der Zugstränge,
- Flankenverschleiß (Materialabtrag, Ausfransungen, Flankenverhärtung, Oberflächenrisse),
- Öl- und Fettspuren.

Spannung für Keilrippenriemen prüfen (mit automatischer Spannvorrichtung)

- Drücken Sie den Keilrippenriemen in einem Bereich, wo er frei hängt (siehe auch Bild 15), mit einem kräftigen Daumendruck nach unten.

Die Spannrollen müssen nun ruckfrei und ohne zu hakeln nachgeben. Wenn Sie den Druck wegnehmen, muss sich die Spannrolle ohne Verzögerung und ruckfrei zurückbewegen und den Antriebsriemen wieder spannen.

- Verdrehen Sie den Keilrippenriemen in einem Bereich, wo er frei hängt (Bild 16).
- Der Antriebsriemen muss sich etwa 90° leicht verdrehen lassen. So ist die optimale Vorspannung erreicht.

Keilrippenriemen aus- und einbauen

Der Keilrippenriemen treibt als wichtiger Teil des Kurbeltriebs die Nebenaggregate Drehstromgenerator und Klimakompressor. Der Aufbau sieht für die Motoren ähnlich aus, unterscheidet sich aber im Detail. Sehen Sie sich die Einbaulage des Riemens genau an. Zeichen Sie sich dazu eine Skizze oder markieren Sie den Riemenlauf anhand der Abbildungen in diesem Buch.

Unterschiede bei Fahrzeugen mit Start-Stopp-Automatik

Es gibt für die Montagearbeiten am Generator keinen Unterschied für Fahrzeuge mit Start-Stopp-Funktion oder Fahrzeugen ohne dieses Ausstattungsmerkmal. Das Anlassen erfolgt über den normalen Starter. Es wurde lediglich ein Generator mit höherer Leistung verbaut.

Generator, Lima, Klima und Servo

Wir fassen die Arbeitbeschreibungen trotz leichter Unterschiede zusammen und stellen

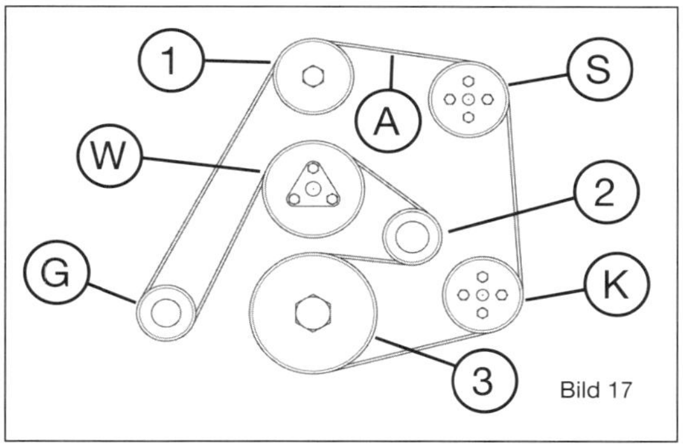

Bild 17

Schraubertipp:
Einbaulage des Keilrippenriemens

■ Achten Sie vor dem Einbau des Keilrippenriemens darauf, dass alle Aggregate (Generator, Klimakompressor) festmontiert sind.

■ Beim Einbauen des Keilrippenriemens achten Sie bitte auf die Laufrichtung und auf einen korrekten Sitz des Riemens in den Riemenscheiben.

■ Nach fertiggestellter Arbeit grundsätzlich Motor starten und Riemenlauf kontrollieren.

Ihnen eine allgemeingültige Variante zusammen.

■ Das Fahrzeug anheben oder aufbocken.

Achtung: Fahrzeug zwischen den Hebebühnensäulen ausrichten und die vier Aufnahmeteller an den vom Fahrzeughersteller vorgeschriebenen Hebebühnenaufnahmepunkten platzieren.

■ Falls vorhanden, Geräuschdämpfung ausbauen.

Tipp: Soll der gebrauchte Keilrippenriemen wieder verwendet werden, muss die Laufrichtung auf dem Keilrippenriemen markiert werden.

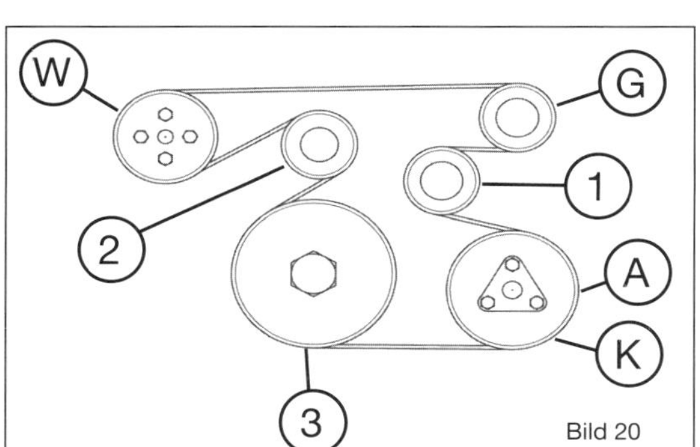

Bild 20

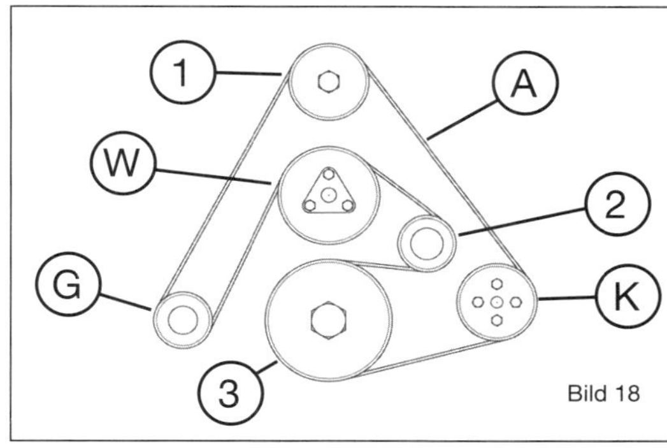

Bild 18

■ Falls vorhanden, den Keilrippenriemen für Nebenabtrieb ausbauen.

■ Keilrippenriemen des zusätzlichen Generators entspannen und abnehmen (falls vorhanden).

■ Keilrippenriemen des 2. Kältemittelverdichters entspannen und abnehmen (falls vorhanden).

■ Keilrippenriemen entspannen und den Stift zum Arretieren der Keilrippenriemen-Spannvorrichtung einsetzen.

■ Keilrippenriemen abnehmen. Bei weiterführenden Arbeiten am Motor oder Steuergehäusedeckel die Spannvorrichtung entlasten.

Die Montage erfolgt sinngemäß in umgekehrter Reihenfolge.

■ Vor dem Einbau des Keilrippenriemens ist

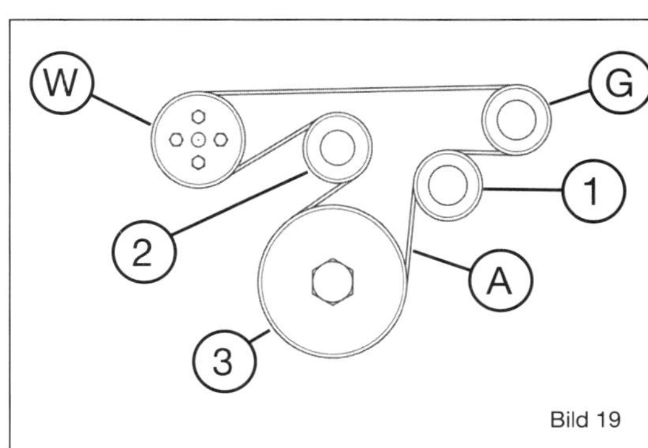

Bild 19

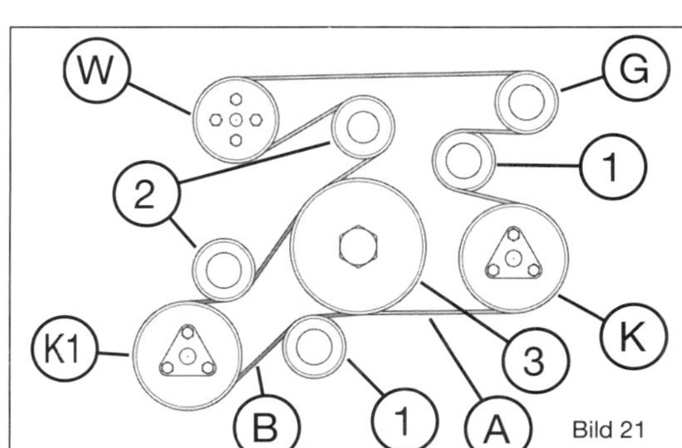

Bild 21

Bilder 17 und 18
Keilrippenriemen OM 651
(Bild 17 hydraulische Servolenkung,
Bild 18 elektrische Servolenkung).
1 Umlenkrolle
2 Spannrolle
3 Kurbelwelle
A Keilrippenriemen 1
G Generator
K Klimakompressor
S Servopumpe (mit hydraulischer Servolenkung)
W Wasserpumpe

Bilder 19, 20 und 21
OM 654.
(Bild 21 ohne Klima,
Bild 22 mit Klima,
Bild 23 mit doppelter Klimaanlage hinten)
1 Umlenkrolle
2 Spannrolle
3 Kurbelwelle
A Keilrippenriemen 1
B Keilrippenriemen 2
G Generator
K Klimakompressor
K1 Klimakompressor 2
W Wasserpumpe

Sichtprüfung Messen

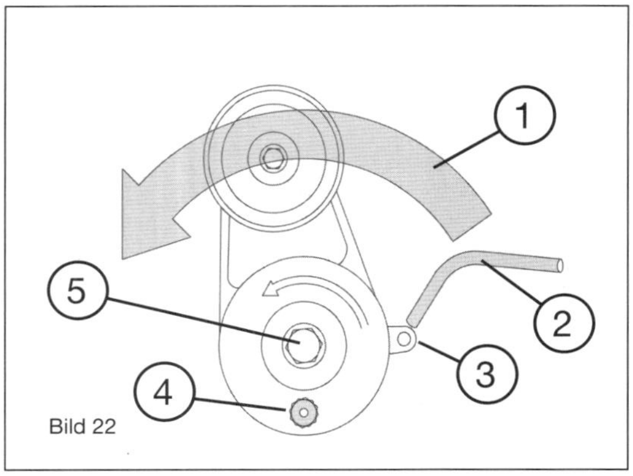

Bild 22

Bild 22
Entspannen des automatischen Riemenspanners.
1 Bewegungsrichtung zum Entspannen
2 Sicherungsstift
3 Bohrung und Lasche am Spannergehäuse und Arm
4 Zwölfkant zum Verdrehen (Entspannen)
5 Befestigungsschraube

die Spannvorrichtung auf Beschädigungen zu prüfen und ggf. zu erneuern.
■ Vor dem Einbau des Keilrippenriemens darauf achten, dass alle Aggregate (Generator, Klimakompressor, Flügelpumpe) fest angebaut sind.
■ Starten Sie den Motor und kontrollieren Sie den Riemenlauf.

Demontage des automatischen Riemenspanners

Austausch von Spanner und Umlenkrolle

Die Umlenkrolle (1 in den Bildern 17-21) sowie der automatische Riemenspanner (2) sind einzeln erhältlich.

Spanner und/oder Umlenkrolle sollten dann gewechselt werden, wenn Sie folgende Merkmale feststellen können:

■ Laufspuren oder Schäden sind auf der Rolle erkennbar.
■ Das Lager macht hörbare Geräusche.
■ Das Lager oder die Rolle weist seitliches Spiel auf.

Demontage des Riemenspanners mit Spannrolle

■ Bauen Sie wie bereits beschrieben die Motorabdeckung oben ab.
■ Stecken Sie eine Zwölfkantnuss SW13 auf den Zwölfkant (4 im Bild 22) auf.
■ Verdrehen Sie den Spanner gegen den Uhrzeigersinn, um den Keilrippenriemen zu entspannen.
■ Stecken Sie den Sicherungsstift in die Bohrung (3) und fixieren Sie so den automatischen Spanner.
■ Nehmen Sie den Keilrippenriemen ab.
■ Drehen Sie die Schraube (5) heraus.
■ Nehmen Sie den Riemenspanner mit Spannrolle ab.

Die Montage erfolgt sinngemäß in umgekehrter Reihenfolge.
■ Achten Sie auf den korrekten Sitz des Antriebsriemens auf den Riemenscheiben.
■ Starten Sie den Motor und kontrollieren Sie den Riemenlauf.

Ventildeckel/Zylinderkopfhaube demontieren

Ventildeckel/Zylinderkopfhaube aus- und einbauen (OM 651)

Die Demontage der Injektoren beschreiben wir Ihnen im Kapitel Gemischaufbereitung.

Demontage des Zylinderkopfhaube:
■ Motorabdeckung soweit verbaut demontieren.
■ Die Injektoren ausbauen.

Öffnungen im Zylinderkopf mit einem fusselfreien Lappen verschließen.

■ Entlüftungsschlauch am Ölrohr (2 im Bild 23) an der Zylinderkopfhaube (1) abziehen.
■ Kühlmittelschlauch am Kabelkanal Motorleitungssatz abbauen.
■ Kabelkanal Motorleitungssatz an der Zylinderkopfhaube (1) lösen und zur Seite drücken.

Wenn erforderlich, die Kabelbinder des hinteren Halters am Zylinderkopf abbauen.

■ Hohlschraube herausschrauben und Kraftstoffleitung zur Seite legen. Den Anschluss am Rail mit geeignetem Verschlussstopfen verschließen.
■ Die 18 Schrauben der Zylinderkopfhaube (4) herausschrauben. Die Schrauben verblei-

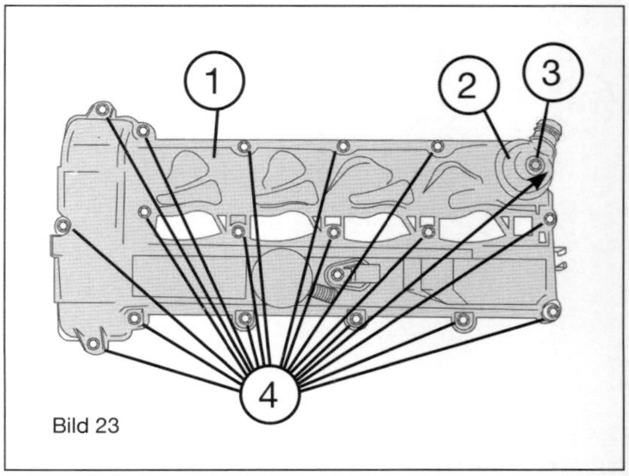

Bild 23

Bild 23
OM 651 Ventildeckel.
1 Ventildeckel
2 Stutzen Ölrohr
3 Schraube
4 Schrauben Ventildeckel

ben an der Zylinderkopfhaube (1).
■ Zylinderkopfhaube (1) abnehmen.

Die Montage erfolgt sinngemäß in umgekehrter Reihenfolge.
■ Dichtflächen reinigen und Dichtung erneuern.
■ Dichtringe am Railanschluss erneuern.
■ Prüfen Sie die Dichtigkeit der Kraftstoffleitungen bei laufendem Motor.

Ventildeckel/Zylinderkopfhaube aus- und einbauen (OM 654)
■ Motorabdeckung oben soweit verbaut demontieren.
■ Bauen Sie die Injektoren und das Railrohr aus. Die Demontage beschreiben wir Ihnen im Kapitel Gemischaufbereitung.

Öffnungen im Zylinderkopf mit einem fusselfreien Lappen verschließen.

■ Bauen Sie den Nockenwellenpositionsgeber aus.
■ Demontieren Sie das Ladeluftrohr zum Turbolader.
■ Bauen Sie den Halter zum Motorentlüftungsgehäuse ab.
■ Bauen Sie die Hebeöse am Zylinderkopf ab.
■ Drehen Sie die Schrauben des Ventildeckels in der Reihenfolge 17-1 (Bild 24) los. Die Schrauben verbleiben im Deckel.
■ Den Ventildeckel (Zylinderkopfhaube) nach oben abnehmen.

Die Montage erfolgt sinngemäß in umgekehrter Reihenfolge.
■ Dichtflächen reinigen und Dichtung erneuern.
■ Dichtringe am Railanschluss erneuern.
■ Prüfen Sie die Dichtigkeit der Kraftstoffleitungen bei laufendem Motor.

Prüfen der Steuerzeiten

Die Markierungen am Motor sind zur Kontrolle nach den Montagearbeiten oder aber auch schon beim Verdacht auf verstellte Steuerzeiten bei der Fehlersuche recht wichtig.

Steuerzeiten am OM 651 prüfen
Markierung an der Nockenwelle (Bild 25):
■ Motorabdeckung oben, soweit verbaut, ausbauen.

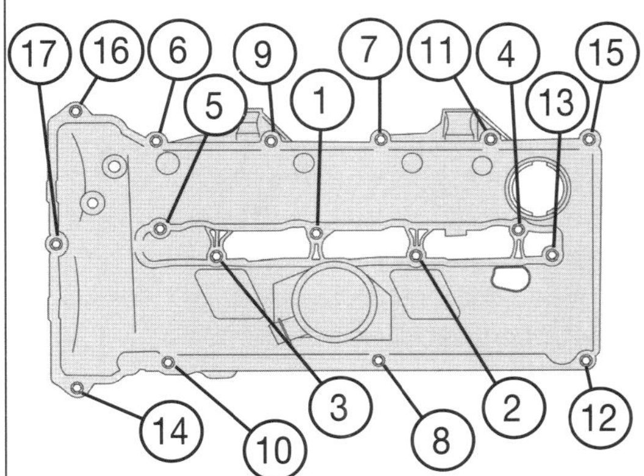

Bild 24

Bild 24
OM 654 Ventildeckel. Anzugsfolge der Schrauben im Ventildeckel.
1 - 17 Reihenfolge zum Anziehen des Ventildeckels
17 - 1 Reihenfolge zum Lösen des Ventildeckels

■ Nockenwellensensor ausbauen.
■ Motor an der Kurbelwelle mit geeignetem Gegenhalter in Motordrehrichtung drehen, bis die Markierung 0° KW an der Riemenscheibe/ Schwingungsdämpfer (2 im Bild 25) mit dem Steg (1) am Zylinderkurbelgehäuse übereinstimmt.

Die Markierung (1 im Bild 25) muss mit der Markierung 2) fluchten.

■ Demontieren Sie das Öleinfüllrohr und blicken Sie auf die Einlassnockenwelle.

Wenn die Markierung (5) nicht sichtbar ist, die Kurbelwelle eine Umdrehung weiterdrehen und nochmals prüfen.

Fluchtet die Markierung (5) nicht mit der Markierung (4), muss die Grundstellung der Nockenwellen eingestellt werden.

■ Blicken Sie durch die Bohrung des Nockenwellensensors und prüfen Sie die Einstellung der Auslassnockenwelle.

Die Kante (2 im Bild 25) muss mit der Markierung (3) fluchten. Fluchtet die Markierung (3) nicht mit der Markierung (2), muss die Grundstellung der Nockenwellen durchgeführt werden.

Markierung an der Kurbelwelle (Bild 26):
Es gibt zwei OT-Stellungen des Kolbens. Zum einen kann er sich im Überschneidungs-OT befinden und zum anderen genau 360° KWU weiter, im Zünd-OT.
■ Die OT-Markierung (2 im Bild 26) des Schwingungsdämpfers (3) muss mit dem Steg des Steuergehäusedeckels (1) fluchten.
■ Achten Sie auf die Stellung und die Markierungen der Nockenwelle.

Sichtprüfung Messen

Bild 25
Markierungen an den Nockenwellen (OM 651).
AV Auslassnockenwelle
EV Einlassnockenwelle
1 Einbauposition Nockenwellengeber Auslassnockenwelle
2 Kante (der Aussparung des Inkrementenrades der Auslassnockenwelle)
3 Markierung (in Bohrung für den Nockenwellensensor)
4 Markierung (auf Nockenwellen-Lagerdeckel)
5 Markierung (auf Einlassnockenwelle)
6 Einbauposition Öldeckel (Einfüllrohr)

Bild 26
Markierungen an der Kurbelwelle (OM 651).
1 Steg am Gehäusedeckel
2 Markierung an der Riemenscheibe
3 Riemenscheibe/Schwingungsdämpfer

Bild 27
Markierungen an der Nockenwelle (OM 654).
1 Einsatz Nockenwellengeber MB 654589004000
2 Markierung im Spezial-Werkzeug
3 Ventildeckel
4 Markierung an der Nockenwelle
5 Auslassnockenwelle

Bild 28
Markierungen an Steuerkette und Nockenwellenrad (OM 654).
1 Auslassnockenwelle
2 Steuerkette
3 Einlassnockenwelle
4 Markierung auf Nockenwellenrädern und Steuerkette

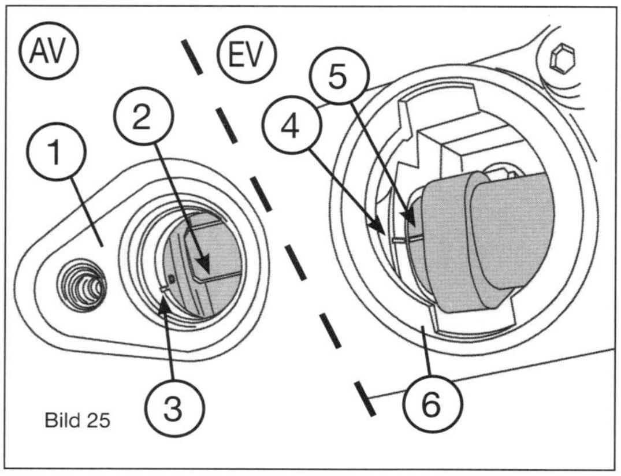

Bild 25

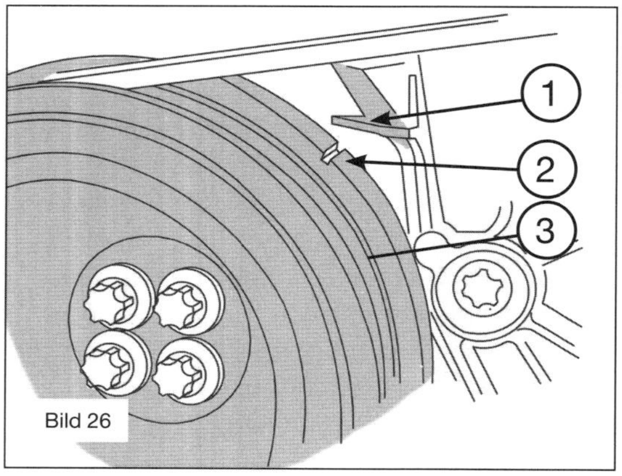

Bild 26

Steuerzeiten am OM 654 prüfen

Markierung an der Nockenwelle (Bild 27):

■ Die Motorabdeckung oben, soweit verbaut, ausbauen.

■ Ziehen Sie das Anschlusskabel ab und bauen Sie den Nockenwellensensor aus.

■ Verdrehen Sie den Motor an der Kurbelwellenriemenscheibe in der normalen Drehrichtung, bis Sie den Zünd-OT des ersten Zylinders erreicht haben.

Im Zünd-OT ist eine Markierung (4 im Bild 27) auf der Auslassnockenwelle durch die Bohrung des Nockenwellensensors erkennbar.

■ Drehen Sie den Motor auf die »0°« - Markierung der Riemenscheibe auf der Kurbelwelle (siehe Bild 26).

⚠ Das Drehen gegen die normale Drehrichtung kann Schäden in der Spannvorrichtung der Steuerkette oder sogar das Überspringen der Steuerkette zur Folge haben.

■ Setzen Sie das Spezialwerkzeug (MB 654589004000) (1) in die Einbauposition des Nockenwellensensors ein und drehen Sie es mit der Befestigungsschraube des Nockenwellensensors handfest an.

Die Markierung auf der Nockenwelle (4) sollte nun mit der Markierung (2) auf dem Spezialwerkzeug fluchten. Ist das nicht der Fall, müssen Steuerkette, Kettenführungen und die Einstellung der Steuerzeiten geprüft werden.

Nockenwelle aus-/einbauen

Nockenwelle am OM 651

Ausbau der Nockenwellen:

Die Nockenwelle wird zusammen mit den Nockenwellenrädern ausgebaut. Die Zentralschrauben der Nockenwellenräder müssen nur dann gelöst werden, wenn die Nockenwellenräder zu den Nockenwellen verstellt werden müssen.

■ Den Ventildeckel (Zylinderkopfhaube), wie bereits beschrieben ausbauen.

■ Die Grundstellung der Nockenwellen wie beschrieben prüfen und Kolben des 1. Zylinders auf oberem Totpunkt (OT) stehen lassen.

■ Den Kettenspanner ausbauen.

■ Die Position der Steuerkette (2 im Bild 28) zu den beiden Nockenwellenrädern (1 und 3) wasserfest kennzeichnen.

■ Markieren Sie auch den Sechskant der Nockenwelle zum Lagerdeckel. Er steht normalerweise mittig zum Lagerdeckel.

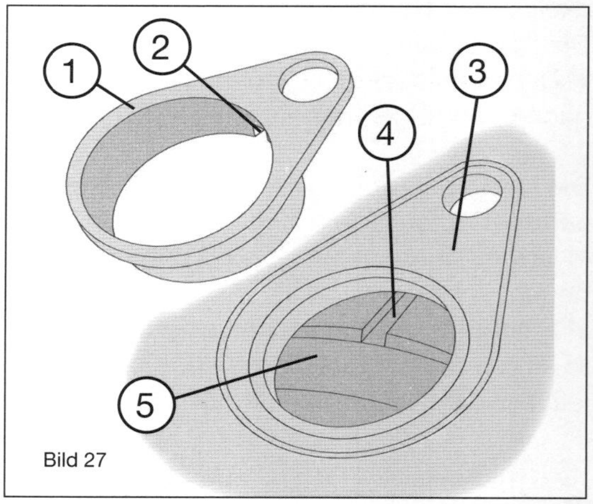

Bild 27

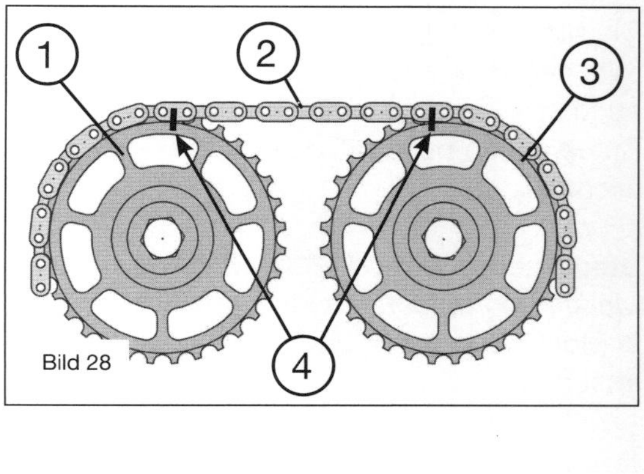

Bild 28

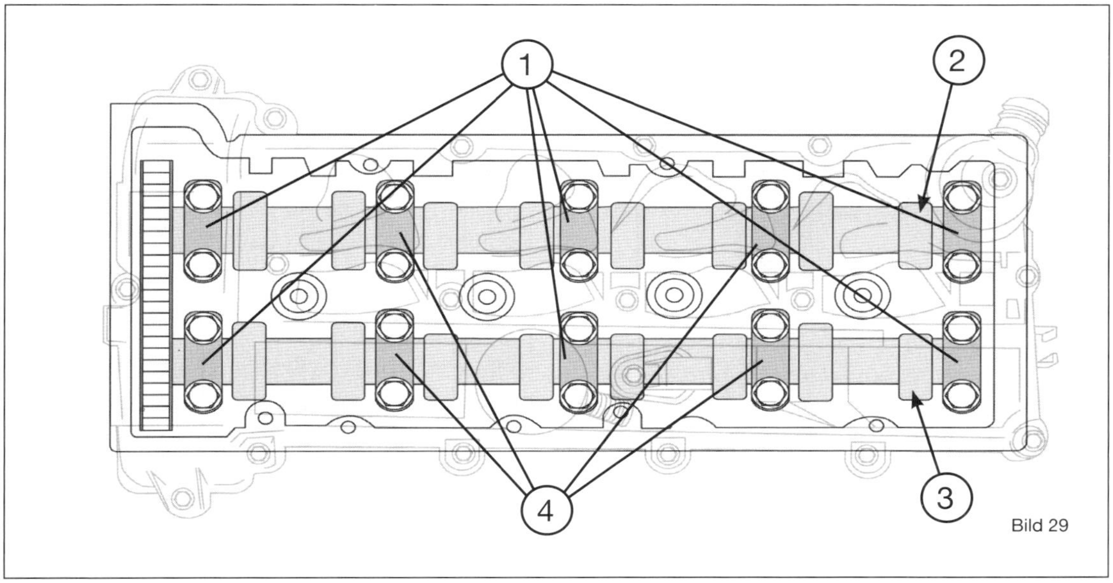

Bild 29

Bild 29
Lagerdeckel der Nockenwellen (OM 651).
1 Lagerdeckel Mitte und außen
2 Einlassnockenwelle
3 Auslassnockenwelle
4 Lagerdeckel innen

■ Die Schrauben der Nockenwellen-Lagerdeckel (1 im Bild 29) schrittweise herausdrehen und Nockenwellen-Lagerdeckel abnehmen.
■ Die Schrauben der Nockenwellen-Lagerdeckel (4) schrittweise herausdrehen und Nockenwellen-Lagerdeckel abnehmen.
■ Die Auslassnockenwelle (3) aus der Steuerkette aushängen und herausnehmen.
⚠ Den Steuergehäuseschacht mit sauberen Lappen abdecken. Anderenfalls kann es durch hineingefallene Teile zu einem Motorschaden kommen.
■ Sichern Sie die Steuerkette gegen Herunterfallen in den Kettenkasten.
■ Die Einlassnockenwelle aus der Steuerkette aushängen und herausnehmen.

Einbau der Nockenwellen:
■ Die hydraulischen Ausgleichselemente auf Beschädigung und Leichtgängigkeit prüfen.
■ Das Nockenwellenrad der Einlassnockenwelle in Steuerkette einsetzen und Einlassnockenwelle in die Lagerhälften des Zylinderkopfes legen.
👁 Die Kennzeichnung an der Lagerstelle zwischen Sechskant und Nockenwellenlagerdeckel (Bild 30) beachten.
■ Rollenschlepphebel und Nockenwellenlagerstellen einölen.
■ Einlassnockenwelle (3 im Bild 31) so einsetzen, dass die Markierung (Pfeil 3) mit der Markierung (Pfeil 1) fluchtet und der Niederhalter (2) spannungsfrei festgeschraubt werden kann.

■ Niederhalter (1) der Einlassnockenwelle festschrauben und die Nockenwellen-Lagerdeckel (2) einbauen.
■ Nockenwellen-Lagerdeckel abwechselnd und gleichmäßig festschrauben.

Trennen der Nockenwellenräder von den Nockenwellen:
☞ Die Demontage der Nockenwellenräder ist nach Mercedes-Vorgaben bei

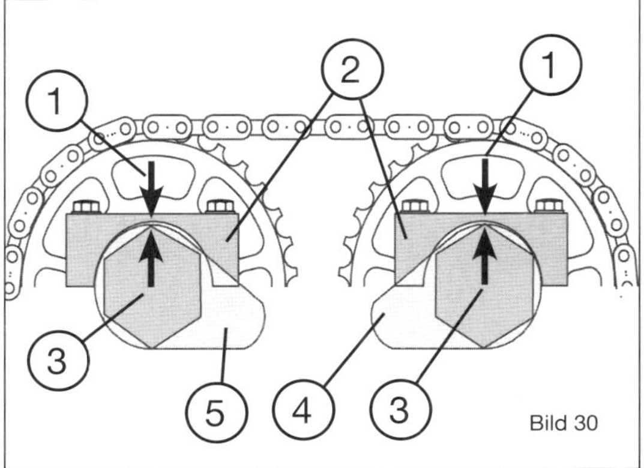

Bild 30

Bild 30
Markierungen Sechskant der Nockenwellen zu den Lagerdeckeln (OM 651).
1 Markierung auf dem Lagerdeckel
2 Lagerdeckel
3 Markierungen auf der obersten Kante des Sechskant
4 Einlassnockenwelle
5 Auslassnockenwelle

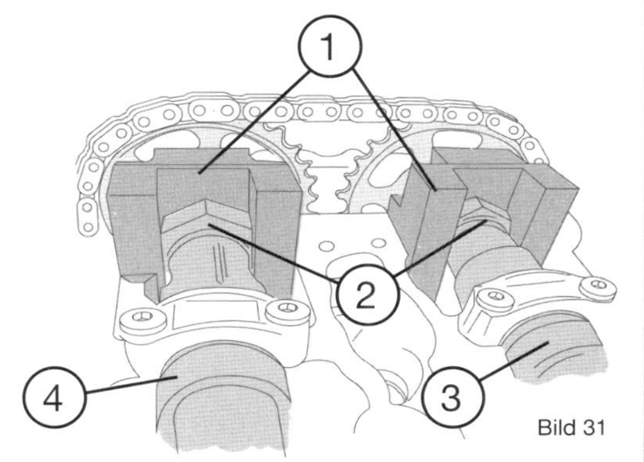

Bild 31

Bild 31
Blockieren der Nockenwellen am OM 651.
1 Blockierwerkzeug (DB 651 589 09 40 00)
2 Sechskant auf den Nockenwellen
3 Einlassnockenwelle
4 Auslassnockenwelle

ausgebauten Nockenwellen durchzuführen.
■ Demontieren Sie die Nockenwellen, wie bereits beschrieben.
■ Spannen Sie die Nockenwelle mit Schutzbacken auf dem Sechskantprofil der Nockenwelle in einen Schraubstock ein.
■ Lösen Sie die Schraube des Nockenwellenrades.
■ Nehmen Sie das entsprechende Nockenwellenrad von der Nockenwelle ab.

Montage der Nockenwellenräder auf die Nockenwellen:
■ Drehen Sie die Zentralschraube des Nockenwellenrades lediglich so weit an, dass sich das Nockenwellenrad auf der Nockenwelle noch verdrehen lässt.
■ Bauen Sie die Nockenwellen wieder ein.
■ Verdrehen Sie die Nockenwellen so weit, dass Sie das Blockierwerkzeug (1 im Bild 31) einsetzen können.
■ Bauen Sie die Nockenwellen wieder ein.

Die weitere Montage erfolgt sinngemäß in umgekehrter Reihenfolge.

Nockenwelle am OM 654
Ausbau der Nockenwellen (des Nockenwellengehäuses):
☞ Die Nockenwellen können nicht vom Nockenwellengehäuse getrennt werden. Der Ersatz der Nockenwellen erfolgt mit dem Nockenwellengehäuse.
■ Demontieren Sie den Ventildeckel, wie bereits beschrieben.
■ Verdrehen Sie den Motor, wie bereits beschrieben, auf die OT-Stellung.
■ Demontieren Sie die Riemenscheibe und blockieren Sie die Kurbelwelle auf der »0« - Position mit dem Arretierwerkzeug (MB 654 589 00 21 00).
■ Drehen Sie die Schrauben 21 bis 24 im Bild 32 heraus.
■ Spannen Sie die Nockenwellenräder gegen den Uhrzeigersinn vor und stecken Sie die Nockenwellenräder mit dem Arretierwerkzeug (MB 654 589 00 31 00) ab.
■ Montieren Sie die Niederhalter für die Nockenwellen (MB 654 589 01 40 00) und drehen Sie sie mit den dazugehörigen Schrauben fest.
■ Demontieren Sie den Steuerkettenspanner.
■ Wenn die Nockenwellen oder die Nockenwellenräder getauscht werden sollen, lösen Sie die Zentralschrauben der Nockenwellenräder.
■ Demontieren Sie die Niederhalter für die Nockenwellen (MB 654 589 01 40 00) wieder.
■ Drehen Sie die Schrauben des Nockenwellengehäuses in der Reihenfolge 28-27-26-25-20-19-18-17-16-15-14-13-12-11-10-9-8-7-6-5-4-3-2-1 (Bild 32) heraus.

Bild 32
Anzugsreiheinfolge des Nockenwellenkastens beim OM 654.
1-29 Anzugsreihenfolge
29-1 Lösereihenfolge

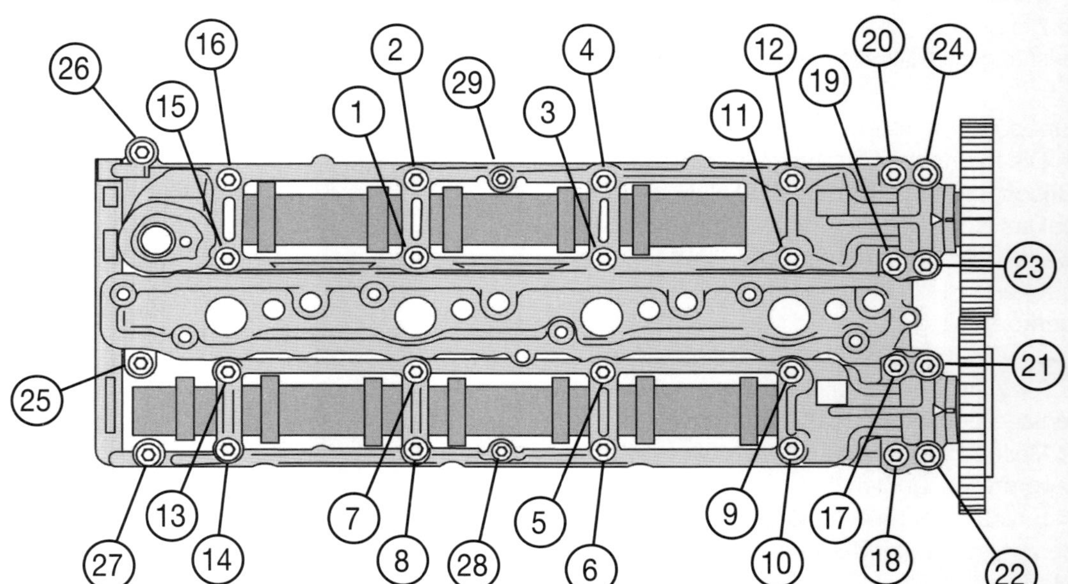

Bild 32

Die Reihenfolge ist sehr wichtig, da sonst das Nockenwellengehäuse verzogen werden kann.

- Soweit die Nockenwellenräder abgebaut wurden, stecken Sie die Niederhalter für die Nockenwellen (MB 654 589 01 40 00) wieder auf (nicht verschrauben), um das Verdrehen der Nockenwellen zu verhindern.
- Nehmen Sie das Nockenwellengehäuse zusammen mit den Nockenwellen ab.
- Nehmen Sie den O-Ring im Bereich der Schraube 20 vom Zylinderkopf ab.

Die Montage erfolgt sinngemäß in umgekehrter Reihenfolge.

- Erneuern Sie den O-Ring im Bereich der Schraube 20 im Zylinderkopf.
- Den Zustand der Nockenwellenräder prüfen.
- Prüfen Sie die Nockenwellen auf Schäden.
- Setzen Sie das Nockenwellengehäuse auf dem Zylinderkopf auf.
- Drehen Sie die Schrauben in der Reihenfolge 1 - 8 (Bild 32) so weit hinein, bis das Nockenwellengehäuse auf dem Zylinderkopf aufliegt.
- Die Schrauben 9 - 29 leicht von Hand anziehen.
- Die Schrauben 1 - 29 auf Drehmoment in zwei Stufen anziehen.

Wenn die Nockenwellenräder demontiert worden sind, die Schrauben 21 - 24 noch nicht anziehen. Das erfolgt dann erst nach dem Anziehen der Zentralschraube der Nockenwellenräder.

Arbeiten am Steuerkettenantrieb (OM 651)

Steuerkettenwechsel

Grundsätzlich kann mit entsprechendem Mercedes Spezialwerkzeug die Steuerkette auch ohne die Demontage des Steuerkettenkastens gewechselt werden.
Die neue Steuerkette wird an die alte Steuerkette mit einem Kettenschloss angebunden. Mit Hilfe eines zweiten Mechanikers wird nun der Motor vorsichtig verdreht, gleichzeitig die alte Kette herausgezogen und die neue Kette auf das Zahnrad der Auslassnockenwelle aufgelegt. Die Schwierigkeit besteht darin, Kettenführung und Drehung des Motors gut aufeinander abzustimmen.

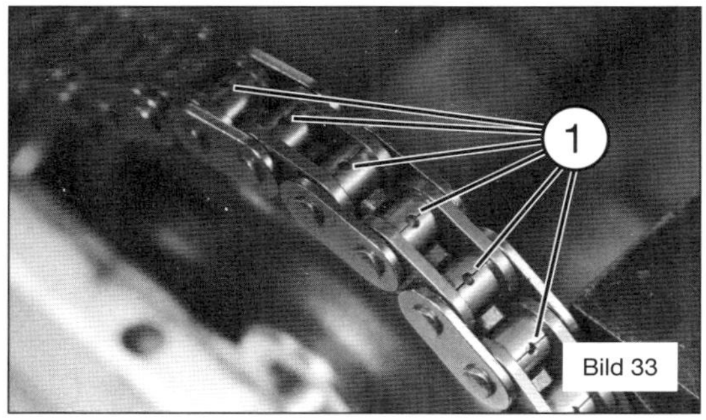

Bild 33
Bei Steuerketten mit Ölbohrungen (1) müssen die Bohrungen nach außen weisen.

- Bauen Sie den Ventildeckel wie beschrieben ab.
- Bauen Sie den Steuerkettenspanner aus.
- Stopfen Sie den freien Querschnitt im Steuerkasten um die Steuerkette und die Steuerkettenräder mit fusselfreien Lappen aus.

So wird das Hineinfallen von Kleinteilen in den Motor sehr wirkungsvoll verhindert.

- Pressen Sie mit einem geeigneten Kettentrenner den Bolzen der alten Steuerkette heraus.
- Verbinden Sie mit einem geeigneten Kettenschloss (siehe Bild 34) ein Ende der neuen mit der alten Steuerkette.
- Drehen Sie den Steuerkettenspanner mit einer neuen Dichtung einige Umdrehungen wieder ein, um ein Überspringen der Steuerkette zu verhindern.
- Verbinden Sie das Endglied der Steuerkette mit dem Kettenschloss (MB 651 589 04 63 00) (3 im Bild 34).
- Legen Sie die neue Steuerkette so ab, dass Sie sie leicht auf das Kettenrad auflegen können.
- Ziehen Sie den Lappen wieder aus dem Kettenkasten heraus.

Achten Sie darauf, dass keine Teile in den Kettenkasten hineinfallen. Diese Teile können leicht einen Motorschaden verursachen.

- Verdrehen Sie mit Hilfe einer zweiten Person den Motor im Uhrzeigersinn. Legen Sie hierbei gleichzeitig die neue Steuerkette auf das Kettenrad der Auslassnockenwelle auf und nehmen Sie die alte Steuerkette vom Kettenrad ab.

Durch die Drehung des Motors wird die neue Kette eingezogen (6) und die alte Kette (10) ausgefädelt. Achten Sie darauf, dass die Steuerkette sich bei dieser Arbeit nicht verhakt.

Bild 34
Einfädeln der neuen Steuerkette am OM 651.
1 Neue Steuerkette
2 Inneres Kettenglied der neuen Steuerkette
3 Kettenschloss
4 Inneres Kettenglied der alten Steuerkette
5 Anfang der alten Steuerkette
6 Bewegungsrichtung der Kette mit der Motordrehung beim Einziehen
7 Auslasssteuerkettenrad
8 Ende der alten Steuerkette Laschen des Ketten-gliedes
10 Herausziehen der aten Kette mit der Motodrehung

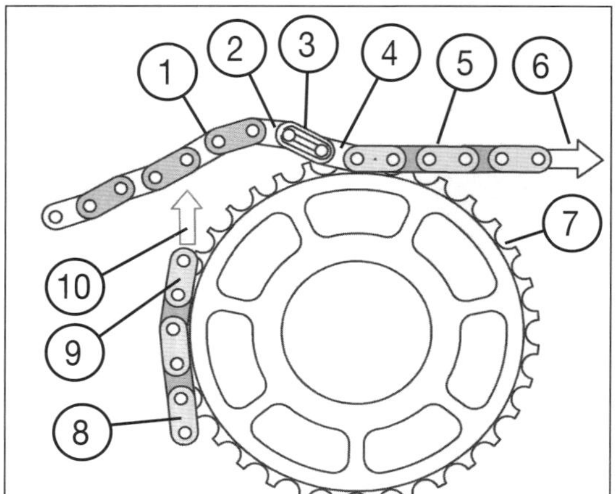

Bild 34

Bild 35
Kettennietwerkzeug im Einsatz.
1 Kettentrenner
2 Bolzen
3 Laschen (Außenglied)
4 Innenglied

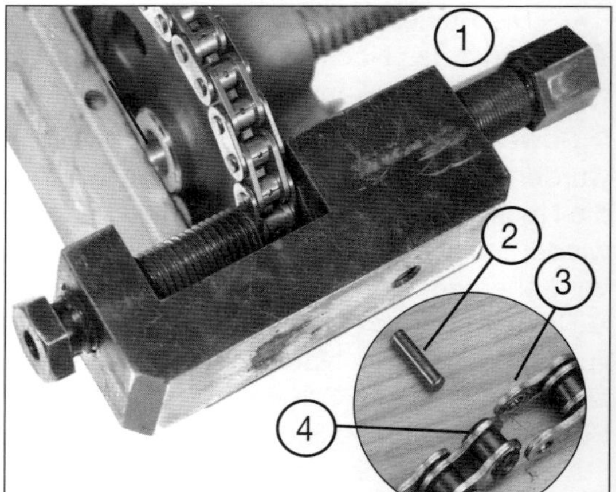

Bild 35

Bild 36
Steuergehäusedeckel OM 651.
1 Schraube im Kettenkasten
2 Schrauben im Kettenkasten
3 Schrauben Vorderseite
4 Schrauben Vorderseite
5 Schrauben Rückseite

■ Sobald die alte Steuerkette komplett herausgezogen und der Anfang der neuen Steuerkette wieder auf dem Kettenrad angekommen ist, wird der Kettenkasten wieder mit dem fusselfreien Lappen zugestopft.
■ Demontieren Sie das Kettenschloss. Es ist nicht für den Dauerbetrieb im Motor geeignet.
■ Montieren Sie das Nietkettenschloss und vernieten Sie es mit dem Kettennietwerkzeug.
■ Prüfen Sie die Steuerzeiten, wie bereits beschrieben.

☞ Wenn erforderlich, müssen die Steuerzeiten wie beim Ausbau der Nockenwelle beschrieben neu eingestellt werden. Die weitere Montage erfolgt sinngemäß in umgekehrter Reihenfolge.

Steuerkastendeckel demontieren

Der Steuerkastendeckel ist gleichzeitig die Kupplungsglocke, an der das Getriebe befestigt ist.
■ Lesen Sie den Fehlerspeicher aus und sichern Sie die Ergebnisse.
■ Fahrzeug mit der Hebebühne anheben.

⚠ Fahrzeug zwischen den Hebebühnensäulen ausrichten und die vier Aufnahmeteller an den vom Fahrzeughersteller vorgeschriebenen Hebebühnenaufnahmepunkten platzieren.

■ Lassen Sie das Motoröl ab.
■ Bauen Sie den Motor zusammen mit dem Getriebe aus. Diesen Arbeitsschritt werden wir am Ende dieses Kapitels genauer beschreiben.
■ Bauen Sie das Getriebe ab.
■ Demontieren Sie das Schwungrad, beziehungsweise die Mitnehmerscheibe.
■ Demontieren Sie den Ventildeckel und den Deckel am Zylinderkopf.
■ Legen Sie den Schlauch aus dem Arbeitsbereich heraus.
■ Drehen Sie die Schrauben (1 und 2) im Bild 36) heraus.

⚠ Achten Sie darauf, dass keine Teile in den Kettenkasten hineinfallen. Diese Teile können leicht einen Motorschaden verursachen.

■ Ziehen Sie den Steckkontakt zum Positionsgeber der Kurbelwelle ab.
■ Drehen Sie die Halteschelle für die Kraftstoffleitungen los und legen Sie die Kraftstoffleitungen aus dem Arbeitsbereich heraus.

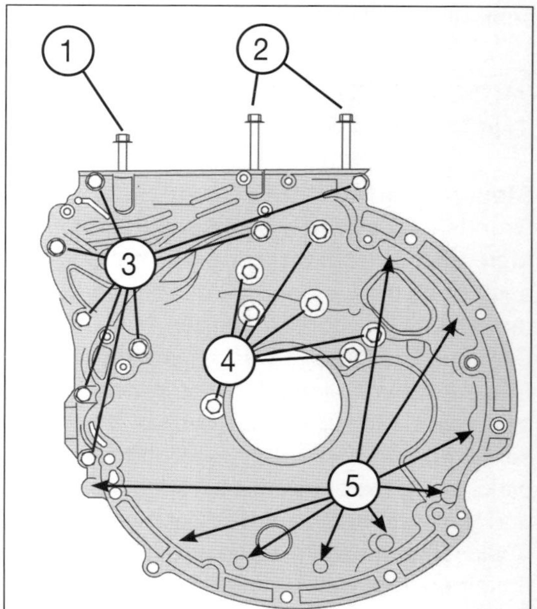

Bild 36

■ Drehen Sie die Schrauben (3 und 4) von der Vorderseite aus heraus.
■ Drehen Sie die Schrauben (5) von der Rückseite aus heraus.
■ Hebeln Sie den Gehäusedeckel möglichst gerade mit einem geeigneten Werkzeug ab.

Achten Sie darauf, die Dichtfläche nicht zu beschädigen.

Die Montage erfolgt sinngemäß in umgekehrter Reihenfolge.
■ Tragen Sie die Dichtmittelraupe, wie im Bild 37 gezeigt auf.

Die Dichtmittelraupe sollte etwa 2 mm Breite aufweisen.

Beachten Sie die angegebene Verarbeitungszeit und das Mindesthaltbarkeitsdatum der Dichtmasse.

Wechsel der Spann- und Gleitschienen
Vorbereitungen:
■ Bauen Sie den Kettenspanner aus.
■ Demontieren Sie den Steuerkastendeckel, wie bereits beschrieben.

Demontage der Spannschiene:
■ Drehen Sie ein Gewinde in den Lagerbolzen unten im Lagerbolzen der Spannschiene ein und ziehen Sie den Lagerbolzen mit einem Zughammer aus dem Motorblock heraus.
■ Nehmen Sie die Spannschiene nach unten heraus.

Demontage der Führungsschiene:
■ Drehen Sie ein Gewinde in die Lagerbolzen seitlich am Zylinderkopf ein und ziehen Sie die Lagerbolzen mit einem Zughammer aus dem Zylinderkopf heraus.
■ Nehmen Sie die Gleitschiene nach unten heraus.

Arbeiten am Steuerkettenantrieb (OM 654)

Steuerkettenwechsel
Für den neuesten Motor kommt natürlich auch die ausgefeilteste Technik in Sachen Montagewerkzeug zum Einsatz, das wir Ihnen im Folgenden vorstellen werden. Die engen Platzverhältnisse lassen kaum Spielraum für eigene Reparaturwege.
■ Bauen Sie den Motor aus.

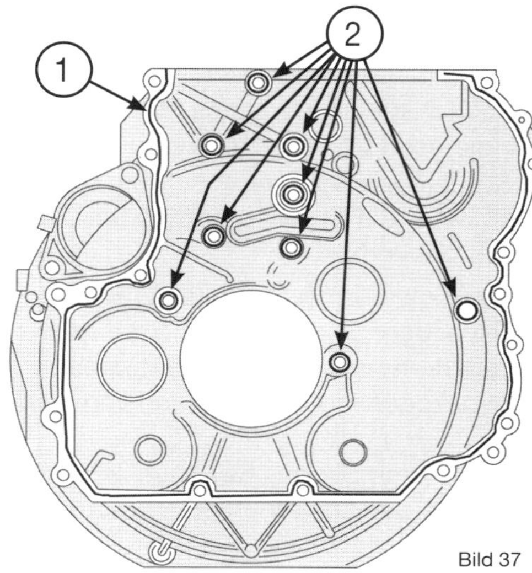

Bild 37

Bild 37
Dichtmittel auf dem Steuergehäusedeckel des OM 651.
1 Dichtmittelraupe am Gehäuserand
2 Dichtmittelraupe um die Bohrungen

■ Demontieren Sie das Getriebe.
■ Demontieren Sie die Schwungscheibe beziehungsweise die Mitnehmerscheibe.
■ Bauen Sie, wie bereits beschrieben, den Ventildeckel ab.
■ Demontieren Sie die Nockenwellen wie bereits beschrieben.
■ Nehmen Sie die Hydrostößel und die Schlepphebel heraus.
■ Montieren Sie die beiden Montageplatten (MB 654 589 00 32 00).
■ Montieren Sie die Abstandshalter am Nietwerkzeug (MB 654 589 00 33 00).
■ Pressen Sie den Bolzen aus der alten Steuerkette heraus.
■ Verbinden Sie mit einem geeigneten Kettenschloss (Bild 34) ein Ende der neuen mit der alten Steuerkette. Achten Sie darauf, dass die Öffnung des Kettenschlosses entgegen der Drehrichtung montiert ist.
■ Drehen Sie den Steuerkettenspanner mit einer neuen Dichtung einige Umdrehungen wieder ein, um ein Überspringen der Steuerkette zu verhindern.
■ Verbinden Sie das Endglied der Steuerkette mit dem Kettenschloss (MB 671 589 09 63 00) (3 im Bild 34).
■ Legen Sie die neue Steuerkette so ab, dass Sie sie leicht unter Spannung halten und nachführen können.

Achten Sie darauf, dass keine Teile in den Kettenkasten hineinfallen.

■ Verdrehen Sie mit Hilfe einer zweiten Person den Motor im Uhrzeigersinn. Führen Sie hierbei gleichzeitig die neue Steuerkette

Sichtprüfung

Messen

Bild 38
Steuergehäusedeckel am OM 654.
A Halter
B Schrauben
C Steuergehäusedeckel
1-16 Schrauben Vorderseite
17-21 Schrauben von der Ölwanne aus zugänglich
1-21 Anzugsreihenfolge der Schrauben
21-1 Lösereihenfolge der Schrauben

unter leichter Vorspannung in den Motorblock und nehmen Sie die alte Steuerkette aus dem Motorblock heraus.

Durch die Drehung des Motors wird die neue Kette eingezogen (6) und die alte Kette (10) ausgefädelt. Achten Sie darauf, dass die Steuerkette sich bei dieser Arbeit nicht verhakt.

- Sobald die alte Steuerkette komplett herausgezogen und der Anfang der neuen Steuerkette am anderen Ende wieder herausgezogen ist, muss sie neu vernietet werden.
- Demontieren Sie das Kettenschloss. Es ist nicht für den Dauerbetrieb im Motor geeignet.
- Montieren Sie das Nietkettenschloss und vernieten Sie es mit dem Kettennietwerkzeug.
- Drehen Sie den Motor zwei Umdrehungen in Drehrichtung durch.
- Prüfen Sie die Steuerzeiten, wie bereits beschrieben.

Wenn erforderlich, müssen die Steuerzeiten wie beim Ausbau der Nockenwelle beschrieben neu eingestellt werden.

Die weitere Montage erfolgt sinngemäß in umgekehrter Reihenfolge.

Steuerkastendeckel demontieren

- Bauen Sie den Motor aus.
- Demontieren Sie das Getriebe.
- Demontieren Sie die Schwungscheibe beziehungsweise die Mitnehmerscheibe.
- Bauen Sie den Zylinderkopf ab.
- Demontieren Sie den Starter (Anlasser).
- Drehen Sie die Schrauben (B im Bild 38) heraus und nehmen Sie den Halter (A) ab.
- Bauen Sie die Kraftstoffleitungen vom Steuergerätedeckel und dem Motorblock ab und legen Sie sie aus dem Arbeitsbereich heraus.
- Bauen Sie die Öldruckleitung des Turboladers vom Steuergerätedeckel ab.
- Demontieren Sie die Glühendstufe (Glühsteuergerät) und legen Sie die Anschlüsse aus dem Arbeitsbereich heraus.
- Legen Sie den Entlüftungsschlauch aus dem Arbeitsbereich heraus.
- Ziehen Sie den Wellendichtring aus dem Steuergehäusedeckel heraus.

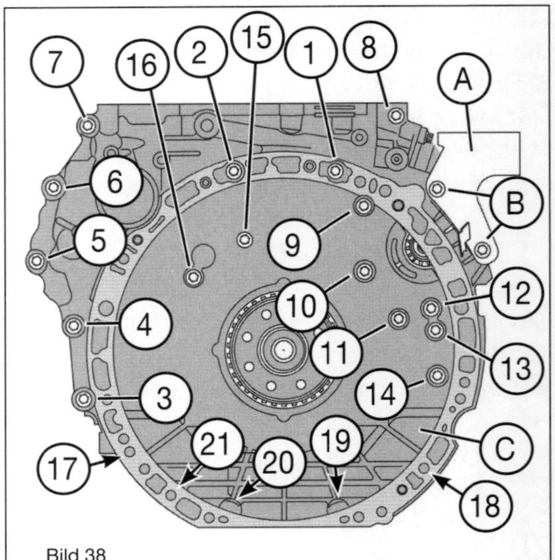

Bild 38

- Drehen Sie die Schrauben in der Reihenfolge 21 - 1 heraus.
- Nehmen Sie den Steuergehäusedeckel vorsichtig ab.

Aufgrund der Dichtmasse kann der Deckel sich schwer ablösen lassen. Achten Sie darauf, den Deckel gleichmäßig abzuziehen, um ihn nicht zu verziehen.

Die Montage erfolgt sinngemäß in umgekehrter Reihenfolge.

- Reinigen Sie die Dichtflächen gründlich.
- Tragen Sie die neue Dichtmasse mit einer etwa 1,5 mm breiten Raupe auf.

Beachten Sie die angegebene Verarbeitungszeit und das Mindesthaltbarkeitsdatum der Dichtmasse.

Bild 39
Dichtflächen am Steuergehäusedeckel OM 654.
1 Dichtfläche Steuergehäusedeckel
2 Dichtmittelraupe 1,5 mm
3 Steuergehäusedeckel

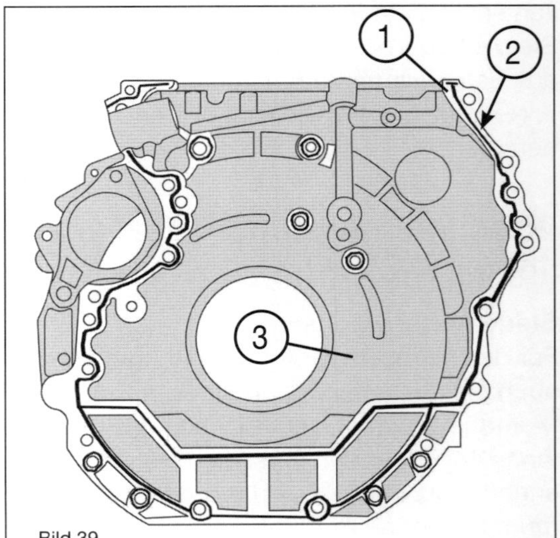

Bild 39

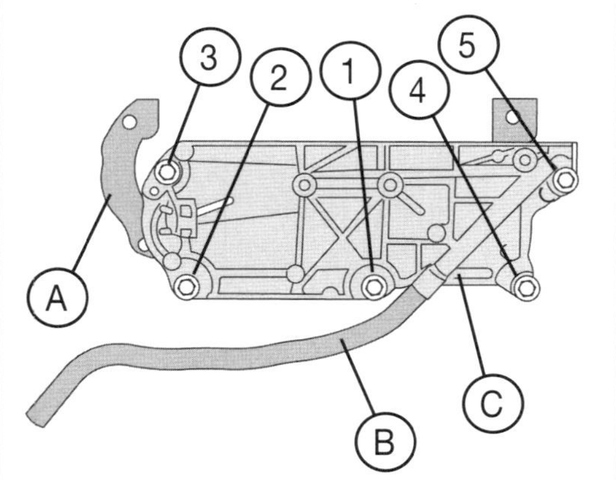

Bild 40

Bild 40
Deckel am Zylinderkopf OM 654.
1-5 Montagereihenfolge der Schrauben
5-1 Demontagereihenfolge der Schrauben
A Dichtung
B Entlüftungsschlauch
C Deckel am Zylinderkopf

Deckel am Zylinderkopf demontieren

■ Demontieren Sie den Kühler für die Niederdruck-Abgasrückführung auf der Rückseite des Motors.
■ Bauen Sie die Abgasrückführungsleitung zwischen dem Niederdruck-Abgasrückführungs-Kühler und dem Dieselpartikelfilter aus.
■ Demontieren Sie den Ventildeckel, wie bereits beschrieben.
■ Ziehen Sie den Entlüftungsschlauch (B im Bild 40) am Deckel (C) ab und legen Sie ihn aus dem Arbeitsbereich heraus.
■ Drehen Sie die Schrauben in der Demontagereihenfolge (5 - 1) heraus.
■ Nehmen Sie den Deckel (C) vorsichtig vom Zylinderkopf ab.

Der Einbau erfolgt sinngemäß in umgekehrter Reihenfolge.
■ Die Dichtung (A) und die Schrauben müssen grundsätzlich erneuert werden.
■ Reinigen Sie die Dichtfläche gründlich.
■ Beachten Sie die Anzugsreihenfolge (1-5).

Wechsel der Spann- und Gleitschienen

■ Stellen Sie den Motor wie bereits beschrieben auf die OT-Stellung des 1. Zylinders.
■ Bauen Sie den Kettenspanner (5 im Bild 41) aus.
■ Demontieren Sie den Steuergehäusedeckel, wie bereits beschrieben.
■ Drehen Sie den Lagerbolzen (7) heraus.
■ Ziehen Sie die Steuerkette etwas zur Seite und nehmen Sie die Spannschiene (6) heraus.
■ Drehen Sie den Lagerbolzen oben (2) heraus und nehmen Sie die Führungsschiene oben nach oben vom Lagerbolzen (11) ab.
■ Nehmen Sie die Führungsschiene oben (1) heraus.
■ Drehen Sie die beiden Lagerbolzen (9) heraus und nehmen Sie die Führungsschiene (10) heraus.

Der Einbau erfolgt sinngemäß in umgekehrter Reihenfolge.
■ Beachten Sie die Einbaulage der Steuerkette und die Steuerzeiten.

Steuerkettenspanner aus- und einbauen

Kettenspanner am OM 651

Der Steuerkettenspanner ist in Fahrtrichtung rechts hinten am Motor verbaut.
■ Schalten Sie die Zündung aus und ziehen Sie den Schlüssel ab.
■ Demontieren Sie die Motorabdeckung oben.
■ Schrauben Sie den Differenzdrucksensor von seinem Halter ab.
■ Lösen Sie den Kabelsatz zum Abgastemperaturfühler und zur Lambdasonde.
■ Lösen Sie das Anschlusskabel zum Starter aus seinem Halter.
■ Demontieren Sie den Halter.
■ Bauen Sie das Wärmeschutzblech über dem Steuerkettenspanner ab.

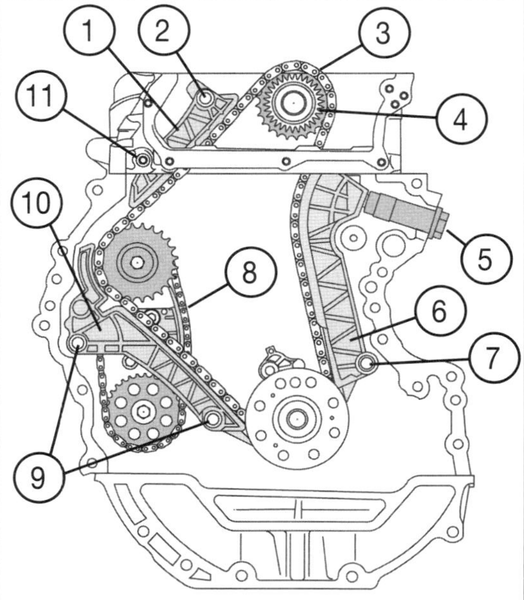

Bild 41

Bild 41
Steuerkette und Führungsschienen OM 654.
1 Führungsschiene oben
2 Lagerbolzen
3 Steuerkette
4 Umsetzerrad zu den Nockenwellen
5 Steuerkettenspanner
6 Spannschiene
7 Lagerbolzen
8 Antriebskette Ölpumpe
9 Lagerbolzen
10 Führungsschiene unten
11 Führungsbolzen

Bild 43
Axialspielmessung an der Nockenwelle.
1 Nockenwelle
2 Zylinderkopf
3 Messuhrhalter
4 Messuhr
5 Spielprüfung

■ Drehen Sie den Steuerkettenspanner heraus.

Fangen Sie austretendes Restöl mit einem saugfähigen Lappen auf.

Kettenspanner am OM 654
Der Steuerkettenspanner ist hinter dem Dieselpartikelfilter verbaut.
■ Bauen Sie den Dieselpartikelfilter beziehungsweise den SCR-Kat mit Dieselpartikelfilter aus.
■ Demontieren Sie die beiden Schrauben und nehmen Sie den Deckel über dem Kettenspanner ab.
■ Bauen Sie den Steuerkettenspanner aus.

Fangen Sie austretendes Restöl mit einem saugfähigen Lappen auf.

Der Einbau erfolgt jeweils sinngemäß in umgekehrter Reihenfolge.
■ Erneuern Sie den Dichtring am Steuerkettenspanner.
■ Prüfen Sie den Motorölstand.

Nockenwellensensor aus- und einbauen

Der Nockenwellensensor ist bei allen Motoren im Ventildeckel verbaut. Die Montagearbeiten unterscheiden sich nicht wesentlich. Wir stellen Ihnen an dieser Stelle eine allgemeingültige Montageanleitung zur Verfügung.
■ Schalten Sie die Zündung aus und ziehen Sie den Schlüssel ab.
■ Demontieren Sie die Abdeckung über dem Motor.
■ Betätigen Sie die Steckerraste und ziehen Sie den Steckkontakt am Nockenwellensensor (2 im Bild 42) ab.

Bild 42
Nockenwellensensor am OM 651.
1 Schraube
2 Nockenwellensensor
3 Dichtring

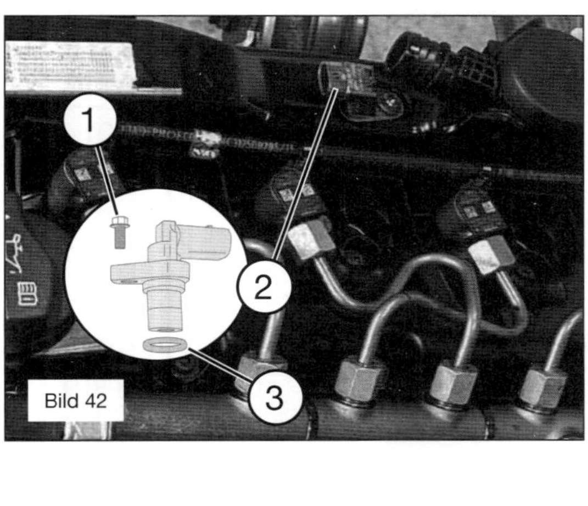

Bild 42

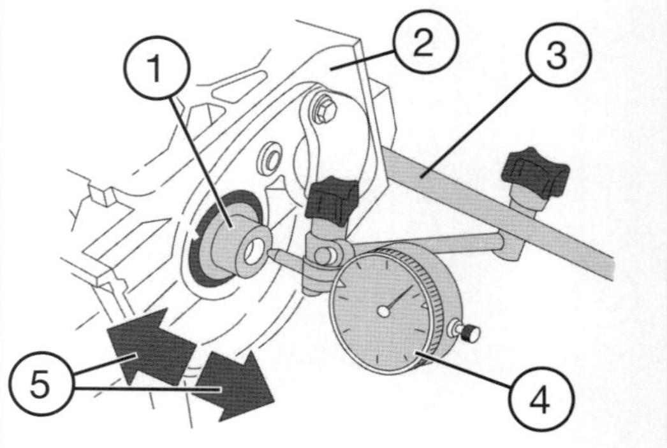

Bild 43

■ Drehen Sie die Schraube (1) am Nockenwellensensor heraus.
■ Ziehen Sie den Nockenwellensensor (2) gerade aus dem Ventildeckel heraus.

Der Einbau erfolgt sinngemäß in umgekehrter Reihenfolge.
■ Erneuern Sie den Dichtring (3) am Nockenwellensensor.
■ Lesen Sie den Fehlerspeicher aus.

Prüfungen an der Nockenwelle

Vor der Montage und nach der Reinigung sollten Sie die Nockenwellen, die Lager und das Spiel der Lager prüfen.

Axialspiel der Nockenwelle
■ Bauen Sie wie im Bild 43 gezeigt eine Messuhr und einen Messuhrhalter auf.
■ Legen Sie die Nockenwelle ohne die Ventilbetätigung (Kipp- oder Schlepphebel oder auch ohne Hydrostößel) in die Lagerstellen ein.
■ Drehen Sie die Schrauben der Nockenwellenlagerböcke, wie bereits beschrieben, in mehreren Stufen gleichmäßig an.
■ Richten Sie die Messuhr mit etwa 2 mm Vorspannung ein und stellen Sie die Außenskala auf null.
■ Verschieben Sie die Nockenwelle in Achsenrichtung.
■ Erfassen Sie das Spiel der Nockenwelle in Achsenrichtung. Ein Axialspiel bis 0,10 mm ist zulässig.

Optische Kontrolle der Lagerstellen
■ Kontrollieren Sie alle Lagerstellen der Nockenwelle im Zylinderkopf und auch an

der Nockenwelle auf Schäden wie Klemmspuren (Bild 44) und Grate.

■ Liegen Beschädigungen vor, müssen die entsprechenden Bauteile ersetzt werden.

Kontrolle der Tassenstößel und der Nockenflanken

■ Ziehen Sie jeden Hydrostößel aus seiner Bohrung im Zylinderkopf heraus und prüfen Sie die Leichtgängigkeit im Zylinderkopf und auf mögliche Klemm- oder Fressspuren.

■ Achten Sie auf der Stößelfläche auf mögliche Schäden oder Verschleißspuren.

Die Tassenstößel müssen grundsätzlich in der alten Position verbaut werden.

■ Kontrollieren Sie die Nockenflanken auf Verschleißspuren oder Grate.

■ Liegen Beschädigungen vor, müssen die entsprechenden Bauteile ersetzt werden.

Kontrolle des Ventilspiels

Die Motoren im Sprinter sind alle mit hydraulischen Ventilspiel-Ausgleichs-Elementen (kurz Hydrostößel) ausgerüstet. Rasselnde Geräusche können von der Steuerkette, dem Steuerkettenspanner und natürlich auch von den Hydrostößeln verursacht werden. Das Ventilspiel ist nicht einstellbar.

Demontage des Zylinderkopfes

Warnende Anzeichen beachten

Wenn der Motor durch die Zylinderkopfdichtung viel Öl verliert, wenn man Öl-Wasser-Gemisch (Ölemulsion) am Messstab oder im Kühlwasser-Ausgleichsbehälter findet, wenn es bei laufendem Motor im Ausgleichsbehälter sprudelt, kann die Zylinderkopfdichtung defekt sein. Es kommen natürlich auch Schäden am Ölwärmetauscher und am Zylinderkopf selbst in Frage. Gelegentlich sind der Motorblock und die Umgebung darunter durch austretendes Öl verschmutzt. Schon das sind warnende Zeichen. Aber schwere Schäden sind auf jeden Fall zu befürchten, wenn Kühlwasser in den Brennraum gelangt. Eine weiße Auspufffahne ist ernst zu nehmender Hinweis darauf.

Prüfungen ohne Demontage

Vor dem Zerlegen sollten Sie grundsätzlich sicherstellen, dass der Fehler auch durch die Zylinderkopfdichtung oder den Zylinderkopf verursacht wird. Druck und Gasbildung können auch leicht durch eine defekte Wasserpumpe oder einen Thermostat verursacht werden. Vor der aufwendigen Montage sollte immer eine genaue Untersuchung der umliegenden Systeme erfolgen. Ein Kühlmitteldrucktester und auch ein Co_2-Tester können hier hilfreich sein.

Bild 44

Bild 44
Eingelaufene Nockenwelle.

Sehr anspruchsvolle Reparaturarbeit

Bereits bei den genannten ersten Anzeichen ist es also ratsam, den Zylinderkopf abzubauen, prüfen zu lassen und die Dichtung zu wechseln. Diese Arbeit gehört zu den anspruchsvolleren Arbeiten der Motorreparatur. Es sind zahlreiche Baugruppen der Motorperipherie zu demontieren. Der Zusammenbau muss mit äußerster Sorgfalt erfolgen, um nicht etwa dann erst kapitale Schäden zu verursachen.

Es gibt ein allgemeingültiges Schema zum Aus- und Einbau des Zylinderkopfes, dem auch wir hier folgen und dabei auf motorspezifische Ergänzungen eingehen. Orientieren Sie sich an der Beschreibung der jeweiligen Motoren.

■ Der Motor darf höchstens handwarm sein, sonst kann sich der Zylinderkopf verziehen.

■ Die Kolben dürfen, falls nicht anders gefordert, nicht im OT stehen.

■ Vor Ausbau des Kühlmitteltemperaturgebers muss Druck vom Kühlsystem abgebaut werden.

■ O-Ringe an Geber und Zylinderkopfdichtung sind immer zu ersetzen.

■ Nach dem Ersetzen der Zylinderkopfdichtung müssen wie nach dem Wechsel des Zylinderkopfes das Kühlmittel und das Motoröl erneuert werden.

Sichtprüfung Messen

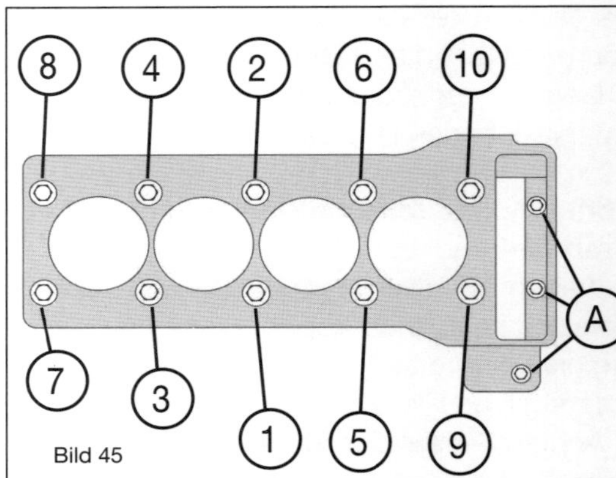

Bild 45

Bild 45
Schrauben des Zylinderkopfes am OM 651.
1-10 Anzugsreihenfolge
10-1 Lösereihenfolge
A die Schrauben werden nach dem Anziehen der Schrauben 1-10 angezogen beziehungsweise vor dem Lösen der Schrauben 10-1 gelöst

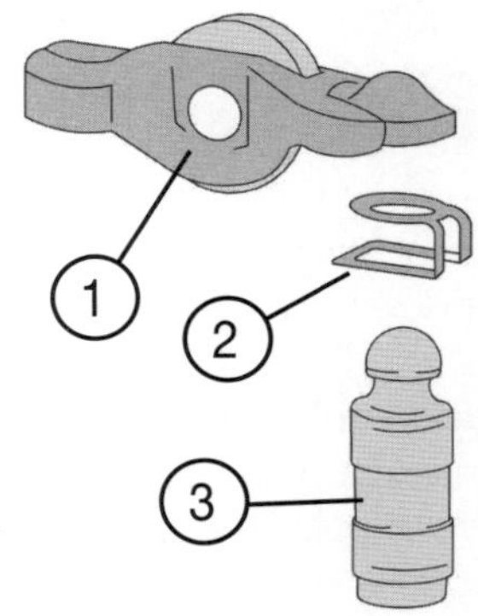

Bild 46

Bild 46
Aufbau des Ventilspielausgleichselements.
1 Schlepphebel
2 Halteklammer
3 Hydrostößel

■ Den ausgebauten Zylinderkopf nur auf einer Schaumstoffunterlage ablegen, da die Glühkerzen beschädigt werden können.
■ Den ausgebauten Zylinderkopf mit Haarlineal und Fühlerblattlehre an mehreren Stellen auf Verzug prüfen.
■ Vor dem Einbauen kontrollieren, ob beide Passhülsen zur Zentrierung des Zylinderkopfs am Zylinderblock vorhanden sind.
■ Beim Lösen und auch beim Einbau der Zylinderkopfschrauben ist die vorgegebene Reihenfolge unbedingt zu beachten.

Vorbereitung für alle Motoren
■ Lesen Sie den Fehlerspeicher aus und sichern Sie die möglichen Einträge.
■ Schalten Sie die Zündung aus und ziehen Sie den Zündschlüssel ab.
■ Klemmen Sie die Batterie ab.
■ Fahrzeug mit der Hebebühne anheben.
■ Lassen Sie das Kühlmittel ab.

⚠ Fahrzeug zwischen den Hebebühnensäulen ausrichten und die vier Aufnahmeteller an den vom Fahrzeughersteller vorgeschriebenen Hebebühnenaufnahmepunkten platzieren.

Demontage des Zylinderkopfes (OM 651)
■ Bauen Sie den Ventildeckel (Zylinderkopfhaube) wie bereits beschrieben ab.
■ Demontieren Sie das Kraftstoffrail.
■ Bauen Sie den Kühlerlüfter aus.
■ Demontieren Sie den Halter des Luftfiltergehäuses.
■ Trennen Sie die elektrischen Steckverbindungen am Zylinderkopf und ziehen Sie den Steckkontakt des Temperatursensors vor dem Abgasturbolader ab.
■ Bauen Sie die Aufhängeöse für die Motordemontage vorne ab.
■ Demontieren Sie den Ölmessstab mit seinem Führungsrohr.
■ Bauen Sie den AGR-Kühler aus.
■ Demontieren Sie das Abgasführungsrohr zum AGR-Ventil.
■ Bauen Sie die Ladeluftleitungen ab.
■ Drehen Sie die Schrauben heraus und legen Sie die Kraftstoffleitungen aus dem Arbeitsbereich heraus.
■ Bauen Sie das Magnetventil ab und legen Sie es mit angeschlossenen Leitungen aus dem Arbeitsbereich heraus.
■ Demontieren Sie den Halter für die Kraftstoffleitungen am Zylinderkopf.
■ Bauen Sie den Kraftstofffilter aus dem Halter aus.
■ Lösen Sie die Steckverbindungen an den Anbauteilen des Zylinderkopfs und legen Sie die Anschlusskabel frei.
■ Demontieren Sie den Unterdruckschlauch zur Membrandose der Bypassklappe.
■ Klemmen Sie die Anschlüsse am AGR-Steller ab und bauen Sie ihn aus.
■ Bauen Sie den Sensor im Ladeluftrohr mit seinem Halter ab.
■ Ziehen Sie den Anschluss zur Einlasskanalabschaltung ab.
■ Bauen Sie die Glühkerzen aus.
■ Bauen Sie den Kühlmittelthermostat aus.
■ Demontieren Sie die Hochdruckleitung zwischen Hochdruckpumpe und Rail.
■ Bauen Sie die Aufhängeöse für die Motordemontage hinten ab.
■ Ziehen Sie die Leckölleitung ab und befestigen Sie sie außerhalb des Arbeitsbereiches.
■ Demontieren Sie den Kettenspanner, wie bereits beschrieben.
■ Bauen Sie das Hitzeschutzblech über dem Abgaskrümmer ab.

■ Drehen Sie die Schrauben des Abgaskrümmers zum Turbolader heraus.
■ Bauen Sie den Halter vorne am Zylinderkopf ab.
■ Bauen Sie die Nockenwellen wie bereits beschrieben aus.
■ Ziehen Sie die Rollenschlepphebel zusammen mit den Hydrostößeln nach oben heraus (Bild 46).
■ Legen Sie die Rollenschlepphebel mit den Hydrostößeln in der Montagereihenfolge ab.
■ Drehen Sie die Schrauben (A im Bild 45) heraus.
■ Drehen Sie die Zylinderkopfschrauben in der Reihenfolge 10 - 1 heraus.
■ Lösen Sie den Zylinderkopf und nehmen Sie ihn mit dem Abgaskrümmer und dem Ansaugrohr (Ladeluftverteiler) ab.
■ Legen Sie den Zylinderkopf auf einer weichen Ablage ab.

Die Montage erfolgt sinngemäß in umgekehrter Reihenfolge.
■ Reinigen Sie die Gewindebohrungen im Motorblock.
■ Reinigen Sie die Dichtflächen vorsichtig und gründlich.
■ Prüfen Sie die Dichtflächen des Zylinderkopfes und des Motorblocks auf Beschädigungen.
■ Prüfen Sie den Zylinderkopf auf Beschädigungen. Im Zweifelsfall lassen Sie ihn auf Dichtigkeit prüfen.
■ Verwenden Sie neue Zylinderkopfschrauben.
■ Führen Sie einen Ölwechsel durch.
■ Prüfen Sie die Dichtigkeit des Motors und der Anbauteile.

Demontage des Zylinderkopfes (OM 654)
■ Bauen Sie den Ladeluftverteiler (Ansaugrohr) aus.
■ Bauen Sie den Kühler für die Hochdruck-Abgasrückführung zusammen mit dem Ventil Hochdruck-Abgasrückführung aus.
■ Demontieren Sie das Umschaltventil des Bypasses am Abgasrückführkühler.
■ Die Abgasrückführleitung vom Abgaskrümmer abbauen.

Nicht bei 140-kW-Motor erforderlich:
■ Bauen Sie die Kühlmittelleitung für Vor-/Rücklauf für Abgasturbolader aus.
■ Die Kühlmittelleitung Vorlauf für Ventil Hochdruck-Abgasrückführung ausbauen.

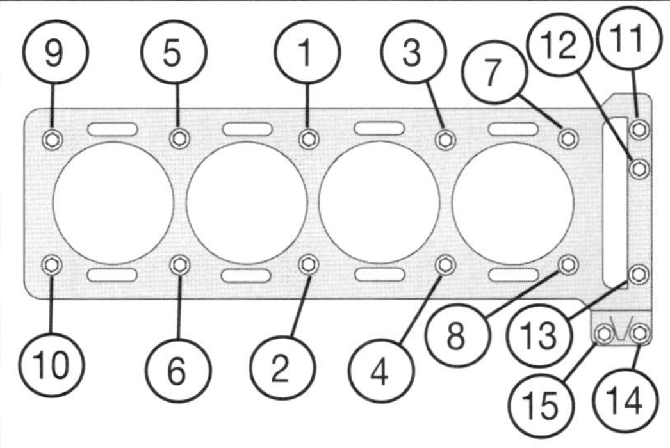

Bild 47

Bild 47
Schrauben des Zylinderkopfes am OM 654.
1-15 Anzugsreihenfolge
15-1 Lösereihenfolge

Weiter für alle Motoren:
■ Die Ölvorlaufleitung des Abgasturboladers zum Motor ausbauen.
■ Den Kühler der Niederdruck-Abgasrückführung zusammen mit Ventil für Niederdruck-Abgasrückführung und der Abgasrückführleitung ausbauen.
■ Das hydraulische Ventilspiel-Ausgleichselement ausbauen (Bild 46).
■ Die Gleitschiene oben wie bereits beschrieben ausbauen (Bild 41).
■ Zentralschraube des Zwischenrades zu den Nockenwellenzahnrädern herausdrehen.
■ Das Zwischenrad ausbauen und dabei die Steuerkette vom Zwischenrad abnehmen und gegen Herunterfallen sichern.
■ Die Unterdruckleitung von Motoraufhängeöse und vom Kurbelgehäuse abbauen.
■ Die Kraftstoffleitung vom Kurbelgehäuse und von der Motoraufhängeöse abbauen.
■ Motoraufhängeöse hinten ausbauen.
■ Die Zylinderkopfschrauben in der Reihenfolge (15 - 1 im Bild 47) bei abgekühltem Motor stufenweise lösen und herausdrehen.
■ Den Zylinderkopf und die Zylinderkopfdichtung vom Kurbelgehäuse abbauen.

Die Montage erfolgt sinngemäß in umgekehrter Reihenfolge.
■ Die Gewindebohrungen der Zylinderkopfschrauben am Kurbelgehäuse reinigen.
■ Die Bolzen des Abgaskrümmers am Zylinderkopf rechts auf Beschädigung prüfen.
■ Zylinderkopfschrauben erneuern.
■ Den Zylinderkopf links und das Kurbelgehäuse auf Beschädigungen prüfen.

Tipp: Das Anziehschema (Bild 47) und Anziehvorschriften der Zylinderkopfschrauben beachten, da es sonst zum Verzug des Zylinderkopfes kommen kann.

Kompressionsdruck prüfen

Die Prüfwerte des Kompressionsdrucks in den einzelnen Zylindern zeigen an, ob der Motor sich noch in einem guten mechanischen Zustand befindet oder ob er für einen Austausch reif ist, zumindest aber komplett überholt werden muss.

Zur Prüfung werden ein Kompressionsdruck-Prüfgerät, ein Zündkerzenschlüssel sowie ein Drehmomentschlüssel 5 bis 50 Nm benötigt.

Die Motoröltemperatur muss mindestens 30 °C und die Batteriespannung mindestens 11,5 V betragen.

Vorbereitung und Druckprüfung

- Motorabdeckungen oben oder den Luftfilterkasten ausbauen, um den Zugang zu den Glühkerzen und den Anschlüssen zu den Glühkerzen zu ermöglichen.
- Die Steckkontakte aller Glühkerzen abziehen und die Anschlusskabel zur Seite legen.
- Alle Glühkerzen ausbauen.
- Soweit erforderlich die Drossel- oder Abstellklappe im Ansaugtrakt öffnen. Der Luftansaugweg muss frei sein.
- Den Kompressionsdruck mit Kompressionsdruck-Prüfgerät prüfen. Die Handhabung des Prüfgerätes ist in der jeweiligen Bedienungsanleitung beschrieben.
- Den Anlasser so lange betätigen, bis kein Druckanstieg mehr vom Prüfgerät angezeigt wird. Der Höchstdruck sollte spätestens nach 12 bis 15 Umdrehungen erreicht sein.

Auswertung

- Werten Sie die Schreiberkarte oder die Messergebnisse aus:

Der Druck sollte zwischen 23 und 30 bar liegen.

Der Druckunterschied zwischen einzelnen Zylindern (höchster und niedrigster) darf höchstens 3,0 bar betragen.

- Fallen die Messergebnisse deutlich anders aus, sollte mittels Druckverlustprüfung die Undichtigkeit des Brennraums genauer lokalisiert oder der Motor für eine genauere Diagnose zerlegt werden.

Rückbau und in Betrieb setzen

- Glühkerzen mit dem Glühkerzenschlüssel einschrauben und mit dem richtigen Drehmoment festziehen.
- Der weitere Zusammenbau erfolgt sinngemäß in entgegengesetzter Reihenfolge zum Ausbau.
- Fehlerspeicher abfragen und ggf. vorhandene Fehler beheben, danach Fehlerspeicher löschen.

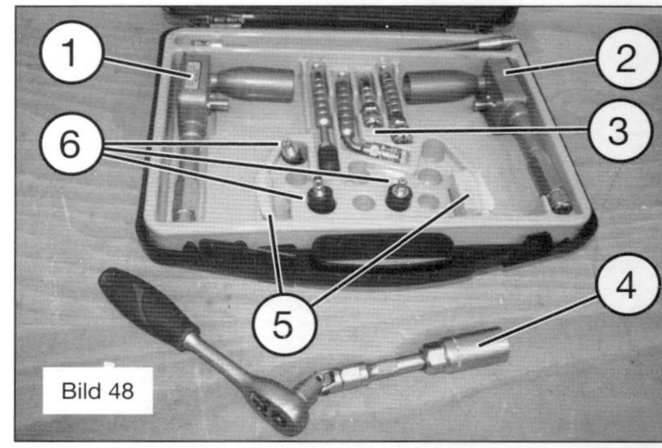

Bild 48
Kompressionsdruckschreiber.
1 Schreiber für Dieselmotoren
2 Schreiber für Ottomotoren
3 Verlängerungen
4 Knarre mit Kerzenschlüssel
5 Schreiberkarten für Otto- und Dieselmotoren
6 Dichtkonus für das Andrücken auf die Kerzenbohrungen im Zylinderkopf

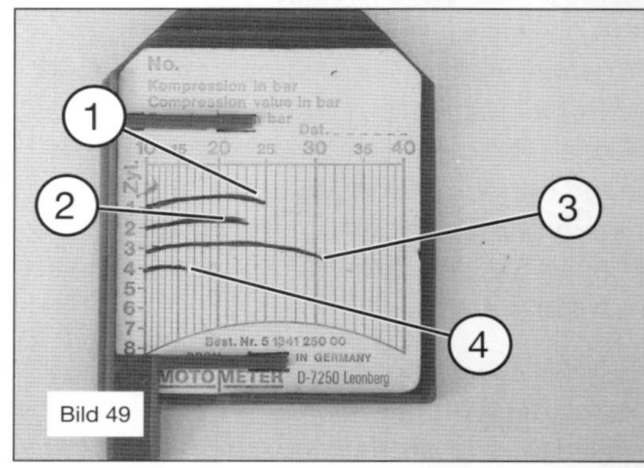

Bild 49
Auswertung des Schreiberkärtchens. Der gemessene Druck sollte bei etwa 23 - 30 bar liegen und zwischen den einzelnen Zylindern höchstens 1,5 bar abweichen.
1 Abgelesener Druck 25 bar
2 Abgelesener Druck 23 bar
3 Abgelesener Druck 32 bar
4 Abgelesener Druck 16 bar

Druckverlusttest

Oft schon vergessen war er schon vor einigen Jahrzehnten bekannt. Da der Tester in den meisten Werkstätten nicht mehr oder kaum noch zum Einsatz kommt, lässt sich ab und an ein solches Gerät auch von Bosch schon mal günstig erstehen. 25 bis 150 Euro werden es dann meist. Auch mit diesem Gerät wird die Dichtheit des Zylinders bewertet. Nur dass nicht der Motor den Druck

Bild 50
Druckverlusttest am Motor. Verlustwert und Verlustort werden festgestellt.

aufbringt, sondern der Motor mit Luftdruck aus dem Tester beaufschlagt wird. Undichtheiten können nun zum einen zahlenmäßig erfasst und zum anderen »erhört« werden. Die Diagnose fällt deutlich präziser aus als das Ergebnis des Kompressionstests.

Vorbereitung

- Bauen Sie alle Glühkerzen aus.
- Schalten Sie die Zündung aus.
- Prüfen Sie, ob die Steuerzeiten in Ordnung sind.
- Schließen Sie den Druckverlustprüfer an die Druckluftversorgung Ihrer Werkstatt an.
- Stimmen Sie den Druckschreiber auf den Kompressordruck Ihrer Werkstatt ab.
- Wählen Sie den passenden Gewindeadapter und den Anschlussschlauch für den Druckverlusttest aus.
- Stellen Sie Radio und andere Lärmquellen ab.
- Verdrehen Sie den Motor so weit, bis er am Ende des Verdichtungstaktes oder am Anfang des Arbeitstaktes steht.
- Ertasten Sie vorsichtig den Kolbenboden mit einem OT-Finder (Bild 52) und verdrehen Sie den Motor bis zu Zünd-OT.
- Blockieren Sie den Motor (Gang einlegen, Handbremse anziehen). Sollten Sie den Motor mit einem passenden Schlüssel auf der Kurbelwelle festhalten wollen, achten Sie darauf, dass sich der Motor verdrehen kann, sobald der Prüfdruck des Testers auf dem Kolben lastet. Er erzeugt ein nicht unbedeutendes Drehmoment, das Sie eventuell nicht von Hand halten können.

⚠ Es besteht Verletzungsgefahr an den Händen durch Abrutschen des Werkzeugs oder Klemmen!

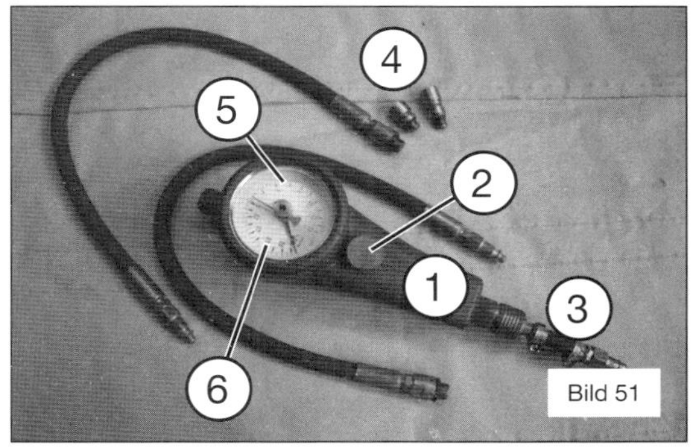

Bild 51

Bild 51
Meist recht günstig zu ersteigern: der Druckverlustprüfer.
1 Gehäuse
2 Einstellrad für Druckangleich
3 Anschlussschlauch Druckluftnetz
4 Prüfanschluss
5 Messuhr Kompressionsdruck
6 Messuhr Kompressionsdruck

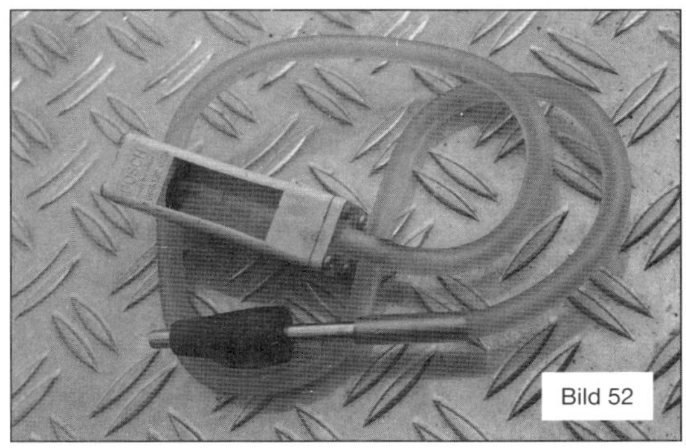

Bild 52

Bild 52
Der OT-Finder. Auf dem Weg nach OT verdrängt der Kolben Luft und schiebt den Anzeigekolben im Gerät nach oben. Fällt er schlagartig ab, wurde der OT-Punkt überschritten.

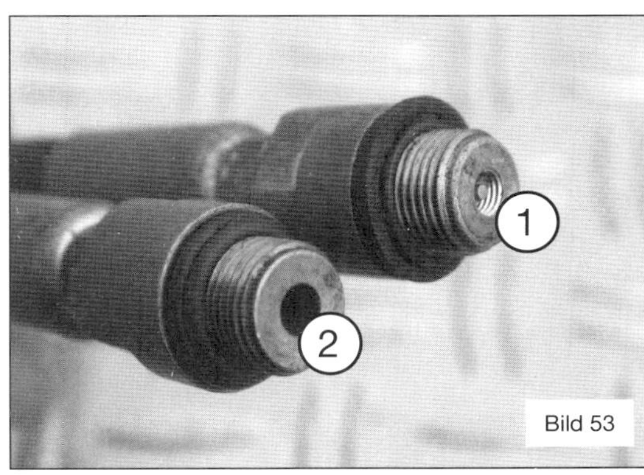

Bild 53

Bild 53
Nicht verwechseln: Mit Ventil (1) ist er für den Kompressionstest gerüstet, ohne Ventil (2) für den Druckverlusttest.

Messung/Prüfung

- Führen Sie den Anschlussschlauch des Druckverlusttesters zuerst in das Glühkerzenloch des 1. Zylinders ein (Bild 50).

Bild 54

Bild 54
Druckverlust problematisch.

Bild 55

Bild 55
Druckverlust in Ordnung.

■ Kuppeln Sie den Messschlauch an das Messgerät an.
■ Werten Sie jeden Zylinder einzeln wie unten beschrieben aus.
■ Wiederholen Sie diesen Vorgang nun für alle Zylinder des Motors, Auswertung (Bilder 54 und 55).
■ Notieren Sie den angezeigten Druckverlust für jeden Zylinder einzeln.

☞ Ein Druckverlust beim 4-Takt-Hubkolbenmotor ist bis zu 15 % zulässig. Über 15 % muss die Ursache gesucht werden.

■ Drehen Sie den Öldeckel ab und achten Sie auf Zischgeräusche aus dem Motorblock.
■ Legen Sie den Kopf auf den Luftfilter oder besser noch, entfernen Sie den Luftfilter und hören Sie, ob Zischgeräusche aus dem Ansaugtrakt wahrnehmbar sind.
■ Kontrollieren Sie auch am Auspuff, ob hier ein Luftstrom oder ein Zischgeräusch hörbar ist.

Beschreibung (Bild 54 oder 55)	Toleranz	Ursache
Druckverlust zu groß: Zischgeräusch am Ansaugtrakt feststellbar, keine Zischgeräusche am Auspuff feststellbar.	Bis 15 % sind zulässig.	Einlassventil nicht sauber geschlossen, Einlassventil undicht, Einlassventil beschädigt; Steuerzeiten stimmen nicht, Motor steht nicht im Zünd-OT (Arbeitstakt).
Druckverlust zu groß: Zischgeräusche am Auspuff feststellbar, keine Zischgeräusche am Ansaugtrakt feststellbar.	Bis 15 % sind zulässig.	Auslassventil nicht sauber geschlossen, Auslassventil undicht, Auslassventil beschädigt, Steuerzeiten stimmen nicht, Motor steht nicht im Zünd-OT (Arbeitstakt).
Druckverlust zu groß: Zischgeräusche am Auspuff feststellbar, Zischgeräusche am Ansaugtrakt feststellbar.	Bis 15 % sind zulässig.	Beide Ventile nicht sauber geschlossen, beide Ventile undicht, beide Ventile beschädigt; Steuerzeiten stimmen nicht, Motor steht nicht im Zünd-OT (Arbeitstakt).
Druckverlust zu groß: keine Zischgeräusche am Auspuff feststellbar, keine Zischgeräusche am Ansaugtrakt feststellbar.	Bis 15 % sind zulässig.	Druckverlust über Kolben und Zylinder, Kolben und/oder Kolbenringe verschlissen oder defekt, Zylinderkopfdichtung defekt (während der Prüfung »blubbert« der Ausgleichsbehälter).

Verschleißmessung am Motor

Zugegeben, in der heutigen Zeit werden diese Arbeiten nur noch selten durchgeführt. Es ist aber nicht so, dass man die Verschleißmessung am Motor nicht mehr benötigen würde. Vielmehr wird sie oft aus Zeitgründen nicht mehr durchgeführt.

Im privaten Bereich legen wir nun aber eher Wert auf eine kostengünstige Reparatur und möchten gerne den Zustand unseres Gefährtes sicher dokumentieren. Sollten Sie den Motor einmal so weit zerlegt haben oder sind auf der Suche nach erhöhtem Ölverbrauch des Motors, können Sie, nachdem Zylinderkopf und Kolben demontiert wurden, den Motorblock ausmessen. Oftmals ist der Kolbenausbau auch am eingebauten Motor realisierbar. Schließlich müssen wir lediglich die Ölwanne abnehmen können, um die Pleuellager abschrauben zu können. Ob und wie weit die Laufleistung oder auch ungünstige Betriebszustände dem Motor zugesetzt haben, muss mit einigen einzelnen Messungen kontrolliert werden. Für die Messungen werden ein Innenmessgerät mit Innentaster, eine Messuhr, ein Messschieber, eine Fühlerlehre sowie eine Bügelmessschraube benötigt. Die Messung beschreibt den Zustand von Zylinder und Kolben. Das Zusammenspiel dieser Bauteile wird durch die Auswertung der Messergebnisse bewertet.

Messungen am Zylinder

Vorbereitung der Messungen:

■ Demontieren Sie den Zylinderkopf.
■ Reinigen Sie Zylinderlaufbahn und Kolben.

■ Messen Sie mit Hilfe des Messschiebers den Zylinderdurchmesser. Legen Sie anhand dieses Maßes fest, welche Adaptionsstücke in das Innenmessgerät eingebaut werden müssen.

■ Montieren Sie das ausgewählte Adaptionsstück am Innenmessgerät.

■ Führen Sie die Messuhr in die Aufnahme ein. Festgezogen wird sie aber erst, nachdem die Voreinstellung durchgeführt wurde.

■ Richten Sie die Messuhr gerade in der Zylinderlaufbahn aus und stellen sie mit einer Vorspannung von 2 mm fest.

■ Richten Sie das Grundmaß (entweder das mit dem Messschieber ermittelte und gerundete oder ein vom Hersteller angegebenes) mit der Bügelmessschraube aus.

■ Führen Sie die Feinjustierung des Innenmessgerätes durch.

Messungen (Bild 56):

■ Als Nächstes wird nun das Innenmessgerät in den zu messenden Zylinder eingeführt. Die Messung der Zylinderbuchse soll den Verschleiß genau darstellen.

Tipp: Da der Verschleiß im Zylinder in der Regel durch die unterschiedlichen Belastungszustände ungleichmäßig ausfällt, werden die Zylinder in zwei Richtungen und drei Ebenen beurteilt. Die Messrichtung wird in die Richtung »A« und »B« aufgeteilt, wobei »B« dann die Messung in Achsenrichtung der Kurbelwelle und »A« die Messung in Drehrichtung der Kurbelwelle darstellt.

Die Messhöhe nennt sich recht einfach »1«, »2« oder »3«. So wird ein sehr genaues Bild des Zylinderverschleißes dargestellt.

■ Zuerst einmal sollten alle Messungen in der Richtung »A« gemacht und in das Auswertungsblatt eingetragen werden.

Tipp: Erst dann werden die Messungen in der Richtung »B« durchgeführt und eingetragen. Das erspart das mehrmalige Einsetzen des Innenmessgerätes in den Zylinder.

■ Führen Sie die Messung in Richtung »A« durch und tragen Sie diese ins Auswerteblatt ein.

■ Führen Sie die Messungen in der Richtung »B« durch und tragen Sie diese in das Auswerteblatt ein.

■ Werte, die über das Grundmaß gehen, werden als »+«-Wert eingetragen.

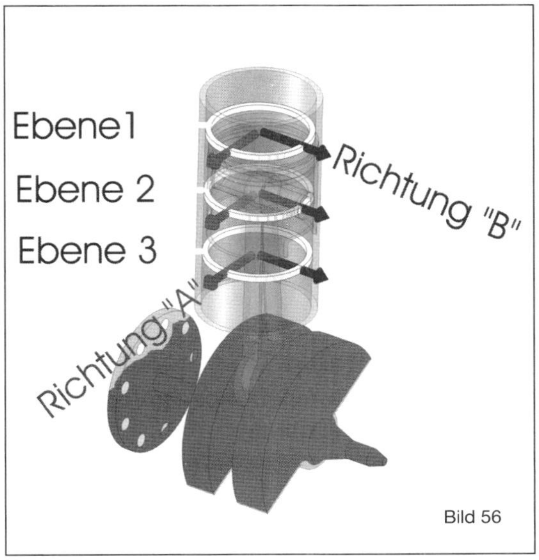

Bild 56

Bild 56
Messebenen und Messrichtungen am Zylinder.

elektr. Messen: Werte, die das Grundmaß unterschreiten, werden in der Tabelle als »-«-Wert geführt. Diese Praxis spart viel Rechnerei und somit auch mögliche Fehlerquellen ein.

Messungen am Kolben (Bild 57)

Nachdem die Messungen festgehalten wurden, werden nun die Kolben gemessen. Die Bügelmessschraube ist nun noch auf das Grundmaß des Zylinders eingestellt.

■ Sie muss nun etwas geöffnet werden. Die Messungen werden grundsätzlich 90° versetzt zur Kolbenbolzenachse durchgeführt.

■ Die Messung erfolgt nach Herstellerangaben am Kolbenhemd. Bei den meisten Herstellern liegt diese Messhöhe bei ca. 1,5 cm vom Hemdende, also vom unteren Ende des Kolbens.

■ Auch hier werden die Messergebnisse im Messprotokoll unter dem Begriff Kolbendurchmesser notiert.

Bild 57

Bild 57
Messung des Kolbendurchmessers.

Sichtprüfung   Messen

Bild 58
Höhenspielmessung am in die Ringnut eingelegten Kolbenring.

Bild 59
Stoßspielmessung am im Zylinder gerade eingelegten Kolbenring.

Kolben- und Ölabstreifringe

Neben dem Verschleiß am Kolbenhemd können auch die Kolbenringe beziehungsweise die Ölabstreifringe sowie die Ringnuten im Kolben verschleißen. Durch die Bewertung der Kolbenringe mit Stoß- und Höhenspiel kann hier eine ausreichend genaue Aussage über den Zustand der Bauteile getroffen werden.

Höhenspiel prüfen (Bild 58):

Der Kolbenring dichtet den Kolben zum Zylinder ab. Er schleift bei jeder Kolbenbewegung an der Zylinderwand entlang. Zwar wird er durch das Motoröl geschmiert, Verschleiß entsteht dennoch. Der Verschleiß der Kolbenringe muss also auch beachtet und vermessen werden.

- Nun wird der Kolbenring in die Ringnut eingelegt.
- Mit Hilfe der Fühlerlehre wird nun geprüft, wie groß das Spiel des Kolbenrings nach oben und unten ist.
- Die Messwerte werden natürlich auch im Auswertebogen festgehalten.

Stoßspiel prüfen (Bild 59) :

Mit dieser Prüfung wird der Verschleiß des Kolbenringes selbst geprüft.

- Zuerst einmal muss der Kolbenring genau gerade in den Zylinder eingesetzt werden.
- Liegt der Kolbenring wie gezeigt im Zylinder, wird nun wiederum mit der Fühlerlehre das Spaltmaß zwischen den beiden Kolbenringenden gemessen.
- Auch hier muss ein Maß aus den Herstellerunterlagen herausgesucht werden. Über den Daumen darf dieses Maß nicht größer als 1 mm ausfallen.

Auswertung Zylinder und Kolben

Die Messung ist der eine Teil, die Auswertung der Ergebnisse ist aber mindestens genauso wichtig.

Nachdem nun die Ergebnisse aus den Messungen des Zylinders und der Kolben vorliegen, können wir schon eine Aussage über die Verwendbarkeit von Zylinder und Kolben treffen. Die folgenden Begriffe können aus den Messwerten ermittelt werden. Die Ergebnisse hieraus stellen wir Ihnen für die einzelnen Begriffe vor.

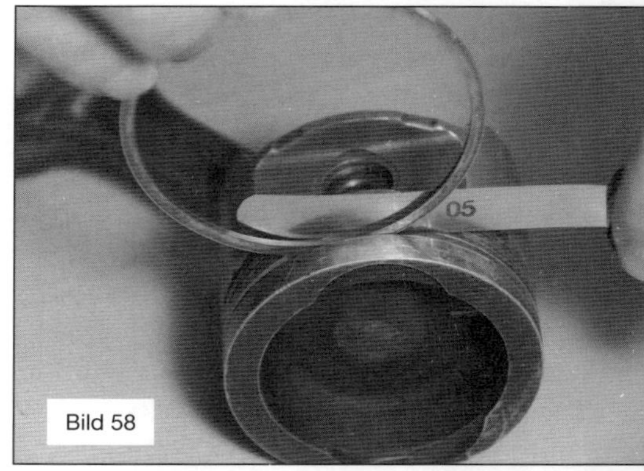

Bild 58

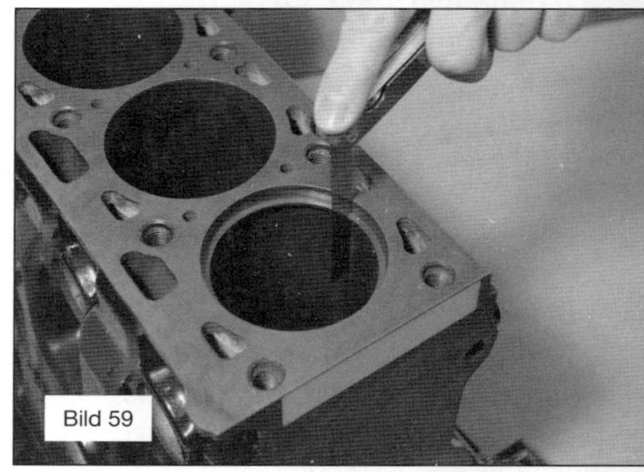
Bild 59

Die Ovalität:

Ovalität ist die Verformung des Zylinders. Sie kann zum einen durch die Einwirkung von Temperatur und zum anderen durch den Verschleiß entstehen. Sie wird als die größte Ovalität angegeben und vergleicht die Ovalität der einzelnen Messebenen eines Zylinders.

Das Laufspiel:

Es beschreibt, wie viel Platz zwischen Kolben und Zylinder ist. Auch hier müssen wieder die Herstellerangaben zurate gezogen werden. Als Daumenwert kann von einem Laufspiel von 0,04 mm bis zu 0,09 mm ausgegangen werden.

- Das Laufspiel errechnet sich, wenn man den Kolbendurchmesser vom größten und dem kleinsten Zylinderdurchmesser abzieht.

Lagerspiel an Kurbelwelle und Pleuel mit Plastigage messen (Bild 60)

Im Gegensatz zu den Messungen mit dem Innenmessgerät ist die Messung mit Plastigage ungenauer, aber dafür sehr schnell durchzuführen.

Liegen keine besonderen Verschleißspuren oder eigenartig anmutende Lagertragbilder vor, ist diese Messmethode durchaus legitim.

Für die Messung werden die Lager komplett montiert (oder bleiben es). Um gut an die Lagerdeckel heranzukommen, empfiehlt es sich, die Kolben in eine Stellung zu bringen, an der die Lagerdeckel bequem de- und montiert werden können.

- Demontieren Sie die Lagerdeckel und reinigen Sie die Lagerstelle mit einem fusselfreien Lappen.
- Legen Sie einen Messfaden ein und montieren Sie das Lager wieder.
- Ziehen Sie das Lager auf das Solldrehmoment an. Der Messfaden wird nun »platt gedrückt«.
- Nach dem Entfernen des Lagerdeckels lässt sich anhand der Breite des Messfadens mit der mitgelieferten Tabelle das Lagerspiel ermitteln.

Beurteilen von Planflächen

Für diese Prüfung ist ein Präzisionslineal erforderlich. Das Haarlineal wird auf dem Zylinderkopf aufgelegt und gegen das Licht gehalten. Diese Prüfung über Kreuz und an mehreren Stellen am Zylinderkopf durchgeführt, lässt so die gesamte Fläche des Zylinderkopfes auf Ebenheit prüfen.

Prüfungen an der Nockenwelle

Auch die Nockenwelle unterliegt dem Verschleiß, oftmals finden sich bereits durch genaues Betrachten Mängel, die natürlich auch entsprechend bewertet werden müssen.

Laufspuren an der Nockenwelle (Bild 44)

Kleine Laufspuren dürfen gerade in Anbetracht des Alters des Motors als normal bezeichnet werden. Tiefe Rillen und Ausbuchtungen müssen eine Ursache haben. Gratartige scharfkantige Ausformungen an den Lagerstellen sind ein deutliches Zeichen für Verschleiß. In diesen Fällen muss das Lagerspiel geprüft werden.

Verschleiß an der Nockenwelle

Wenn sich die Nocken abnutzen, bedeutet das immer eine geringere Ventilöffnung und somit Leistungsverlust des Motors. Da auch die Oberflächenqualität in diesen Fällen stark leidet, werden die Ventilbetätigungen, also die Kipp- oder

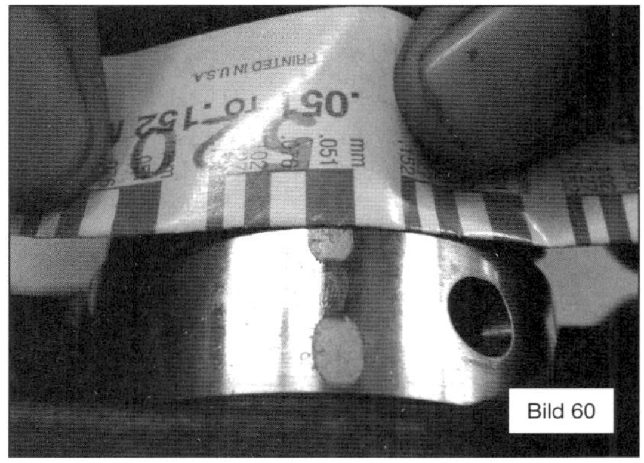
Bild 60

Bild 60
Lagerspielprüfung mit Plastigage.

Schlepphebel mit beeinträchtigt. Die Lagerstellen für diese Bauteile sollten dann sehr gründlich untersucht werden. Lässt man durch Laufspuren beschädigte Teile weiterhin in Betrieb, kann es sein, dass der Schaden sich auf der beispielsweise erneuerten Nockenwelle wieder einstellt. Auch die Ursache für den Schaden muss festgestellt werden. Ist die Ölpumpe noch in Ordnung? Betrachten wir einmal einige einfache Messungen, die an der Nockenwelle durchgeführt werden sollen:

Schlagprüfung an der Nockenwelle

- Entweder wird die Nockenwelle zwischen die Spitzen der Drehbank eingespannt oder auf Auflager gelegt.
- Man richtet nun eine Messuhr mit Halter auf die einzelnen Lager aus und dreht die Nockenwelle.
- Der Höhenunterschied wird auf der Messuhr schnell deutlich. Die maximalen Toleranzen müssen den Herstellerunterlagen entnommen werden.

Als Daumenrichtwert kann ein Schlag bis zu 0,01 mm angenommen werden. Nockenwellen mit einer größeren Abweichung sollten ersetzt werden.

Nockenhubmessung

Mit dem gleichen Messaufbau wie bei der Schlagprüfung kann auch der Hub der Nocken festgestellt werden.

Gemessen wird der Unterschied zwischen der tiefsten Stelle und der höchsten Stelle eines Nockens. Auch diese Maße werden von jedem Motorenhersteller angegeben und sind nicht ohne Weiteres übertragbar.

Sollte ein relevanter Verschleiß vorliegen, ist er in der Regel auch schon am

Verschleißbild gut zu erkennen. Sinnvoll ist es allerdings, die Nocken der einzelnen Zylinder untereinander auszumessen und zu vergleichen. Die Ursache für einen deutlichen Unterschied kann schon mangelhafte Schmierung für den Ventiltrieb dieses Zylinders sein.

Lagerspielmessung der Nockenwelle

Will man das Lagerspiel lediglich kontrollieren und hat keinen besonderen Befund, reicht es aus, die Lager mit Plastigage auszumessen. Die Vorgehensweise wurde bereits an den Kurbelwellen- und Pleuellagern vorgestellt (Bild 60).

Soll das Lagerspiel genau in Augenschein genommen werden, müssen das gute alte Innenmessgerät und eine entsprechende Bügelmessschraube zum Einsatz kommen. Auch diese Vorgehensweise wurde bereits vorgestellt und muss lediglich auf den kleineren Durchmesser der Nockenwelle abgestimmt werden.

Axialspielmessung an der Nockenwelle

Das Axialspiel (Bild 61) ist das seitliche Spiel der Nockenwelle. Auch diese Richtung ist Beschränkungen unterlegen. Selbstverständlich müssen auch hier die Werte der Motorenhersteller herangezogen werden.

Im Grundsatz kann aber davon ausgegangen werden, dass ein Axialspiel von 0,15 mm noch in Ordnung ist. Am einfachsten lässt sich das Axialspiel ausmessen, wenn Ventile und/oder Ventiltrieb nicht eingebaut sind. So entfällt die Reibung zwischen den betätigten Ventilhebeln und der Nockenwelle.

Als Messmittel kommt auch hier die Messuhr mit Messuhrträger zum Einsatz. Sie sollte dann entweder mit dem Magnetfuß befestigt oder an einer geeigneten Stelle verschraubt werden. Eine gebrochene Nockenwelle ist immer ein Zeichen großer mechanischer Kräfte. Oftmals bedeutet das, dass Ventile und eventuell auch die Stößelstangen beschädigt wurden. Diese Teile müssen dann in jedem Fall genauer unter die Lupe genommen werden.

Ventil und Führung beurteilen

Ventil ausmessen (Bild 62):

Natürlich gibt es auch Abmessungen am

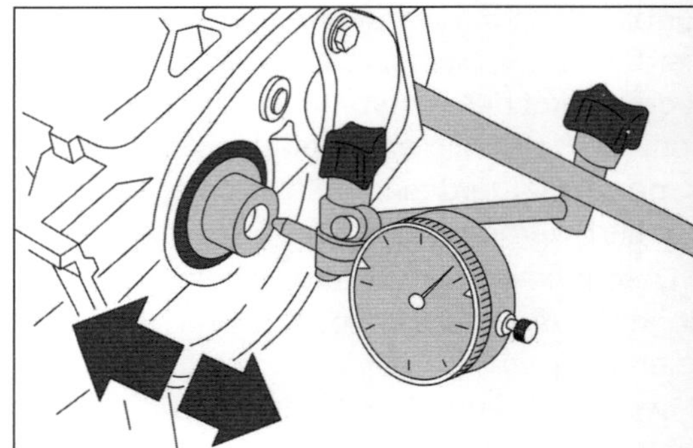

Bild 61

Bild 61
Messaufbau zur Axialspielmessung an der Nockenwelle.

Ventil. Die Tellerbreite und die Ventilsitzbreite gehören auch zu den Abmessungen, die bei der Beurteilung eines Ventils sehr wichtig sind. Daran entscheidet sich, inwieweit ein Ventil wieder eingesetzt, überarbeitet oder erneuert werden muss. In den meisten Fällen ist aber die Überarbeitung nicht zulässig und auf das Einläppen oder Einschleifen beschränkt.

Ventilschlag ausmessen:

Um den Ventilschlag beurteilen zu können, muss das Ventil spielfrei gelagert werden. Das geht schon recht gut auf einem Messprisma. Besser jedoch ist die Aufnahme in einer Ventilprüfvorrichtung. Beurteilt werden

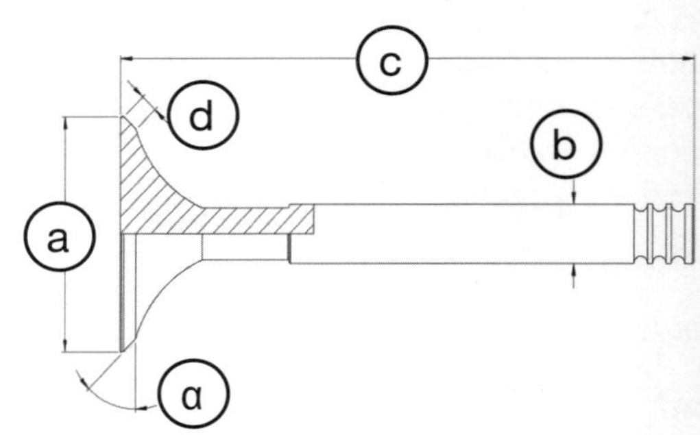

Bild 62

Bild 62
Abmessungen am Ventil.
a Tellerdurchmesser
b Schaftdurchmesser
c Ventillänge
d Sitzbreite
α Sitzwinkel

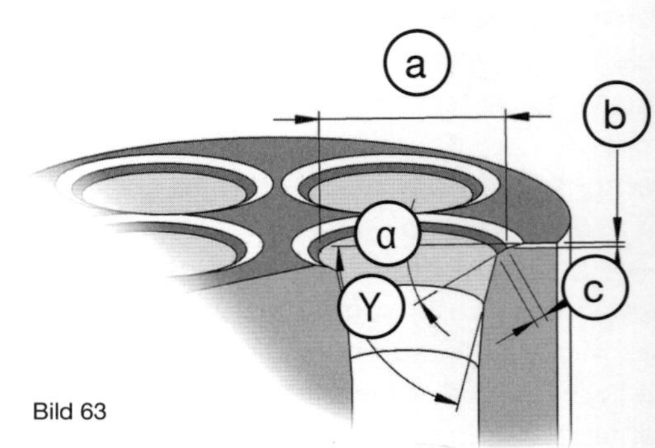

Bild 63

Bild 63
Abmessungen am Ventilsitz.
a Ventiltellerdurchmesser
b Maximales Nachbearbeitungsmaß
c Sitzbreite
α Sitzwinkel
Y Korrekturwinkel innen

der Ventilschlag am Ventilteller und in der Mitte des Schaftes.

Ventilführung ausmessen:
Auch diese Messung ist mit Hilfe einer Messuhr recht einfach zu bewerkstelligen. Das Ventil wird ohne Ventilfedern, Klemmstücken und Ventilschaftdichtung eingeführt. Nun wird das Kippen des Ventils mit einer Messuhr erfasst. Auch hier gelten durchaus unterschiedliche Werte, die von den jeweiligen Motorenherstellern vorgegeben werden. Auch muss darauf geachtet werden, dass die Messlänge (also das Maß, um das das Ventil aus dem Kopf herausragt) eingehalten wird.

Messprotokoll Verschleißmessungen

Zylinderbohrung

	Zylinder 1	Zylinder 2	Zylinder 3	Zylinder 4
A1				
B1				
A2				
B2				
A3				
B3				
Größte Ovalität				

Kolben und Kolbenringe

	Zylinder 1	Zylinder 2	Zylinder 3	Zylinder 4
Kolbendurchmesser				
Höhenspiel 1. Ring				
Höhenspiel 2. Ring				
Höhenspiel Ölabstreifring				
Stoßspiel 1. Ring				
Stoßspiel 2. Ring				
Stoßspiel Ölabstreifring				

Lagerspiel

	Zylinder 1	Zylinder 2	Zylinder 3	Zylinder 4
Nockenwellenlager 1				
Nockenwellenlager 2				
Nockenwellenlager 3				
Nockenwellenlager 4				
Nockenwellenlager 5				
Pleuellager				
Kurbelwellenlager 1				
Kurbelwellenlager 2				
Kurbelwellenlager 3				
Kurbelwellenlager 4				
Kurbelwellenlager 5				

Bild 64
Bodenbelag im Fahrerhaus.
1 Schrauben
2 Abdeckung rechts
3 Bodenbelag Mitte
4 Schrauben
5 Abdeckung links
6 Bodenbelag vorne
7 Abdeckung Werkzeugfach

Antriebseinheit ausbauen

Im weiteren Arbeitsablauf muss die Batterie ausgebaut werden. Prüfen Sie deshalb bitte, ob ein codiertes Radio eingebaut ist. Gegebenenfalls ist vorher die Anti-Diebstahl-Codierung zu erfragen.

Der Motor wird bei allen Varianten zusammen mit dem Getriebe nach unten ausgebaut. Alle Kabelbinder, die beim Motorausbau gelöst oder aufgeschnitten werden, sind beim Motoreinbau an der gleichen Stelle wieder zu befestigen. Offene Leitungen und Leitungsanschlüsse mit sauberen Stopfen aus dem Verschlussstopfenset für Motor verschließen. Fangen Sie abgelassenes Kühlmittel zur Entsorgung oder Wiederverwendung nach Herstellervorgaben in einem sauberen Behälter auf.

Vorbereitungen mit Tester

Der Testereinsatz zu diesem Zeitpunkt ist sehr wichtig. Nicht, dass Sie nach der Montage einen Fehler suchen, den Sie sich »gefühlt« selbst eingebaut haben, der aber schon vor den Montagearbeiten vorhanden war.

- Vor dem Ausbau die Ereignisspeicher aller Steuergeräte mit dem Fahrzeugdiagnosetester abfragen.
- Fehlereinträge notieren und die Abarbeitung mit einbeziehen.

Vorbereitung karosserieseitig

Das Fahrzeug grundsätzlich auf der Hebebühne mit Spanngurten gegen Abrutschen oder Kippen sichern. Beim Ausbau der Antriebseinheit findet eine erhebliche Gewichtsverlagerung statt.

Um ausreichend Platz zu gewinnen, um den Motor zusammen mit dem Getriebe nach unten auszubauen, müssen die Antriebswellen und der Achsträger zusammen mit den Querlenkern demontiert werden. Es macht keinen Sinn, das Getriebe im Fahrzeug zu belassen. Das An- und Abflanschen und die Stabilisierung des Getriebes ist zu aufwendig.

- Klemmen Sie das Masseband an der Batterie bei ausgeschalteter Zündung ab.
- Bauen Sie die Masseleitung der Zusatzbatterie ab.
- Demontieren Sie die Abdeckung (7 im Bild 64) zum Werkzeugfach im Beifahrerfußraum.

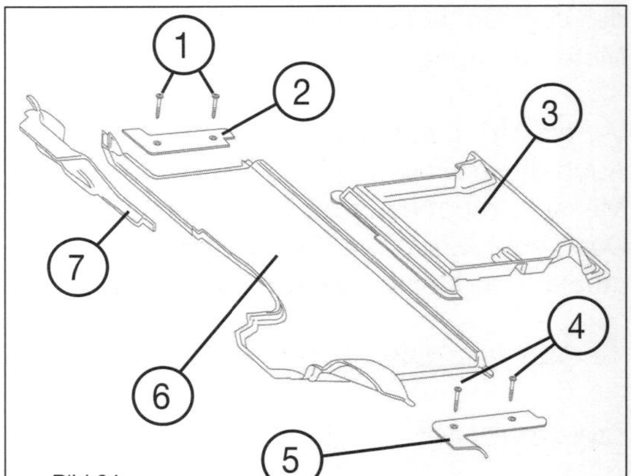

Bild 64

- Drehen Sie die Schrauben (1 und 4) heraus.
- Bauen Sie die Abdeckungen rechts und links (2 und 5) ab.
- Nehmen Sie den Bodenbelag vorne (6) heraus.
- Demontieren Sie die Batterieabdeckung vor dem Fahrersitz.
- Klemmen Sie den Masseanschluss an der Batterie ab.
- Legen Sie den Anschluss so zur Seite, dass er den Batteriepol nicht selbsttätig berühren kann.
- Entsichern Sie den Anschlussstecker des Luftmassenmessers und ziehen Sie ihn ab.
- Lösen Sie die Schelle und demontieren Sie den Luftmassenmesser vom Ansaugrohr.
- Lösen Sie das Öleinfüllrohr vom Luftfilterkasten.
- Lösen Sie den Fremdstartpunkt vom Luftfilterkasten.
- Ziehen Sie das Luftfiltergehäuse vorsichtig nach oben aus den hinteren Haltern heraus.
- Nehmen Sie das Luftfiltergehäuse vorsichtig aus den vorderen Haltern heraus.
- Lösen Sie die vier Schrauben des Luftführungskastens zum Innenraum an der Spritzwand und nehmen Sie den Kasten ab.
- Demontieren Sie das Steuergerät des NOx-Sensors vor dem Katalysator.
- Lösen Sie die Anschlusskabel zum Generator und zum Starter an der Vorsicherungsleiste an der Batterie.
- Stellen Sie die Lenksäule in die Mittelstellung und sichern Sie sie gegen Verdrehen.

Vorbereitung von unten

- Bauen Sie die Verkleidung unter dem Motor wie bereits zu Anfang dieses Kapitels beschrieben aus.

■ Stellen Sie das Getriebe in Neutralstellung.
■ Demontieren Sie die Schaltzüge vom Getriebe ab.
■ Lassen Sie das Kühlmittel ab. Die Arbeitsschritte hierzu stellen wir Ihnen im Kapitel 6 im Detail vor.
■ Bauen Sie die Vorderräder ab.
■ Lösen Sie die Zentralschraube (4 im Bild 65) der Achsgelenkwellen rechts und links.

⚠ Die Radlager dürfen in diesem Zustand nicht mehr belastet werden. Es kann sonst leicht zu Schäden an den Radlagern kommen.

■ Bauen Sie die Koppelstangen vom Stabilisator rechts und links ab.
■ Demontieren Sie die Mutter am Querlenker und drücken Sie mit einem Abzieher die Traggelenkbolzen rechts und links ab.
■ Demontieren Sie die Mutter am Querlenker und drücken Sie mit einem Abzieher die Spurstangenköpfe rechts und links ab.

Bei Fahrzeugen mit LED-Scheinwerfern:
■ Entsichern Sie den Steckkontakt und ziehen Sie die elektrische Steckverbindung des Niveausensors vorne ab.

Weiter für alle Fahrzeuge:
■ Ziehen Sie die elektrische Steckverbindung am Lenkgetriebe ab.
■ Bauen Sie den Halter des Leitungssatzes am Lenkgetriebe ab.
■ Bauen Sie die Pendelstütze am Motor ab.
■ Demontieren Sie das Kreuzgelenk vom Lenkgetriebe ab.
■ Sichern Sie den Vorderachsträger an einem geeigneten Getriebeheber.
■ Drehen Sie die Schrauben zum Rahmenträger rechts und links heraus.
■ Lassen Sie den Achsträger vorsichtig nach unten ab.
■ Drehen Sie die Schraube am Zwischenlager der rechten Achswelle heraus.
■ Ziehen Sie die rechte Achswelle aus dem Getriebe und dem Zwischenlager heraus.

☞ Fangen Sie austretendes Getriebeöl mit einem geeigneten Behälter und saugfähigen Lappen auf.

■ Ziehen Sie die Achswelle aus dem Radlager heraus.
■ Nehmen Sie die Achswelle heraus.
■ Ziehen Sie die rechte Achswelle aus dem Getriebe und dem Zwischenlager heraus.

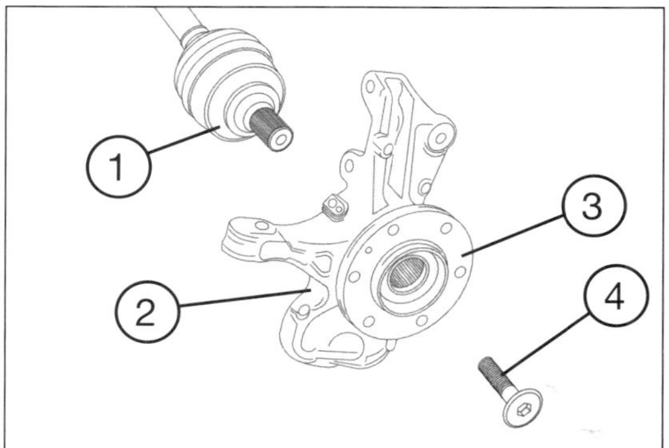

Bild 65

Bild 65
Antriebswelle an der Vorderachse.
1 Achsgelenkwelle
2 Achsschenkel
3 Radnabe vorne
4 Achswellenzentralmutter

☞ Fangen Sie austretendes Getriebeöl mit einem geeigneten Behälter und saugfähigen Lappen auf.

■ Ziehen Sie die Achswelle aus dem Radlager heraus.
■ Nehmen Sie die Achswelle heraus.
■ Demontieren Sie die beiden Luftführungsschläuche zum Ladeluftkühler.
■ Demontieren Sie die elektrischen Leitungen zwischen Antriebseinheit und Karosserie.
■ Bauen Sie den Klimakompressor vom Halter ab und befestigen Sie ihn mit angeschlossen Leitungen außerhalb des Arbeitsbereiches am Aufbau.

⚠ Um Beschädigungen am Kondensator sowie an den Kältemittelleitungen/-schläuchen zu vermeiden, ist darauf zu achten, dass die Leitungen und Schläuche nicht überdehnt, geknickt oder verbogen werden. Um den Motor auch ohne Öffnen des Kältemittelkreislaufs aus- und einbauen zu können, lösen Sie den Klimakompressor vom Halter. Befestigen Sie den Klimakompressor so am Aufbau, dass die Kältemittelleitungen/- Schläuche entlastet sind.

■ Bauen Sie den NOx-Sensor nach dem Partikelfilter aus dem Partikelfilter aus.
■ Lösen Sie die Schelle am Flexstück zum Schalldämpfer und bauen Sie den Schalldämpfer aus.

☞ Die Arbeiten hierzu werden wir im Kapitel 9 »Abgasanlage« genauer beschreiben.

Bei Fahrzeugen mit Schaltgetriebe:
Demontieren Sie die Druckleitung zwischen Geberzylinder und Nehmerzylinder.

☞ Verschließen Sie die Öffnungen mit passenden Stopfen.

Bild 66
Arbeiten mit dem Hubtisch.
1 Motorlager rechts
2 Pendelstütze auf der Rückseite
3 Getriebelager links
4 Getriebe
5 Unterlageblöcke
6 Arbeitsfläche Hubtisch
7 Motor

Bild 67
Montage der Antriebseinheit am Motorkran.
1 Höhenlage motorseitig
2 Ausrichtung zur Kipprichtung in Längs- und Querachse
3 Höhenlage getriebeseitig
4 Kettengehänge (eventuell auch vier erforderlich)
5 Pendelstütze auf der Rückseite
6 Getriebelager links
7 Getriebe
8 Motor
9 Motorlager rechts

Arbeiten mit einem Hubtisch (Bild 66):

Ersatzweise kann die Antriebseinheit auch mit Paletten und/oder einem Hubwagen unterbaut werden. Der Vorteil der Arbeit mit einer Hubplattform liegt darin, dass der Motor recht einfach in seiner Einbaulage fixiert werden kann. Ist eine Lageänderung erforderlich, ist das allerdings nur schwer zu bewerkstelligen.

■ Platzieren Sie einen geeigneten Hubtisch oder einen Arbeitstisch unter der Antriebseinheit.
■ Unterbauen Sie die Antriebseinheit so, dass sie kippsicher auf dem Arbeitstisch steht.

Sichern Sie die Antriebseinheit mit Spanngurten.

■ Heben Sie den Motor so weit an, dass die Motorlager leicht entlastet werden.
■ Drehen Sie die Schrauben des Motorlagers auf der rechten Seite heraus.
■ Drehen Sie die Schrauben des Getriebelagers auf der linken Seite heraus.
■ Lassen Sie den Motor mit dem Hubtisch vorsichtig am besten mit Hilfe eines zweiten Mechanikers so weit ab, dass Sie ihn unter der Karosserie herausziehen können.
■ Wenn erforderlich, heben Sie die Karosserie an und entfernen Sie den Motor unter dem Fahrzeug.

Arbeiten mit einem Motorkran (Bild 67):

Problematisch für die Arbeit mit dem Motorkran ist die Bauhöhe des Fahrzeugs und der Antriebseinheit. Die Ketten müssen lang genug sein, um den Motor nach unten abzulassen und absetzen zu können. Hinzu kommt noch, dass das Kettengehänge so ausgerichtet werden muss, dass der Motor möglichst nicht seine Einbaulage verändert.

■ Bauen Sie die Frontklappe aus.
■ Hängen Sie die Anhängevorrichtung (Winkeladapter) am Werkstattkran ein.
■ Heben Sie den Motor so weit an, dass die Motorlager leicht entlastet werden.
■ Drehen Sie die Schrauben des Motorlagers auf der rechten Seite heraus.
■ Drehen Sie die Schrauben des Getriebelagers auf der linken Seite heraus.

Achten Sie darauf, dass der Motor gleichmäßig und in Einbauposition (1 und 3) am Kettengehänge hängt und nicht zu einer Seite kippt.

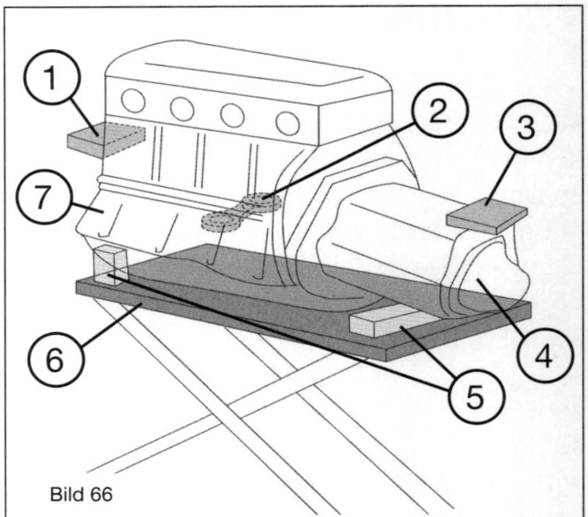

Bild 66

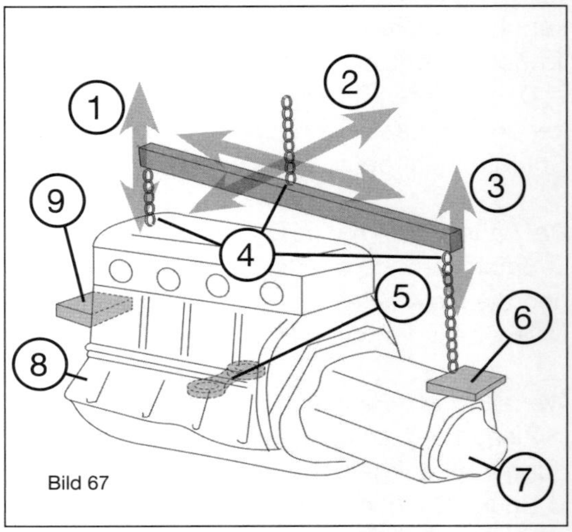

Bild 67

■ Lassen Sie den Motor vorsichtig am besten mit Hilfe eines zweiten Mechanikers bis auf die Ablage (Palette oder Rollbrett) ab.

Achten Sie darauf, dass die Antriebseinheit vollständig freigängig ist.

■ Wenn erforderlich, heben Sie die Karosserie an und entfernen Sie den Motor unter dem Fahrzeug.

Die Montage erfolgt sinngemäß in umgekehrter Reihenfolge.

■ Achten Sie darauf, keine Kabel und Schläuche beim Einheben der Antriebseinheit zu beschädigen.
■ Bei Schaltfahrzeugen das Kupplungsbetätigungssystem entlüften.
■ Entlüften Sie das Kühlsystem.
■ Klemmen Sie die Batterie an.
■ Prüfen Sie die Funktionen aller Systeme.
■ Führen Sie eine Probefahrt durch und fragen Sie anschließend den Fehlerspeicher mit dem Diagnosetester ab.

5 Motorschmierung

Alle Stellen im Motor, an denen Metalle aufeinander gleiten, müssen ständig mit Öl versorgt werden: Kolben, Zylinderlaufbahnen, die Lager von Kurbelwelle und Nockenwelle. Kein Triebwerk des Sprinters 910 hielte mehr als einige wenige Minuten ohne passende Schmierung durch. Damit das Öl seine Aufgabe erfüllen kann, strömt es im Motorblock durch ein System von Leitungen und feinen Bohrungen an die richtige Adresse. Eine wichtige Rolle in diesem Kreislauf spielt die Ölpumpe. Sie holt über das Ölsaugrohr das Motoröl aus der Ölwanne und drückt es in die Leitungen. Zuvor muss die Flüssigkeit den im Hauptstrom des Schmiersystems sitzenden Ölfilter passieren. Dort werden Verunreinigungen wie Ruß, Metallabrieb und Staub herausgefiltert. Ein Überdruckventil an der Pumpe öffnet bei zu hohem Druck, sodass ein Teil des Öls in die Ölwanne zurückfließen kann. Der Motor verbraucht Öl, weil es teilweise in den Verbrennungsraum gelangt und dort verbrennt. Ein undichter Motor, defekte Ventilschaftabdichtungen, auch falsch eingebaute Kolbenringe oder zu viel Spiel zwischen Ventilführung und Ventilschaft treiben den Verbrauch in die Höhe. Wenn der Motor technisch in Ordnung ist, verbraucht er allerdings so wenig, dass zwischen den Ölwechselintervallen nichts oder nur eine geringe Menge nachgefüllt werden muss.

Motorölstand prüfen

- Das Fahrzeug zum Messen des Ölstandes waagerecht abstellen. Motor abstellen und mindestens drei Minuten warten, damit das Öl in die Wanne zurückfließen kann.
- Ölmessstab herausziehen, mit einem sauberen Putzlappen abwischen und den Messstab wieder bis zum Anschlag hineinschieben.
- Messstab anschließend wieder herausziehen und Ölstand ablesen (Bilder 1 und 2).

Tipp: Die Bilder zeigen die hauptsächlich eingesetzten Varianten des Messstabs, es gibt aber noch andere Ausführungen.

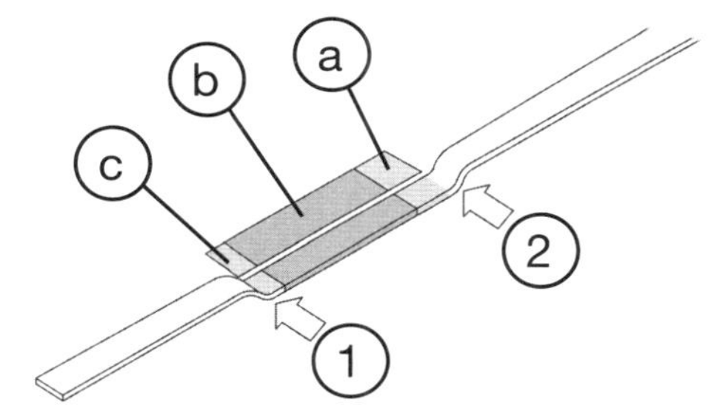

Bild 1

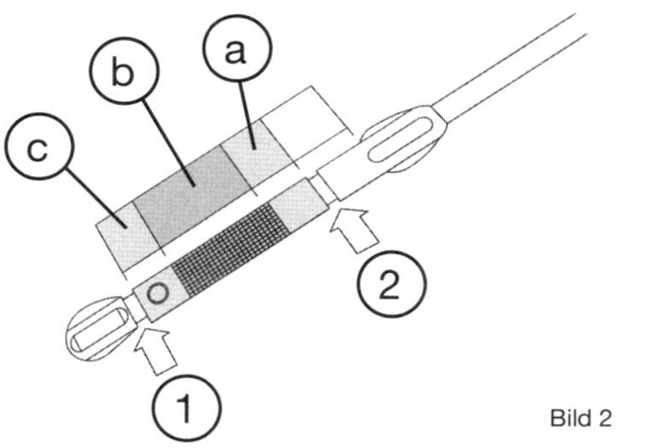

Bild 2

Bild 1
Markierungen an Ölmessstäben in Flachmetallform.
a Kein Öl nachfüllen
b In diesem geriffelten Feld kann Öl nachgefüllt werden
c Öl muss unbedingt nachgefüllt werden.
Pfeile: Markierungen für maximalen (1) und minimalen (2) Füllstand.

Bild 2
Markierungen an Ölmessstäben in Kunststoffausführung.
a Öl muss unbedingt nachgefüllt werden
b In diesem geriffelten Feld kann Öl nachgefüllt werden
c Kein Öl nachfüllen
Pfeile: Markierungen für maximalen (1) und minimalen (2) Füllstand

Das in den Bildern gezeigte Prinzip gilt jedoch generell. Die Markierungen besagen:

- Bei Ölstand oberhalb der Markierung »a« (Max-Marke Pfeil 1) besteht die Gefahr von Katalysatorschäden.
- Bei Nachfüllen im Bereich »b« kann es vorkommen, dass der Ölstand danach im Bereich »a« steht.
- Beim unbedingt nötigen Nachfüllen von Öl im Bereich »c« genügt es, dass danach der Ölstand im Messfeld »b« (geriffeltes Feld) steht. Bei Ölstand unterhalb der c-Markierung (Min-Marke Pfeil 2) etwa 0,5 Liter Öl (bis zur a-Markierung) auffüllen.

Motoröl ablassen oder absaugen, Motoröl auffüllen

Ölwechsel mit Altölauffang- und Absauggerät

- Öleinfüllverschlussdeckel abnehmen und Motoröl mit Altölauffang- und Absauggerät absaugen.

Tipp: Der Motorölwechsel mit einem Altölauffang- und Absauggerät sollte nach Möglichkeit bei betriebswarmem Motor durchgeführt werden.

Bild 3
SAE-Viskositätsklassen. Die SAE-Viskositätsklasse muss in Abhängigkeit von der jahreszeitlich bedingten, durchschnittlichen Lufttemperatur ausgewählt werden.

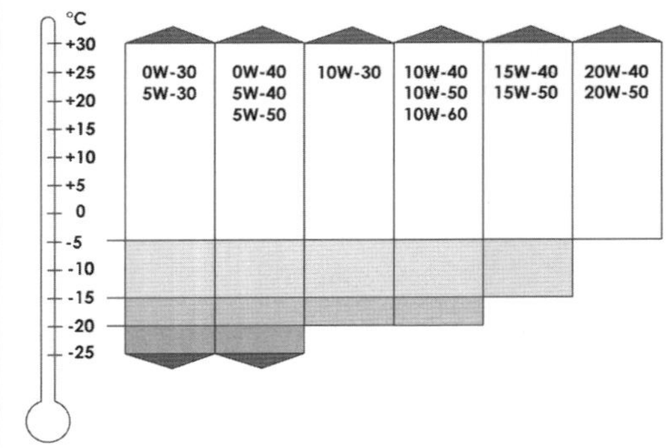

Bild 3

Öl über Schraube ablassen

■ Fahrzeug anheben, Ölablassschraube unten in der Ölwanne herausdrehen und das austretende Öl auffangen.

■ Neue Ölablassschraube mit Dichtring handfest einschrauben und mit 30 Nm anziehen. Das Drehmoment darf nicht überschritten werden. Ein zu hohes Drehmoment könnte zu Undichtigkeiten oder sogar zu Beschädigungen im Bereich der Ölablassschraube führen.

■ Ölfilter ersetzen (im Anschluss).

Motoröl einfüllen

Werkseitig ist ein Qualitätsmehrbereichsöl eingefüllt, das außer in extrem kalten Klimazonen als Ganzjahresöl gefahren werden kann. Die Dieselmotoren benötigen die in obiger Tabelle angegebenen Ölfüllmengen mit Ölfilterwechsel, der immer zum Ölwechsel gehört.

☞ Wird der Filter nicht ausgebaut und gewechselt, werden rund 0,5 Liter weniger Öl benötigt. Beim Nachfüllen und beim Ölwechsel muss unbedingt die Spezifikation beachtet werden, wie sie der Hersteller vorschreibt.

■ Einfüllöffnung aufschrauben, Öl gemäß Spezifikation (Mercedes-Benz-Freigabe) möglichst mit Trichter auffüllen.

■ Öleinfüllverschlussdeckel wieder aufschrauben.

■ Motor anlassen und auf Undichtigkeiten prüfen.

■ Motorölstand erneut prüfen und ggf. Öl nachfüllen.

■ Nachdem Öl erneut nachgefüllt worden ist, mindestens drei Minuten warten und dann erneut Ölstand prüfen.

Motortyp	Füllmenge mit Ölfilter	Mercedes Freigabe
OM 651	11,5 l	0W30 0W40 (nach Temperatur) (MB 229.51, MB 229.52, MB 229.31)
OM 654	10,0 l	

■ Soweit verbaut, die Geräuschdämpfung einbauen und Fahrzeug ablassen.

Ölfiltereinsatz wechseln

Zum Einsatz kommt hier im Wesentlichen eine Bauart für die unterschiedlichen Motortypen.

Ölfiltereinsatz (4 im Bild 4):

■ Lassen Sie das Motoröl ablaufen.

■ Drehen Sie den Deckel (1) los und lassen Sie das darin enthaltene Restöl ablaufen.

■ Nehmen Sie den Deckel (1) zusammen mit dem Ölfiltereinsatz (4) heraus.

■ Nehmen Sie den Dichtring (2) aus dem Deckel (6) heraus.

■ Reinigen Sie Deckel und Ölfiltergehäuse.

■ Setzen Sie den neuen Ölfilter ein und ziehen Sie den Deckel handfest an.

■ Ziehen Sie den Deckel mit etwa 25 Nm nach.

☞ Eine passende Nuss sowie ein Gelenkschlüssel können hier hilfreich sein.

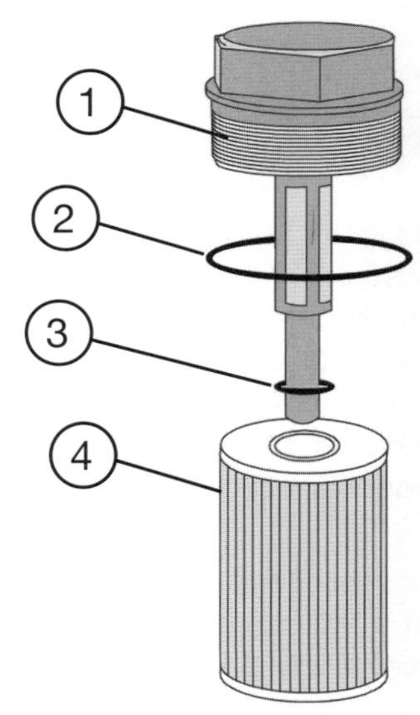

Bild 4

Bild 4
Filtereinsatz in der Bauart bei allen Motoren verbaut.
1 Deckel
2 Dichtring im Deckel
3 Dichtring im Schaft
4 Filtereinsatz

Ein Montageschlüssel wie im Bild 5 abgebildet, kann hier sehr hilfreich sein.

Ölwanne aus- und einbauen

Vorbereitungen zur Demontage
- Fahren Sie das Fahrzeug auf die Hebebühne.
- Lassen Sie das Motoröl ab.

Ölwanne am OM 651
Die Ölwanne bei diesem Motor ist zweiteilig. Der untere Teil kann recht einfach demontiert werden. Für den oberen Teil muss der Motor ausgebaut werden.

Demontage der unteren Ölwanne:
Die Ölwanne ist mit Abdrückgewinden ausgerüstet. Sie ermöglichen, die aufgeklebte untere Ölwanne von der oberen Ölwanne abzudrücken.
- Trennen Sie die elektrische Steckverbindung zum Ölsensor.
- Drehen Sie die Schrauben des Ölwannenunterteils heraus.

Drehen Sie zwei sich gegenüberliegende Schrauben nur 5 mm heraus, belassen Sie aber im Gewinde eingeschraubt. Sie dienen als Sicherung gegen Herunterfallen.
- Drehen Sie zwei Schrauben in die Abdrückgewinde ein und drehen Sie sie vorsichtig an.
- Entfernen Sie die Ölwanne vorsichtig, indem Sie die Dichtmasse mit einem geeigneten Werkzeug einschneiden und die Ölwanne vorsichtig an den Aussparungen (1 im Bild 7) abhebeln.
- Drehen Sie die beiden verbliebenen Schrauben heraus und nehmen Sie die untere Ölwanne ab.

Die Montage erfolgt sinngemäß in umgekehrter Reihenfolge.
- Entfernen Sie die Dichtmittelreste am Zylinderblock mit einem Flachschaber.
- Entfernen Sie die Dichtmittelreste an der Ölwanne mittels einer rotierenden Bürste, z. B. einer Handbohrmaschine (Bild 6) mit Kunststoffbürsten-Einsatz (Schutzbrille aufsetzen).
- Reinigen Sie die Dichtflächen. Sie müssen öl- und fettfrei sein.
- Tragen Sie die Dichtmasse wie im Bild 7

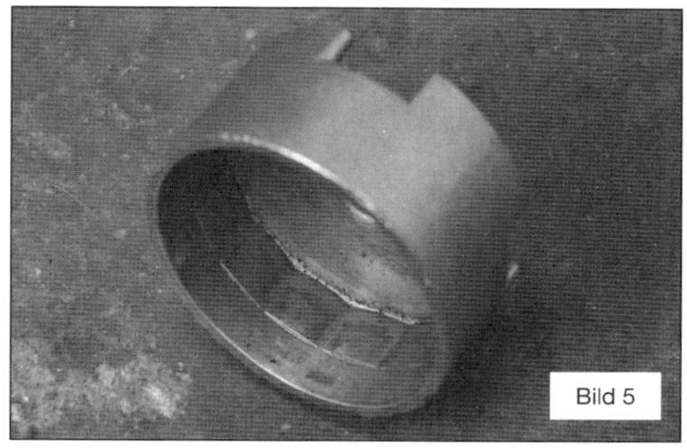
Bild 5

Bild 5
Adapter für Ölfilter und Deckeldemontage.

Bild 6

Bild 6
Reinigung mit einem Bürstenaufsatz auf einer Bohrmaschine.

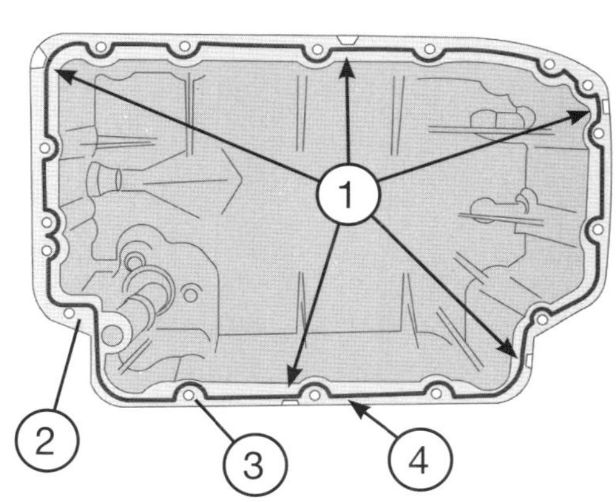

Bild 7

Bild 7
Ölwanne unten (OM 651).
1 Aussparung zum Abhebeln
2 Dichtfläche der Ölwanne
3 Schraubenloch der Ölwanne
4 Dichtmittelraupe (1,5 bis 2,5 mm Stärke)

gezeigt auf. Die Dichtmasse sollte eine Raupe von etwa 1,5 mm bis 2,5 mm aufweisen.

Beachten Sie die angegebene Verarbeitungszeit und das Mindesthaltbarkeitsdatum der Dichtmasse.

Demontage der oberen Ölwanne:
- Motor mit dem Getriebe ausbauen.
- Das Schwungrad oder die Mitnehmerscheibe ausbauen.
- Bauen Sie den Motor an einen Montagebock an.
- Demontieren Sie das Ölmessstabrohr.
- Bauen Sie das Ölwannenunterteil aus.

Sichtprüfung Messen

Bild 8
Ölwanne oben (OM 651).
1 Dichtfläche der Ölwanne
2 Dichtmittelraupe (1,5 bis 2,5 mm Stärke)
3 Schraubenloch der Ölwanne

Bild 9
Ölwanne oben (OM 651).
1 Schrauben aus Richtung Schwungscheibe
2 Schrauben im Übergang zum Steuergehäusedeckel
3 Schrauben

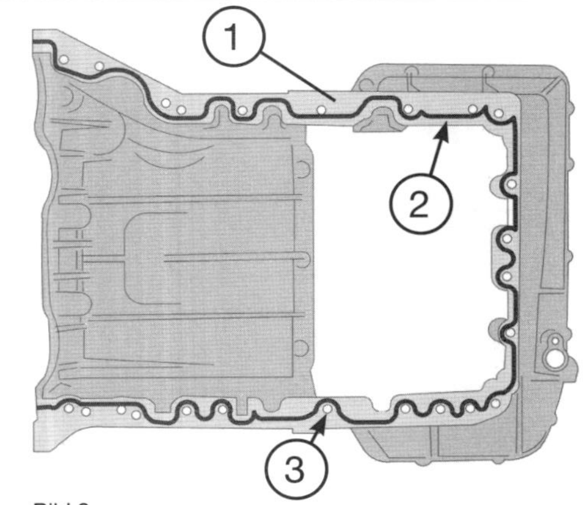

Bild 8

■ Demontieren Sie den elektrischen Leitungssatz von der Ölwanne ab.
■ Die Schrauben (3 im Bild 9) der Ölwanne herausdrehen.
■ Die zwei Schrauben (2) der Ölwanne herausdrehen.
■ Die Schrauben (1) schwungradseitig der Ölwanne herausdrehen.
■ Drehen Sie die Schrauben des Ölwannenunterteils heraus.
■ Entfernen Sie die Ölwanne vorsichtig, indem Sie die Dichtmasse mit einem geeigneten Werkzeug einschneiden und die Ölwanne vorsichtig abhebeln.

Die Montage erfolgt sinngemäß in umgekehrter Reihenfolge.
■ Entfernen Sie die Dichtmittelreste am Zylinderblock mit einem Flachschaber.
■ Entfernen Sie die Dichtmittelreste an der Ölwanne mittels einer rotierenden Bürste, z. B. einer Handbohrmaschine (Bild 6) mit Kunststoffbürsten-Einsatz (Schutzbrille aufsetzen).
■ Reinigen Sie die Dichtflächen. Sie müssen öl- und fettfrei sein.
■ Tragen Sie die Dichtmasse wie im Bild 8 gezeigt auf. Die Dichtmasse sollte eine Raupe von etwa 1,5 mm bis 2,5 mm aufweisen.
⚠ Beachten Sie die angegebene Verarbeitungszeit und das Mindesthaltbarkeitsdatum der Dichtmasse.

Ölwanne herausdrehen.
■ Entfernen Sie die Ölwanne vorsichtig, indem Sie die Dichtmasse mit einem geeigneten Werkzeug einschneiden und die Ölwanne vorsichtig abhebeln.

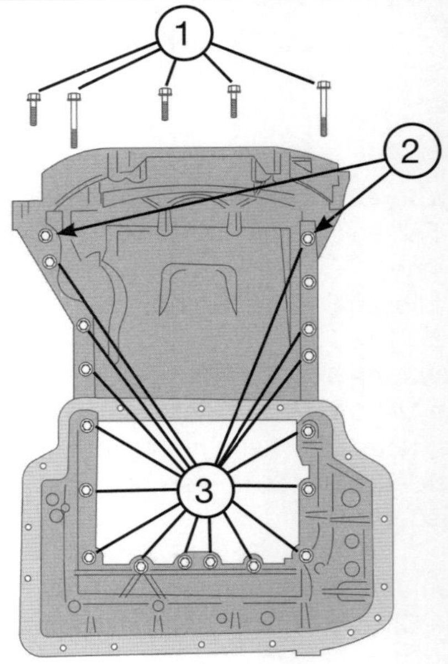

Bild 9

Die Montage erfolgt sinngemäß in umgekehrter Reihenfolge.

■ Entfernen Sie die Dichtmittelreste am Zylinderblock mit einem Flachschaber.
■ Entfernen Sie die Dichtmittelreste an der Ölwanne mittels einer rotierenden Bürste, z. B. einer Handbohrmaschine mit Kunststoffbürsten-Einsatz (Schutzbrille aufsetzen).
■ Reinigen Sie die Dichtflächen. Sie müssen öl- und fettfrei sein.
■ Tragen Sie die Dichtmasse wie im Bild 8 gezeigt auf. Die Dichtmasse sollte eine Raupe von etwa 1,5 mm bis 2,5 mm aufweisen.
⚠ Beachten Sie die angegebene Verarbeitungszeit und das Mindesthaltbarkeitsdatum der Dichtmasse.

Ölwanne am OM 654
Die Ölwanne ist auch bei diesem Motor zweiteilig. Beide Ölwannen können von unten demontiert werden.

Demontage der unteren Ölwanne:
■ Heben Sie das Fahrzeug an. Beachten Sie die Hinweise zum Anheben des Fahrzeugs im Kapitel 1 dieses Buches.
■ Demontieren Sie die untere Motorraumverkleidung (soweit verbaut).
■ Lassen Sie das Motoröl ab.
■ Bei Fahrzeugen mit Heckklimaanlage demontieren Sie den Klimakompressor und den

Halter. Sichern Sie den Klimakompressor mit angeschlossenen Leitungen am Aufbau.
- Bei Fahrzeugen mit Automatikgetriebe den Ölkühler abbauen. Sichern Sie ihn mit angeschlossenen Leitungen außerhalb des Arbeitsbereiches am Aufbau. Demontieren Sie den Halter des Ölkühlers am Getriebe.
- Trennen Sie die elektrische Steckverbindung zum Ölsensor.
- Drehen Sie die Schrauben des Ölwannenunterteils in der Reihenfolge (22 bis 1 im Bild 10) heraus.
- Fangen Sie abtropfendes Restöl mit einem saugfähigen Lappen auf.
- Entfernen Sie die Ölwanne vorsichtig, indem Sie die Dichtmasse mit einem geeigneten Werkzeug einschneiden und die Ölwanne vorsichtig abhebeln.
- Nehmen Sie die untere Ölwanne ab.

Die Montage erfolgt sinngemäß in umgekehrter Reihenfolge.
- Entfernen Sie die Dichtmittelreste am Zylinderblock mit einem Flachschaber.
- Entfernen Sie die Dichtmittelreste an der Ölwanne mittels einer rotierenden Bürste, z. B. einer Handbohrmaschine (Bild 6) mit Kunststoffbürsten-Einsatz (Schutzbrille aufsetzen).
- Reinigen Sie die Dichtflächen. Sie müssen öl- und fettfrei sein.
- Tragen Sie die Dichtmasse wie im Bild 11 gezeigt auf. Die Dichtmasse sollte eine Raupe von etwa 1,5 mm bis 2,5 mm aufweisen.

⚠ Beachten Sie die angegebene Verarbeitungszeit und das Mindesthaltbarkeitsdatum der Dichtmasse.

Demontage der oberen Ölwanne:
- Demontieren Sie die untere Ölwanne, wie bereits beschrieben.
- Demontieren Sie das Ölsaugrohr.
- Bauen Sie die Umlenkrolle für den Keilrippenriemen des Kältemittelkompressors aus.
- Drehen Sie die Schrauben heraus und lösen Sie die Kühlmittelleitung von der Ölwanne.
- Drehen Sie die Schrauben (R-A im Bild 10) heraus und nehmen Sie die Ölwanne ab.

Die Montage erfolgt sinngemäß in umgekehrter Reihenfolge.
- Entfernen Sie die Dichtmittelreste am Zylinderblock mit einem Flachschaber.

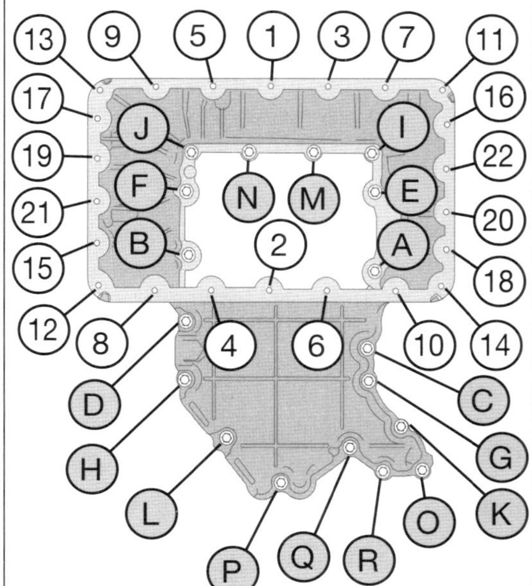

Bild 10

Bild 10
Anzugsfolge der Ölwannenschrauben (OM 654).
1-22 Anzugsfolge für die untere Ölwanne
22-1 Lösefolge für die untere Ölwanne
A-R Anzugsfolge für die obere Ölwanne
R-A Lösefolge für die obere Ölwanne

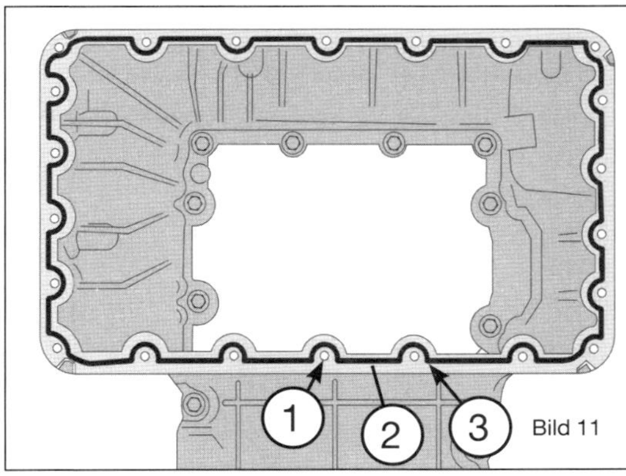

Bild 11

Bild 11
Ölwanne unten (OM 654).
1 Schraubenloch der Ölwanne
2 Dichtfläche der Ölwanne
3 Dichtmittelraupe (1,5 bis 2,5 mm Stärke)

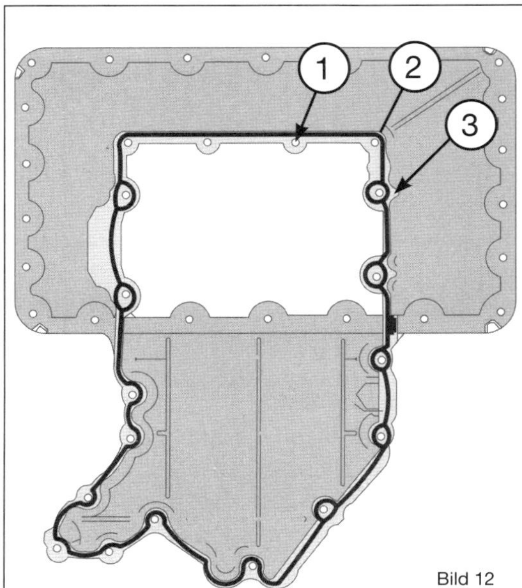

Bild 12

Bild 12
Ölwanne oben (OM 654).
1 Schraubenloch der Ölwanne
2 Dichtfläche der Ölwanne
3 Dichtmittelraupe (1,5 bis 2,5 mm Stärke)

Sichtprüfung Messen

Bild 13
Ölpumpe (OM 651).
1 Schwallblech und Ansaugtrichter
2 Schrauben
3 Ölpumpe
4 Schrauben
5 Kugel
6 Dichtring
7 Schrauben

Bild 14
Spann- und Führungsschiene für die Ölpumpenantriebskette (OM 654).
1 Spannschiene
2 Schraube
3 Führungsschiene
4 Bohrung
5 Bewegungsrichtung zum Zusammendrücken

■ Entfernen Sie die Dichtmittelreste an der Ölwanne mittels einer rotierenden Bürste, z. B. einer Handbohrmaschine (Bild 6) mit Kunststoffbürsten-Einsatz (Schutzbrille aufsetzen).
■ Reinigen Sie die Dichtflächen. Sie müssen öl- und fettfrei sein.
■ Tragen Sie die Dichtmasse wie im Bild 12 gezeigt auf. Die Dichtmasse sollte eine Raupe von etwa 1,5 mm bis 2,5 mm aufweisen.
⚠ Beachten Sie die angegebene Verarbeitungszeit und das Mindesthaltbarkeitsdatum der Dichtmasse.

Demontage der Ölpumpe

Montage am OM 651
Für die Demontage der Ölpumpe sind an diesem Motor einige Vorarbeiten erforderlich. Die Reihenfolge der Arbeiten entspricht der, die Sie bei der Demontage durchführen sollten.
■ Demontieren Sie den Steuerkastendeckel wie bereits im Kapitel 4 beschrieben.
■ Bauen Sie die Unterdruckpumpe aus.
■ Demontieren Sie die Ölwanne unten und oben wie beschrieben.
■ Stellen Sie den Kolben des 1. Zylinders auf Zünd-OT.
■ Die Lanchester-Ausgleichswellen in der Grundstellung entsprechend unveränderbar markieren.
■ Bauen Sie den Kunststoff-Ölabweiser (Schwallblech und Ansaugtrichter) (1 im Bild 13) unter der Ölpumpe ab.
■ Drehen Sie die Schrauben der Ölpumpe heraus (4) und ziehen Sie die Ölpumpe heraus.

Die Montage erfolgt sinngemäß in entgegengesetzter Reihenfolge zum Ausbau.
■ Prüfen Sie die Ölpumpe (3) auf Leichtgängigkeit.
■ Befüllen Sie die Ölpumpe vor der Montage mit Motoröl.

Montage am OM 654
In diesem Motor ist eine kombinierte Pumpeneinheit verbaut. Die Kombipumpe erzeugt den Öldruck für die Schmierung und den Unterdruck für Bremskraftverstärkung und die Ansteueraufgaben für Turbolader und AGR.

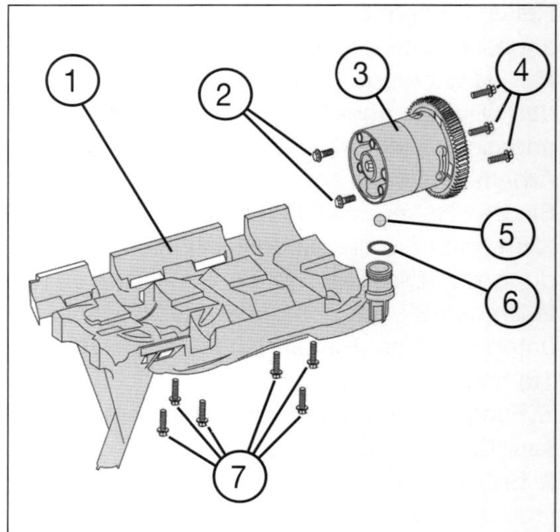

Bild 13

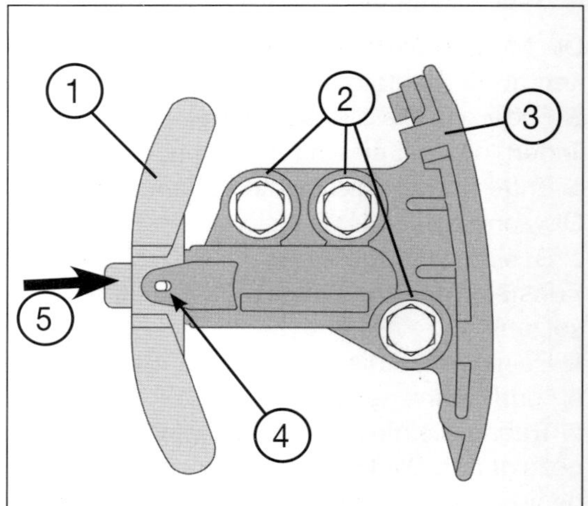

Bild 14

■ Den Steuergehäusedeckel wie bereits beschrieben ausbauen.
■ Die Gleitschiene unten ausbauen.
■ Die Spannvorrichtung der Ölpumpenkette (1 im Bild 14) zusammendrücken, bis die Bohrungen (Pfeil 5) fluchten.
■ Einen Bohrer oder einen entsprechenden Sicherungsstift mit 2 mm Durchmesser in die Bohrungen (Pfeil 5) bis zum Anschlag einstecken und die Spannvorrichtung so sichern.
■ Die Schrauben (2) herausdrehen und die Spannvorrichtung herausnehmen.
■ Drehen Sie die Schrauben am Unterdruckrohr im Motorblock heraus.
■ Bauen Sie die Unterdruckleitung aus und verschließen Sie die Öffnungen mit geeigneten Verschlussstopfen.
■ Ziehen Sie den Anschlussstutzen (2 im

Bild 15) zwischen Unterdruckleitung und Unterdruckpumpe heraus und verschließen Sie auch diese Öffnungen mit geeigneten Verschlussstopfen.

■ Blockieren Sie das Antriebskettenrad der Ölpumpe und lösen Sie die Zentralschraube (3).

Mercedes verbaut zum Fixieren des Antriebsrads der Tandempumpe (Öl- und Unterdruckpumpe) ein Spezialwerkzeug (MB-256589013300).

■ Nehmen Sie das Antriebsrad (4) mit aufgelegter Ölpumpenkette ab.

■ Nehmen Sie das Antriebskettenrad (4) aus der Kette heraus und binden Sie die Antriebskette außerhalb des Arbeitsbereiches fest.

■ Drehen Sie die Schrauben (5) heraus.

■ Mercedes verbaut den Abzieher (MB 256589013300) an der Tandempumpe und zieht dann mit der Spindel an der Pumpenwelle die Tandempumpe aus dem Kurbelgehäuse heraus.

■ Nehmen Sie die Tandempumpe (Ölpumpe mit integrierter Unterdruckpumpe) und die Dichtungen (6 und 7) heraus.

Die Montage erfolgt sinngemäß in entgegengesetzter Reihenfolge zum Ausbau.

■ Prüfen Sie die Ölpumpe (1) auf Leichtgängigkeit.

■ Befüllen Sie die Ölpumpe vor der Montage mit Motoröl.

Öldruckprüfung

Die Prüfung des Öldrucks fällt für die beiden in diesem Buch vorgestellten Motoren zumindest hinsichtlich der Messwerterfassung grundsätzlich verschieden aus.

■ Prüfen Sie den Ölstand des Motors.

■ Lassen Sie den Motor warm laufen. Der Öldruck fällt bei warmem Motor aufgrund des dünnflüssigeren Öls geringer aus. Bewertet wird der Druck im Betriebszustand.

Öldruckmessung am OM 651

Unter dem Drosselklappenmodul ist der Öldrucksensor verbaut. Anstatt des Öldrucksensors wird ein Doppelstutzen verbaut, der den Öldruckschalter aufnimmt und einen Anschluss für ein Manometer (Bild 16) ermöglicht.

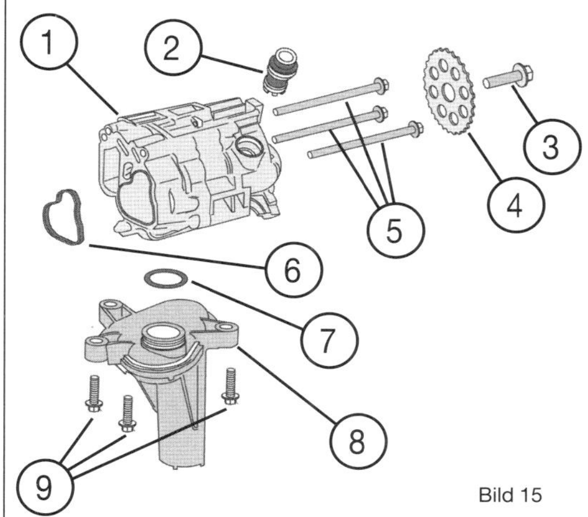

Bild 15

Bild 15
Ölpumpen (OM 654).
1 Öl- u. Unterdruckpumpe
2 Anschluss Unterdruck
3 Zentralschraube
4 Kettenrad
5 Schrauben Motorblock
6 Dichtring Ölpumpe-Motorblock
7 Dichtring Ölansaugstutzen
8 Ölansaugstutzen
9 Schrauben

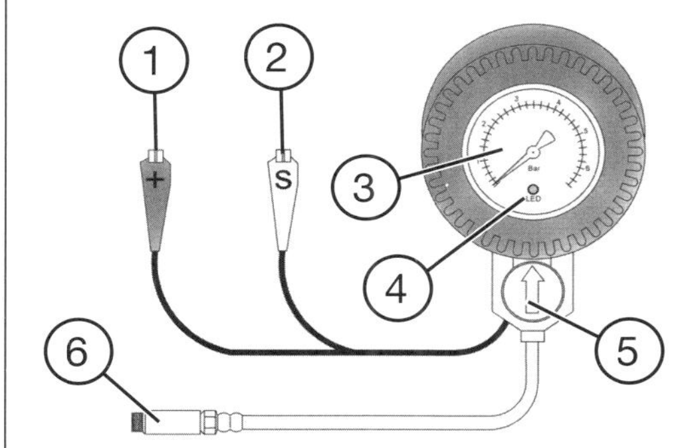

Bild 16

Bild 16
Messaufbau zur Öldruckprüfung.
1 Anschluss Batterieplus
2 Anschluss am Öldruckschalter
3 Druckmessuhr
4 LED (Kontrolllampe)
5 Ventilsteller
6 Anschluss am T-Stück für den Öldruckschalter oder am Anschlussgewinde

Bei betriebswarmem Motor sollte der Motor folgende Messwerte erreichen können:

Drehzahl	Druck
Leerlauf	0,9 bar
3750 1/min	> 3 bar

Öldruckmessung am OM 654

Für den OM 654, dem neuesten Antriebsmotor im Sprinter 910, erfolgt die Öldruckmessung über den Motortester. Natürlich muss auch hier der Motor vor der Prüfung betriebswarm sein.

■ Schließen Sie einen geeigneten Diagnosetester an und wählen Sie den Menüpunkt »Öldruck ermitteln« an.

■ Lesen Sie die Messwerte für den Leerlauf (760 1/min) und bei 3000 1/min ab.

Sichtprüfung Messen

■ Vergleichen Sie die Messwerte mit den Sollwerten in der Tabelle unten.

Drehzahl	Druck
Leerlauf 760 1/min	0,5 bar
3000 1/min	> 2,4 bar

Messen des Ölverbrauchs

☞ Ölverbrauch ist bis zu einem gewissen Maß für einen Verbrennungsmotor normal. Über die Kolbenringe und auch über die Motorentlüftung werden Öl oder Ölnebel in den Brennraum übertragen.
Bei den Turbomotoren kommt auch der Turbolader mit dazu. Zum Einschätzen des Ölverbrauches Ihres Sprinters stellen wir Ihnen die Auswertung nach den Herstellerrichtlinien vor.

Vorarbeiten

■ Stellen Sie das Fahrzeug auf die Hebebühne und untersuchen Sie den Motor, Turbolader, Ladeluftleitungen und Anbauteile auf Ölspuren.

■ Eventuelle Undichtigkeiten müssen vor der Messung beseitigt werden.

☞ Soweit seit dem letzten Ölwechsel mehr als 1000 km gefahren wurden, muss zuerst ein Ölwechsel durchgeführt werden.

■ Stellen Sie sicher, dass ein zugelassenes Motoröl eingefüllt wurde. Wenn sich nicht nachvollziehen lässt, welches Öl in den Motor eingefüllt wurde, sollten Sie zuerst das Öl wechseln.

Die Messung

■ Bringen Sie das Fahrzeug auf Betriebstemperatur (etwa 80 °C) und stellen Sie das Fahrzeug auf eine ebene Fläche ab.

■ Warten Sie 5 Minuten ab und kontrollieren Sie den Ölstand mit dem Ölmessstab.

■ Belassen Sie den Ölmessstab etwa 1 Minute komplett eingeschoben und ziehen Sie ihn dann heraus.

⚠ Der Ölstand darf nicht über der Maximum-Markierung stehen.

■ Markieren Sie den genauen Ölstand mit einer Reißnadel auf dem Ölmessstab.

Auswertung Ölverbrauch

■ Nach etwa 500 bis 1000 km Fahrtstrecke wiederholen Sie die Messung.

■ Stellen Sie das Fahrzeug wieder auf die gleiche ebene Fläche, auf der Sie die Eingangsmessung durchgeführt haben.

■ Füllen Sie mit einem Messbecher, soweit erforderlich, den Ölstand bis zur Markierung (durch die Reißnadel) auf. Gehen Sie hier in kleinen Schritten vor (etwa 100 ml).
Berechnen Sie den Ölverbrauch:

$$\frac{\text{Nachfüllmenge (in Litern)} \times 1000}{\text{Zurückgelegte Strecke (in km)}}$$

Das Ergebnis ergibt den Ölverbrauch auf 1000 km. Mercedes gibt einen zulässigen Ölverbrauch bis 0,8 Liter auf 1000 km an.

Eingangsmessung (80 °C, Motorölstand auf Maximum)			
Datum		km Stand	
Motoröl		Motortemperatur	
Standortbeschreibung (Abstellrichtung, Abstellort, usw)			

Ausgangsmessung (80 °C)			
Datum		km Stand	
Motoröl		Motortemperatur	
Nachfüllmenge			

6 Kühlsystem

Funktion des Kühlkreislaufs
Das Kühlsystem sorgt für die richtige Betriebstemperatur des Motors. Es besteht aufbauseitig aus Kühler, Ladeluftkühler, Luftführungshutze mit Kühlerlüftern und Ausgleichsbehälter für Kühlmittel. Motorseitig gehören Kühlmittelschläuche und Kühlmittelrohre sowie ein Netz aus kleinen, genau bemessenen Kanälen in Motorblock und Zylinder, in denen die in den Ausgleichsbehälter eingefüllte Kühlflüssigkeit zirkuliert, zum System. So entsteht ein Wassermantel, der die Verbrennungswärme über die Schläuche des Kühlsystems an den Kühler abführt. Welche Wege im jeweils konkreten Betriebszustand das Kühlmittel im Kühlsystem nimmt, hängt von der Temperatur des Motors ab.

Zu den motorseitigen Aggregaten des Kühlsystems gehört auch der Motorölkühler. Eine mechanische Kühlmittelpumpe (»Wasserpumpe«) sorgt für den ständigen Kreislauf des Kühlmittels. Sie wird über den Keilrippenriemen angetrieben. Ein Kühlmittelregler (Dehnstoff-Thermostat) hält die Kühlmitteltemperatur konstant. Das Kühlsystem steht unter einem Überdruck von etwa 1,2 bis 1,5 bar bei Betriebstemperatur. Dadurch und durch den Einsatz von Kühlmittelzusätzen erhöht sich der Siedepunkt der Kühlflüssigkeit von 100 °C auf rund 120 °C.
Die höhere Temperatur ermöglicht einen wirtschaftlicheren und damit Kraftstoff sparenden Motorbetrieb. Wenn bei einem heißen Motor der Kühlmitteldruck 1,5 bar übersteigt, tritt das Überdruckventil am Ausgleichsbehälter in Aktion. Es öffnet dann und lässt zum Druckausgleich etwas Wasserdampf entweichen.

Sicht- und Funktionsprüfungen

Kühlmittelstand prüfen
■ Der Kühlmittelstand wird bei kaltem Motor am Kühlmittel-Ausgleichsbehälter geprüft. Dieser Behälter befindet sich im Motorraum rechts hinten. Er ist meist mit den Markierungen »Max« und »Min« gekennzeichnet, auf jeden Fall mit der »Min«-Markierung und einer Markierungslinie für den maximalen Füllstand.

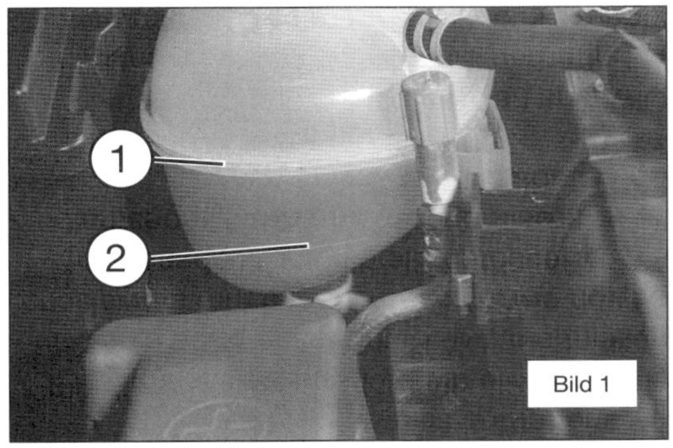

Bild 1
Kühlmittelstand am Kühlmittelausgleichsbehälter.
1 Maximum-Markierung
2 Minimum-Markierung

■ Ist der Motor kalt, muss das Kühlmittel zwischen »Max« und »Min« (Bild 1), bei warmem Motor etwas über der Markierungslinie für maximalen Füllstand stehen.
■ Bei nicht verbrauchsbedingtem Flüssigkeitsverlust muss die Ursache ermittelt und durch Reparatur beseitigt werden.

Frostschutz des Kühlmittels prüfen
Zur Frostschutzprüfung wird ein handelsüblicher Ansaugprüfer oder für genauere Prüfung ein sogenanntes Refraktometer benötigt. Beim Ansaugprüfer wird der jeweilige Frostschutz in °C angezeigt. Mercedes schreibt den Werkstätten aber vor, die Konzentration des Kühlmittelzusatzes bei der jüngsten Motorengeneration mit dem Refraktometer entsprechend Bedienungsanleitung zu prüfen (Bilder 2 und 3). Die Skala »1« des Refraktometers bezieht sich auf die Kühlmittelzusätze G12, G12 plus, G12 Plusplus und G30, die für die Sprinter-Kühlsysteme empfohlen werden. Die Skala »2« bezieht sich nur auf den zu verwendenden Kühlmittelzusatz G13.
■ Prüfen Sie den Kühlmittelstand im Ausgleichsbehälter bei kaltem Motor.

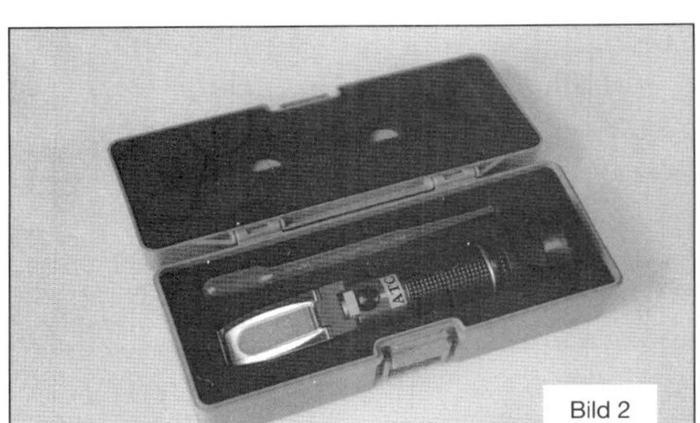

Bild 2
Refraktometer zur Frostschutzgehaltsprüfung.

■ Den genauen Wert bei den Prüfungen liest man an der Hell-Dunkel-Grenze ab. Zur besseren Veranschaulichung der Hell-Dunkel-Grenze wird mit der Pipette ein Tropfen Wasser auf das Glas gebracht. Die Hell-Dunkel-Grenze ist dann deutlich an der »Waterline« zu erkennen (Bild 3). Der Frostschutz muss bis etwa -25 °C gewährleistet sein.

■ Bei zu geringem Frostschutz, Kühlflüssigkeit ablassen und durch Kühlmittelzusatz G30 (violett) ergänzen.

■ Probefahrt durchführen und Frostschutz des Kühlmittels erneut prüfen.

Kühlsystem auf Dichtigkeit prüfen

Zur Prüfung der Dichtheit des Kühlsystems und des Überdruckventils wird ein Kühlsystem-Prüfgerät mit Adapter (Bild 5) benötigt. Der Motor muss betriebswarm sein.

■ Verschlussdeckel vom Kühlmittel-Ausgleichsbehälter öffnen.

■ Adapter für das Kühlsystemprüfgerät in den Kühlmittelausgleichsbehälter schrauben.

■ Anschlussstück in den Adapter für Kühlsystemprüfgerät klemmen und das Anschlussstück über den mitgelieferten Verbindungsschlauch mit dem Kühlsystem-Prüfgerät verbinden.

■ Mit der Handpumpe des Kühlsystemprüfgerätes ca. 1,5 bar Überdruck erzeugen.

Fällt der Druck ab:

■ Undichte Stelle suchen und Fehler beseitigen.

⚠ Bevor das Kühlsystemprüfgerät vom Verbindungsschlauch oder Anschlussstück getrennt wird, muss unbedingt der vorhandene Druck abgebaut werden.

■ Dazu das Druckentlastungsventil am Kühlsystem-Prüfgerät drücken, bis das Druckmanometer den Wert »0« anzeigt.

Überdruckventil im Verschlussdeckel des Kühlmittelbehälters prüfen

■ Verschlussdeckel des Kühlmittel-Ausgleichsbehälters in den Adapter für Kühlsystemprüfgerät schrauben, Anschlussstück in den Adapter für Kühlsystemprüfgerät klemmen und das Anschlussstück über den mitgelieferten Verbindungsschlauch mit dem Kühlsystem-Prüfgerät verbinden.

■ Mit der Handpumpe des Kühlsystem-Prüfgerätes einen Überdruck von max. 1,6 bar

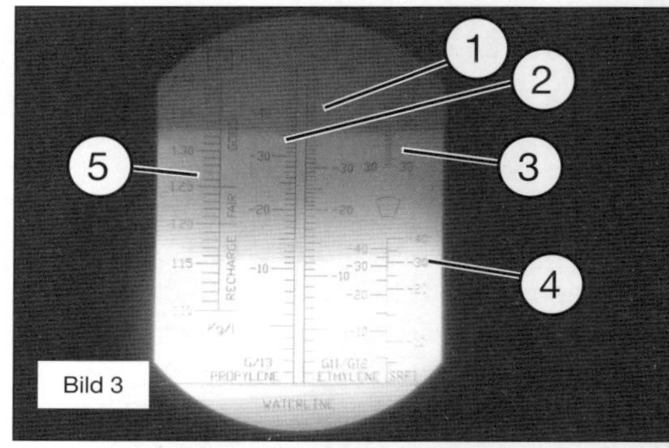

Bild 3
Sichtfeld des Refraktometers.
1 G12; G12 Plus, G12 Plusplus, G11 und auch G30
2 G13
3 AdBlue
4 Scheibenfrostschutz
5 Säuredichte der Batterie

Bild 4
Frostschutzspindel zur Frostschutzgehaltsprüfung.

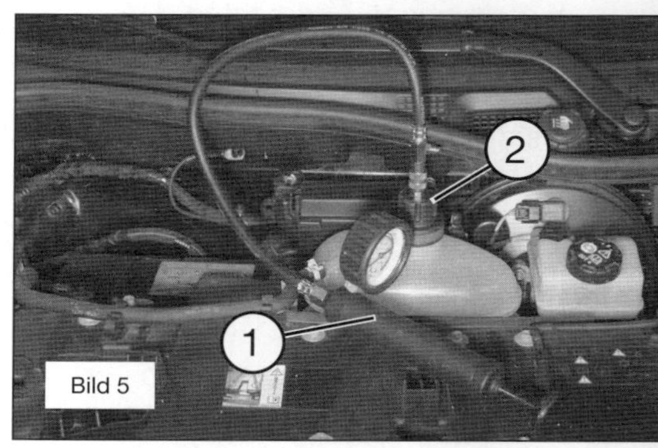

Bild 5
Druckpumpe mit Adapter auf dem Kühlmittelbehälter.
1 Prüfpumpe
2 Adapter

erzeugen. Das Überdruckventil darf noch nicht öffnen.

Öffnet das Überdruckventil vorzeitig: Verschlussdeckel ersetzen.

■ Druck auf über 1,6 bar erhöhen. Das Überdruckventil muss öffnen.

Öffnet das Überdruckventil nicht: Verschlussdeckel ersetzen.

Kühlmittel ablassen, ergänzen, auffüllen

Kühlmittel ablassen

Die wesentlichen Arbeitsschritte unterscheiden sich nicht in den einzelnen Motorvarianten. Wir stellen Ihnen eine allgemeingültige Anweisung vor, die auch für Ihr Fahrzeuge angewendet werden kann.

Vorbereitungen

■ Verschlussdeckel vom Kühlmittel-Ausgleichsbehälter öffnen.

Bei warmem Motor steht das Kühlsystem unter Druck, beim Öffnen des Ausgleichsbehälters kann deshalb heißer Dampf bzw. heißes Kühlmittel entweichen. Überdruck abbauen, dazu Verschlussdeckel mit einem Lappen abdecken und vorsichtig öffnen. Schutzbrille und Schutzbekleidung tragen, um Augenverletzungen und Verbrühungen zu vermeiden.

■ Das Fahrzeug auf die Hebebühne fahren.

■ Fahrzeug anheben und Motorspritzschutz (Geräuschdämpfung) abschrauben.

■ Auffangwanne für Werkstattkräne unter den Motor stellen.

Kühlmittel ablassen

Das abgelassene Kühlmittel darf nicht wiederverwendet werden.

Fahrzeuge mit Ablasshahn (am Kühler):

■ Öffnen Sie den Kühlerverschlussdeckel.

■ Drehen Sie die Ablassschraube unten links im Kühler los.

■ Öffnen Sie den Ausgleichsbehälterdeckel.

■ Lassen Sie das Kühlmittel ablaufen.

■ Entsorgen Sie das Kühlmittel fachgerecht.

Fahrzeuge ohne Ablasshahn:

■ Öffnen Sie den Kühlerverschlussdeckel.

■ Schlauchschellen lösen und den unteren Kühlerschlauch am Unterboden abziehen.

■ Lassen Sie das Kühlmittel ablaufen.

■ Entsorgen Sie das Kühlmittel fachgerecht.

Fahrzeuge mit Standheizung:

■ Kühlmittelschläuche auch am Heizsystem abbauen und restliches Kühlmittel ablaufen lassen.

■ Entsorgen Sie das Kühlmittel fachgerecht oder geben Sie es beim Händler zurück.

Kühlmittel zum Befüllen vorbereiten

Als Kühlmittelzusatz darf nur »G 40« oder die originale Flüssigkeit nach Vorschriftenblatt 325.6 und 325.7 verwendet werden. Erkennungsmerkmal ist die lila Färbung. Auf keinen Fall darf G 30 mit anderen Kühlmittelzusätzen vermischt werden! Ist die Flüssigkeit im Ausgleichbehälter braun, wurde G 30 mit einem anderen Kühlmittel vermischt. In diesem Fall muss das Kühlmittel gewechselt werden. G 30 und Kühlmittelzusätze verhindern Frost- und Korrosionsschäden, Kalkansatz und heben außerdem die Siedetemperatur an. Aus diesen Gründen muss das Kühlsystem unbedingt ganzjährig mit Kühlerfrost- und Korrosionsschutzmittel befüllt sein.

Frostschutz und Klimazonen:

Besonders in Ländern mit tropischem Klima trägt das Kühlmittel durch den höheren Siedepunkt bei hoher Belastung des Motors zur Betriebssicherheit bei. Der Frostschutz muss bis etwa -25 °C (in Ländern mit arktischem Klima bis etwa -35 °C) gewährleistet sein.

Die Konzentration des Kühlmittels darf auch in der warmen Jahreszeit bzw. in warmen Ländern nicht durch Nachfüllen von Wasser verringert werden. Der Kühlmittelzusatz-Anteil muss mindestens 40 % betragen. Ist aus klimatischen Gründen ein stärkerer Frostschutz erforderlich, kann der Anteil von G 30 erhöht werden, aber nur bis zu 60 % (Frostschutz bis etwa -40 °C), da sich sonst der Frostschutz wieder verringert und außerdem die Kühlwirkung verschlechtert wird.

■ Zum Festlegen der aktuellen Frostschutzdichte wird das Refraktometer wie schon beschrieben empfohlen.

Anmischen:

Je nach Kühlmittelhersteller und Klimazone muss eine Mischung aus Frostschutzkonzentrat und Wasser hergestellt werden. Die erforderliche Menge können Sie einer Tabelle auf dem Behälter des Frostschutzkonzentrats ablesen.

■ Stellen Sie einen sauberen 5-l-Eimer bereit.

■ Mischen Sie die erforderliche Konzentratmenge mit der dazugehörigen Wassermenge an.

■ Kontrollieren Sie den Frostschutzgehalt mit dem Refraktometer oder der Frostschutzspindel.

Befüllen mit Kühler-Vakuum-Befüllgerät

Wurden Kühler, Wärmetauscher, Zylinderkopf oder Zylinderkopfdichtung ersetzt: Gebrauchtes Kühlmittel vorschriftsmäßig entsorgen und nicht wiederverwenden! Das Kühlmittel kann auch über die Abgabestellen für Sondermüll entsorgt werden.

Bild 6
Vakuumbefüllgerät für Kühlsysteme.
1 Druckluftventil
2 Druckluftanschluss
3 Haltekette zum Aufhängen an der Haube
4 Unterdruckanzeige
5 Sauganschluss für Kühlmittel (aus einem Kanister)
6 Filterstück für den Kanister
7 Universalanschluss für den Ausgleichsbehälter
8 Ventil Kühlmittel
9 Ventil Venturianschluss
10 Anschluss Abluftschlauch
11 Abluftschlauch für einen offenen Auffangbehälter

- Ablassschraube Kühler schließen.
- Prüfverschluss oder einen Universalanschluss (7 im Bild 6) am Ausgleichsbehälter befestigen.
- Druckluftleitung an dem Anschluss (2) anschließen und mit Druckluft beaufschlagen.
- Den Sauganschluss (5) in einen Kanister mit gebrauchsfertig angemischter Kühlflüssigkeit leiten.
- Den Abluftschlauch (11) in einen offenen Behälter legen.
- Ablaufventil (8) und Zulaufventil (7) schließen.
- Die für das Kühlsystem angegebene Kühlmittelmenge in der vorgeschriebenen Zusammensetzung aufbereiten und in den Kanister oder Behälter für den Ansaugschlauch (5) geben.

Damit keine Luft angesaugt wird darauf achten, dass etwas mehr Kühlmittel im Kanister oder Behälter für den Ansaugschlauch (5) ist, als die maximale Füllmenge des Kühlsystems beträgt.

- Das Filterstück (6) mit dem Schlauch am Sauganschluss in den Kanister einführen und das Filterstück (6) am tiefsten Punkt platzieren.
- Das Ventil für den Venturianschluss (9) öffnen.
- Das Ventil für den Kühlmittelzufluss (8) öffnen.

Praxistipp:
Destilliertes Wasser als Mischbasis

Zum Befüllen wird laut Werkstattunterlagen einiger Fahrzeughersteller ausdrücklich destilliertes Wasser (plus Frostschutz) vorgeschrieben. »Leitungswasser mit dem vorgeschriebenen Frostschutzzusatz« ist nicht immer ausreichend. Auch dann, wenn der Hersteller das Anmischen mit Leitungswasser zulässt, kann das Verwenden von destilliertem Wasser Vorteile haben. Durch die unterschiedlichen Inhaltsstoffe, die länderspezifisch und sogar regionalspezifisch sein können, haben einige Hersteller entschieden, die Wasserqualität für Kühlsysteme zu definieren. Destilliertes Wasser erfüllt alle Anforderungen. Aus diesem Grund wird empfohlen, auch bei älteren Modellen das Kühlmittel bei Ergänzungen und Neubefüllungen mit destilliertem Wasser anzumischen.

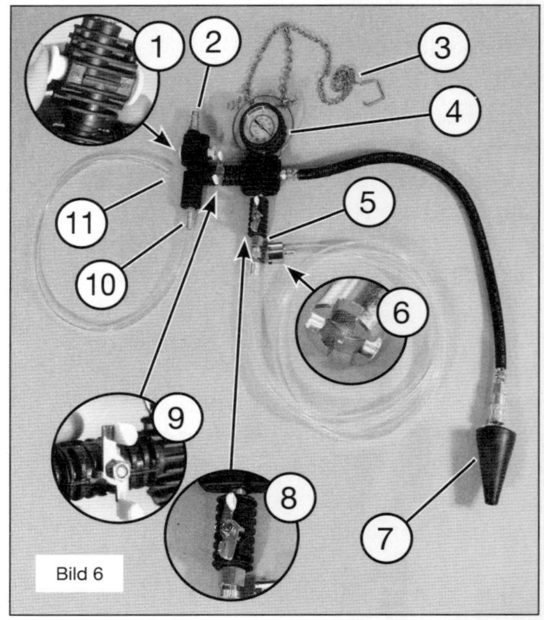

Bild 6

- Das Druckluftventil (1) öffnen. Im Kühlsystem wird nun ein Unterdruck erzeugt.
- Das Ventil für den Kühlmittelzufluss (8) so lange öffnen, bis sich der Zulaufschlauch mit Kühlmittel gefüllt hat.
- Das Ventil für den Venturianschluss (9) schließen, wenn sich die Anzeige der Kontrolleinheit (3) im grünen Bereich (etwa 0,5 bis 0,6 bar Unterdruck) befindet.
- Das Druckluftventil (1) schließen.
- Beobachten, ob der Unterdruck etwa 30 Sekunden stabil bleibt.
- Ist dies nicht der Fall, Schläuche und Anschlüsse überprüfen, ggf. instandsetzen und Prüfung wiederholen.
- Das Ventil für den Kühlmittelzufluss (8) öffnen. Das Kühlsystem wird nun befüllt.
- Das Ablaufventil (8) öffnen, wenn kein Kühlmittel mehr aus dem Kühlmittelbehälter angesaugt wird und das Kühlmittel im Ausgleichsbehälter sichtbar ist.
- Das Ventil für den Kühlmittelzufluss (8) schließen.
- Das Ventil für den Venturianschluss (9) öffnen, um den Unterdruck im Kühlsystem abzubauen.
- Das Vakuumbefüllgerät mit allen Anschlüssen und den entsprechenden Verschlauchungen zurückbauen.
- Kühlmittelstand bis zur Unterkante der Markierung am Ausgleichsbehälter (Bild 1) auffüllen.
- Falls demontiert, die verbaute Geräuschdämpfung wieder einbauen.

Befüllen ohne Gerät

■ Das Kühlmittel langsam bis zur oberen Markierung des gerasterten Feldes am Ausgleichsbehälter auffüllen (Bild 1).

■ Ausgleichsbehälter verschließen. Den Motor starten und die Motordrehzahl für ca. 3 Minuten auf ca. 2000/min halten.

■ Motor danach im Leerlauf laufen lassen.

■ Kühlmittelstand prüfen und ggf. ergänzen.

Bei betriebswarmem Motor muss der Kühlmittelstand an der oberen Markierung, bei kaltem Motor in der Mitte des gerasterten Feldes liegen.

Kühler aus- und einbauen

Die unterschiedlichen Motorvarianten verändern auch den Arbeitsablauf zum Ausbau des Kühlers im Detail. Es sind grundsätzlich zwei verschiedene Bauweisen der Kühlereinheiten in den unterschiedlichen Fahrzeugen verbaut worden. Sie lassen sich aber recht einfach schon optisch unterscheiden.
Die zusätzlichen Kühler für Klimaanlage, Ladeluftsystem und auch die Lenkung sind im Umfeld verbaut. Wenn erforderlich, werden wir den Umgang mit den Komponenten bei der Montage des Kühlers berücksichtigen.

Es ist sehr wichtig beim Ersatz des Kühlers den verbauten Kühler mit dem Ersatzteil zu vergleichen. Die Variantenvielfalt für die beiden Kühlersysteme ist sehr umfangreich.

Montagearbeiten am OM 651

■ Falls vorhanden, Geräuschdämpfung oben und unten ausbauen.

■ Bei Fahrzeugen mit Klimaanlage, die Klimaanlage evakuieren (lassen).

Beachten Sie hierbei die Hinweise zum Umgang mit der Klimaanlage im Kapitel 1 dieses Buches.

■ Das Kühlmittel wie beschrieben ablassen.

■ Bauen Sie den Stoßfänger vorne aus.

■ Demontieren Sie die Anschlussschläuche zum Ladeluftkühler und verschließen Sie sie mit passenden Stopfen.

■ Entriegeln Sie den Ladelüftkühler rechts und links von vorne und schwenken Sie ihn vorsichtig nach unten heraus.

■ Entsichern Sie den Anschlussstecker des Luftmassenmessers und ziehen Sie ihn ab.

■ Lösen Sie die Schelle und demontieren Sie den Luftmassenmesser vom Ansaugrohr.

■ Lösen Sie das Öleinfüllrohr vom Luftfilterkasten.

■ Lösen Sie den Fremdstartpunkt vom Luftfilterkasten.

■ Ziehen Sie das Luftfiltergehäuse vorsichtig nach oben aus den hinteren Haltern heraus.

■ Nehmen Sie das Luftfiltergehäuse vorsichtig aus den vorderen Haltern heraus.

■ Lösen Sie die vier Schrauben des Luftfüh-

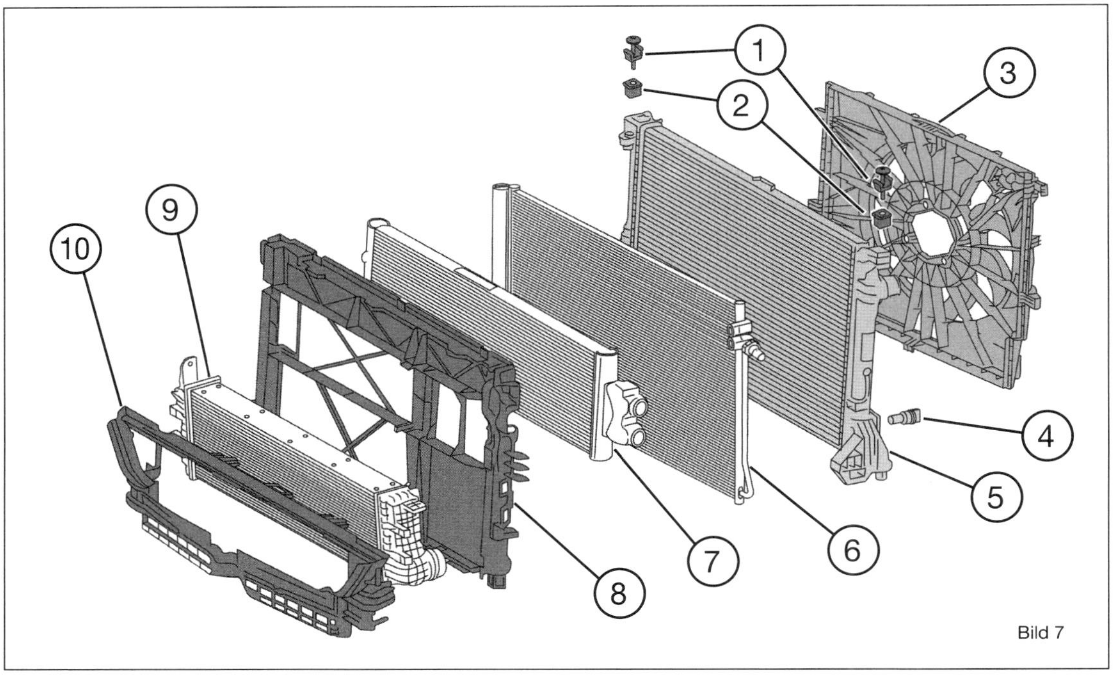

Bild 7
Kühler in der Fahrzeugfront (OM 651).
1 Clip
2 Gummilager
3 Lüfter mit Lüfterzarge
4 Temperatursensor
5 Motorkühler
6 Kondensator Klimaanlage
7 Ölkühler bei Automatikgetrieben
8 Luftführung/Halter
9 Ladeluftkühler
10 Luftführung

Sichtprüfung Messen

rungskastens zum Innenraum an der Spritzwand und nehmen Sie den Kasten ab.

■ Entsichern Sie den Steckkontakt an der Lüfterzarge und ziehen Sie den Stecker ab.

■ Clipsen Sie den Lüftermotor zusammen mit der Lüfterzarge (3 im Bild 7) ab.

■ Bauen Sie den Kühlmittelausgleichsbehälter ab.

■ Die Kühlschläuche an der Lüfterzarge ausclipsen und ausbauen.

■ Die Kühlmittelschläuche am Kühler demontieren.

Fangen Sie austretende Restkühlflüssigkeit mit einem Lappen auf.

■ Demontieren Sie die Kältemittelleitungen zwischen dem Kondensator (6 im Bild 7) am Kondensator.

■ Bei Fahrzeugen mit Automatikgetriebe bauen Sie den Ölkühler vom Kühler ab und befestigen Sie ihn mit angeschlossenen Leitungen außerhalb des Arbeitsbereiches.

■ Demontieren Sie die Halteclips (1).

Decken Sie den Kühler mit einem Pappkarton ab, um bei den folgenden Montagearbeiten Beschädigungen an den Kühlerlamellen zu vermeiden.

■ Drücken Sie den Kühler in Richtung Motor und nehmen Sie ihn nach oben heraus.

■ Demontieren Sie den Kondensator.

Der Einbau erfolgt sinngemäß in umgekehrter Reihenfolge.

■ Getriebeölstand am automatischen Getriebe prüfen und bei Bedarf korrigieren.

■ Lassen Sie die Klimaanlage wieder befüllen.

■ Prüfen Sie die Dichtigkeit der Anschlüsse, Leitungen und Schläuche.

Montagearbeiten am OM 654

Das Kühlsystem an diesem Motor ist etwas anders aufgebaut als herkömmliche Kühlsysteme. Auffällig ist zunächst einmal, dass zwei Wasserkühler (4 und 7 im Bild 8) verbaut sind. Der hintere Kühler (4) ist für die Kühlung des Motors zuständig. Der vordere Kühler ist für den Niedrigtemperaturkreislauf zuständig. Hier zirkuliert je nach Ausrüstung das Kühlmittel für den Wärmetauscher des Getriebes, für den Wärmetauscher des Motoröls und den Ladeluftkühler über eine elektrische Kühlmittelpumpe. Der Ausgleich und Füllstand erfolgt gemeinsam über den Ausgleichsbehälter.

Ausbau des Kühlers:

■ Die Masseleitung der Bordnetzbatterie abklemmen.

■ Das Luftfiltergehäuse ausbauen.

■ Die Kühlmittelpumpe Niedertemperaturkreislauf ausbauen.

■ Das Ventil für den Niedertemperaturkreislauf ausbauen.

■ Die Luftführung für die Ansaugluft zum Luftfilter ausbauen.

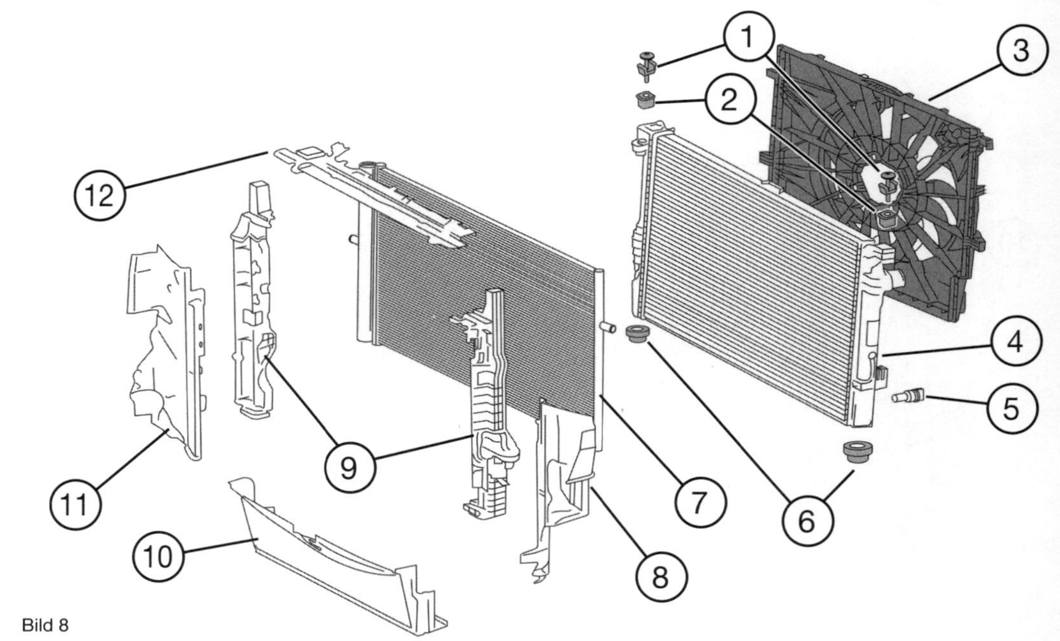

Bild 8

Bild 8
Kühler in der Fahrzeugfront (OM 646).
1 Clip
2 Gummilager
3 Lüfter mit Lüfterzarge
4 Motorkühler
5 Temperatursensor
6 Gummilager
7 Kühler Niedertemperaturkreislauf
8 Luftführung links
9 Träger
10 Luftführung unten
11 Luftführung rechts

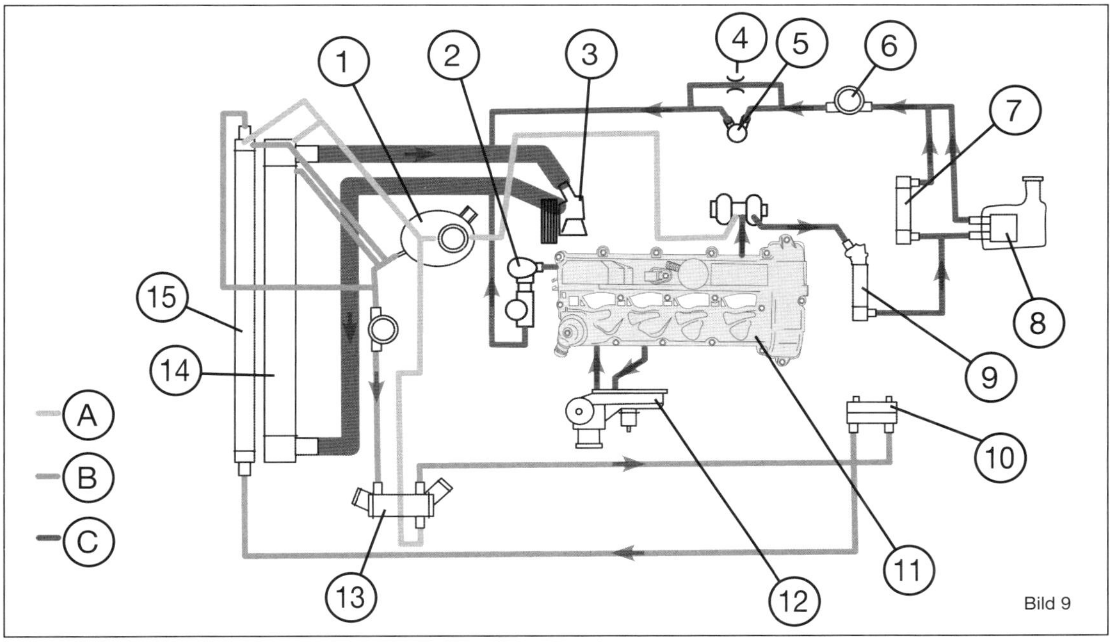

Bild 9

Bild 9
Kühlkreisläufe für am OM 646.
1 Ausgleichsbehälter
2 Hochdruck-AGR-Kühler
3 Wasserpumpe mit Thermostat und Temperaturfühler
4 Drossel
5 AdBlue®-Dosierventil
6 Elektrische Wasserpumpe für den kleinen Kühlkreislauf
7 Heizungswärmetauscher
8 Wärmetauscher Scheibenwaschanlage
9 Niederdruck-AGR-Kühler
10 Getriebeölwärmetauscher
11 Motor
12 Motorölwärmetauscher
13 Ladeluftkühler
14 Motorkühler
15 Kühler Niedertemperaturkreislauf
A Entlüftung
B Niedrigtemperturkreislauf
C Kühlkreislauf Motor

■ Die elektrische Steckverbindung an der Lüfterzarge trennen.
■ Den Kühlmittelschlauch unter der Lüfterzarge abbauen und freilegen.
■ Die unteren Kühlmittelschläuche am Kühler abbauen.
■ Die Kühlmittelschläuche zum Ausgleichsbehälter abbauen.
■ Die Entlüftungsleitungen oben an der Lüfterzarge abbauen.
■ Die Laschen oben an der Lüfterzarge nacheinander an Lüftereinheit zurückdrücken und die Lüfterzarge abbauen.
■ Die Lüfterzarge in Pfeilrichtung oben aus den Führungen und den Laschen schieben.

Lüftereinheit vorsichtig lösen, ansonsten können die Lamellen des Kühlers beschädigt werden.

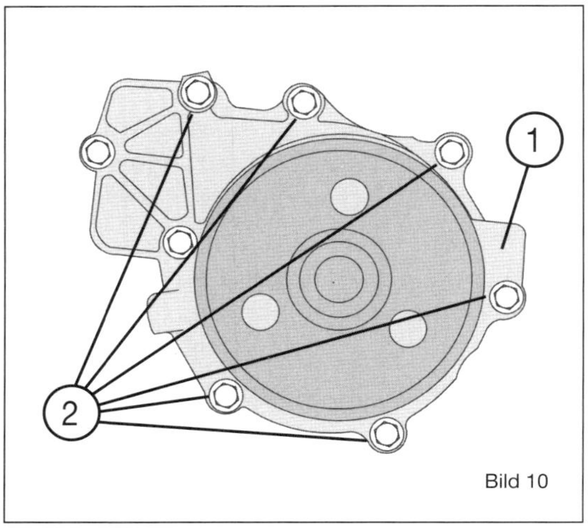

Bild 10

■ Die Lüftereinheit von der Kühlereinheit abnehmen und nach oben herausziehen.

Der Einbau erfolgt sinngemäß in umgekehrter Reihenfolge.
■ Prüfen Sie die Dichtigkeit der Anschlüsse, Leitungen und Schläuche.

Kühlmittelpumpe/Wasserpumpe aus- und einbauen

Kühlmittelpumpe am OM 651
■ Das Kühlmittel ablassen.
■ Lüfterhaube (Zarge) ausbauen.
■ Die Schrauben (2 im Bild 7) der Kühlmittelpumpe (1) herausdrehen.
■ Die Kühlmittelpumpe (1) ausbauen.

Der Einbau erfolgt sinngemäß in umgekehrter Reihenfolge.
■ Die Dichtfläche der Kühlmittelpumpe (1) reinigen.
■ Die Dichtung erneuern.
■ Das Kühlsystem auf Dichtheit prüfen.
■ Kühlmittelpumpe (1) auf Dichtheit prüfen.

Kühlmittelpumpe am OM 654
■ Das Kühlmittel ablassen.
■ Den Dieseloxidationskatalysator ausbauen.
■ Den Keilrippenriemen entspannen und wie bereits beschrieben von der Riemenscheibe der Kühlmittelpumpe (1) abnehmen.

Bild 10
Wasserpumpe (OM 651).
1 Wasserpumpe
2 Schrauben

Bild 11
Wasserpumpe (OM 654).
A Wasserpumpe
1-6 Anzugsfolge der Schrauben
6-1 Lösereihenfolge der Schrauben

Bild 12
Elektrische Kühlmittelpumpe für den Niedertemperaturkreislauf.
1 Schraube
2 Anschlussstutzen
3 Anschlussstutzen
4 Halter
5 Kühlmittelpumpe
6 Anschlussstecker Pumpe

■ Die Schrauben herausdrehen und den Halter für den Oxikat abnehmen.
■ Die Schrauben am Kabelführungskanal herausdrehen und den Kanal aus den Halteclips ausclipsen und aus dem Arbeitsbereich hinauslegen.
■ Die Schrauben (6 bis 1 im Bild 11) herausdrehen.
■ Die Kühlmittelpumpe (A) aus dem Kühlmittel-Pumpengehäuse herausnehmen.

Der Einbau erfolgt sinngemäß in umgekehrter Reihenfolge.
■ Prüfen Sie die Dichtigkeit der Anschlüsse, Leitungen und Schläuche.
■ Die Dichtflächen mit fusselfreiem Lappen reinigen.
■ Die Dichtung erneuern. Es ist nicht erforderlich, die Dichtung mit zusätzlicher Dichtmasse zu verbauen.

Elektrische Wasserpumpe
Im Sprinter 910 sind mindestens zwei Kühlmittelpumpen verbaut.
Die mechanische Pumpe ist für die Zirkulation im Motorkühlkreislauf zuständig.
Die elektrische Pumpe übernimmt den Volumenstrom zu den zusätzlichen Heizungskühlern oder wie beim OM 654 den Volumenstrom zum Niedertemperaturkreislaufs, der neben dem Turbolader auch die Versorgung des Ladeluftkühlkreislaufs übernimmt.

Pumpe für den Niedertemperaturkreislauf:
■ Lassen Sie den Motor abkühlen.
■ Lassen Sie das Kühlmittel ab oder klemmen Sie die Kühlmittelschläuche mit Schlauchklemmen zu.
■ Die elektrische Steckverbindung (6 im Bild 12) entriegeln und trennen.
■ Die beiden Anschlussstutzen (2 und 3) der Kühlmittelleitungen an der Kühlmittelpumpe (5) abbauen.
■ Die Anschlussstutzen (2 und 3) und Öffnung an der Kühlmittelpumpe (5) mit passenden Verschlussstopfen verschließen.
■ Die Schraube (1) herausdrehen und den Bügel des Halters (4) aushängen und abnehmen.
■ Die Kühlmittelpumpe (5) aus dem Halter (4) herausnehmen.

Der Einbau erfolgt sinngemäß in umgekehrter Reihenfolge.

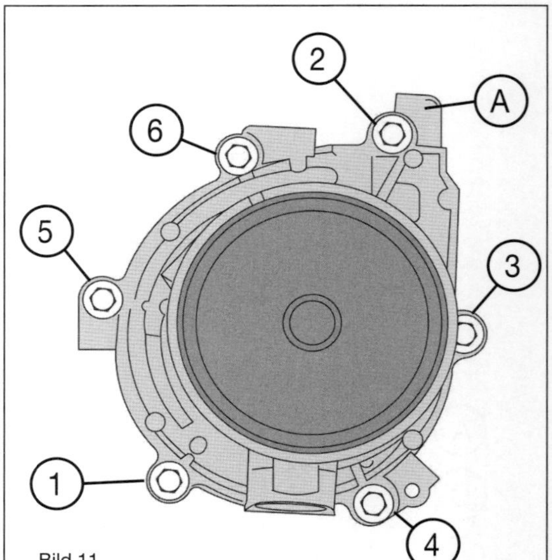

Bild 11

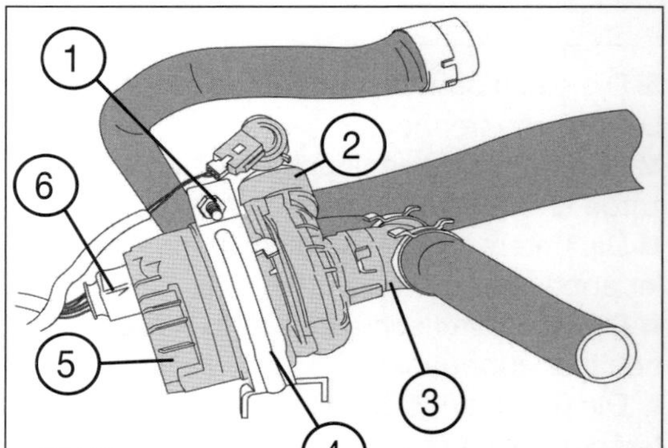

Bild 12

■ Prüfen Sie die Dichtigkeit der Anschlüsse, Leitungen und Schläuche.
■ Die Dichtflächen mit fusselfreiem Lappen reinigen.

Elektrische Zusatzpumpe:
■ Lassen Sie den Motor abkühlen.
■ Lassen Sie das Kühlmittel ab.
■ Klemmen Sie die Kühlschläuche mit Schlauchklemmen zu.
■ Lösen Sie die Schlauchschellen mit einer geeigneten Schlauchschellenzange und ziehen Sie die Kühlschläuche von der Wasserpumpe ab.

Fangen Sie austretendes Restkühlmittel mit einem Lappen auf.

■ Ziehen Sie die elektrische Steckverbindung von der Kühlwasserpumpe ab.
■ Nehmen Sie die elektrische Wasserpumpe nach oben aus dem Gummihalteband heraus.

Die Montage erfolgt sinngemäß in umgekehrter Reihenfolge.
■ Füllen Sie das Kühlmittel auf.
■ Entlüften Sie das Kühlsystem wie bereits beschrieben.

Thermostat- und Regelventile

Die sogenannte Henn-Kupplung ist ein Schnellkupplungssystem der Firma Henn. Diese werden als Kupplungssystem für Kühlmittel und auch als ein Kupplungssystem für die Ladeluft eingesetzt.

Montage am OM 651 (Bild 13):

Der Thermostat ist fest im Thermostatgehäuse verbaut und wird als eine Einheit geprüft oder ersetzt. Er ist oberhalb der Wasserpumpe an der Vorderseite des Motors verbaut.
■ Den Luftfilterkasten wie bereits beschrieben demontieren.
■ Die Motorabdeckung oben wie beschrieben ausbauen.
■ Das Kühlmittel ablassen.
■ Die »Henn-Kupplung« (7) öffnen und Kühlmittelschlauch am Kühlmitteltemperaturregler (Thermostat) trennen.
■ Die beiden Kühlmittelschläuche vom Kühlmitteltemperaturregler (Thermostat) abziehen und zur Seite außerhalb des Arbeitsbereiches befestigen.
■ Den Kabelkanal des Motorleitungssatzes lösen.
■ Die Steckverbindung am Temperaturfühler für Kühlmittel (1) abziehen.
■ Die Steckverbindung (6) am Heizelement des Thermostates abziehen.
■ Die Steckverbindung an der Glühkerze des 1. Zylinders trennen.

In der alten Ausführung die elektrische Steckverbindung mit einer geeigneten Zange abziehen. In der neuen Ausführung kann man sie mit einer handelsüblichen Spitzzange abziehen.
■ Die Schraube (8) herausschrauben.
■ Die beiden Schrauben lösen und den Halter über dem Thermostat herausnehmen.
■ Die Klemmschelle des Kühlmittelschlauchs lösen und verschieben.
■ Die beiden Befestigungsschrauben (3) des Thermostaten herausdrehen und herausschrauben.

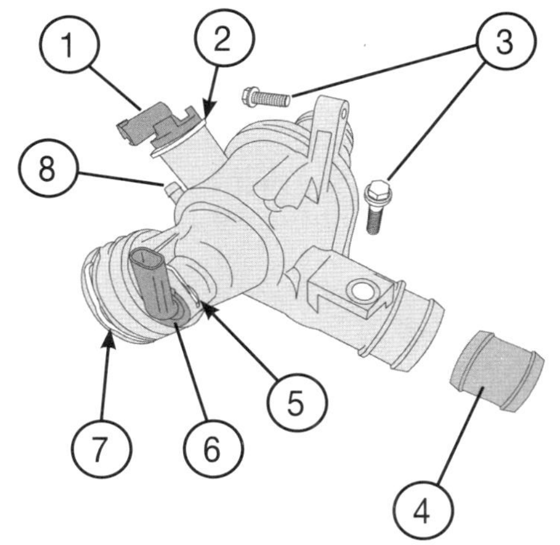

Bild 13

Bild 13 Thermostatgehäuse (OM 651).
1 Temperaturfühler Kühlmittel
2 Sicherungsclip
3 Schrauben
4 Rohrstutzen
5 Sicherungsclip
6 Anschluss Heizelement Thermostat
7 Henn-Kupplung
8 Anschluss Entlüftung

■ Den Kühlmitteltemperaturregler aus dem Träger herausziehen und dabei den Kühlmittelschlauch abziehen.
■ Den Kühlmitteltemperaturregler herausnehmen.

Der Einbau erfolgt sinngemäß in umgekehrter Reihenfolge.
■ Abschließend das Kühlsystem auf Dichtheit prüfen.
■ Das Verbindungsstück (Rohrstutzen) (4) und den Dichtring am Anschlussstutzen erneuern.
■ Den Kühlmittelschlauch sowie die Klemmschelle auf Beschädigung prüfen und wenn erforderlich erneuern.
■ Das Kühlsystem wie bereits beschrieben wieder befüllen.
■ Das Kühlmittel im Ausgleichsbehälter auffüllen.

Montage am OM 654 (Bild 14):

Der Thermostat oder besser die Thermostateinheit ist unter der Wasserpumpe verbaut. Das Bild zeigt die Wasserpumpe und das Thermostatgehäuse von unten.
■ Lassen Sie das Kühlmittel wie beschrieben ab.
■ Bauen Sie die Riemenscheibe aus.
■ Den Keilrippenriemen wie bereits beschrieben ausbauen.
■ Den Steckkontakt des Kühlmitteltemperatursensors abziehen.
■ Den Sicherungsring herausziehen und den Kühlmitteltemperatursensor ausbauen.

Sichtprüfung

Messen

Bild 14
Thermostat (OM 654) Ansicht von unten.
A Henn-Kupplungen
B Wasserpumpe
C Thermostatgehäuse
D Anschluss Thermostat
1-5 Anzugsreihenfolge der Schrauben
5-1 Lösereihenfolge der Schrauben

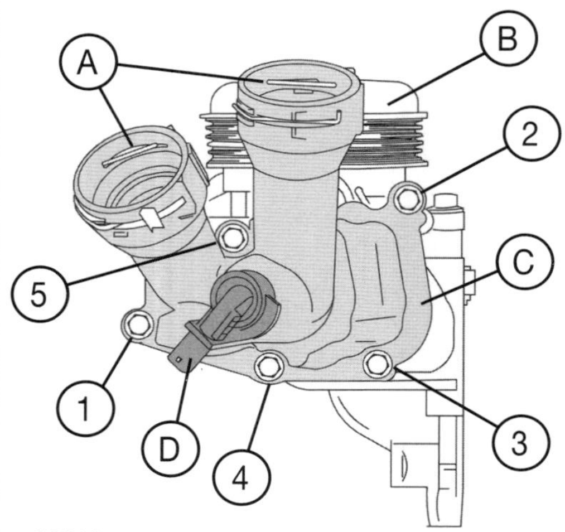

Bild 14

■ Kühlmittelschlauch vom Kühler zum Kühlmittelrohr unten abbauen.
■ Die Schraube im Bereich der Ölwanne vorne links am Kühlmittelrohr herausdrehen.

Die Schraube ist mit einer Schraubensicherung an der Kühlmittelleitung befestigt.

■ Entsichern Sie die »Henn-Kupplung« zum Kühlmittelrohr.
■ Das Kühlmittelrohr vom Kühlmittelthermostat abbauen und herausnehmen.

Fangen Sie austretendes Kühlmittel mit einer Wanne auf.

■ Entsichern Sie die »Henn-Kupplung« des Kühlschlauches am Thermostat.
■ Bauen Sie den Kühlmittelschlauch vom Kühlmittelthermostat ab.

Verschließen Sie die Öffnung am Kühlmittelrohr und am Thermostaten mit passenden Stopfen oder entsprechenden Schutzhauben.

■ Demontieren Sie das Wärmeschutzblechunterteil unter dem Dieselpartikelfilter.
■ Drehen Sie die beiden Schrauben am Leitungsführungskanal über der Riemenscheibe heraus.
■ Die Halteclips des Leitungsführungskanals lösen.
■ Den Leitungsführungskanal außerhalb des Arbeitsbereichs befestigen.
■ Die elektrische Steckverbindung am Thermostat entriegeln und abziehen.
■ Den elektrischen Leitungssatz am Kühlmittelthermostat lösen und zur Seite legen.
■ Die Schrauben in der Lösereihenfolge (5 bis 1) herausdrehen.
■ Das Kühlmittelthermostat mit dem Gehäuse abnehmen.

Der Einbau erfolgt sinngemäß in umgekehrter Reihenfolge.
■ Den Dichtring der Kühlmittelleitung zum Thermostat prüfen und erneuern.
■ Die Dichtung am Kühlmittel-Temperaturregler prüfen, ggf. Kühlmittel-Temperaturregler erneuern und die Dichtflächen reinigen.
■ Das Kühlsystem wie beschrieben wieder befüllen.
■ Das Kühlmittel auffüllen.
■ Abschließend das Kühlsystem auf Dichtheit prüfen.

Ventil Niedertemperaturkreislauf

Das Ventil ist im oberen Bereich des Kühlers links (in Fahrtrichtung) verbaut.

■ Lassen Sie das Kühlmittel wie beschrieben ab.
■ Demontieren Sie die Kühlmittelschläuche am Ventil des Niedertemperaturkreislaufs.
■ Die elektrische Steckverbindung am Ventil Niedertemperaturkreislauf entriegeln und den Stecker abziehen.

Fangen Sie austretendes Kühlmittel mit einer Wanne auf.

Verschließen Sie die Öffnung am Kühlmittelrohr und am Thermostaten mit passenden Stopfen oder entsprechenden Schutzhauben.

■ Heben Sie das Fahrzeug an und demontieren Sie (soweit vorhanden) den Unterfahrschutz.
■ Die Halteklammer vom Halter am Ventil des Niedertemperaturkreislaufs abziehen.
■ Die Lasche am Kühler vorsichtig zurückdrücken und das Ventil des Niedertemperaturkreislaufs zusammen mit dem Halter abnehmen.

Arbeiten Sie sehr umsichtig. Bricht die Lasche ab, ist der Kühler beschädigt.

Thermostat prüfen

Auch wenn der Thermostat in einem Gehäuse verbaut und nicht weiter zerlegbar ist, kann er geprüft werden. Die Prüfung kann im ausgebauten Zustand und auch im eingebauten Zustand erfolgen.

Auch neue Thermostate sollten vor dem Einbau überprüft werden.

Prüfung im eingebauten Zustand:

■ Stellen Sie das Fahrzeug auf eine Hebebühne und versehen Sie es mit einer Abgasabsauganlage.

Es besteht Vergiftungsgefahr. Neben der guten Belüftung müssen die Abgase nach außen abgeführt werden.

■ Lassen Sie den Motor laufen.

Kontrollieren Sie in regelmäßigen Abständen die Temperatur der Anschlussschläuche des Thermostaten mit einem Lasertemperaturmesser oder einem anderen geeigneten Thermometer.

Die Temperatur vor (Schlauch kommt vom Motor) und nach dem Thermostat (Schlauch geht zum Kühler) wird mit steigender Temperatur unterschiedlich ausfallen. Ab etwa 90 °C (die Temperatur kann durchaus zwischen 85 °C und 98 °C liegen) öffnet der Thermostat und die Temperatur ist vor dem Thermostat fast genauso hoch wie die Temperatur nach dem Thermostat.

Prüfung im ausgebauten Zustand:

■ Legen Sie den Thermostat in ein Wasserbad ein und erwärmen Sie das Wasser auf einer Kochplatte langsam.

Das Thermoelement muss sich langsam öffnen. Das können Sie beim Hindurchsehen durch einen Lichtspalt erkennen. Der Öffnungsbeginn liegt etwa bei 84 °C. Die vollständige Öffnung liegt bei ca. 98 °C, hierzu muss aber der Thermostat oder das komplette Thermostatgehäuse im Wasserbad aufgehängt werden. Der Öffnungsweg ist nicht angegeben.

■ Die Öffnung muss ruckfrei erfolgen.

■ Der Thermostat darf nicht verklemmen.

Das Heizungsventil

Im Sprinter 910 ist kein Heizungsventil eingebaut. Die Lufttemperatur der Fahrerkabine wird über eine Klappe im Lüfterkasten geregelt. Bei Fahrzeugen mit Zusatzwarmwasserheizung finden Sie ein Regelventil, das am Unterboden des Fahrgast/Laderaums hinten links verbaut ist.

Zusatzheizungen mit Regelsystemen

Aufgrund der Modellvielfalt und auch der Ausstattungsvarianten, wurden in diesem Fahrzeug Zusatzheizsysteme von der Warmluft-Diesel-Zusatzheizung am Unterboden der Fahrerkabine bis zum PTC-Zusatzheizgerät im Lüfterkasten verbaut. Wir haben uns entschieden, aufgrund der geringen Störanfälligkeit und des erheblichen Umfangs der Systeme, auf die Arbeiten an diesen Systemen zu verzichten.

Kühlsystem reinigen

Da im Kühlsystem diverse ölführende Systeme wie der Motorölkühler oder wie beim OM 654 der Getriebeölkühler oder sogar das Ad-Blue® Dosierventil thermisch versorgt werden, kann bei einem Defekt dieser Systeme das Kühlsystem verunreinigt werden.

Natürlich könnten auf diesem Weg auch Wasser, Ad-Blue® oder sogar Scheibenwasser im Motoröl ankommen. Die Fehlersuche verändert sich mit dem Umfang des Kühlsystems dann auch entsprechend. Es ist sehr wichtig, das Schadensbild genau zu erfassen und gegebenenfalls die Komponenten genau unter die Lupe zu nehmen.

Vorbereitungen

■ Demontieren Sie die Motorraumverkleidung oben und unten.

■ Führen Sie eine Dichtheitsprüfung (Druckprüfung) des Kühlsystems durch. Die Vorgehensweise werden wir Ihnen im Anschluss vorstellen.

■ Lassen Sie das Kühlmittel möglichst vollständig ablaufen.

Hierzu sollten Sie die Kühlschläuche an den tiefen Stellen demontieren.

Kühlsystem reinigen

■ Mischen Sie das Reinigungsmittel nach Herstellervorschriften an.

■ Stellen Sie den Heizungsregler auf maximale Heizleistung.

■ Soweit vorhanden, schalten Sie die Wasserzusatzheizung ein.

■ Füllen Sie das Reinigungsgemisch in das Kühlsystem ein wie bereits zu Anfang des Kapitels beschrieben.

■ Starten Sie den Motor und bringen Sie ihn bei mittlerer Drehzahl auf Betriebstemperatur (ca. 80 °C).

■ Lassen Sie den Motor etwa 5 Minuten mit mittlerer Drehzahl weiterlaufen.

Sichtprüfung Messen

■ Lassen Sie den Motor bis auf 50 °C abkühlen.
■ Lassen Sie die Reinigungslösung aus dem Kühlsystem komplett ab.

Kühlsystem spülen
■ Befüllen Sie das Kühlsystem mit klarem Wasser.
■ Stellen Sie den Heizungsregler auf maximale Heizleistung.
■ Soweit vorhanden, schalten Sie die Wasserzusatzheizung ein.
■ Starten Sie den Motor und bringen Sie ihn bei mittlerer Drehzahl auf Betriebstemperatur (ca. 80 °C).
■ Lassen Sie den Motor etwa 5 Minuten mit mittlerer Drehzahl weiterlaufen.
■ Lassen Sie den Motor bis auf 50 °C abkühlen.
■ Lassen Sie das Wasser aus dem Kühlsystem komplett ab.

Reinigung kontrollieren
Prüfen Sie das Kühlsystem auf Rückstände der Verschmutzung.
Sind noch Verschmutzungen oder Ablagerungen erkennbar, führen Sie die beschrieben Arbeitsschritte zum »Kühlsystem reinigen« und zum »Kühlsystem spülen« erneut durch.

Drucktest am Kühlsystem

Geprüft werden an dieser Stelle die Dichtigkeit des Kühlsystems und des Kühlerdeckels. In die Bauteiluntersuchung während der Prüfung müssen alle Komponenten, die in das Kühlsystem eingebunden sind, mit einbezogen werden.

Kühlsystem auf Dichtigkeit prüfen
Zur Prüfung der Dichtheit des Kühlsystems und des Überdruckventils wird ein Kühlsystem-Prüfgerät mit Adapter (Bild 15) benötigt.
Der Motor muss betriebswarm sein. Das Kühlsystem steht unter Druck.
■ Öffnen Sie den Druckverschluss (Kühlerdeckel) langsam und lassen Sie in der ersten Stufe vor der endgültigen Öffnung des Deckels den Restdruck ab.
■ Druckverschluss (Kühlerdeckel) am Kühler öffnen.
■ Adapter für Kühlsystemprüfgerät auf den Kühler schrauben.
■ Anschlussstück in den Adapter für das Kühlsystemprüfgerät klemmen und das Anschlussstück über den mitgelieferten Verbindungsschlauch mit dem Kühlsystem-Prüfgerät verbinden.
■ Mit der Handpumpe des Kühlsystemprüfgerätes ca. 1,5 bar Überdruck erzeugen.

Fällt der Druck ab:
■ Undichte Stelle suchen und den Fehler beseitigen.
Bevor das Kühlsystemprüfgerät vom Verbindungsschlauch oder Anschlussstück getrennt wird, muss unbedingt der vorhandene Druck abgebaut werden.
■ Dazu das Druckentlastungsventil am Kühlsystem-Prüfgerät drücken, bis das Druckmanometer den Wert »0« anzeigt.

Überdruckventil im Verschlussdeckel des Kühlmittelbehälters prüfen
Über den Kühlerdeckel kann durchaus unauffällig Kühlmittel verloren gehen.
■ Verschlussdeckel des Kühlmittel-Ausgleichsbehälters in den Adapter für das Kühlsystemprüfgerät schrauben, Anschlussstück in den Adapter des Kühlsystemprüfgerätes klemmen und das Anschlussstück über den mitgelieferten Verbindungsschlauch mit dem Kühlsystem-Prüfgerät verbinden.
■ Mit der Handpumpe des Kühlsystemprüfgerätes einen Überdruck von max. 1,5 bar (je nach Kennung auf dem Kühlerdeckel) erzeugen. Das Überdruckventil darf noch nicht öffnen.
Öffnet das Überdruckventil vorzeitig: den Verschlussdeckel ersetzen.
■ Druck auf über 1,5 bar erhöhen. Das Überdruckventil muss öffnen.
Öffnet das Überdruckventil nicht: den Verschlussdeckel ersetzen.

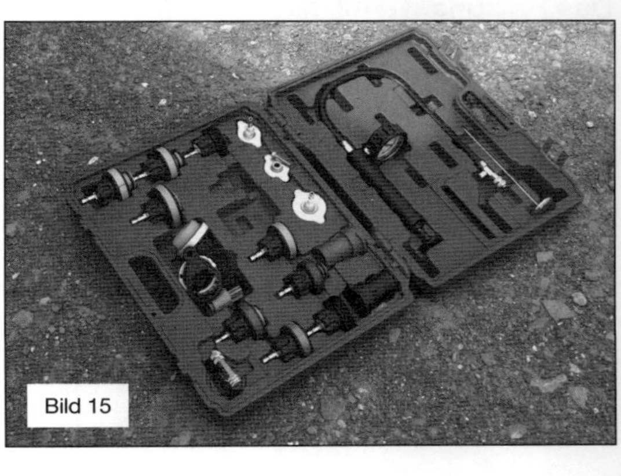
Bild 15

Bild 15
Kühlsystemprüfgerät mit diversen Adaptern für Kühlmittelbehälter und Kühlerdeckel.

7 Kraftstoffversorgung

Bauteile der Anlage und Arbeiten am Kraftstoffsystem

Sicherheit geht vor

Der Kraftstoffdruck im Hochdruckrohr kann beim Common-Rail-System bis zu 2000 bar betragen! Beachten Sie die Sicherheitsmaßnahmen zum Druckabbau im Hochdruckbereich. Selbst die Kraftstoffvorlaufleitung steht unter Druck! Tragen Sie Schutzbrille und Schutzbekleidung, um Verletzungen und Hautkontakt zu vermeiden. Vor dem Lösen von Schlauchverbindungen Putzlappen um die Verbindungsstelle legen. Dann durch vorsichtiges Abziehen des Schlauchs Druck abbauen.

Aus Sicherheitsgründen muss vor dem Öffnen des Kraftstoffsystems die Stromzufuhr zur Kraftstoffpumpe unterbrochen werden. Die Kraftstoffpumpe kann auch beim Öffnen der Fahrertür aktiviert werden. Nutzen Sie eine der folgenden Möglichkeiten, um die Stromzufuhr zu unterbrechen.

Wichtig zu wissen für die Arbeit an dieser Reparaturgruppe ist die Tatsache, dass es automatische Ein- und Ausschaltfunktionen für die Kraftstoffpumpe gibt.

Die Crash-Kraftstoffabschaltung

Sie soll die Gefahr eines Fahrzeugbrandes nach einem Crash reduzieren, indem die Kraftstoffpumpe abgeschaltet wird.

Komfortschaltung

Kurzzeitiges Einschalten der Pumpe beim Öffnen der Tür soll andererseits eine Komfortverbesserung des Startverhaltens beim Motor bewirken. Dabei wird die Kraftstoffpumpe 2 Sekunden lang angesteuert, damit sich im Kraftstoffsystem Druck aufbaut. Weil die Kraftstoffpumpe beim Einschalten der Zündung und durch den Türkontaktschalter der Fahrertür aktiviert wird, muss vor dem Öffnen des Kraftstoffsystems aus Sicherheitsgründen, wenn die Batterie nicht abgeklemmt wird, der Anschlussstecker von der Kraftstoff-Fördereinheit abgezogen oder die Sicherung für die Ansteuerung der Kraftstofffördereinheit aus dem Sicherungshalter entfernt werden.

Die Anlage im Überblick

Wichtigste Bauteile des Systems der Kraftstoffversorgung sind der Kraftstoffbehälter (Tank), in den der Kraftstoff über Tankklappeneinheit und Einfüllstutzen eingebracht

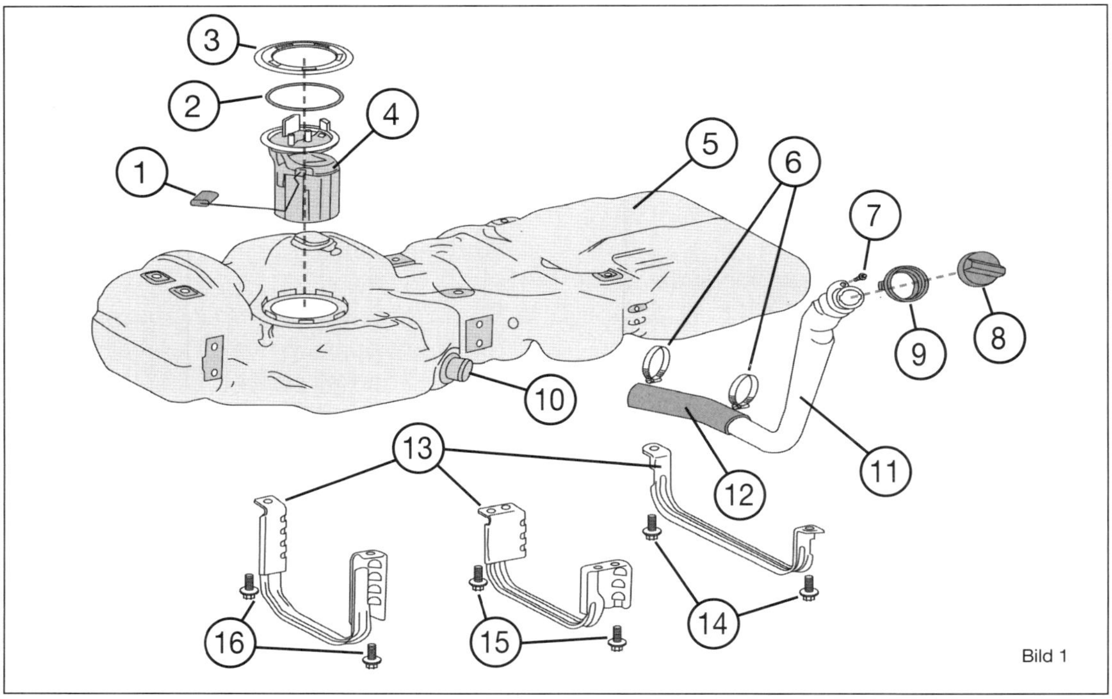

Bild 1
Tankanlage am Sprinter 910.
1 Schwimmer
2 Dichtring
3 Verschlussring
4 Tankfördermodul (Kraftstoffpumpe und Tankgeber)
5 Kraftstofftank
6 Schellen
7 Schraube Tankstutzen
8 Tankdeckel
9 Schutzring
10 Anschlussstutzen
11 Füllrohr
12 Schlauch
13 Tankfangbänder
14 Schrauben
15 Schrauben
16 Schrauben

Sichtprüfung Messen

Bild 2
Variante 1.
1 Kupplungsgehäuse
2 Rastenring
3 Entriegelungstasten

Bild 3
Variante 2.
1 Kupplungsgehäuse
2 Rastenring

Bild 4
Variante 3.
1 Kraftstoffleitung
2 Zugentriegelung
3 Steckkupplung

wird, die in den Tank eingebaute Kraftstofffördereinheit (Kraftstoffpumpe), der Kraftstofffilter und die Kraftstoffleitungen (Bild 1). Es gibt kaum Merkmale, durch die sich die durchaus unterschiedlichen Tankanlagen für die unterschiedlichen Modelle im Kraftstoffversorgungssystem voneinander unterscheiden lassen. Die Einbauposition der Komponenten unterscheidet sich nicht. Erfahrungsgemäß wird der Ersatz oder auch Arbeiten am Tanksystem sich auf die Intankpumpe oder den Kraftstoffgeber beschränken. Der Austausch der kompletten Tankanlage ist möglich, aber aufwendig und kommt sehr selten vor.

Ansteuerung der Kraftstoffpumpe
Während sich in den Vorgängermodellen die Kraftstoffpumpe noch über eine Sicherung bestromen ließ, ist das in dieser Baureihe nicht mehr möglich. Auch dann nicht, wenn man die Anschlüsse des Tankfördermoduls freilegt. Die Kraftstoffpumpe ist ein dreiphasiger Gleichstrommotor. Durch das Steuergerät wird wie bei einem Wechselstrommotor hier ein Drehfeld erzeugt. Der Pumpenmotor kann nun stufenlos entsprechend der Anforderung an die Förderleistung angepasst werden. Die Ansteuerung für Service und Reparatur muss entsprechend über einen Diagnosetester erfolgen. Diese Funktion ist aber bei fast keinem der auf dem freien Markt verfügbaren Tester vorgesehen. Diese Funktion wird im Rahmen der Updates der Diagnosesoftware noch nachgeschoben.

Steckkupplungen trennen

Bei Fahrzeugen dieser Baureihen finden sich sechs typische Stecksysteme für die Verbindungen der Kraftstoffversorgungsschläuche, die durchaus auch bei anderen Fahrzeugherstellern zum Einsatz kommen.

Variante 1 (Bild 2)
- Steckkupplung (1) auf die Leitung drücken.
- Entriegelungstasten in Pfeilrichtung (3) drücken und gedrückt halten.
- Steckkupplung (1) von der Kraftstoffleitung (2) abziehen.
- Beim Einbau Farbzuordnung beachten.

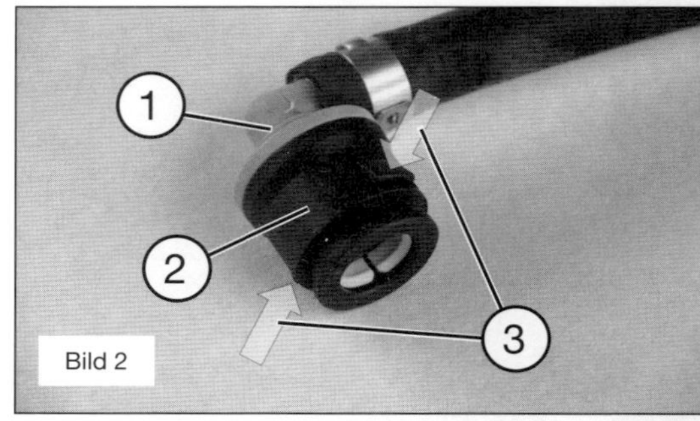

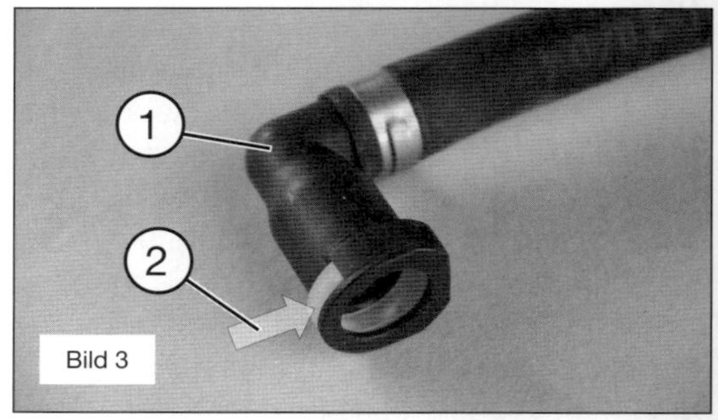

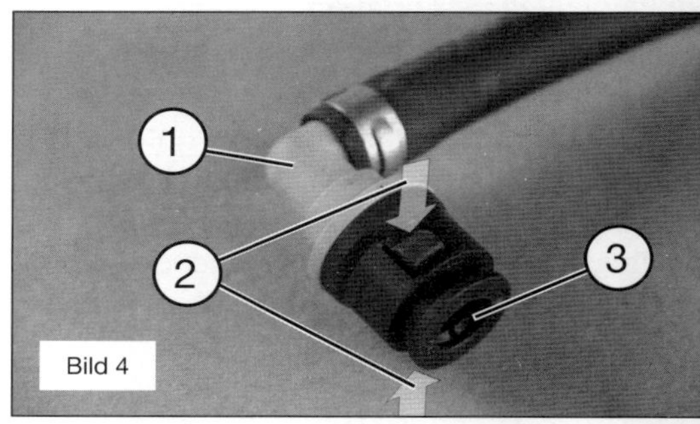

- Steckkupplungen müssen beim Verriegeln »hörbar« einrasten.

Den festen Sitz der Steckkupplung durch Gegenziehen prüfen!

Variante 2 (Bild 3)
- Steckkupplung (1) auf die Leitung drücken.
- Zugentriegelung in Pfeilrichtung (2) ziehen.
- Steckkupplung (1) von der Kraftstoffleitung (2) abziehen.
- Beim Einbau Farbzuordnung beachten.
- Die Steckkupplungen müssen beim Verriegeln »hörbar« einrasten.

Den festen Sitz der Steckkupplung durch Gegenziehen prüfen!

Variante 3 (Bild 4)
- Steckkupplung (1) auf die Leitung drücken.
- Entriegelungstaste (2) drücken und Steckkupplungen abziehen.
- Beim Einbau Farbzuordnung beachten.

■ Steckkupplungen müssen beim Verriegeln »hörbar« einrasten.

Den festen Sitz der Steckkupplungen durch Gegenziehen prüfen!

Variante 4 (Bild 5)
■ Steckkupplung (1) auf die Leitung drücken.
■ Entriegelungstaste (2) drücken und Steckkupplung abziehen.
■ Beim Einbau Farbzuordnung beachten.
■ Steckkupplungen müssen beim Verriegeln »hörbar« einrasten.

Den festen Sitz der Steckkupplung durch Gegenziehen prüfen!

Variante 5 (Bild 6)
■ Steckkupplung (1) auf die Leitung drücken.
■ Außenring (2) in Pfeilrichtung (3) zurückziehen und die Steckkupplungen abziehen.
■ Beim Einbau Farbzuordnung beachten.
■ Steckkupplungen müssen beim Verriegeln »hörbar« einrasten.

Den festen Sitz der Steckkupplung durch Gegenziehen prüfen!

Variante 6 (Bild 7)
■ Die Sicherungsklammer (2) rechts und links zusammendrücken (1).
■ Die Entriegelungstasten (4) rechts und links zusammendrücken und gedrückt halten.
■ Die Steckkupplung (3) abziehen.
■ Beim Einbau Farbzuordnung beachten.
■ Steckkupplungen müssen beim Verriegeln »hörbar« einrasten.

Den festen Sitz der Steckkupplung durch Gegenziehen prüfen!

Kraftstoffbehälter entleeren oder befüllen

Die Montagearbeiten für die einzelnen Motorvarianten und Fahrzeugaufbauten unterscheiden sich nur unwesentlich.

Grundsätzlich sollten Sie den Kraftstofftank niemals im gefüllten Zustand demontieren oder mit hohem Füllstand die Verschlussschraube öffnen. Der Kunststofftank kann sich verziehen und so auch der Verschluss zum Tankgeber undicht werden.

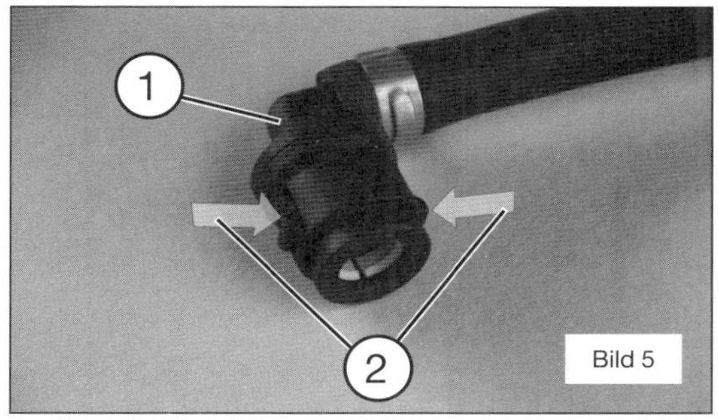

Bild 5
Variante 4.
1 Kupplungsgehäuse
2 Entriegelungstasten

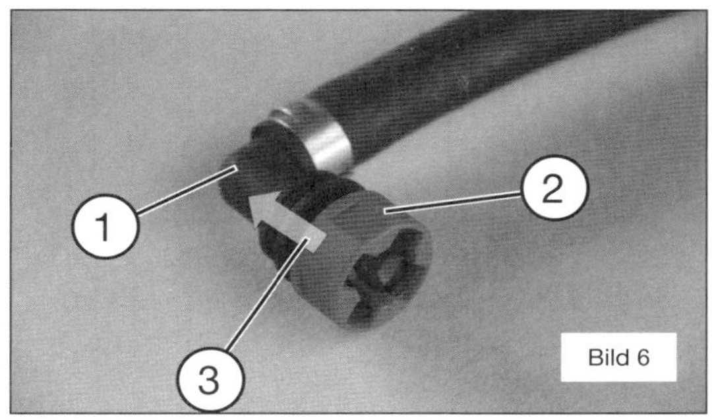

Bild 6
Variante 5.
1 Kupplungsgehäuse
2 Außenring
3 Bewegungsrichtung

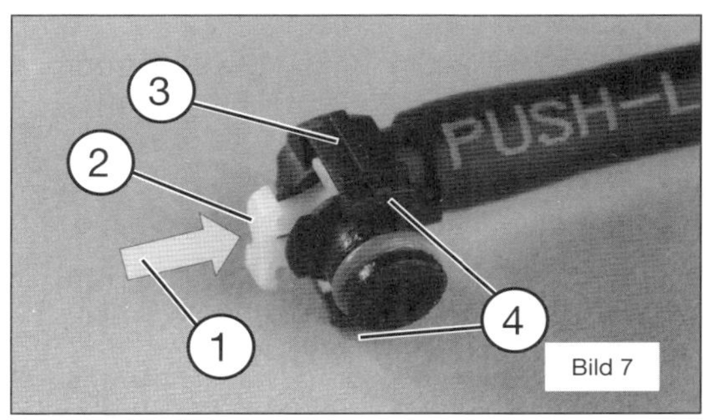

Bild 7
Variante 6.
1 Bewegungsrichtung (sichern)
2 Sicherungsklammer
3 Kupplungsgehäuse
4 Entriegelungstaste

Tank absaugen (Teilentleerung)
Der Kraftstofftank ist bei den meisten Fahrzeugen mit Tankfangbändern (13 im Bild 1) gehalten. Um den Umgang mit dem Kraftstofftank zu erleichtern, sollte er möglichst für eine Demontage entleert worden sein.

Auch schon beim Ausbau des Fördermoduls (4) ist bereits eine Teilentleerung erforderlich.

Teilentleerung über die Kraftstoffpumpe:

Die Entleerung des Tanks über die Kraftstoffpumpe ist in der Regel nicht vorgesehen. Die Kraftstoffpumpe wird über ein Steuergerät angesteuert. Die Bestromung über eine Sicherung ist nicht mehr möglich. Die Kraftstoffpumpe ist mit Sensoren für den Kraftstoffdruck und Temperatur ausgerüstet. Zudem handelt es sich nicht mehr um einen klassischen Gleichstrommotor, sondern um einen Dreiphasen-Wechsel-

Bild 8
Markierung am Absaugschlauch.
1 Externe Pumpe
2 Markierung am Schlauch (140 cm vom Schlauchende)
3 Tankfüllrohr
4 Absaugschlauch
5 Tank

strommotor. Bedarfsgerecht kann die Drehzahl den Anforderungen angepasst werden. Die Ansteuerung ist über den Diagnosetester möglich. Die Tankentleerung über das System wird seitens des Herstellers nicht beschrieben.

Absaugen über das Tankfüllrohr:

⚠ Bei der Verwendung von einer externen Pumpe muss die Pumpe (das Pumpengehäuse) zur statischen Entladung an die Fahrzeugmasse angeschlossen werden.

☞ Beim Sprinter bietet sich hier der Türschlossbügel der Fahrerseite an.

■ Schalten Sie die Zündung ein und lesen Sie den Füllstand der Kraftstoffanzeige ab.
■ Schätzen Sie über den Tankinhalt Ihres Fahrzeuges die erforderliche Größe für den Auffangbehälter ein.

☞ Es ist nicht möglich den gesamten Tank über diese Methode zu entleeren. Muss der Tank vollständig entleert werden (beispielsweise bei Falschbetankung), muss der Tank ausgebaut werden.

■ Schalten Sie die Zündung aus und ziehen Sie den Zündschlüssel ab.
■ Führen Sie den Absaugschlauch in den Tankstutzen ausreichend weit in den Tank ein (etwa 1,5 m Schlauchlänge).
■ Schalten Sie die Absaugpumpe ein und beobachten Sie den Füllstand des Auffangbehälters (Kanister).

Die Montage erfolgt sinngemäß in umgekehrter Reihenfolge.

☞ Die Steckverbindungen der Entlüftungs- und Kraftstoffleitungen müssen beim Zusammenstecken hörbar einrasten.

■ Kraftstoffleitungen am Kraftstoffbehälter einclipsen.

☞ Auf festen Sitz der Kraftstoffschläuche achten.

⚠ Soll der abgesaugte Kraftstoff wiederverwendet werden, darf er keine Verschmutzungen aufweisen und es darf keine Beimischung von anderen Stoffen erfolgt sein.

Restentleerung des Tanks über den Zugang der Intankpumpe:

■ Den Kraftstofftank ausbauen.
■ Das Tankfördermodul ausbauen.

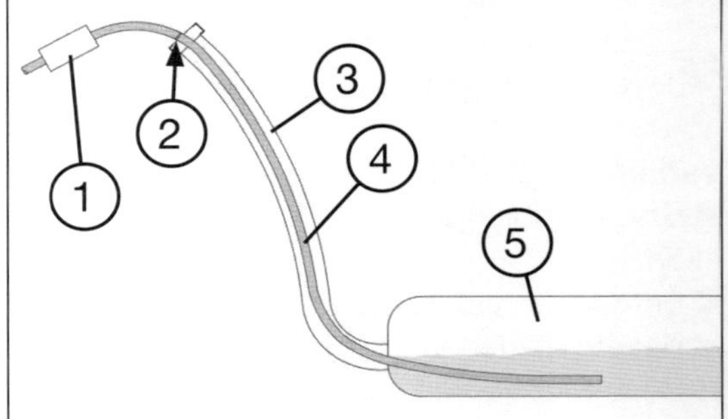

Bild 8

■ Kraftstofffördereinheit entleeren und auf einen sauberen Untergrund stellen.
■ Kraftstoffbehälter mit einem Kraftstoffabsauggerät über die Öffnung der Kraftstofffördereinheit vollständig entleeren.

Der Einbau erfolgt sinngemäß in umgekehrter Reihenfolge.

⚠ Es besteht Explosionsgefahr des Kraftstoffbehälters! Nach dem Einbau eines neuen oder vollkommen entleerten Kraftstoffbehälters muss umgehend eine Mindestmenge von 3 bis 5 Litern Kraftstoff eingefüllt werden. Die Kraftstoffpumpe darf in einem vollkommen leeren Kraftstoffbehälter nicht anlaufen.

☞ Die Steckverbindungen der Entlüftungs- und Kraftstoffleitungen müssen beim Zusammenstecken hörbar einrasten.

■ Kraftstoffleitungen am Kraftstoffbehälter einclipsen.
■ Stecker am Flansch der Kraftstoffpumpe aufstecken und Leitung am Kraftstoffbehälter einclipsen.

☞ Auf festen Sitz der Kraftstoffschläuche achten.

Kraftstofftank aus- und einbauen

⚠ Es kann beim Ausbau des Kraftstofftanks immer Restkraftstoff austreten. Legen Sie sich Bindemittel und einige Lappen bereit, um den austretenden Kraftstoff aufzufangen. Um zu vermeiden, dass Verschmutzungen in die Anschlüsse oder in den Tank selber eintreten, kann man die Anschlussstücke mit Klebeband abkleben oder durch Lappen verschließen.

■ Prüfen Sie zuerst, ob ein codiertes Radio eingebaut ist. In diesem Fall erfragen Sie bitte die Anti-Diebstahl-Codierung.
■ Klemmen Sie bei ausgeschalteter Zündung das Masseband der Batterie ab.
■ Entleeren Sie den Kraftstofftank wie bereits beschrieben.
■ Die Unterbodenverkleidung oder den Unterfahrschutz, soweit verbaut, im Bereich des Kraftstofftanks ausbauen.
■ Die elektrische Steckverbindung im vorderen Bereich des Tanks am Unterboden trennen.
■ Kraftstoffvorlauf- und Rücklaufleitungen entsichern und abziehen.
■ Die Kraftstoffleitung zur Zusatzheizung (soweit verbaut) trennen.
■ Stützen Sie den Kraftstofftank mit einem Getriebeheber oder mit anderen geeigneten Hubmitteln ab.
■ Drehen Sie die Schrauben (3 im Bild 9) der Tankfangbänder (2) heraus.
■ Legen Sie die Anschlussleitungen frei.
■ Lassen Sie den Kraftstofftank langsam ab und kontrollieren Sie, dass der Tank freigängig ist.
■ Nehmen Sie den Kraftstoffbehälter (1) mit Hilfe einer zweiten Person heraus.

Der Einbau erfolgt in umgekehrter Reihenfolge.
■ Verwenden Sie ausschließlich Schellen, die dem Serienstand entsprechen.
■ Ersetzen Sie beschädigte Bauteile sofort.
■ Prüfen Sie die Dichtheit der Kraftstoffanlage zum Aktivkohlefilter und zum Tankstutzen.

Kraftstoff-Fördereinheit aus- und einbauen

Die Montagearbeiten für die einzelnen Modelle unterscheiden sich nur unwesentlich. Die hier beschriebenen Arbeitsschritte können als Arbeitsschema für alle Modelle übernommen werden.

⚠ Der Kraftstoffbehälter darf maximal 1/2 gefüllt sein.

☞ Im weiteren Arbeitsablauf muss das Masseband der Batterie abgeklemmt werden. Prüfen Sie deshalb bitte, ob ein codiertes Radiogerät eingebaut ist. Gegebenenfalls ist dann vorher die Antidiebstahlcodierung zu erfragen.
■ Klemmen Sie bei ausgeschalteter Zündung das Masseband der Batterie ab.
■ Abdeckung unter der Sitzbank ausbauen.
■ Den Anschlussstecker sowie Vorlaufleitung vom Flansch abziehen.
■ Verschließen Sie die Leitungen, damit kein

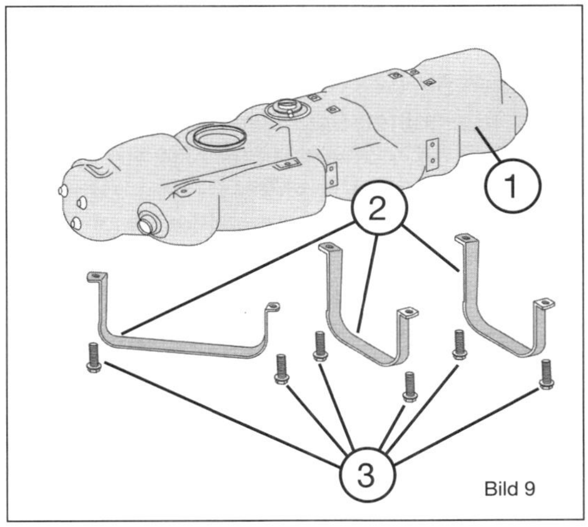

Bild 9
Tank und Halterungen.
1 Kraftstofftank
2 Tankfangbänder
3 Schrauben

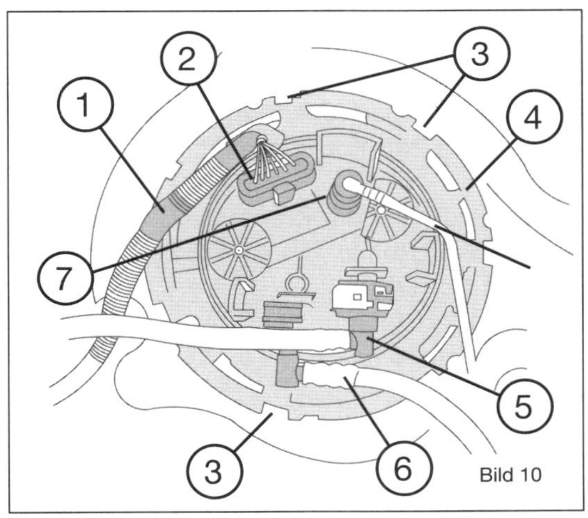

Bild 10
Tankfördermodul.
1 Anschlusskabel
2 Steckverbindung
3 Aussparungen
4 Tankverschlussring
5 Vorlaufleitung
6 Rücklaufleitung
7 Anschluss Zusatzheizung

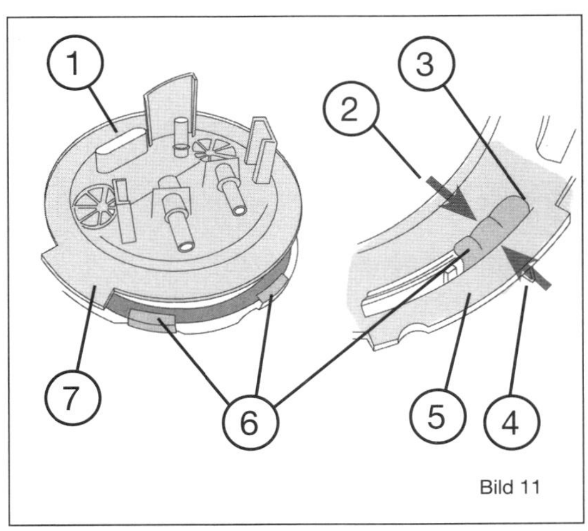

Bild 11
Einbauposition und Verrastung Tankfördermodul.
1 Tankfördermodul
2 Mitte Haltenase
3 Anschlag
4 Marker am Tank
5 Verschlussring
6 Haltenase
7 Montagezunge

Bild 12
Fördermenge prüfen.
1 Vorlaufleitung
2 Kraftstofftank mit Kraftstofffördermodul (Intankpumpe und Füllstandssensor)
3 Messbecher (2 l)

Schmutz in das Kraftstoffsystem gelangen kann.
■ Drehen Sie den Verschlussring (5) mit einem geeigneten Schlüssel ab.
■ Kraftstoff-Fördereinheit und Dichtring aus der Öffnung des Kraftstoffbehälters ziehen.
☞ Wenn Sie die Fördereinheit ersetzen wollen, müssen Sie die alte Fördereinheit vor dem Entsorgen entleeren.

Der Einbau der Kraftstoff-Fördereinheit erfolgt sinngemäß in umgekehrter Reihenfolge.
■ Beim Einsetzen der Kraftstoff-Fördereinheit bitte darauf achten, dass der Geber für die Kraftstoffvorratsanzeige nicht verbogen wird.
■ Den Dichtring der Kraftstoff-Fördereinheit trocken in die Öffnung des Kraftstoffbehälters einsetzen. Den Dichtring nur zur Montage der Kraftstoff-Fördereinheit mit Kraftstoff benetzen.
■ Auf festen Sitz der Kraftstoffschläuche achten. Kraftstoffschläuche mit Federbandschellen sichern.
■ Die Einbaulage des Flansches der Kraftstoff-Fördereinheit beachten: Die Markierung auf dem Flansch muss mit der Markierung auf dem Kraftstoffbehälter übereinstimmen.
■ Nach dem Einbau der Kraftstoff-Fördereinheit prüfen, ob die Vorlauf-, Rücklauf- und Entlüftungsleitungen noch am Kraftstoffbehälter eingeclipst sind.
■ Prüfen Sie die Dichtigkeit der Anschlüsse und den sicheren Sitz der Kupplungen.

Kraftstoffpumpe prüfen

Prüfungsvoraussetzungen

Die Prüfung der Kraftstoffpumpe ist ohne den Einsatz eines Diagnosetesters, der die Ansteuerung der Pumpe erlaubt, nicht oder nur sehr schwer möglich. Die Pumpe ist nicht mehr als klassischer Gleichstrommotor ausgelegt, der lediglich über ein Relais betromt wurde.

■ Die Batteriespannung muss mindestens 11,5 V betragen.
■ Schließen Sie ein Dauerladegerät zur Ladungserhaltung an die Batterie an.
■ Die Sicherungen sind alle intakt.
■ Alle elektrischen Verbraucher wie z. B. Licht und Heckscheibenheizung müssen ausgeschaltet sein.

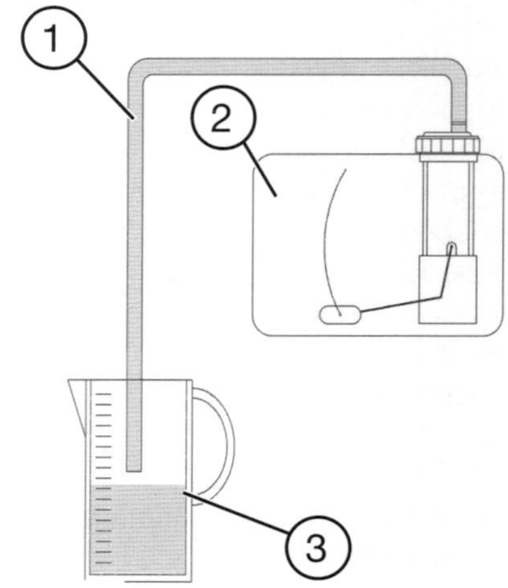

Bild 12

■ Ist das Fahrzeug mit einer Klimaanlage ausgerüstet, muss diese ausgeschaltet sein.
☞ Im weiteren Arbeitsablauf ist es eventuell erforderlich, das Masseband der Batterie abzuklemmen. Prüfen Sie deshalb bitte, ob ein codiertes Radiogerät eingebaut ist. Gegebenenfalls ist dann vorher die Antidiebstahlcodierung zu erfragen.

Fördermenge prüfen (Bild 12)

■ Nehmen Sie den Verschlussdeckel vom Kraftstoff-Einfüllstutzen ab.
■ Ziehen Sie den Vorlaufschlauch am Sammelrohr ab und fangen den ausfließenden Kraftstoff mit einem Putzlappen auf.
■ Schließen Sie ein T-Stück an die Kraftstoffvorlaufleitung an.
■ Stecken Sie einen Schlauch auf das T-Stück auf und halten Sie ihn in ein Messgefäß (3).
■ Betätigen Sie die Kraftstoffpumpe über den Diagnosetester.
■ Lassen Sie etwa 250 ml in den Messbecher laufen, schalten Sie die Kraftstoffpumpe ab. So werden T-Stück und der Anschlussschlauch entlüftet.
■ Das Messgefäß (3) entleeren.
☞ Die Fördermenge der Kraftstoffpumpe hängt von der Batteriespannung ab. Prüfen Sie die Batteriespannung und schließen Sie, wenn erforderlich, ein Dauerladegerät an.
Betätigen Sie die Fernbedienung 15 Sekunden lang und messen dabei die geförderte Kraftstoffmenge. Sie sollte mindestens 0,5 l betragen.

Wird die Mindestfördermenge nicht erreicht:
■ Kraftstoffleitungen auf mögliche Verengungen (Knicke) oder Verstopfungen prüfen.
■ Ziehen Sie die Vorlaufleitung (1) vom Kraftstofffilter-Eingang ab.
■ Prüfung der Fördermenge vor dem Kraftstofffilter wiederholen.

Wird die Mindestfördermenge jetzt erreicht:
■ Ersetzen Sie den Kraftstofffilter.

Wird die Mindestfördermenge wieder nicht erreicht:
■ Bauen Sie die Kraftstoff-Fördereinheit aus und prüfen Sie das Filtersieb auf Verschmutzung.

Bisher liegt kein Fehler vor:
■ Kraftstoffpumpe defekt, ersetzen Sie die Kraftstoff-Fördereinheit.

Kraftstoffdruck im Niederdruckkreislauf messen (Bild 13)
Sie haben die Fördermenge erreicht, vermuten trotzdem einen Fehler in der Kraftstoffversorgung (Undichtigkeiten in der Pumpe unter Druck). Auch hier findet sich eine Besonderheit der Kraftstoffpumpe in diesem System. In der Pumpe ist ein Drucksensor für die Erfassung des Drucks im Niederdruckkreislauf verbaut. Das Auslesen ist somit mit einem geeigneten Tester auch ohne jegliche Montage möglich. Gleichzeitig können aber auch Fehlmessungen dieses Sensors Fehler in der Gemischaufbereitung verursachen.
■ Belassen Sie das T-Stück in der Kraftstoffleitung, stecken aber den Adapter auf das Kraftstoffverteilerrohr auf.
■ Verlegen Sie einen Verlängerungsschlauch (1 im Bild 14), sodass Sie den Kraftstoffdruck während der Fahrt beobachten können.
■ Fahren Sie das Fahrzeug mit einem zweiten Mechaniker Probe, um den Kraftstoffdruck beobachten zu können.
■ Fahren Sie das Fahrzeug auch unter hoher Last. Der Kraftstoffdruck muss bei etwa 4,0 bar bleiben.
■ Fällt der Kraftstoffdruck ab, müssen der Kraftstofffilter und die Kraftstoffleitungen überprüft werden.
■ Liegt kein Fehler vor, ist die Kraftstoffpumpe defekt, ersetzen Sie die Kraftstoff-Fördereinheit.

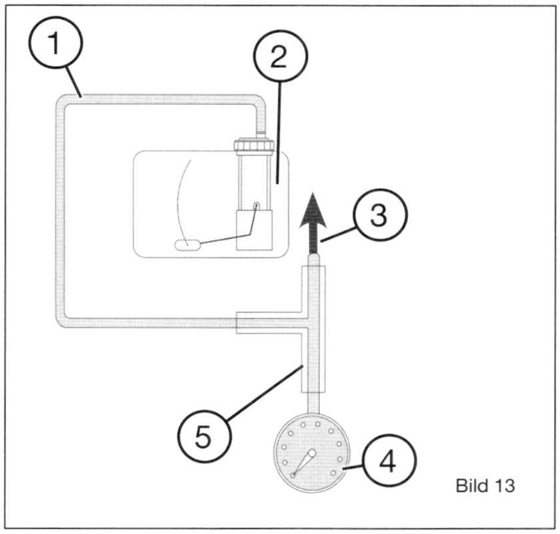

Bild 13

Bild 13
Druckprüfung.
1 Vorlaufleitung
2 Kraftstofftank mit Kraftstofffördermodul (Intankpumpe und Füllstandssensor)
3 Anschluss zum Kraftstofffilter
4 Druckmessuhr
5 Anschlussadapter

Stromaufnahme messen
Sie haben die Fördermenge erreicht, vermuten trotzdem einen Fehler in der Kraftstoffversorgung (z. B. zeitweiser Ausfall der Kraftstoffversorgung):
■ Alle gelösten Kraftstoffleitungen wieder anschließen.
■ Multimeter oder Stromzange an die Leitungen (Pin am Stecker 5, 7 und 9) vom Leitungsstrang anschließen.
■ Lassen Sie den Motor an und im Leerlauf laufen.
Stromaufnahme der Kraftstoffpumpe messen. Sollwert: max. 9,5 Ampere.
■ Ist die Störung in der Kraftstoffanlage nur zeitweise vorhanden, können Sie die Prüfung auch während einer Probefahrt durchführen. Es ist dazu jedoch eine zweite Person erforderlich.

Wird die Stromaufnahme überschritten:
■ Kraftstoffpumpe defekt.

Rückschlagventil Kraftstoffpumpe prüfen
■ Der Fernschalter ist noch angeschlossen.
■ Die Druckmessuhr ist wie für die Druckmessung im Bild 13 noch angeschlossen.
Mit dieser Prüfung werden gleichzeitig die Anschlüsse der Kraftstoffvorlaufleitung von der Kraftstoff-Fördereinheit bis zur Anschlussstelle der Druckmessvorrichtung und der weitere Verlauf über das Kraftstoffverteilerrohr bis zur Einspritzdüse auf Dichtheit geprüft.
■ Schalten Sie die Kraftstoffpumpe ein, bis der Kraftstoffdruck auf der Messuhr ablesbar ist.

Sichtprüfung | Messen

Bild 14
Druckprüfgeräteset.
1 Verlängerungsschlauch
2 Messuhr bis 5 bar
3 Messuhr bis 10 bar
4 Anschlussadapter mit T-Stücken

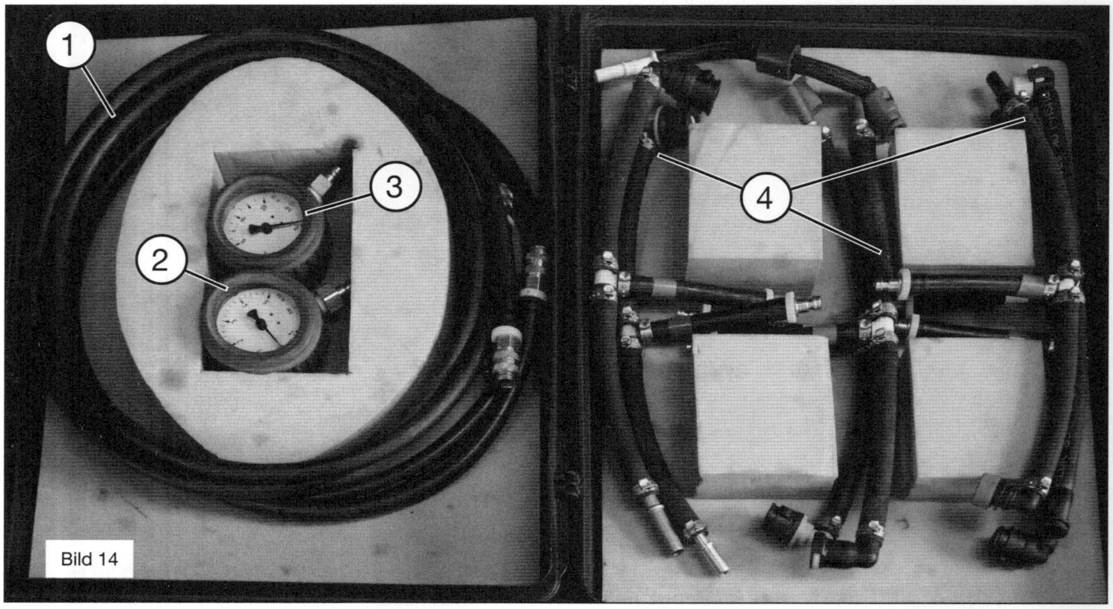

Bild 14

■ Beachten Sie den Druckabfall am Manometer. Der Druck darf nach 10 Minuten nicht unter 2,5 bar abfallen.

Fällt der Druck weiter ab:
■ Prüfen Sie die Leitungsanschlüsse auf Dichtheit.

Wird kein Fehler in den Leitungen festgestellt:
■ Kraftstoffpumpe defekt, ersetzen Sie die Kraftstoff-Fördereinheit.

Verhalten bei Falschbetankung

Durch eine Falschbetankung kann es wegen mangelnder Schmierung durch den falschen Kraftstoff (z. B. Ottokraftstoff) zu irreversiblen Schäden an den Hochdruckkomponenten, insbesondere der Hochdruckpumpe, kommen. Schäden in Form von »Fressern« und Partikelabtrag sind zu erwarten. Durch diese Partikel sind weitere Schäden im Druckregelventil und in den Injektoren als sicher anzunehmen. Betrachten wir als Nächstes zwei mögliche Szenenarien genauer.

Der Motor wurde mit falschem Kraftstoff gestartet.
Verunreinigter beziehungsweise falscher Kraftstoff ist in das Kraftstoffsystem eingedrungen und hat die Hochdruckkomponenten erreicht.

⚠ Der Kraftstoffbehälter darf nicht vollständig über den Einfüllstutzen mit dem Kraftstoffabsauggerät entleert werden. Wird der Kraftstoffbehälter über den Einfüllstutzen mit dem Kraftstoffabsauggerät vollständig entleert, wird das Rückschlagventil beschädigt.
■ Zündung nicht einschalten.
■ Kraftstoffbehälter ausbauen.
■ Kraftstofffördereinheit ausbauen und gegen eine neue tauschen.
■ Kraftstoffbehälter mit dem Kraftstoffabsauggerät über die Öffnung der Kraftstofffördereinheit vollständig entleeren.
■ Kraftstoffbehälter auf Verschmutzung und Späne kontrollieren.
■ Ggf. den Kraftstoffbehälter reinigen.

Keine Späne im Kraftstoffbehälter:
■ Den Kraftstoffbehälter mit 5-Liter-Dieselkraftstoff befüllen.
■ Kraftstoffbehälter nochmals wie oben beschrieben vollständig entleeren.
■ Hochdruckpumpe ersetzen.
■ Die Schrauben herausdrehen und die Zumesseinheit von der ALTEN Hochdruckpumpe abnehmen.

👁 Die Zumesseinheit und die Hochdruckpumpe auf Späne kontrollieren.

Falls Späne in der Hochdruckpumpe vorhanden sind, müssen folgende Komponenten ersetzt werden:
a) Hochdruckleitungen,
b) Hochdruckspeicher (Kraftstoffverteiler) inklusive Regelventil für Kraftstoffdruck und Kraftstoffdruckgeber,

c) Einspritzeinheiten (Injektoren),
d) Kraftstoffrücklaufleitungen (Leckölleitungen),
e) Kraftstofffilter.
■ Fahrzeug volltanken.
■ Kraftstoffsystem entlüften.
■ Probefahrt durchführen.

Keine Späne in der Hochdruckpumpe:
Kraftstofffilter erneuern.
■ Das Kraftstoffsystem mit dem Diagnosetester entlüften.
■ Das Fahrzeug volltanken und Probefahrt durchführen.

Späne im Kraftstoffbehälter:
Kraftstoffbehälter auf Verschmutzung und Späne kontrollieren.
■ Kraftstoffbehälter gründlich reinigen.
■ Alle Hochdruckkomponenten ersetzen:
a) Hochdruckpumpe,
b) Hochdruckleitungen,
c) Hochdruckspeicher (Kraftstoffverteiler) inklusive Regelventil für Kraftstoffdruck und Kraftstoffdruckgeber,
d) Einspritzeinheiten,
e) Kraftstoffrücklaufleitungen (Leckölleitungen),
f) Einspritzeinheiten/Hochdruckspeicher (Rail).
■ Die Kraftstofffördereinheit einbauen.
■ Den Kraftstoffbehälter einbauen.
■ Den Kraftstofffilter ersetzen.

Um einen Trockenlauf der Hochdruckpumpe zu vermeiden und einen raschen Motorstart nach Teiletausch zu erzielen, sind folgende Punkte unbedingt zu beachten:
■ Den Kraftstoffbehälter mit 5-Liter-Dieselkraftstoff befüllen.

Anschließend in den »Geführten Funktionen« die Funktion »Kraftstoffsystem entlüften« durchführen. Bei Austausch bzw. Ausbau von Bauteilen/Komponenten des Kraftstoffsystems zwischen Kraftstoffbehälter und Hochdruckpumpe muss dieses entlüftet werden. Dieser Vorgang dauert etwa 130 Sekunden. Dabei werden die Kraftstoffpumpen insgesamt 3 Mal angesteuert. Der Vorgang darf nicht vorzeitig abgebrochen werden.
■ Den Kraftstoffbehälter vollständig mit Dieselkraftstoff befüllen.
■ Das Kraftstoffsystem entlüften.

Falschbetankung wurde VOR dem Start des Motors bemerkt.

Der Motor wurde NICHT gestartet, die Zündung wurde NICHT eingeschaltet.
■ Die Zündung NICHT einschalten.
■ Steckverbindung der Kraftstoffpumpe für Vorförderung und den Geber für Kraftstoffvorratsanzeige im Bereich Unterboden entriegeln und abziehen.
■ Den Kraftstoffbehälter wie bereits beschrieben ausbauen.
■ Die Kraftstofffördereinheit wie bereits beschrieben ausbauen und entleeren.
■ Das Sieb der Kraftstofffördereinheit auf Verschmutzung prüfen und wenn erforderlich reinigen.
■ Kraftstoffbehälter mit dem Kraftstoffabsauggerät über die Öffnung der Kraftstofffördereinheit vollständig entleeren.
■ Ist der Kraftstoffbehälter vollständig entleert, den Kraftstoffbehälter mit einem fusselfreien Lappen innen reinigen.
■ Kraftstofffördereinheit einbauen.
■ Kraftstoffbehälter einbauen.
■ Steckverbindung Kraftstoffpumpe für Vorförderung und Geber für Kraftstoffvorratsanzeige im Bereich des Unterbodens Mitte links anschließen.

Bei Ausführungen, bei denen die Kraftstoffpumpe durch den Türöffner angesteuert wird, ist der Kraftstofffilter zu ersetzen!

Um einen Trockenlauf der Hochdruckpumpe zu vermeiden und einen raschen Motorstart nach Teiletausch zu erzielen, sind folgende Punkte unbedingt zu beachten:
a) Kraftstoffbehälter mit 5 Liter Dieselkraftstoff befüllen,
b) Kraftstoffsystem entlüften.

Werden Bauteile/Komponenten des Kraftstoffsystems zwischen Kraftstoffbehälter und Hochdruckpumpe abgebaut, ausgebaut oder ersetzt, muss zur Entlüftung des Kraftstoffsystems mit dem Fahrzeugdiagnosetester in den »Geführten Funktionen« die Funktion »Kraftstoffsystem entlüften« durchgeführt werden.

Die Kraftstoffpumpe wird 3 Mal angesteuert. Der Vorgang darf nicht vorzeitig abgebrochen werden.
■ Kraftstoffbehälter vollständig mit Dieselkraftstoff befüllen.

8 Gemischaufbereitung und Einspritzung

Gemischaufbereitung, Einspritzung und (Selbst-)Zündung werden durch elektronisch gesteuerte Einspritzsysteme realisiert. Die Aufladung über Abgasturbolader gehört zur Ausrüstung der Motoren, wie bei den meisten Herstellern der aktuellen Generationen.

Diesel-Motoren

Die CDI-Motoren haben direkte Kraftstoffeinspritzung über Hochdruckspeicher »Common Rail« (Bild 1) mit Aufladung über Abgasturbolader. Der Kraftstoff für die CDI, Diesel mit einer Cetanzahl (CZ) von mindestens 51, wird von der Fördereinheit im Tank über Vorlaufleitung und Kraftstofffilter zur Hochdruckpumpe geschafft. Diese drückt ihn ins »Common Rail«, das Kraftstoffsammler- und Verteilerrohr und von dort in die Piezo-Injektoren, die hier als Einspritzventil zum Einsatz kommen. Kraftstoffvor- und -Rücklaufleitungen sind aus besonders druckfestem Material gefertigt. Die erzielten Verbesserungen sind ein größeres, verfügbares Einspritzvolumen sowie eine besonders feine und schnelle Dosierung der Einspritzmenge durch exakt abgestimmte Schaltzeiten. Die direkte Ansteuerung der Piezodüsen durch das Motorsteuergerät erlaubt eine sehr feine Anpassung an Last und Drehzahlanforderungen. Eine sehr präzise Mehrfacheinspritzung ermöglicht eine Reduzierung des Kraftstoffverbrauchs und eine Verbesserung der Abgasemissionen. Nebenbei wird das Laufgeräusch leiser und auch im Leerlauf deutlich ruhiger.

Hauptkomponenten der Anlage

Einige Anmerkungen zu einzelnen Komponenten der Einspritzanlage gemäß Bild 1. Das Schema zeigt eine Anlage für die 4-Zylinder-CDI. Das Ventil für Kraftstoffdosierung (8) an der Hochdruckpumpe darf nicht geöffnet werden. Wenn die Kraftstoff-Hochdruckpumpe (7) erneuert wurde, muss eine Kraftstofferstbefüllung vorgenommen werden, auf jeden Fall muss Trockenlauf vermieden werden. Die Einspritzventile (6), die bei den CDI von Anfang an Piezo-Injektoren waren, haben Vorteile gegenüber magnetisch angesteuerten Dieselinjektoren. Ein Kraftstoffkühler muss nicht zwingend eingebaut sein. Auch das separate Vorwärmventil (1) muss nicht eingebaut sein. Die Komponenten in der Montage-Übersicht Bild 1 vermittelt einen Eindruck von der konkreten Umsetzung des Systems mit den wichtigsten Bauteilen. In den folgenden Arbeitsbeschreibungen geben wir einige der direkt aufs Bauteil bezogenen Arbeitshinweise des Herstellers wieder, um auf die Sensibilität des Systems aufmerksam zu

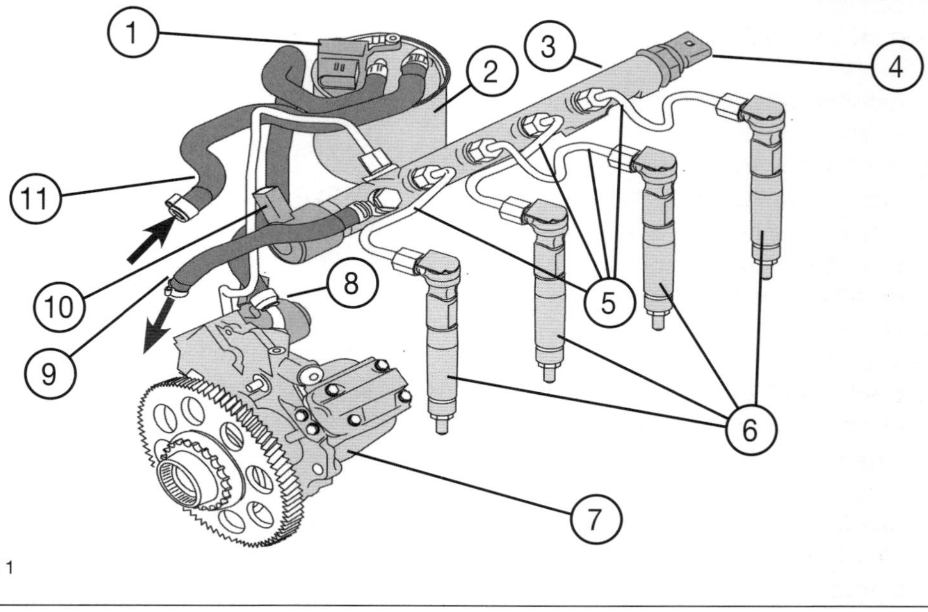

Bild 1

Bild 1
Bauteile der Common-Rail am 4-Zylinder.
1 Heizelement Kraftstoff
2 Kraftstofffiltergehäuse
3 Rail
4 Raildrucksensor
5 Druckleitung
6 Piezo-Injektor
7 Hochdruckpumpe
8 Mengenregelventil
9 Rücklaufleitung
10 Druckregelventil
11 Vorlaufleitung

machen. Daran darf nur mit Kenntnis, Sachverstand und Fingerspitzengefühl gearbeitet werden. Die Hochdruckleitung (5) verläuft zwischen Hochdruckpumpe (7) und Rail-Element (3) (Common Rail, Hochdruckspeicher). Sie muss spannungsfrei eingebaut werden. Die Hochdruckleitung kann wiederverwendet werden, wenn ihr Dichtkonus ohne Beanstandungen auf Verformungen und Risse geprüft wurde und wenn die Leitungsbohrung nicht verformt, verengt oder beschädigt ist. Korrodierte Leitungen dürfen nicht mehr verwendet werden.

⚠ Der Einspritzdruck kann bis zu 2000 bar erreichen. Es dürfen keine Verbindungen am Einspritzsystem bei laufendem Motor gelöst werden.

Injektoren/Bohrungen reinigen

Hinweise zum Reinigen des Injektorschachtes und des Injektorsitzes bei leichter Verkokung

■ Die Rundbürste (651 589 01 68 00) mit dem Wollkopf verwenden, das Verschließen der Brennraumbohrung ist hierbei nicht erforderlich.

■ Vor jedem erneuten Einsatz der Rundbürste mit dem Wollkopf müssen die Schmutz- und Fettrückstände mit einem Lappen entfernt werden.

☞ Bei der Verwendung der Rundbürste mit Wollkopf ist die Verwendung eines Akkuschraubers zulässig.

☞ Die Verwendung vom spanabhebenden Werkzeugen ist nicht zulässig.

■ Den Reinigungsvorgang so lange wiederholen, bis der Injektorschacht und der Injektorsitz metallisch blank sind. Wird kein zufriedenstellendes Ergebnis erreicht, dann ist mit der Reinigungsmethode bei starker Verkokung fortzufahren.

■ Den Injektorschacht nach Reinigung abdecken oder mit geeigneten Mitteln verschließen.

Hinweise zum Reinigen des Injektorschachtes und des Injektorsitzes bei starker Verkokung

■ Die Verwendung von Maschinen ist bei dieser Reinigungsmethode nicht zulässig.

■ Den Injektorschacht mit der Zylinderbürste (668 589 00 68 00) reinigen.

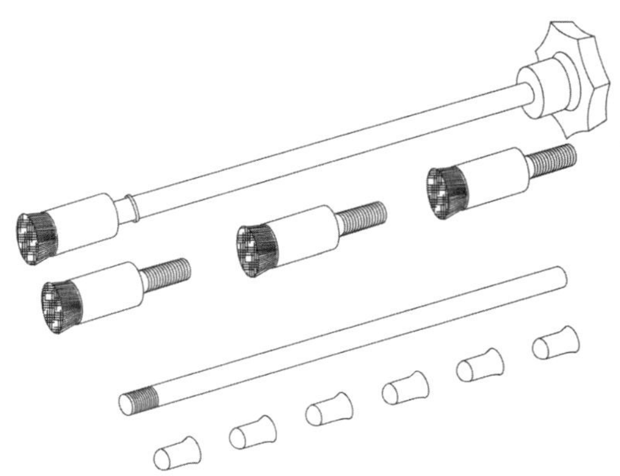

Bild 2

Bild 2
Die Rundbürste mit der Mercedesnummer 611 589 00 68 00.

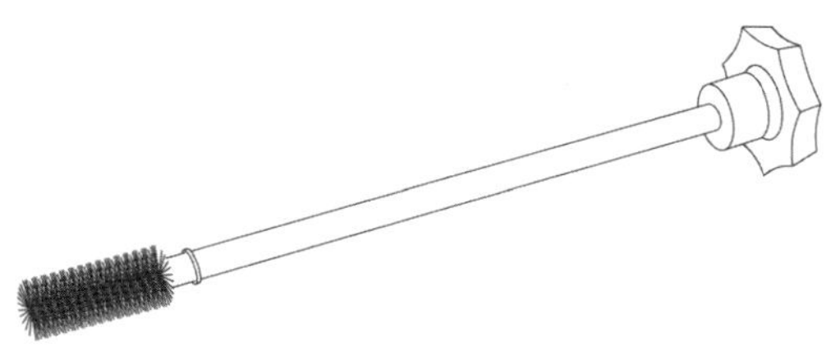

Bild 3

Bild 3
Die Zylinderbürste mit der Mercedesnummer 668 589 00 68 00.

☞ Vor dem Reinigen des Injektorsitzes muss die Bohrung zum Brennraum mit den Verschlussstopfen aus dem Reinigungsset (611 589 00 68 00) verschlossen werden.

■ Den Injektorsitz mit der Rundbürste von Hand reinigen.

■ Die Rundbürste sorgfältig und behutsam einsetzen.

■ Den Reinigungsvorgang so lange wiederholen, bis der Injektorschacht und der Injektorsitz metallisch blank sind.

■ Die Reinigungsrückstände mit Luft ausblasen.

Hinweise zum Reinigen des Injektors

☞ Die Injektoren dürfen nicht zerlegt werden.

☞ Die Verwendung vom spanabhebenden Werkzeugen ist nicht zulässig.

■ Der Injektorbereich (A) kann mit einer Messingdrahtbürste gereinigt werden.

■ Die Düsenspitze niemals mit einer Messingdrahtbürste reinigen.

■ Den Injektor mit Vlieslappen gründlich nachreinigen.

■ Die Faserrückstände des Vlieslappens entfernen.

Sichtprüfung Messen

Bild 4
Reinigung der Injektoren.
A Bereich, der mit einer Messingbürste gereinigt werden darf
B Bereich, der bei der Montage mit einem Spezialfett behandelt werden muss
C Die Spitze darf nich mechanisch behandelt oder bearbeitet werden

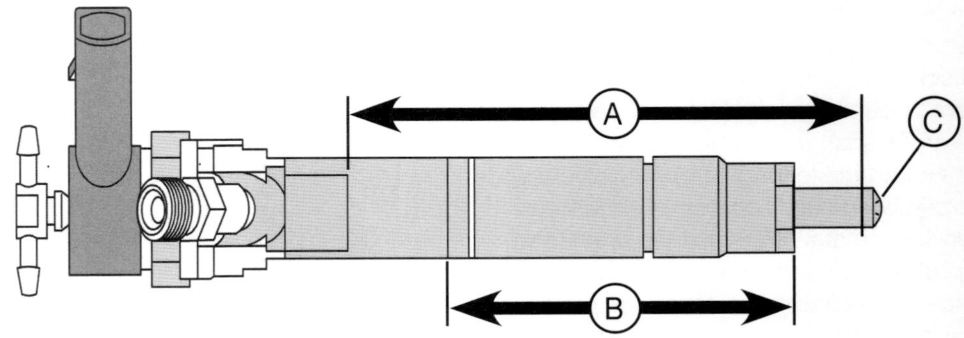

Bild 4

Bild 5
Anschluss am Injektor.
1 Rücklaufleitung
2 Anschlussstecker
3 Injektor (Einspritzventil)
4 Verriegelung
5 Demontagerichtung

Hinweise zum Reinigungswerkzeug

■ Die Rundbürste (611 589 00 68 00) und Rundbürste (651 589 01 68 00) mit Wollkopf nach Gebrauch gründlich säubern.

■ Die Borstenlänge der Rundbürste (Bild 2) ist einstellbar. Die Borstenlänge soll 3 mm betragen. Bei Bedarf kann die Bürstenfläche eben geschliffen werden.

Einspritzdüsen (Injektoren) wechseln

Montage am OM 651

■ Bauen Sie die Motorabdeckung oben und den Luftfilterkasten aus.

☞ Vor dem Ausbau des Injektors ist die Zuordnung zum jeweiligen Injektorschacht zu kennzeichnen, sonst muss die Injektorklassierung (Kennzeichnung auf dem Injektor) mit Diagnosesystem im Steuergerät CDI neu eingetragen werden.

■ Die Einspritzleitungen (5 im Bild 1) ausbauen.

■ Beim Ausbau des Injektors des 3. Zylinders beziehungsweise des Injektors des 4. Zylinders rechten Halter des Luftfiltergehäuses an der Stirnwand abbauen.

■ Die elektrischen Steckverbindungen zum Nockenwellengeber trennen.

■ Die Verriegelung (4 im Bild 5) in Pfeilrichtung entriegeln und Leckölleitung mit Anschlussstück (1) am Injektor (3) abziehen.

■ Elektrische Steckverbindung (2) am Injektor trennen und den Leitungskanal aus dem Arbeitsbereich herauslegen.

■ Die Schraube der Spannpratze des Injektors herausschrauben und die Spannpratze abnehmen.

⚠ Reinigen Sie den Montagebereich der Injektoren gründlich, um das Hineinfallen von Ablagerungen in die Injektorbohrung zu verhindern.

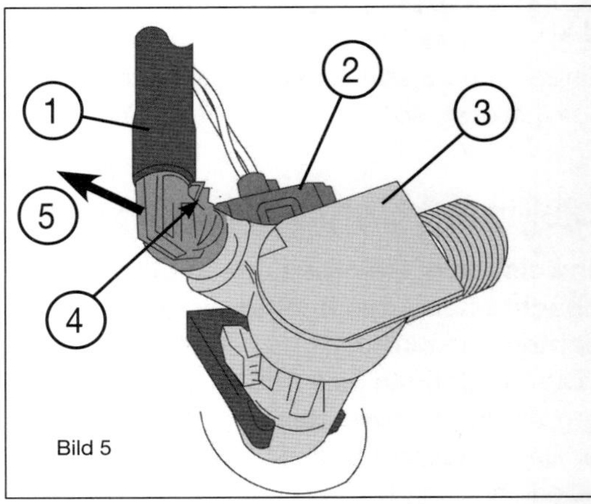

Bild 5

■ Den Injektor nach oben herausziehen.

☞ Sitzen die Injektoren aufgrund von Ablagerungen zwischen Zylinderkopf und Injektor fest, zuerst ein Injektorenspray einwirken lassen und dann den Injektor mit einem geeigneten Auszieher gerade nach oben herausziehen.

■ Anschlüsse am Injektor und an der Leckölleitung (1) mit geeigneten Stopfen verschließen.

⚠ Die Kraftstoffinjektoren müssen aufrecht mit den Anschlüsse nach oben gelagert werden. So wird verhindert, dass Luft in Kraftstoffinjektoren gelangt, die beim Wiedereinbau zu Start- oder Motorlaufproblemen führen kann.

■ Injektor und Injektorschächte wie beschrieben reinigen.

Der Einbau erfolgt sinngemäß in umgekehrter Reihenfolge.

■ Nach dem Erneuern eines Injektors muss das Diagnosesystem angeschlossen werden und der Fehlerspeicher auslesen werden.

■ Die neue Injektorklassifizierung muss dann im Motorsteuergerät eintragen werden.
■ Der Injektorbereich (B im Bild 4) muss eingefettet werden. Spezialfett muss dünn und gleichmäßig aufgetragen werden.
■ Den Dichtring zwischen Injektor und Brennraum immer erneuern. Dichtring und dessen Anlageflächen müssen fettfrei sein.
■ Die Befestigungsschrauben müssen immer erneuert werden.
■ Befestigungsschrauben müssen leicht hineinzudrehen sein. Bei Bedarf das Gewinde vorsichtig nachschneiden/reinigen.

Montage am OM 654

Kennzeichnen Sie die Zuordnung der ausgebauten Injektoren zum Zylinder. Der Anpassungswert der Injektoren ist im Motorsteuergerät gespeichert.
■ Bauen Sie die Motorabdeckung oben und den Luftfilterkasten aus.
■ Bauen Sie die Einspritzleitung des auszubauenden Injektors aus.
■ Die elektrische Steckverbindung des auszubauenden Injektors abziehen.
■ Die Schraube (2 im Bild 6) der Spannpratze am auszubauenden Injektor herausdrehen.
■ Die Spannpratze (3) am auszubauenden Injektor abnehmen.
■ Den Bereich um den auszubauenden Kraftstoffinjektor reinigen.
■ Den auszubauenden Injektor herausnehmen beziehungsweise herausziehen.

Ausgebaute Injektoren müssen stehend gelagert werden. Andernfalls kann es zu Funktionsstörungen der Injektoren kommen.

Die Sauberkeitsregeln bei Arbeiten an der Einspritzanlage beachten. Verschließen Sie sofort die offenen Anschlüsse mit einem geeigneten Verschlussdeckel.

Der Einbau erfolgt sinngemäß in umgekehrter Reihenfolge.

Nach dem Erneuern eines Injektors muss das Diagnosesystem angeschlossen werden, der Fehlerspeicher ausgelesen und Injektorklassifierung im Steuergerät CDI eintragen werden.
■ Reinigen Sie den ausgebauten Injektor wie bereits beschrieben.
■ Der Injektorbereich (B im Bild 4) muss eingefettet werden. Spezialfett muss dünn und gleichmäßig aufgetragen werden.
■ Den Dichtring zwischen Injektor und Brennraum (4 im Bild 6) immer erneuern. Dichtring und dessen Anlageflächen müssen fettfrei sein.
■ Die Befestigungsschrauben (2) der Spannpratzen (3) müssen erneuert werden.
■ Befestigungsschrauben (2) müssen leicht hineinzudrehen sein. Bei Bedarf das Gewinde nachschneiden.

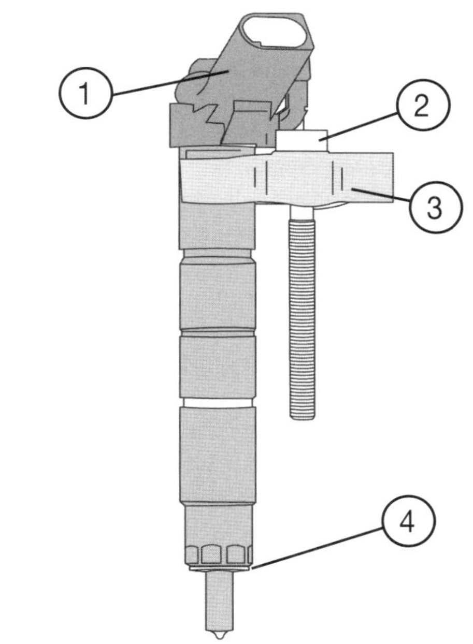

Bild 6

Bild 6
Injektor ausgebaut.
1 Elektrischer Anschluss
2 Schraube Spannpratze
3 Spannpratze
4 Dichtring

Kraftstofffilter wechseln

Kraftstofffilter beim OM 651

Der Kraftstofffilter ist auf der linken hinteren Motorseite verbaut. Es wurden Filtersysteme mit fester und wechselbarer Filterheizung verbaut. Erkennbar sind diese an der Sicherungsschraube der demontierbaren Kraftstoffheizung.
■ Bauen Sie die Motorabdeckung oben aus.
■ Die Schellen der Kraftstoffanschlüsse (3 im Bild 7) öffnen.
■ Die Kraftstoffschläuche (4) am Kraftstofffilter abziehen und die Anschlüsse mit geeigneten Verschlussstopfen verschließen.
■ Die elektrische Steckverbindung der Kraftstofffilterheizung (1) mit Kondenswassersensor trennen.

Sichtprüfung Messen

Bild 7
Kraftstofffilter (OM 651).
1 Filterheizung und Wassersensor
2 Sicherungsschraube
3 Schlauchschelle
4 Kraftstoffschläuche
5 Kraftstofffilter

Bild 8
Kraftstofffilter (OM 654).
1 Anschlüsse Kraftstoffleitungen
2 Elektrischer Anschlussstecker
3 Kraftstofffilter
4 Schrauben
5 Rastnase
6 Halter Kraftstofffilter

Filterheizung mit Sensor demontierbar:

■ Die Sicherungsschraube (2) herausdrehen, die Kraftstofffilterheizung mit Kondenswassersensor schwenken und nach oben herausziehen.

Weiter für beide Systeme:

■ Die Klammern am Filterträger öffnen und den Kraftstofffilter (1) nach oben ausbauen.

Der Einbau erfolgt sinngemäß in umgekehrter Reihenfolge.

■ Die Einbaumarkierung (Markierungsstrich auf dem Filter) muss sich mittig über der Öffnung des Filterträgers befinden. Sonst ist ein spannungsfreier Einbau der Kraftstoffschläuche (3) nicht gewährleistet.

■ Die Schellen der Kraftstoffschläuche erneuern, sonst kann es zu Undichtigkeiten kommen.

☞ Um ein sofortiges Starten des Motors nach dem Kraftstofffilterwechsel zu gewährleisten und einen Trockenlauf der Pumpen zu verhindern, muss das Kraftstoffsystem mit dem Fahrzeugdiagnosesystem entlüftet werden oder vor dem ersten Motorstart den Kraftstofffilter durch mehrmaliges Ein-/Ausschalten der Zündung befüllen, um Schäden an der Hochdruckpumpe zu verhindern.

■ Starten Sie den Motor und führen Sie eine Sichtprüfung auf Dichtigkeit des Kraftstoffsystems am Kraftstofffilter durch.

Kraftstofffilter beim OM 654

☞ Der Kraftstofffilter ist am Unterboden vor dem Kraftstofftank verbaut. Er kann nur von unten erreicht werden.

■ Die Zündung ausschalten und den Schlüssel außerhalb der Sendereichweite (mindestens 2 m) aufbewahren.

■ Das Fahrzeug unter Beachtung der Hinweise zum Anheben und Aufbocken anheben.

■ Die Unterbodenverkleidung oder den Unterfahrschutz links (soweit verbaut) ausbauen.

■ Die elektrische Steckverbindung (2 im Bild 8) entriegeln und trennen.

■ Kraftstoffschläuche (1) im Bereich der Trennstellen reinigen.

■ Kraftstoffschläuche (1) an den Anschlussstutzen entriegeln und abziehen.

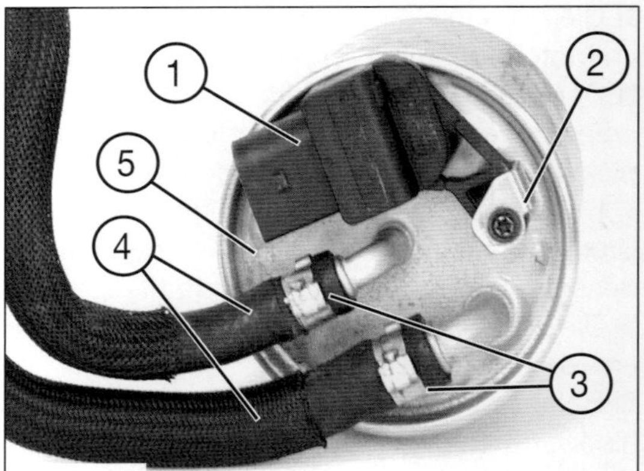

Bild 7

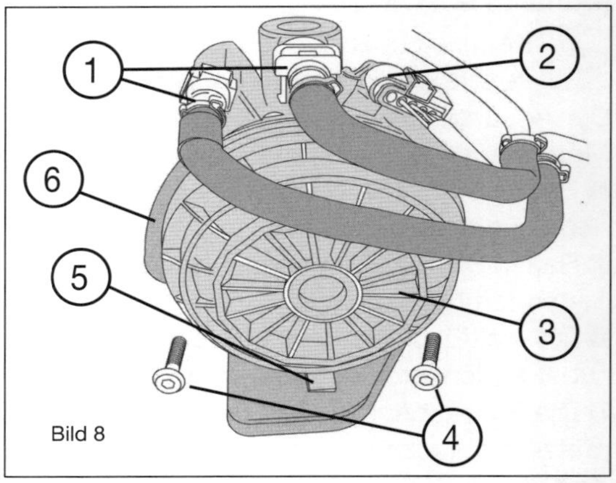

Bild 8

☞ Austretenden Kraftstoff mit saugfähigen Lappen auffangen. Öffnungen an Kraftstoffschläuchen (1) mit geeigneten Verschlussstopfen verschließen.

■ Schrauben (4) des Kraftstofffiltergehäuses (3) an Halter (6) herausdrehen.

■ Den Rasthaken entriegeln (5) und das Kraftstofffiltergehäuse (3) vom Halter (6) nach unten abnehmen.

Der Einbau erfolgt sinngemäß in umgekehrter Reihenfolge.

☞ Um ein sofortiges Starten des Motors nach dem Kraftstofffilterwechsel zu gewährleisten und einen Trockenlauf der Pumpen zu verhindern, muss das Kraftstoffsystem mit dem Fahrzeugdiagnosesystem entlüftet werden. Vor dem ersten Motorstart kann der Kraftstofffilter (3) durch mehrmaliges Ein-/Ausschalten der Zündung befüllt werden, um Schäden an der Hochdruckpumpe zu verhindern.

■ Montieren Sie die Unterbodenverkleidung oder den Unterfahrschutz (soweit verbaut) erst nach erfolgter Dichtigkeitsprüfung der Anschlüsse am Kraftstofffilter.

Luftfilter wechseln

Beim Ausblasen des Luftfiltergehäuses mit Pressluft ist Folgendes zu beachten:

■ Zur Vermeidung von Funktionsstörungen bitte die kritischen luftführenden Motorbauteile wie Luftmassenmesser, Lufteinlassrohre usw. mit einem sauberen Putzlappen abdecken.

Grundsätzlich sollten Sie das Gehäuse reinigen und wenn erforderlich auch mit einem Staubsauger aussaugen, um Rückstände gründlich zu entfernen.

■ Schlauchstutzen und Schläuche für Ladeluftsystem müssen vor dem Montieren öl- und fettfrei sein.

■ Verwenden Sie keine silikonhaltigen Gleitmittel bei der Montage.

Wechsel des Luftfiltereinsatzes

Der Luftfilter hat sich über die Modellreihen kaum oder besser gar nicht verändert. Wir stellen Ihnen für die Montagearbeiten eine allgemeingültige Beschreibung zur Verfügung.

Luftfiltergehäuse aus- und einbauen:

■ Die Schelle lösen und das Luftführungsrohr (1 im Bild 9) vom Luftmassenmesser (9) abziehen.

■ Den elektrischen Anschlussstecker des Luftmassenmessers (10) entsichern und abziehen.

■ Die Steckverbindung des Druckfühlers im Luftfilter (9) entsichern und abziehen.

■ Den Oleinfüllstutzen am Luftfilterkasten unten (13) entriegeln und nach abziehen.

■ Den Fremdstartpunkt am Luftfilterkasten unten entriegeln und nach oben abziehen.

■ Den Luftfilterkasten hinten vorsichtig nach oben aus den Gummilagern (5) ziehen.

■ Den Luftfilterkasten vorne aus den vorderen Haltern (8) ziehen und nach vorn wegnehmen.

Der Einbau erfolgt sinngemäß in umgekehrter Reihenfolge.

■ Tragen Sie etwas säurefreies Fett auf die Gummilager (5) und vorne auf, das erleichtert die nächste Demontage.

Luftfiltereinsatz ausbauen:

■ Ziehen Sie den Stecker vom Luftmassenmesser (3 im Bild 9) ab.

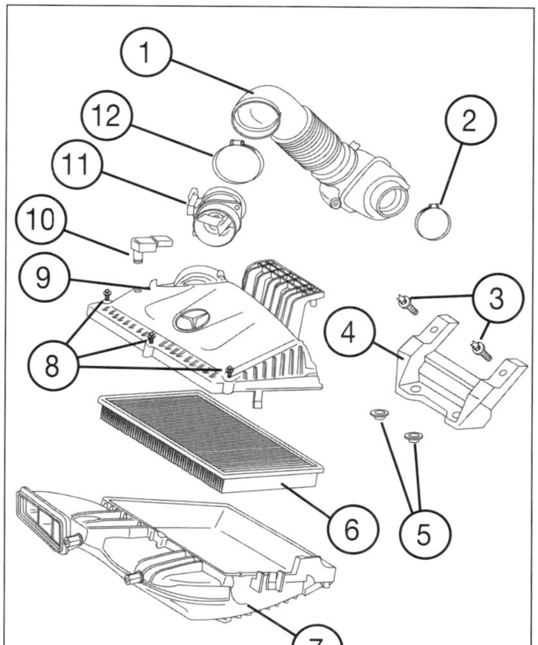

Bild 9

Bild 9
Luftfilter und Gehäuse.
1 Luftführungsrohr
2 Schelle
3 Schrauben
4 Halter
5 Gummilager
6 Luftfiltereinsatz
7 Luftfilterkastenunterteil
8 Schrauben
9 Luftfilterkastenoberteil
10 Druckfühler im Luftfilter (MAP-Sensor)
11 Luftmassenmesser
12 Schelle

■ Lösen Sie die Klemmschelle (11 im Bild 9) vom Luftführungsrohr (1) und ziehen Sie es vom Luftmassenmesser (10) ab.

■ Drehen Sie die Schrauben (8) heraus.

■ Heben Sie das Luftfilteroberteil (9) an und nehmen Sie den Luftfiltereinsatz (6) nach oben heraus.

■ Reinigen Sie gegebenenfalls das Luftfilterunterteil (7).

Der Einbau erfolgt sinngemäß in umgekehrter Reihenfolge zur Demontage.

Glühkerzen wechseln

Umgang mit Keramik-Glühkerzen

Eine Glühkerze darf generell nicht mit 12 V bestromt werden, da diese dadurch zerstört wird. Die Diagnose erfolgt über die Widerstandsmessung oder über den Diagnosetester.

Keramik-Glühkerzen sind sehr stoßempfindlich. Stöße können nicht sichtbare Beschädigungen (Haarrisse) verursachen und zu Motorschäden führen. Sie können nicht auf mechanische Beschädigungen (z. B. Haarrisse) geprüft werden. Solche Schäden sind in den meisten Fällen nicht erkennbar. Ist eine Keramik-Glühkerze heruntergefallen, muss diese zwingend erneuert werden.

Verwenden Sie Keramik-Glühkerzen nur aus einer ungeöffneten Originalverpackung.

Wechsel der Glühkerzen beim OM 651

Die Glühkerzen sind auf der vorderen Motorseite zwischen Rail und Kraftstofffilter angeordnet. Die Verkabelung befindet sich im darüber verbauten Leitungskanal.

- Bringen Sie den Motor auf eine Betriebstemperatur von etwa 80 °C und stellen Sie den Motor ab.
- Demontieren Sie das Luftfiltergehäuse, wie bereits beschrieben.
- Soweit verbaut, die Motorabdeckung oben wie beschrieben demontieren.
- Die Abdeckung der Zylinderkopfhaube wie beschrieben ausbauen.
- Den Kühlmittelschlauch am Leitungskanal der Glühkerzen ausclipsen.
- Den Leitungskanal des Motorleitungssatzes lösen und anheben.
- Die elektrische Steckverbindungen der Glühkerzen entsichern und trennen.

Die elektrischen Steckverbindungen der alten Ausführung müssen mit einer speziellen Zange abgezogen werden. Die elektrischen Steckverbindungen der neuen Ausführung mit handelsüblicher Spitzzange abziehen.

- Das Umfeld der Glühkerzen mit Bremsenreiniger, Bürste und Druckluft reinigen.

Bei Wiederverwendung der Glühkerzen, Glühkerzen zum entsprechenden Zylinder 1 bis Zylinder 4 kennzeichnen.

- Die Glühkerzen herausdrehen.

Lassen sich die Glühkerzen nicht lösen, lassen Sie den Motor warm laufen und sprühen Sie ein Injektorlösemittel im Bereich des Gewindes auf und warten Sie einige Minuten.

- Den jeweiligen Glühkerzenschacht reinigen.

Die Montage erfolgt sinngemäß in umgekehrter Reihenfolge.

- Richtige Verlegung und Befestigung des Motorleitungssatzes beachten.
- Abdeckung der Zylinderkopfhaube erst nach der Dichtheitsprüfung einbauen.
- Fehlerspeicher des Motorsteuergeräts löschen und Initialisierung der Glühkerzen durchführen.

Praxistipp:
Hinweise zu Keramikglühkerzen

- Wurde eine Keramikglühkerze fallen gelassen, muss diese zwingend erneuert werden.
- Die Keramikglühkerze ist sehr stoßempfindlich. Stöße können nicht sichtbare Beschädigungen verursachen und zu Motorschäden führen.
- Die Keramikglühkerze kann nicht auf mechanische Beschädigungen (z. B. Haarrisse) geprüft werden.
- Die Keramikglühkerze darf nur mit einem geeigneten Diagnose-System überprüft oder zur Prüfung angesteuert werden.
- Die Keramikglühkerze darf nicht direkt mit 12 V bestromt werden, da diese dadurch zerstört wird.
- Verwenden Sie nur Keramikglühkerzen aus ungeöffneter Originalverpackung

Wechsel der Glühkerzen beim OM 654

Die Glühkerzen sind auf der vorderen Motorseite neben dem Kraftstoffrail angeordnet. Die Verkabelung befindet sich im darüber verbauten Leitungskanal.

- Den Masseanschluss an der Bordnetzbatterie abklemmen.
- Die Schrauben der Luftführung des Dieseleinspritzsteuergerätes herausdrehen und das Steuergerät zur Seite legen.
- Schrauben des Dieseleinspritzsteuergerätes herausdrehen und das Steuergerät so weit abnehmen, bis die elektrischen Steckverbindungen (5) zugängig sind.
- Die elektrischen Steckverbindungen entsichern und trennen.
- Das Dieseleinspritzsteuergerät herausnehmen.
- Den Halteclip abziehen und den elektrischen Leitungssatz vom Steuergerätehalter abnehmen.
- Drehen Sie die Befestigungsschraube heraus und ziehen Sie den Steuergerätehalter mit den Lagergummis ab.
- Reinigen Sie den Zylinderkopf rund um die Einbaupositionen der Glühkerzen mit Bremsenreiniger und Druckluft.

Bei Wiederverwendung der Glühkerzen, Glühkerzen zum entsprechenden Zylinder 1 bis Zylinder 4 kennzeichnen.

■ Die Glühkerzen herausdrehen.

⚠ Lassen sich die Glühkerzen nicht lösen, lassen Sie den Motor warm laufen und sprühen Sie ein Injektorlösemittel im Bereich des Gewindes auf und warten Sie einige Minuten.

■ Reinigen Sie den Glühkerzenschacht der Glühkerzen (Bild 10).

☞ Verschließen Sie den Glühkerzenschacht, wenn weitere Montagearbeiten in diesem Bereich anliegen.

Die Montage erfolgt sinngemäß in umgekehrter Reihenfolge.

■ Fehlerspeicher des Motorsteuergeräts abfragen, im Protokoll sichern und löschen.

Fahrzeugdiagnosetester einsetzen

Es gibt eine Reihe von Arbeiten im Bereich der Einspritz- und Zündanlage, die man ohne Tester mit Übung und Erfahrung, unter Einsatz bestimmter Spezialwerkzeuge und am besten auch mit fachkundiger Beratung in einer Mietwerkstatt ausführen kann. Darauf gehen wir mit den folgenden Arbeitsbeschreibungen ein. Vielfach aber kann man an den elektronisch gesteuerten Einspritzsystemen nur selbst Hand anlegen, wenn man über einen Diagnosetester verfügt. Das Steuergerät kann viele Fehler an elektrischen Teilen der Einspritz- und Zündanlage per Selbstdiagnose erkennen und sie in einem Fehlerspeicher ablegen. Dabei wird auch eine Entscheidung getroffen, ob es sich um permanente Fehler oder um sporadische Mängel handelt. Entsprechend kann die Diagnose oder der Austausch der einzelnen Komponenten ausgelegt werden. In den meisten Fällen werden aber nur fehlerhafte Abweichungen beschrieben. Die Diagnose muss dann mit Sachkenntnis über Systeme und Bauteile im System erfolgen.

Diagnosegeräte

Die Marken-Werkstätten verwenden ein eigenes Diagnosesystem, das auf die einzelne Marke abgestimmt ist. Mit geeigneter Software und gewisser Kenntnis der Funktions- und Vorgehensweise sind auch andere Werkstattsysteme zu verwenden, wie sie in vielen Mietwerkstätten vorhanden sind.

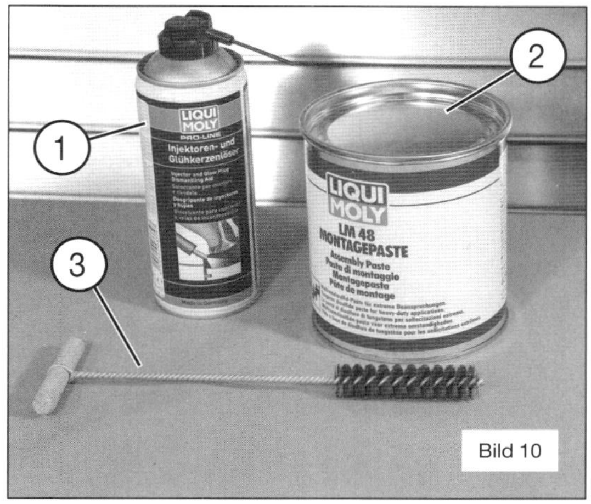

Bild 10
Reinigung des Glühkerzenkanals.
1 Spray zum Lösen von Verkokungen
2 Montagepaste
3 Bürste zum Reinigen

Als Vertreter der frei verfügbaren markenspezifischen Systeme stellen wir Ihnen den »StarCOM« (freier Tester mit Zuschnitt auf die Arbeiten gerade in freien Werkstätten) vor. Der Testerhersteller Secons bietet Testsysteme für unterschiedliche Fahrzeughersteller an. Über regelmäßige Updates wird ein aktueller Software- und Fahrzeugbestand angeglichen. Hier möchten wir die Istwerte für die Gemischaufbereitung erfassen und darstellen. Die Fehlerspeicherauslese unterscheidet sich kaum von den Arbeitsschritten, die wir Ihnen in diesem Buch bereits vorgestellt haben.

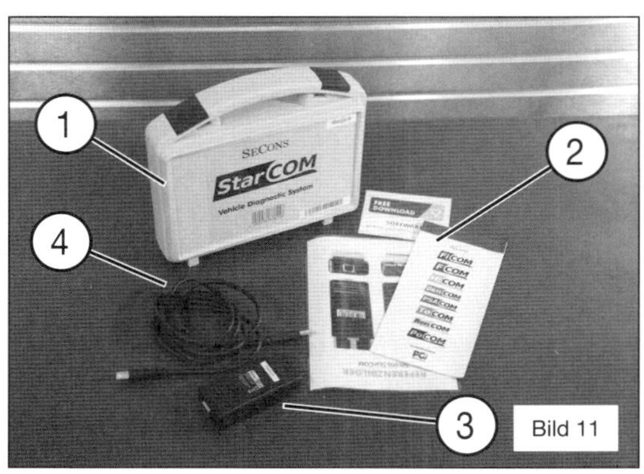

Bild 11
OBD-Tester mit Zubehör.
1 Aufbewahrungskoffer
2 Informationsmaterial
3 OBD-Dongel
4 USB-Anschlusskabel

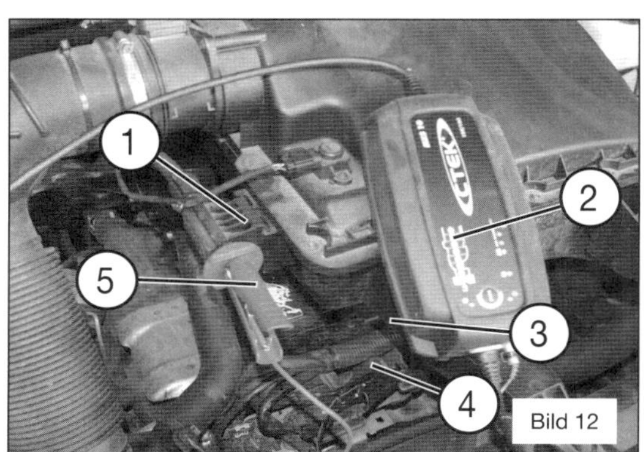

Bild 12
Dauerladegerät zur Ladungserhaltung.
1 »Plus«-Starthilfeanschluss
2 Dauerladegerät
3 Motoraufhängeöse
4 »Minus«-Anschlussklemme
5 »Plus«-Anschlussklemme

Bild 13
Anwahl eines Steuergerätes (1) oder die Abfrage aller verbauten Steuergeräte (2).

Bild 14
Anwahl der Fahrzeugmarke, des Modells und des Bautyps mit entsprechendem Baujahr.

Bild 15
Anwahl der Aufgaben im angewählten Steuergerät.
1 Messwerte

Messwerte aus Sicht des Steuergerätes
Da das Motorsteuergerät aus den erfassten Messwerten und den abgespeicherten Kennfeldern definierte Funktionen ausführt, ist es wichtig, die »Sichtweise« des Steuergerätes einzunehmen und die erfassten Messwerte auf Plausibilität zu überprüfen.
Exemplarisch werden wir im Folgenden die »Istwerte« für die Motordrehzahl, die errechnete Luftmasse pro Zylinder und den Saugrohrdruckfühler betrachten. Wir möchten hiermit die Reaktion der Sensoren zeitgleich beobachten. Wenn aus dem Leerlauf die Drosselklappe geöffnet wird, erfolgt ein Drehzahlanstieg des Motors und auch für unseren Turbomotor steigt der Druck im Saugrohr an. Bei geöffneter Drosselklappe erreicht der Saugrohrdruck bis etwa 1000 hPa beim Saugmotor. Bei den Turbomotoren kann sogar ein deutlich höherer Druck anliegen. Nach einigen Gasstößen kann die Auswertung über die Abweichung der Kurven untereinander erfolgen. Die dargestellten Messwertkurven (im Bild 18) und die Messwerte (Bilder 16 und 17) zeigen auch ohne die Istwerte (1) eine Reaktion beispielsweise des Saugdruckfühlers an. Der Messwert des Saugrohrdruckfühlers kann dann auch über eine Druckmessuhr nachkontrolliert werden. Der Anschluss der Messuhr ist allerdings mit zusätzlichem Aufwand verbunden. Zumindest für die Funktionsprüfung in einer ersten Übersicht kann hier einiges an Vorbereitungszeit eingespart werden. Fällt ein Sensor aus oder liefert einen Messwert, der sich nicht erklären lässt, müssen die Spannungsversorgung des Bauteils und natürlich auch das Bauteil einzeln überprüft werden.

Istwerte-Erfassung über das Motorsteuergerät

Die Istwerterfassung verläuft für die meisten Testerhersteller sehr ähnlich. Wir haben für die Darstellung den StarCOM von Secon gewählt und schildern die wichtigsten Arbeitsschritte bis zu den unterschiedlichen Messwertdarstellungen.

■ Schließen Sie ein Dauerladegerät (Bild 12) an, um die Batterie in den Phasen der Vorbereitung für die Messungen nicht zu belasten.

■ Schließen Sie den Tester an die OBD-Anschlussdose an. Die 13-polige Anschlussdose befindet sich an der A-Säule im Fahrerfußraum.

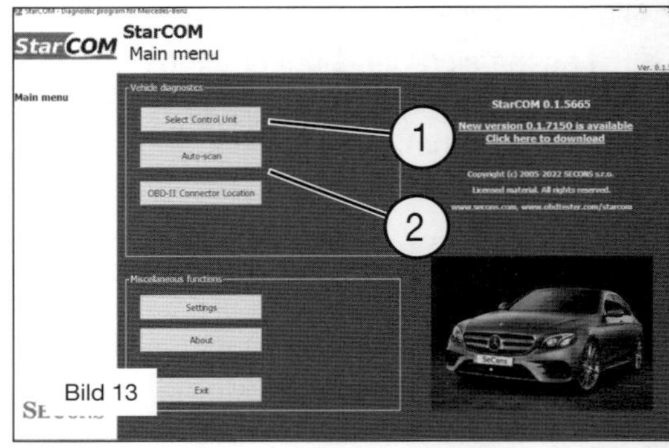

Bild 13

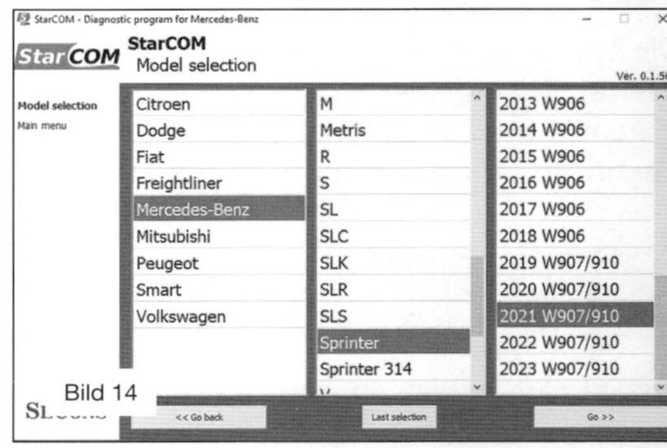

Bild 14

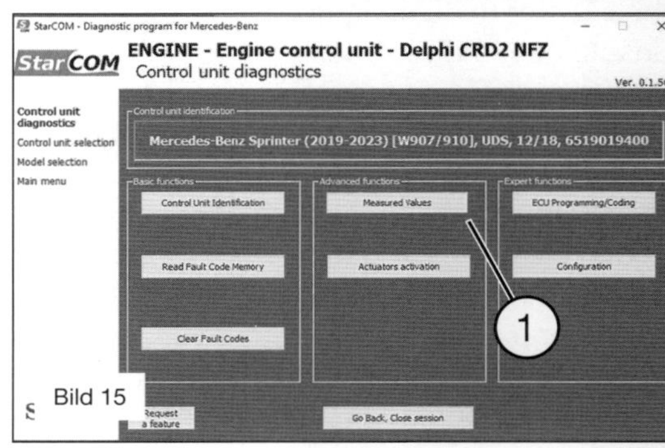

Bild 15

■ Schalten Sie die Zündung ein.

■ Starten Sie die Testersoftware.

■ Wählen Sie, wie im Bild 14 vorgestellt, den Fahrzeughersteller, das Modell und das entsprechende Baujahr an.

■ Klicken Sie den Button »Select Control Unit« an und wählen Sie das Motorsteuergerät an.

■ Wählen Sie über den Button »Measured Values« die Messwerteliste an.

■ Über den Button unten »Measured Values 3x3 View« (Bild 17) wählen Sie die Maske an, in der Sie maximal neun Messwerte als Zahlenwert gleichzeitig darstellen können.

■ Über den Button unten »Measured Values Graph View« (Bild 18) wählen Sie die Maske an, in der Sie zwei Messwerte anwählen können, die dann zusammen grafisch auf dem Bildschirm dargestellt werden.

Bild 16

Bild 16
Übersicht der Messwerte in einer Liste.

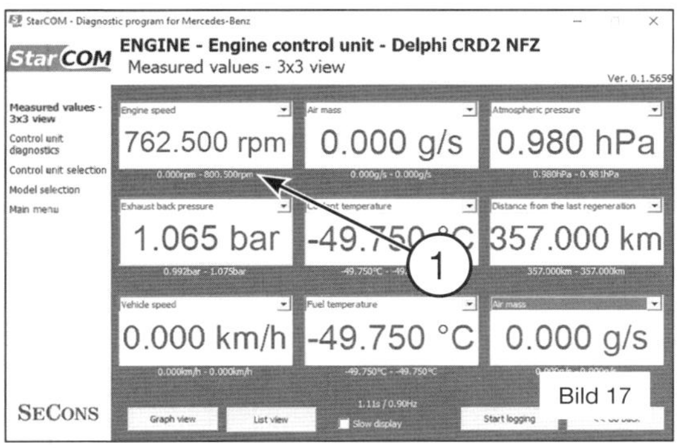

Bild 17

Bild 17
Messwertübersicht in frei zusammenstellbaren Zahlenblocks.
1 Angegebene Sollwerte

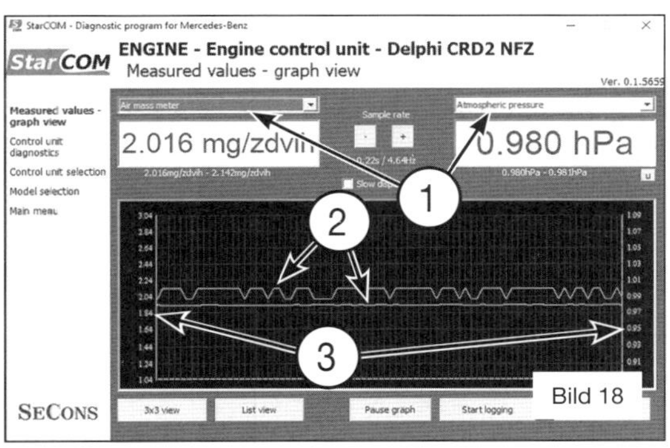

Bild 18

Bild 18
Der Messwertverlauf zur besseren Darstellung der Veränderungen als »Graph«.
1 Messwertlisten zum Anwählen
2 Messwertlinien
3 Messwerthöhe

■ Lassen Sie den Motor im Leerlauf laufen.
■ Wählen Sie aus der Liste (1 im Bild 18) die Motordrehzahl, die Luftmasse pro Zylinder und den Saugrohrdrucksensor an.

Über das Herunterscrollen mit dem Seitenschieber in der Liste lassen sich die Messwerte einsehen.

■ Die angewählten Messwerte werden nun auf der rechten Maskenseite beginnend grafisch dargestellt.

Der aktuelle Messwert wird als Zahlenwert mit der entsprechenden Einheit und grafisch dargestellt.

Die neueste Darstellung erfolgt bei diesem Tester immer rechts im Bild.

■ Treten Sie nun das Gaspedal kurz voll durch und lassen Sie das Gaspedal wieder los. Der Saugrohrdruck und die Luftmasse werden etwas früher ansprechen.
■ Wiederholen Sie die Gasstöße einige Male. Die Reaktion sollte ähnlich ausfallen.

Beobachten Sie die Reaktion der drei Messwerte untereinander. Die Messwerte für den Saugrohrdruck und die Luftmasse sollte fast zeitgleich und im erkennbaren Zusammenhang erfolgen.

Sensoren der Gemischaufbereitung

Der Umfang der erforderlichen Beschreibung für alle verbauten Sensoren im System würde den Rahmen dieses Buches sprengen. Im Folgenden werden wir Ihnen die relevantesten Sensoren für das Gemischaufbereitungssystem, ihre Einbauposition und die Demontage vorstellen.

Nockenwellengeber

Die Nockenwellenpositionsgeber oder auch Phasengeber sind bei allen Motorvarianten im Ventildeckel oder im Bereich des Ventildeckels verbaut. Die Demontage ist recht ähnlich. Wir stellen Ihnen hier eine allgemeingültige Beschreibung zur Verfügung.
■ Lassen Sie den Motor für die Montagearbeiten abkühlen.
■ Lesen Sie den Fehlerspeicher aus.
■ Bauen Sie den Luftfilterkasten ab.
■ Demontieren Sie die Motorabdeckung oben und legen Sie den Ventildeckel frei.
■ Legen Sie die Steckkontakte frei.
■ Entsichern Sie den Steckkontakt (4 im Bild 19) und ziehen Sie ihn ab.
■ Drehen Sie die Schraube (1) heraus.
■ Ziehen Sie den Sensor (2) gerade aus dem Ventildeckel heraus.

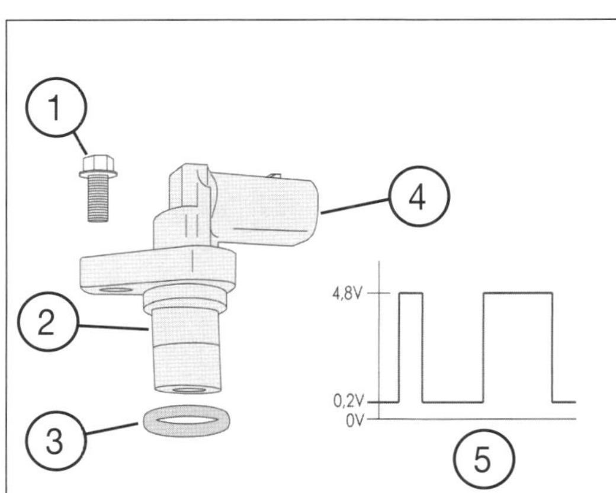

Bild 19

Bild 19
Nockenwellengeber.
1 Schraube
2 Nockenwellengeber (Phasengeber)
3 Dichtring
4 Elektrischer Steckkontakt
5 Typisches Signalbild

Bild 20
Kurbelwellengeber.
1 Schraube
2 Kurbelwellengeber (Drehzahlgeber)
3 Elektrischer Steckkontakt
4 Typisches Signalbild

Bild 21
Luftmassenmesser im Luftfilterkastenoberteil.
1 Luftführungsrohr
2 Schelle
3 Schrauben
4 Luftfilterkastenoberteil
5 Luftmassenmesser
6 Map-Sensor

Bild 22
Luftmassenmesser.
1 Schraube
2 Elektrischer Steckkontakt
3 Luftmassenmesser (HFM 8)
4 Typisches Signalbild (die Frequenz verändert sich mit Zunahme der Luftmasse)

Die Montage erfolgt sinngemäß in umgekehrter Reihenfolge.
■ Löschen Sie den Fehlerspeicher und lesen Sie ihn erneut nach der Probefahrt aus.
⚠ Der Nockenwellengeber ist ein Hallsensor. Eine Widerstandsmessung ist nicht sinnvoll und kann den Sensor beschädigen.

Kurbelwellengeber aus- und einbauen
Die Kurbelwellenpositionsgeber oder auch Drehzahlgeber sind bei allen Motorvarianten im Kurbelgehäuse oder am Kurbelgehäuse verbaut. Die Demontage ist recht ähnlich. Wir stellen Ihnen hier eine allgemeingültige Beschreibung zur Verfügung.
■ Das Fahrzeug mit der Hebebühne wie beschrieben anheben.
☞ Fahrzeug zwischen den Hebebühnensäulen ausrichten und die vier Aufnahmeteller an den vom Fahrzeughersteller vorgeschriebenen Hebebühnenaufnahmepunkten platzieren.
■ Den Motor und die Abgasanlage für die Montagearbeiten abkühlen lassen.
■ Lesen Sie den Fehlerspeicher aus.
■ Legen Sie die Steckkontakte frei.
■ Entsichern Sie den Steckkontakt (3 im Bild 20) und ziehen Sie ihn ab.
■ Drehen Sie die Schraube (1) heraus.
■ Ziehen Sie den Sensor (2) gerade aus dem Gehäuse heraus.

Die Montage erfolgt sinngemäß in umgekehrter Reihenfolge.
■ Löschen Sie den Fehlerspeicher und lesen Sie ihn nach der Probefahrt erneut aus.
⚠ Der Kurbelwellengeber ist ein Hallsensor. Eine Widerstandsmessung ist nicht sinnvoll und kann den Sensor beschädigen.

Luftmassenmesser aus- und einbauen
Der Lufmassenmesser ist zwischen Luftfiltergehäuse und Saugseite der Turbolader am Luftfilterkasten verbaut. Die Demontage ist recht ähnlich. Wir stellen Ihnen hier eine allgemeingültige Beschreibung zur Verfügung.
■ Lassen Sie den Motor für die Montagearbeiten abkühlen.
■ Lesen Sie den Fehlerspeicher aus.
■ Reinigen Sie den Bereich um den Luftmassenmesser gründlich.
■ Legen Sie die Steckkontakte frei.
■ Entsichern Sie den Steckkontakt (2 im

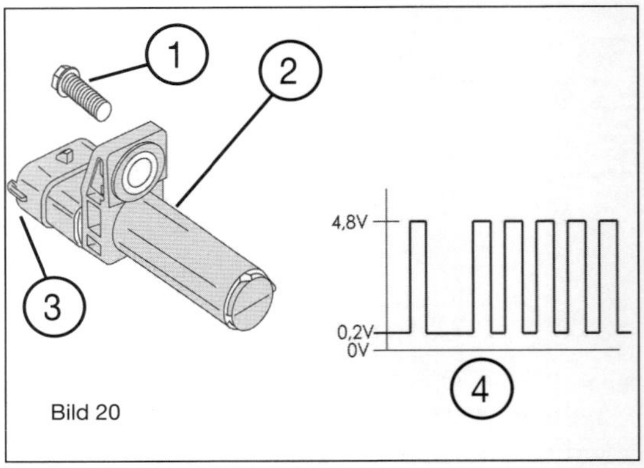

Bild 20

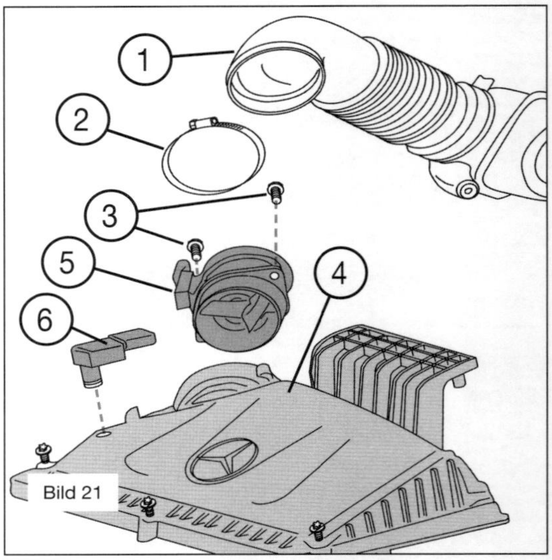

Bild 21

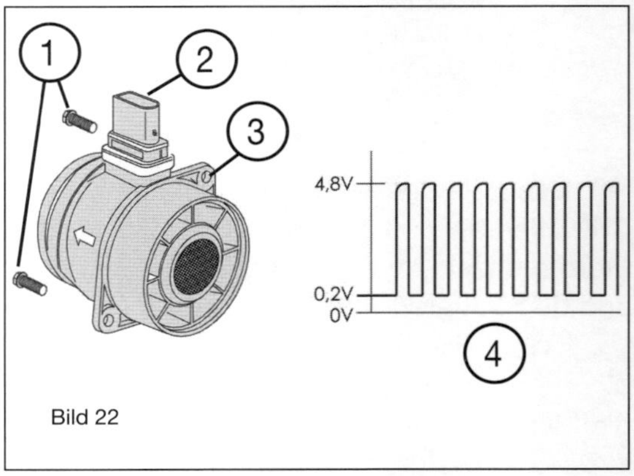

Bild 22

Bild 22) und ziehen Sie ihn ab.
■ Demontieren Sie den Ansaugschlauch am Luftmassenmesser.
■ Drehen Sie die Schraube (1) heraus.
■ Ziehen Sie den Luftmassenmesser (3) aus dem Luftfilterkasten heraus.

Die Montage erfolgt sinngemäß in umgekehrter Reihenfolge.
■ Löschen Sie den Fehlerspeicher und lesen Sie ihn erneut nach der Probefahrt aus.

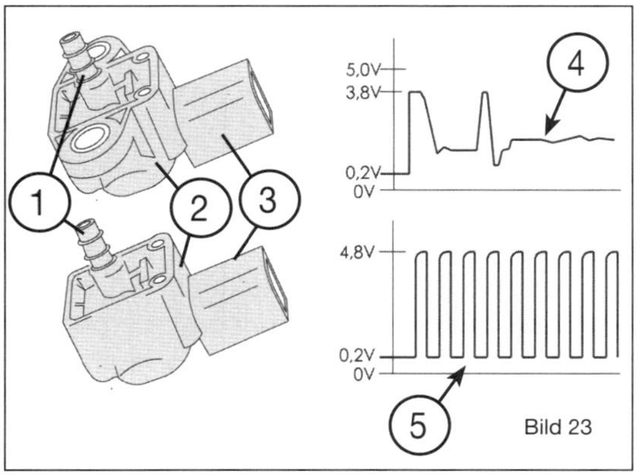

Bild 23

Bild 23
Saugrohrdruckfühler.
1 Messanschluss (im Saugrohr)
2 Saugrohrdruckfühler (MAP-Sensor)
3 Elektrischer Anschluss
4 Analoges Signal (alte Varianten)
5 Digitales Signal mit Frequenzänderung im Verhältnis zum anliegenden Druck (neue Varianten)

Saugrohrdruckfühler aus- und einbauen
Der Saugrohrdrucksensor (MAP-Sensor) ist bei allen Motorvarianten im Ansauggehäuse vor dem Zylinderkopf verbaut.

- Lassen Sie den Motor für die Montagearbeiten abkühlen.
- Lesen Sie den Fehlerspeicher aus.
- Reinigen Sie den Bereich um den Saugrohrdruckfühler gründlich.
- Legen Sie die Steckkontakte frei.
- Entsichern Sie den Steckkontakt (1 im Bild 23) und ziehen Sie ihn ab.
- Drehen Sie die Schraube (3) heraus.
- Ziehen Sie den Sensor (2) gerade aus dem Getriebegehäuse heraus.

Die Montage erfolgt sinngemäß in umgekehrter Reihenfolge.

- Löschen Sie den Fehlerspeicher und lesen Sie ihn erneut nach der Probefahrt aus.

Kühlwassertemperaturgeber
Der Kühlwassertemperaturgeber befindet sich beim OM 651 am Motor oben vorne rechts im Thermostatgehäuse. Bei OM 654 ist er im Thermostatgehäuse vorne unten rechts zu finden. Die Temperaturfühler werden mit einem Gummiring abgedichtet und mit der Klammer gehalten.

- Lassen Sie den Motor für die Montagearbeiten abkühlen.
- Lesen Sie den Fehlerspeicher aus.
- Entsichern Sie den Steckkontakt (3 im Bild 24) und ziehen Sie ihn ab.

Stellen Sie einen Auffangbehälter auf und legen Sie einige saugfähige Lappen bereit.

- Reinigen Sie den Bereich um den Temperaturfühler gründlich.
- Ziehen Sie die Sicherungsklammer (2) heraus.

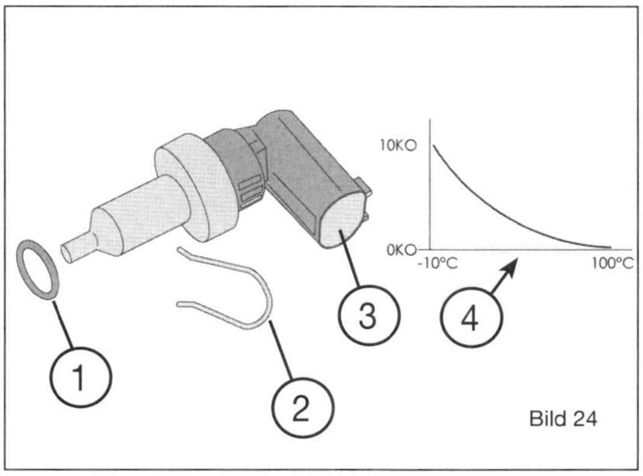

Bild 24

Bild 24
Wassertemperaturfühler.
1 O-Ring
2 Sicherungsklammer
3 Temperaturfühler
4 Temperaturkurve (NTC)

- Ziehen Sie den Temperaturfühler (3) gerade heraus.
- Fangen Sie austretendes Kühlmittel auf.

Die Montage erfolgt sinngemäß in umgekehrter Reihenfolge.

- Ergänzen Sie das Kühlmittel.
- Löschen Sie den Fehlerspeicher und lesen Sie ihn erneut nach der Probefahrt aus.

Füllstandssensor für Motoröl
Der Füllstandsensor ist in der Ölwanne beziehungsweise im Ölwannenunterteil eingebaut. Die Arbeitsschritte für die Demontage unterscheiden sich nicht wesentlich. Wir stellen Ihnen an dieser Stelle eine allgemeingültige Beschreibung zur Verfügung.

- Lesen Sie den Fehlerspeicher aus.
- Lassen Sie den Motor abkühlen.
- Heben Sie das Fahrzeug mit der Hebebühne an.
- Bauen Sie die Motorraumverkleidung unter der Ölwanne ab.
- Lassen Sie das Motoröl wie im Kapitel 5 bereits beschrieben ab.
- Entsichern Sie den Steckkontakt und ziehen Sie ihn vom Ölstandssensor ab.
- Reinigen Sie den Bereich um den Ölstandssensor gründlich.
- Drehen Sie die drei Schrauben heraus und nehmen Sie den Ölstandssensor heraus.
- Fangen Sie austretendes Motoröl mit einem geeigneten Lappen auf.

Die Montage erfolgt sinngemäß in umgekehrter Reihenfolge.

- Füllen Sie das Motoröl wie im Kapitel 4 beschrieben auf.
- Löschen Sie den Fehlerspeicher und lesen Sie ihn erneut nach der Probefahrt aus.

9 Abgasanlage

Die Abgas- oder Auspuffanlage am Unterboden des Sprinters reinigt mit Partikelfilter beim Diesel plus Oxidationskatalysator die Verbrennungsabgase und leitet sie mit geringem Gegendruck über das Endrohr zum Fahrzeugheck. Ein Schalldämpfer oder Schalldämpfersystem ist in diesem Modell nicht mehr erforderlich. Der Auspuff moderner Pkw ist für mehr als 60.000 Kilometer gut, wobei die Lebensdauer natürlich auch von den Einsatzbedingungen des Fahrzeugs abhängt. Ist man überwiegend auf kurzen Strecken unterwegs, fallen mehr Kondensat, Ruß und aggressive Säuren im Innern der Anlage an als beim Langstreckenbetrieb mit voll durchgewärmtem Motor. Das Abgasvorrohr ist seltener als die anderen Teile vom Rost bedroht, weil dort die Verbrennungsgase noch mit Temperaturen zwischen 800 und 1000 °C einströmen. Danach verlieren die Abgase an Temperatur und sind am Endrohr nur noch 150 bis 300 °C heiß. Dort tritt das meiste Kondenswasser aus. Es mischt sich mit Verbrennungsrückständen zu aggressiven Säuren und lässt das Auspuffblech von innen nach außen durchrosten. Falls das Endrohr nicht aus besonders korrosionsbeständigem Material hergestellt wurde, ist Arbeit angesagt: Ausbau des alten und Einbau eines neuen Abgasrohrs mit Schalldämpfer.

Hinweise und Regeln für Arbeiten an der Auspuffanlage

Reparaturen an durchgerosteten Auspuffanlagen, z. B. mit Auspuffkitt und Bandagen, haben nur kurzzeitig Erfolg. Das Blech bricht bald neben der Reparaturstelle. Werkstätten wechseln Auspuffanlagen meist komplett aus. Vor weiteren Arbeiten daher den Zustand der Anlage genau prüfen und dann entscheiden, ob einzelne Teile oder das ganze System erneuert werden sollen. Wird nach gründlicher Prüfung an der Abgasanlage gearbeitet, sollten folgende Grundregeln beachtet werden:

- Bei einer Demontage darf die Abgasanlage keinesfalls herunterfallen. Dabei könnten wichtige Teile beschädigt werden.
- Dichtungen und selbstsichernde Muttern immer ersetzen.
- Verschraubungen der Auspuffanlage lassen sich beim nächsten Mal leichter lösen, wenn die Gewinde beim Einbau mit hochhitzefestem Kupferfett bestrichen werden.

Werden Partikelfilter oder Katalysator ausgebaut und ersetzt, müssen die Altteile vorschriftsmäßig entsorgt werden. Sie dürfen nicht wie Schrott behandelt werden, weil sie wertvolles Edelmetall enthalten, das wieder in den Produktionsprozess eingebracht werden kann.

Für Arbeiten an Lambdasonden gilt: Nur das Gewinde mit Heißschraubenpaste wie VW »G 052 112 A3« fetten. An die Schlitze des Sondenkörpers darf kein Fett kommen. Aus- und Einbau am besten mit Ringschlüsselsatz für Lambdasonde. Dichtring bei Undichtigkeit aufkneifen und ersetzen. Festziehen mit 45 Nm.

- Alle Schlauchverbindungen mit Schlauchschellen sichern, die dem Serienstand entsprechen.
- Alle Kabelbinder, die beim Ausbau gelöst werden, sind beim Einbau an der gleichen Stelle wieder anzubringen.
- Nach Montagearbeiten an der Abgasanlage darauf achten, dass die Anlage nicht verspannt wird und ausreichend Abstand zum Aufbau hat. Gegebenenfalls Schellen lösen und Schalldämpfer und Abgasrohr so ausrichten, dass überall ausreichend Abstand zum Aufbau vorhanden ist und die Aufhängungen gleichmäßig belastet werden.
- Nach getaner Arbeit immer Motorprobelauf durchführen und »Auspuffanlage auf Dichtheit prüfen« (Bild 2). Ansonsten gelten für Arbeiten an Abgasanlage und Abgasrückführung hinsichtlich Sauberkeit und Sicherheit die Vorschriften, die auch für Arbeiten an Motor, Kraftstoff- oder Einspritzsystem üblich sind.

Zustand der Auspuffanlage kontrollieren

- Fahrzeug auf einer Hebebühne anheben oder absolut rüttelsicher aufbocken. Es darf nicht kippeln, wenn heftig an den Rohren der Auspuffanlage gedreht oder gezerrt wird. Die Aufhängungen und Gummiösen dürfen keine Schäden aufweisen.

■ Zur Kontrolle die Abgasanlage an den Schraubbefestigungen rütteln. Komponenten auf Brüchigkeit, Einrisse oder sonstige Schäden überprüfen, bei Bedarf ersetzen.
■ Wenn sich beim Demontieren eine Verschraubung nicht lösen lässt, mit Rost lösendem Mittel behandeln oder durch Überdrehen abreißen. Beim Festziehen von Verschraubungen z. B. am Abgaskrümmer die Reihenfolge von innen nach außen und über Kreuz einhalten.
■ Wenn Teile der Anlage schon einmal ersetzt wurden, trennt man die Steckverbindung der Rohrenden am besten in erwärmtem Zustand. Schweißbrenner oder Propangasbrenner verwenden und Feuerlöscher bereithalten.
■ Schalldämpfer mit einem Hammer rundum gründlich abklopfen, auch an den Stirnseiten (Übergang von den Töpfen zu den Rohren). Nicht zu zaghaft hämmern. Klingt es bei jedem Schlag hell, ist das Blech noch gesund. Wird das Klopfgeräusch an manchen Stellen dumpfer, ist die Außenhaut bereits geschwächt und wird bald durchbrechen.

Ein sehr dumpfer Auspuffton und Knallen im Schiebebetrieb können auf einen durchgerosteten Auspuff hinweisen.

■ Dichtheit der Auspuffanlage prüfen (nachfolgende Anleitung).

Abgasanlage auf Dichtheit prüfen

■ Motor starten und mit Leerlaufdrehzahl laufen lassen.
■ Auspuffendrohr für die Dauer der Dichtheitsprüfung verschließen (Lappen, Stöpsel). Der Motor kann ausgehen. Grundsätzlich sollten Sie keine lauten Zischgeräusche wahrnehmen können.
■ Verbindungsstellen Zylinderkopf/Abgaskrümmer, Abgasturbolader/Abgasvorrohr usw. durch Abhören auf Dichtheit prüfen. Gibt es zischelnde Geräusche an Verbindungsstellen, ist die Anlage an der Geräuschstelle undicht.
■ Festgestellte Undichtigkeiten beseitigen.

Abgasanlage spannungsfrei einrichten

Nach jeder Montagearbeit an der Abgasanlage muss die Abgasanlage spannungsfrei montiert werden, anderenfalls können Halter, Gummis oder auch das Flexstück geschädigt werden.
■ Der Motor muss kalt sein.
■ Verschraubungen der Klemmschellen lösen.
■ Die Schraube handfest anziehen.
■ Die Abgasanlage so ausmitteln, dass diese nirgends gegenstößt und spannungsfrei sitzt.

Die Haltegummis der Abgasanlage sollten möglichst nicht in ihre Aufsteckrichtung gezogen werden.

■ Die Verschraubungen der Schellen und Klemmhülsen sollten so ausgerichtet werden, dass sie möglichst nicht nach unten herausstehen.
■ Nach dem Anziehen der Klemmschellen die Freigängigkeit der Auspuffanlage prüfen

Bild 1

Bild 1
Der Zustand von Schalldämpfern, Schellen und Übergängen muss regelmäßig überprüft werden.

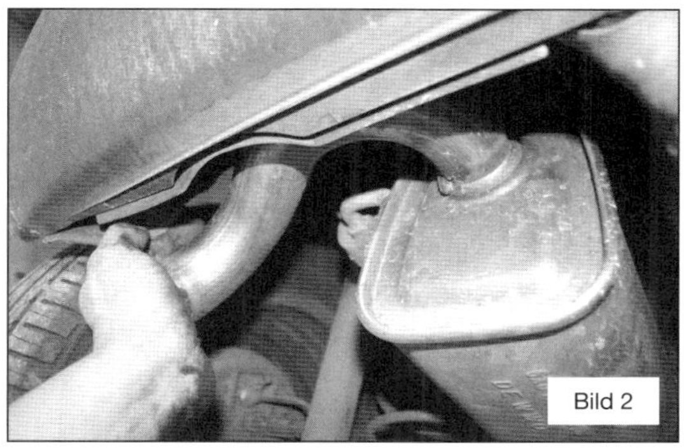

Bild 2

Bild 2
Zuhalten des Abgasrohres zur Dichtheitsprüfung.

Bild 3

Bild 3
Vibrationen und Verspannung: Schweißnaht rundum ausgebrochen.

Bild 4
Abgasanlage hinten (OM 651).
1 Haltegummi
2 Haltegummi
3 Haltegummi
4 Haltegummi
5 Abgasrohr hinten
6 Schelle
7 Nachschalldämpfer
8 Schelle

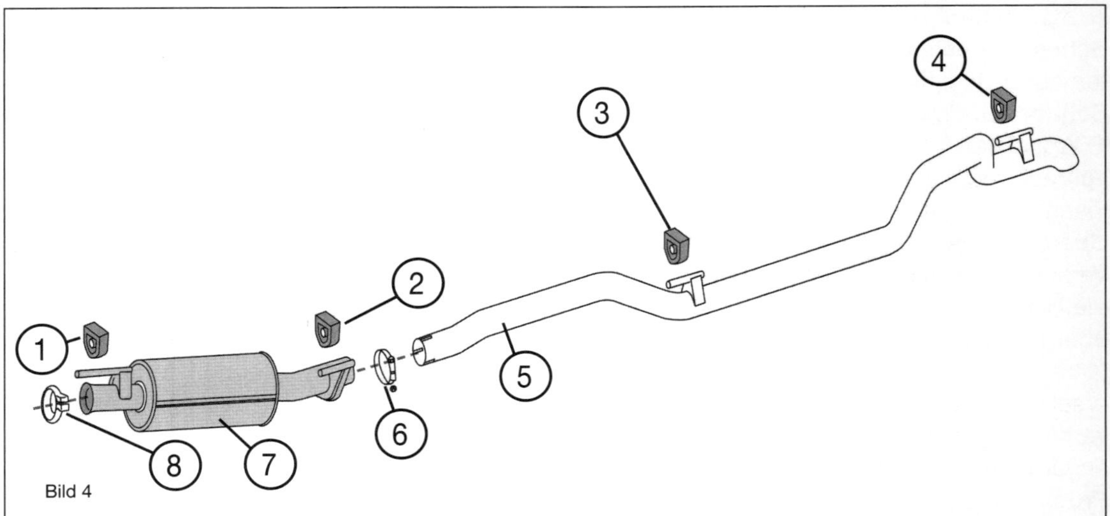

Bild 4

und gegebenenfalls korrigieren.
■ Achten Sie darauf, dass das Flexstück im Übergang zwischen Abgasanlage und Katalysator nicht verdreht montiert wurde oder unter Spannung steht.
■ Prüfen Sie abschließend die Dichtheit der Auspuffanlage.

Abgasrohr hinten

Abgasrohr hinten am OM 651 (Bild 4):
■ Das Fahrzeug anheben und aufbocken.
■ Soweit verbaut, demontieren Sie die Unterbodenverkleidung oder den Unterfahrschutz.
■ Soweit verbaut, demontieren Sie die Federscheibe am Auspuffhalter vor den Haltegummis (3 und 4).
■ Lösen Sie die Schelle (6) und schieben Sie sie auf das Abgasrohr (5) auf.
■ Lösen Sie das Abgasrohr durch leichte Hammerschläge und Drehbewegungen gegenüber dem Nachschalldämpfer.
■ Ziehen Sie das Abgasrohr vom Nachschalldämpfer ab.

Der Einbau erfolgt sinngemäß in umgekehrter Reihenfolge.
■ Achten Sie auf den richtigen Sitz (Einbauposition) der Schelle. Die Verschraubung sollte nicht nach unten überstehen.
■ Richten Sie die Abgasanlage wie bereits beschrieben spannungsfrei aus.
■ Prüfen Sie die Dichtheit der Auspuffanlage, wie bereits beschrieben.

Abgasrohr hinten am OM 654 (Bild 5):
■ Das Fahrzeug anheben und aufbocken.

Bild 5
Abgasanlage vorne (OM 654).
1 Abgasanlage hinten mit SCR-Katalysator
2 Gummi-Metall-Lager
3 Steckkontakt
4 Temperatursensor
5 Haltegummi
6 Abgasklappe
7 NOx-Sensor
8 Dichtring
9 AdBlue® Einspritzventil
10 Schelle
11 NOx-Sensor
12 Dichtring
13 Schelle
14 Abgasrohr
15 Schelle
16 Dichtring

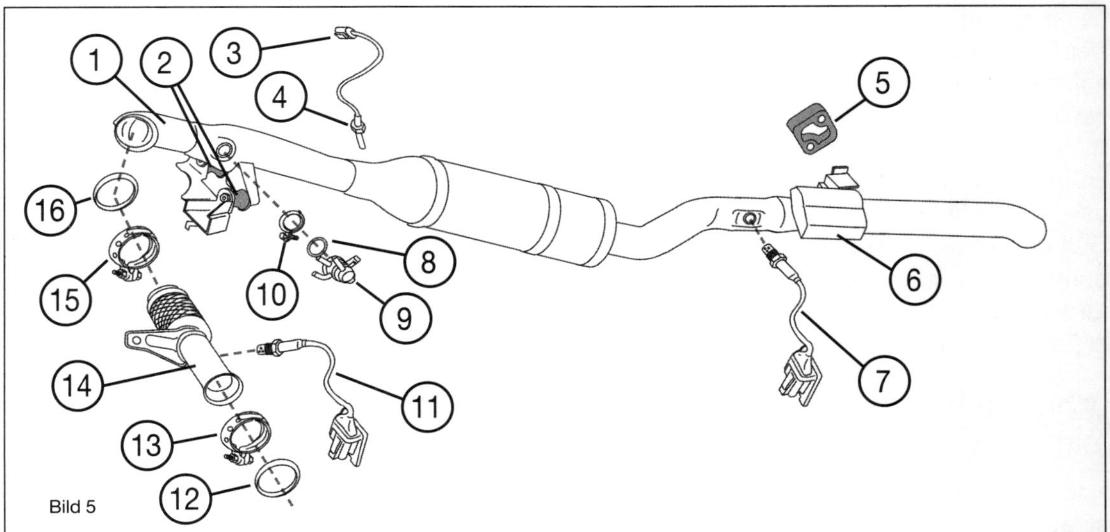

Bild 5

■ Soweit verbaut, demontieren Sie die Unterbodenverkleidung oder den Unterfahrschutz.
■ Entsichern Sie den Steckkontakt zur Abgasklappe.
■ Entsichern Sie den Steckkontakt und demontieren Sie den NOx-Sensor (7) vom Unterboden.
■ Lösen Sie die Schelle (10) und demontieren Sie das Adblue®-Einspritzventil.
■ Legen Sie das Adblue®-Einspritzventil mit angeschlossenen Leitungen zur Seite.
■ Lösen Sie das Anschlusskabel des Temperatursensors (4) aus den Halteklammern am Hitzeschutzblech am Unterboden.
■ Entsichern Sie den Steckkontakt (3) und ziehen Sie den Anschlussstecker des Temperaturfühlers (4) ab.
■ Demontieren Sie die Schelle (15).
■ Nehmen Sie die Dichtung (16) ab.
■ Lösen Sie die Befestigung der Abgasanlage vorne (2).
■ Soweit verbaut, demontieren Sie die Federscheibe am Auspuffhalter vor den Haltegummis.
■ Ziehen Sie die Abgasanlage (1) aus den Haltegummis (5) heraus.
■ Nehmen Sie die Abgasanlage nach unten heraus.

Der Einbau erfolgt sinngemäß in umgekehrter Reihenfolge.
■ Achten Sie auf den richtigen Sitz (Einbauposition) der Schelle. Die Verschraubung sollte nicht nach unten überstehen.
■ Richten Sie die Abgasanlage wie bereits beschrieben spannungsfrei aus.
■ Prüfen Sie die Dichtheit der Auspuffanlage, wie bereits beschrieben.

SCR-Katalysator

Der SCR-Katalysator (Selektive Catalytic Reduction) befindet sich grundsätzlich am Unterboden.

Bei Fahrzeugen mit den OM 651 Motoren ist der SRC-Katalysator vor dem Nachschalldämpfer verbaut. Bei Fahrzeugen mit dem 2,0-l-CDI-OM 654-Motor ist der SCR-Katalysator Bestandteil der hinteren Abgasanlage. Die Montagearbeit für die beiden Motorsysteme werden wir Ihnen unter der Überschrift »SCR Katalysator ausbauen« vorstellen.

Der Umgang mit dem Reduktionsmittel und den Bauteilen, die mit ihm in Berührung kommen, ist nicht ungefährlich für die Gesundheit und für lackierte oder beschichtete Oberflächen. Das Reduktionsmittel kann Haut, Augen und Atmungsorgane reizen. Bei Hautkontakt mit dieser Flüssigkeit sofort mit viel Wasser abwaschen. Suchen Sie gegebenenfalls einen Arzt auf.

Achten Sie zu jedem Zeitpunkt darauf, dass kein Reduktionsmittel auf Verkleidungs- oder Karosserieteile gelangt. Sollte dies geschehen sein, waschen Sie das Reduktionsmittel mit klarem Wasser und einem fusselfreiem Baumwolltuch wieder heraus. Falls sich das Reduktionsmittel bereits kristallisiert haben sollte, benutzen Sie warmes Wasser und einen Schwamm. Nicht entfernte Reduktionsmittelreste kristallisieren nach einiger Zeit und können die betroffene Oberfläche beschädigen. Informationen über Lagerung und Entsorgung erfragen Sie bei Ihrem Händler.

Nachschalldämpfer

Nachschalldämpfer am OM 651 (Bild 4)

Nicht alle Varianten wurden mit einem Reduktionskatalysator ausgerüstet. An dieser Stelle wurden nach dem aktuellen Ersatzteilkatalog auch ein Nachschalldämpfer verbaut. Sie werden entsprechend unter dem Fahrzeug entweder einen Nachschalldämpfer oder einen Reduktionskatalysator vorfinden. Ob die beiden Komponenten untereinander getauscht werden können, haben wir nicht geprüft und ist seitens des Herstellers nicht vorgesehen.
■ Das Fahrzeug anheben und aufbocken.
■ Soweit verbaut, demontieren Sie die Unterbodenverkleidung oder den Unterfahrschutz.
■ Soweit verbaut, demontieren Sie die Federscheibe am Auspuffhalter vor den Haltegummis (1 und 2).
■ Lösen Sie das Abgasrohr durch leichte Hammerschläge und Drehbewegungen gegenüber dem Nachschalldämpfer.
■ Nehmen Sie den Nachschalldämpfer heraus.

Der Einbau erfolgt sinngemäß in umgekehrter Reihenfolge.
■ Achten Sie auf den richtigen Sitz (Einbau-

position) der Schelle. Die Verschraubung sollte nicht nach unten überstehen.
■ Richten Sie die Abgasanlage wie bereits beschrieben spannungsfrei aus.
■ Prüfen Sie die Dichtheit der Auspuffanlage wie bereits beschrieben.

Nachschalldämpfer am OM 654

Für diese Motorisierung wurde kein Nachschalldämpfer verbaut. Die Abgasanlage hinten (Bild 5) besteht aus dem SCR-Katalysator und einer Abgasklappe.

Abgasrohr mit Flexstück demontieren:
■ Das Fahrzeug anheben und aufbocken.
■ Soweit verbaut, demontieren Sie die Unterbodenverkleidung / Unterfahrschutz.
■ Demontieren Sie die Schelle (8 im Bild 6).
■ Nehmen Sie die Dichtung (1) ab.
■ Demontieren Sie die Schelle (6).
■ Nehmen Sie die Dichtung (5) ab.
■ Nehmen Sie das Abgasrohr (7) nach heraus.

Der Einbau erfolgt sinngemäß in umgekehrter Reihenfolge.
■ Achten Sie auf den richtigen Sitz (Einbauposition) der Schellen. Die Verschraubung sollte nicht nach unten überstehen.
■ Richten Sie die Abgasanlage wie bereits beschrieben spannungsfrei aus.
■ Prüfen Sie die Dichtheit der Auspuffanlage, wie bereits beschrieben.

Abgasklappensteller OM 654

Die Abgasklappe dient zum besseren Erreichen der Regenerationstempertur des SCR-Katalysators.
■ Das Fahrzeug anheben und aufbocken.
■ Reinigen Sie den Bereich um den Abgasklappensteller sehr gründlich.
■ Entriegeln Sie die Steckverbindung (2 im Bild 7) und ziehen Sie sie ab.
■ Drehen Sie die Schrauben (1) heraus.
■ Ziehen Sie den Abgasklappensteller (3) gerade ab.
■ Sehen Sie sich die Einbauposition der Abgasklappe vor dem Abnehmen des Abgasklappenstellers an.
■ Prüfen Sie, dass die Abgasklappe sich von Anschlag zu Anschlag leicht verstellen lässt.
Die Montage erfolgt sinngemäß in umgekehrter Reihenfolge.

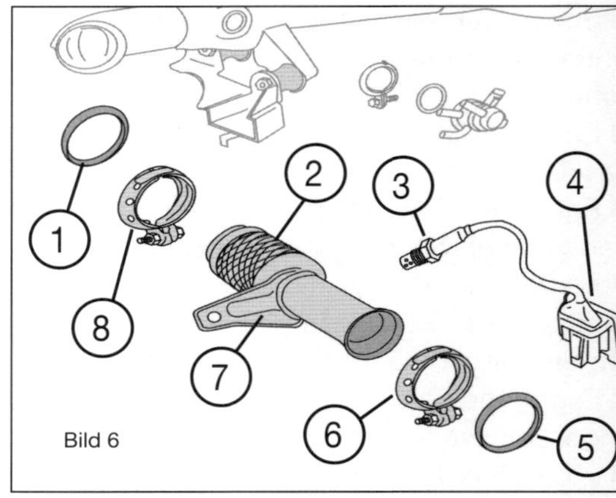

Bild 6

Bild 6
Abgasrohr beim OM 654.
1 Dichtring
2 Flexrohr
4 NOx-Sensor
5 Dichtring
6 Schelle
7 Abgasrohr
8 Schelle

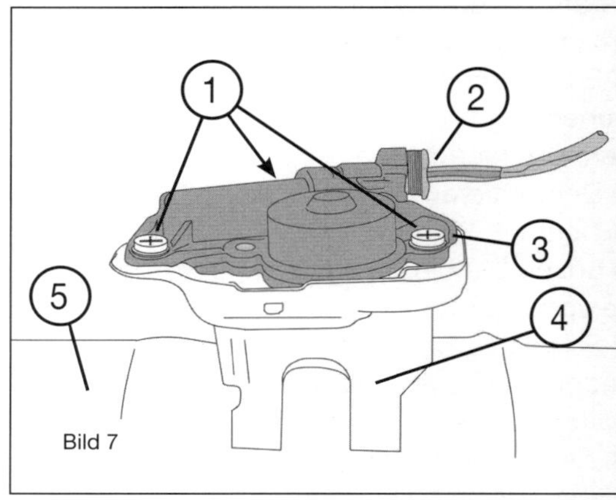

Bild 7

Bild 7
Abgasklappensteller beim OM 654.
1 Schrauben
2 Anschlussstecker
3 Abgasklappensteller
4 Abgasklappenmechanik im Abgasrohr
5 Abgasrohr

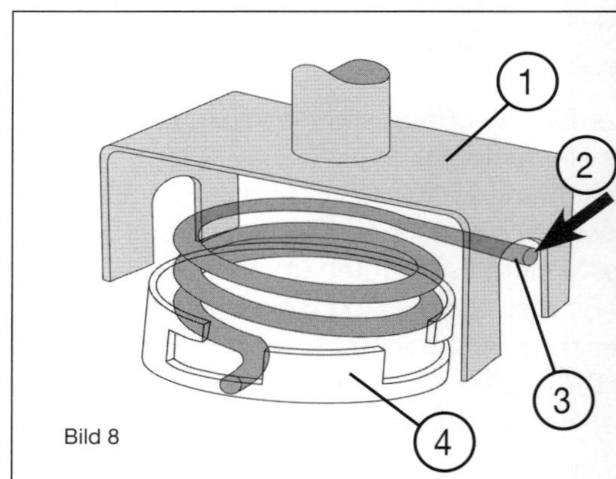

Bild 8

Bild 8
Montageposition Feder Abgasklappen OM 654.
1 Welle Abgasklappensteller mit Federaufnahme
2 Montagelage
3 Feder
4 Aufnahme an der Abgasklappe

⚠ Achten Sie auf die korrekte Stellung der Feder (3 im Bild 8) und der Abgasklappe (4), sonst entstehen Fehlfunktionen.

SCR Katalysator ausbauen

SCR-Katalysator am OM 651 (Bild 9)

☞ Nicht alle Varianten wurden mit einem Reduktionskatalysator ausgerüstet. An dieser Stelle wurden nach dem aktuellen Ersatzteilkatalog auch ein Nachschalldämpfer verbaut.
■ Das Fahrzeug anheben und aufbocken.

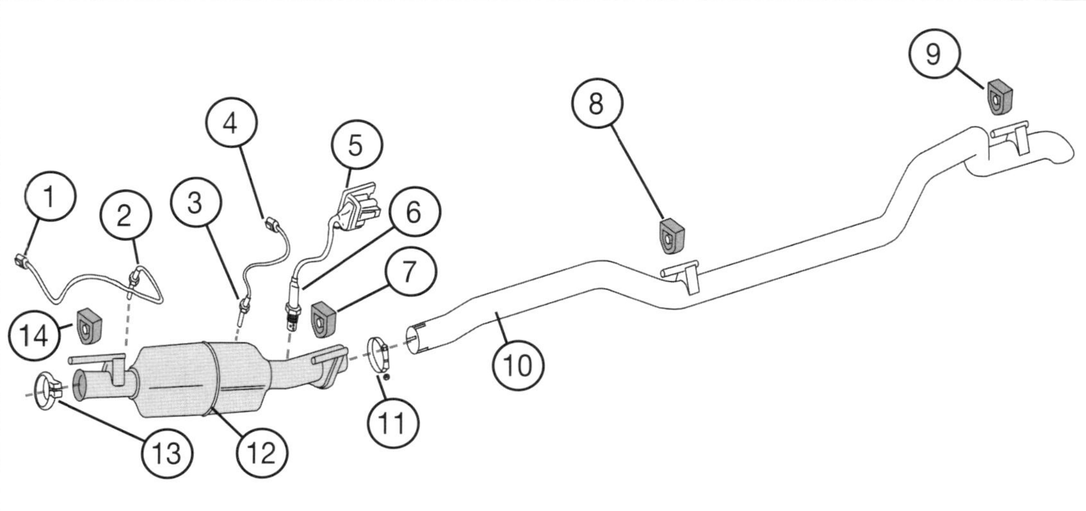

Bild 9

Bild 9
Abgasanlage hinten (OM 651).
1 Steckkontakt
2 Temperatursensor
3 Temperatursensor
4 Steckkontakt
5 Auswerteelektronik
6 Rußpartikelsensor
7 Haltegummi
8 Haltegummi
9 Haltegummi
10 Abgasrohr hinten
11 Schelle
12 Reduktionskatalysator
13 Schelle
14 Haltegummi

■ Soweit verbaut, demontieren Sie die Unterbodenverkleidung oder den Unterfahrschutz.
■ Entsichern Sie den Steckkontakt zur Auswerteelektronik (5) und ziehen Sie den Stecker ab. Bauen Sie die Auswerteelektronik vom Unterboden ab.
■ Lösen Sie die Schelle (11) und schieben Sie sie auf das Abgasrohr hinten auf.
■ Demontieren Sie die Schelle (13) und nehmen Sie sie ab.
■ Soweit verbaut, demontieren Sie die Federscheibe am Auspuffhalter vor den Haltegummis (7 und 14).
■ Entsichern Sie den Steckkontakt (1) des Temperaturfühlers (2) und ziehen Sie ihn ab.
■ Entsichern Sie den Steckkontakt (4) des Temperaturfühlers (3) und ziehen Sie ihn ab.
■ Legen Sie die Anschlusskabel der Temperaturfühler (2 und 3) frei.
■ Lösen Sie das Abgasrohr durch leichte Hammerschläge und Drehbewegungen gegenüber dem Nachschalldämpfer.
■ Nehmen Sie den Nachschalldämpfer heraus.

Der Einbau erfolgt sinngemäß in umgekehrter Reihenfolge.
■ Achten Sie auf den richtigen Sitz (Einbauposition) der Schelle. Die Verschraubung sollte nicht nach unten überstehen.
■ Richten Sie die Abgasanlage wie bereits beschrieben spannungsfrei aus.
■ Prüfen Sie die Dichtheit der Auspuffanlage, wie bereits beschrieben.

SCR-Katalysator am OM 654 (Bild 5)

Der SCR-Katalysator ist bei dieser Motorvariante Bestandteil der hinteren Abgasanlage. Der SCR-Katalysator kann nicht einzeln ersetzt werden. Abgasklappensteller und die Sensoren werden umgebaut.
■ Das Fahrzeug anheben und aufbocken. Soweit verbaut, demontieren Sie die Motorraumverkleidungen unten.
■ Entsichern Sie den Steckkontakt zum Abgasklappensteller (6 im Bild 5) und ziehen Sie ihn ab.
■ Entsichern Sie den Steckkontakt zum NOx-Sensor (7) und ziehen Sie ihn ab.
■ Lösen Sie die Schelle (10) und bauen Sie das AdBlue®-Einspritzventil vom Abgasrohr ab.
■ Legen Sie das AdBlue®-Einspritzventil mit den angeschlossenen Leitungen aus dem Arbeitsbereich heraus.
■ Demontieren Sie den Kabelsatz des Abgastemperaturfühlers vor dem SCR-Katalysator (4) vom Halter.
■ Entsichern Sie den Steckkontakt zum Abgastemperaturfühler (4) und ziehen Sie ihn ab.
■ Demontieren Sie die Schelle (15) und nehmen Sie sie ab.
■ Nehmen Sie den Dichtring (16) heraus.
■ Demontieren Sie die beiden Muttern an den Gummi-Metall-Lagern (2) vorne.
■ Soweit verbaut, demontieren Sie die Federscheibe am Auspuffhalter vor dem Haltegummi (5).
■ Nehmen Sie den SRC-Katalysator heraus.

Bild 10
Abgasanlage vorne (OM 651).
1 Dichtring
2 Schelle
3 Auswerteelektronik
4 NOx-Sensor
5 Anschlussstecker
6 Lambdasonde
7 Temperatursensor
8 Anschlussstecker
9 Schelle
10 Dichtring
11 AdBlue® Ventil
12 Reduktionskatalysator
13 Flexstück
14 Dichtring
15 Schelle
16 Druckleitungen (Differenzdrucksensor)
17 Katalysator
18 Temperatursensor
19 Anschlussstecker

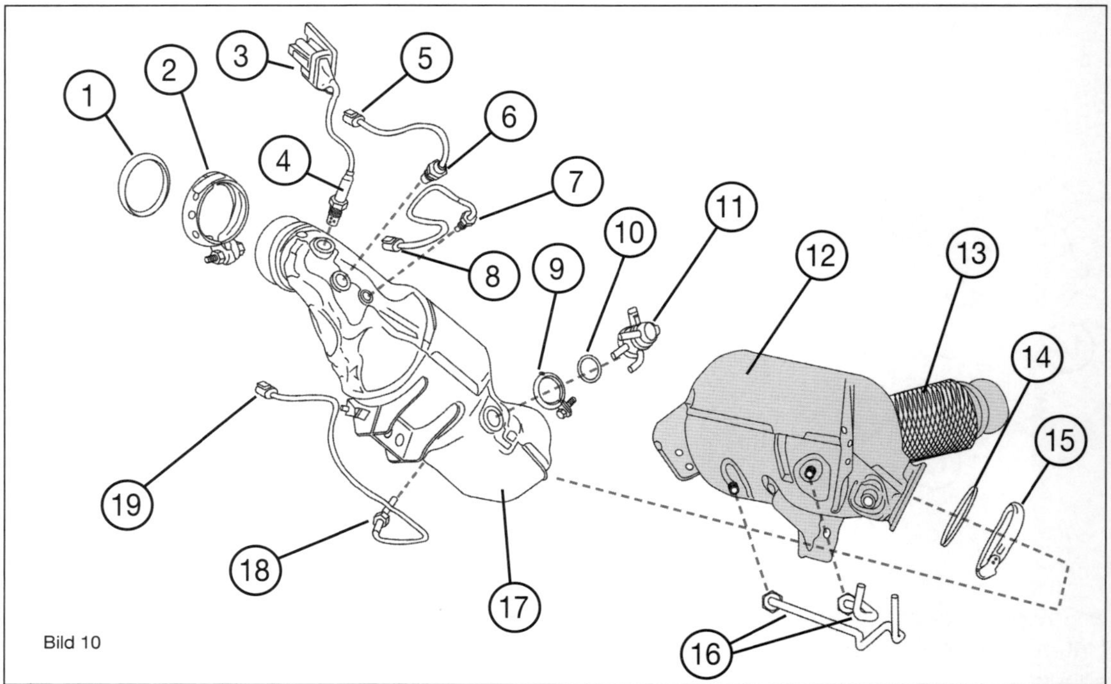

Bild 10

Der Einbau erfolgt sinngemäß in umgekehrter Reihenfolge.

■ Achten Sie auf den richtigen Sitz (Einbauposition) der Schelle. Die Verschraubung sollte nicht nach unten überstehen.
■ Richten Sie die Abgasanlage wie bereits beschrieben spannungsfrei aus.
■ Prüfen Sie die Dichtheit der Auspuffanlage, wie bereits beschrieben.

Partikelfilter aus- und einbauen

Vorarbeiten für alle Fahrzeuge

■ Prüfen Sie die Dichtigkeit der Auspuffanlage vor der Demontage.
■ Lesen Sie den Fehlerspeicher aus.
■ Fahrzeug mit der Hebebühne anheben.

⚠ Das Fahrzeug zwischen den Hebebühnensäulen ausrichten und die vier Aufnahmeteller an den vom Fahrzeughersteller vorgeschriebenen Hebebühnenaufnahmepunkten platzieren.

⚠ Es besteht Gefahr durch Verbrennung. Die Teile der Abgasanlage können heiß sein. Vor dem Ausbau der Teile die Abgasanlage abkühlen lassen.

Partikelfilter am OM 651 (Bild 10)

Der Partikelfilter ist soweit verbaut die zweite Baueinheit der Abgasanlage nach dem Turbolader und bildet eine Baueinheit mit dem Vor-Katalysator.

■ Bauen Sie wie beschrieben das Abgasrohr hinten aus.
■ Demontieren Sie die Schelle (15 im Bild 10).
■ Nehmen Sie den Dichtring (14) heraus.
■ Demontieren Sie den SRC-Katalysator beziehungsweise den Nachschalldämpfer, wie bereits beschrieben.
■ Soweit verbaut, klemmen Sie die Anschlussleitung des Abgastemperatursensors (8) ab und bauen Sie den Abgastemperatursensor (7) aus dem Partikelfilter (17) aus.
■ Klemmen Sie die Anschlussleitung des NOx-Sensors mit Steuergerät (4) ab und bauen Sie die Lambdasonde (6) aus dem Partikelfilter (17) aus.
■ Lösen Sie die Überwurfmuttern der beiden Druckleitungen (16).
■ Demontieren Sie den Halter am Partikelfilter und legen Sie die beiden Druckleitungen aus dem Arbeitsbereich hinaus.
■ Drehen Sie die Schrauben am Partikelfilter zu den Haltern heraus.
■ Nehmen Sie den Dieselpartikelfilter (17) nach unten/hinten heraus.

Der Einbau erfolgt sinngemäß in umgekehrter Reihenfolge.

■ Achten Sie darauf, das Flexstück (13) nicht zu überdehnen oder zu überlasten.
■ Schließen Sie das Diagnosesystem an und löschen Sie den Fehlerspeicher.

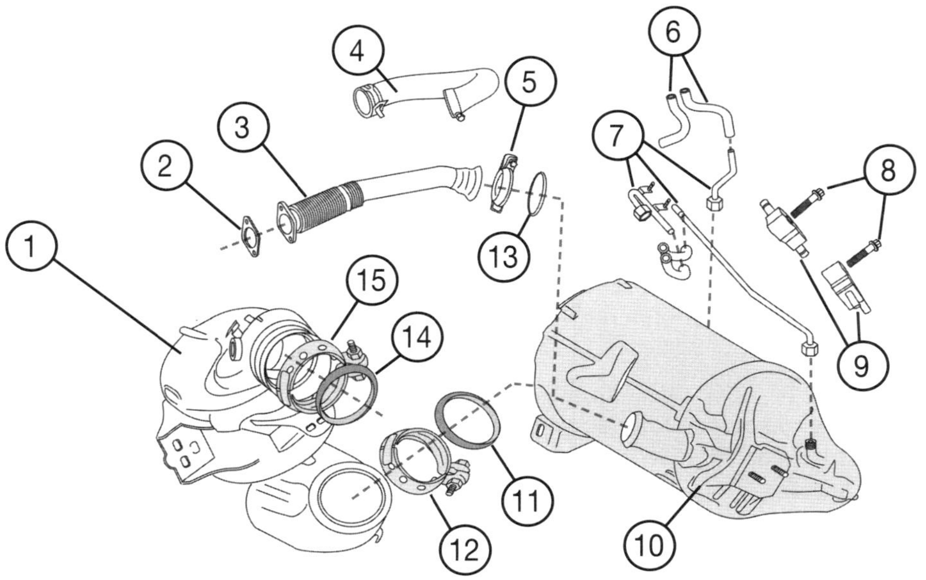

Bild 11

Bild 11
Abgasanlage vorne (OM 654).
1 Katalysator/Partikelfilter
2 Dichtung
3 Abgasführungsrohr
4 Abgasführungsschlauch
5 Schelle
6 Druckschläuche
7 Druckleitungen
8 Schrauben
9 Drucksensoren
10 Partikelfilter
11 Dichtring
12 Schelle
13 Dichtring
14 Dichtring
15 Schelle

Beim Erneuern des Dieselpartikelfilters muss die Initialisierung des Dieselpartikelfilters im Steuergerät mit Diagnosesystem durchgeführt werden.

Partikelfilter am OM 654 (Bild 11)
Der Partikelfilter ist die zweite Baueinheit der Abgasanlage nach dem Oxikat und dem Flexstück vor dem SRC-Katalysator. Er ist auf der hinteren Motorseite verbaut.

■ Die Masseleitung an der Bordnetzbatterie abklemmen.
■ Bauen Sie wie beschrieben das Abgasrohr hinten aus.
■ Bauen Sie das Abgasrohr vorne am Halter des Partikelfilters ab.
■ Bauen Sie wie beschrieben das Abgasrohr mit Flexstück zwischen Abgasanlage hinten und Partikelfilter aus.
■ Demontieren Sie die Schelle (12) und nehmen Sie den Dichtring (11) ab.
■ Die Überwurfmuttern der Druckleitungen (7) abbauen und die Differenzdruckleitung vom Dieselpartikelfilter (10) abbauen.
■ Die Öffnungen mit geeigneten Verschlussstopfen verschließen.
■ Die Schelle (5) vom Dieselpartikelfilter (10) zum AGR abbauen.
■ Nehmen Sie die Dichtung (13) ab.

Verschließen Sie die Öffnungen am Dieselpartikelfilter (1) mit geeigneten Schutzhauben oder Stopfen.

Montage:
■ Die Verbindungsstellen am Dieselpartikelfilter gründlich reinigen.

Achten Sie darauf, das Flexstück nicht zu überdehnen oder zu überlasten.

■ Schließen Sie das Diagnosesystem an und löschen Sie den Fehlerspeicher.

Beim Erneuern des Dieselpartikelfilters muss die Initialisierung des Dieselpartikelfilters im Steuergerät mit Diagnosesystem durchgeführt werden.

■ Verwenden Sie grundsätzlich neue Dichtungen.
■ Bauen Sie eine neue Schelle (5) an den Dieselpartikelfilter an. Verschließen Sie die Schelle aber noch nicht.
■ Setzen Sie den Dieselpartikelfilter (10) ein und positionieren Sie ihn in Einbaulage.
■ Ziehen Sie die Befestigungsschraube vorne und hinten leicht von Hand an.
■ Richten Sie den Dieselpartikelfilter zur Niederdruck-Abgasrückführleitung (zum AGR) aus und schließen Sie die Schelle (5).
■ Ziehen Sie die Schraube an der Schelle (5) leicht von Hand an.
■ Montieren Sie die Schellen zum Flexrohr und zum Oxikat und ziehen Sie die Schrauben der Schellen fest.

Der weitere Einbau erfolgt sinngemäß in umgekehrter Reihenfolge.

Bild 12
Katalysator am OM 651.
1 Dichtring
2 Schelle
3 NOx-Sensor
4 Auswerteelektronik
5 Steckkontakt
6 Lambdasonde
7 Temperatursensor
8 Steckkontakt
9 AdBlue® Einspritzventil
10 Dichtring
11 Schelle
12 Temperatursensor
13 Steckkontakt
14 Katalysator

Bild 13
Katalysator am OM 654.
1 Auswerteelektronik
2 NOx-Sensor
3 Schelle
4 Dichtring
5 Dichtring
6 Schelle
7 Katalysator

Katalysator aus- und einbauen

Vorarbeiten für alle Fahrzeuge

■ Prüfen Sie die Dichtigkeit der Auspuffanlage vor der Demontage.
■ Lesen Sie den Fehlerspeicher aus.
■ Fahrzeug mit der Hebebühne anheben.

⚠ Das Fahrzeug zwischen den Hebebühnensäulen ausrichten und die vier Aufnahmeteller an den vom Fahrzeughersteller vorgeschriebenen Hebebühnenaufnahmepunkten platzieren.

⚠ Es besteht Gefahr durch Verbrennung. Die Teile der Abgasanlage können heiß sein. Vor dem Ausbau der Teile die Abgasanlage abkühlen lassen.

■ Bauen Sie soweit verbaut die Motorabdeckung oben und unten aus.

Oxikat am OM 651 (Bild 12)

Der Partikelfilter ist soweit verbaut die zweite Baueinheit der Abgasanlage nach dem Turbolader und bildet eine Baueinheit mit dem Vor-Katalysator.

■ Bauen Sie wie beschrieben das Abgasrohr hinten aus.
■ Demontieren Sie die Schelle (15 im Bild 10).
■ Nehmen Sie den Dichtring (14) heraus.
■ Demontieren Sie den SRC-Katalysator beziehungsweise den Nachschalldämpfer, wie bereits beschrieben.
■ Soweit verbaut, klemmen Sie die Anschlussleitung des Abgastemperatursensors (7 im Bild 12) ab und bauen Sie sie aus dem Partikelfilter aus.
■ Klemmen Sie die Anschlussleitung des NOx-Sensors mit Steuergerät (4) ab und bauen Sie die Lambdasonde (6) aus dem Partikelfilter aus.
■ Lösen Sie die Überwurfmuttern der beiden Druckleitungen.
■ Demontieren Sie den Halter am Partikelfilter und legen Sie die beiden Druckleitungen aus dem Arbeitsbereich hinaus.
■ Drehen Sie die Schrauben am Partikelfilter zu den Haltern heraus.
■ Nehmen Sie den Dieselpartikelfilter/Katalysator nach unten/hinten heraus.

Der Einbau erfolgt sinngemäß in umgekehrter Reihenfolge.

■ Achten Sie darauf, das Flexstück (9) nicht zu überdehnen oder zu überlasten.

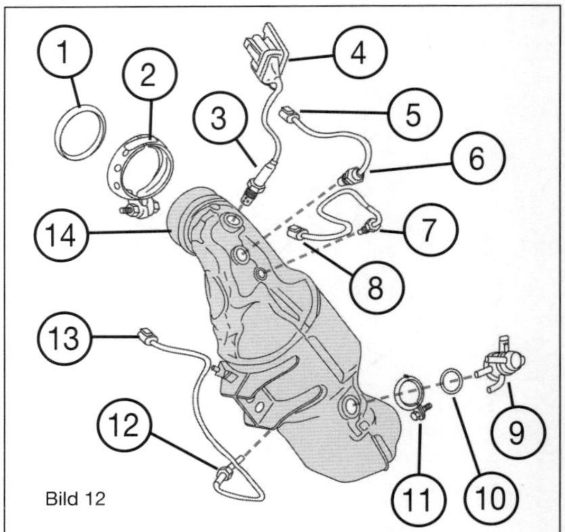

Bild 12

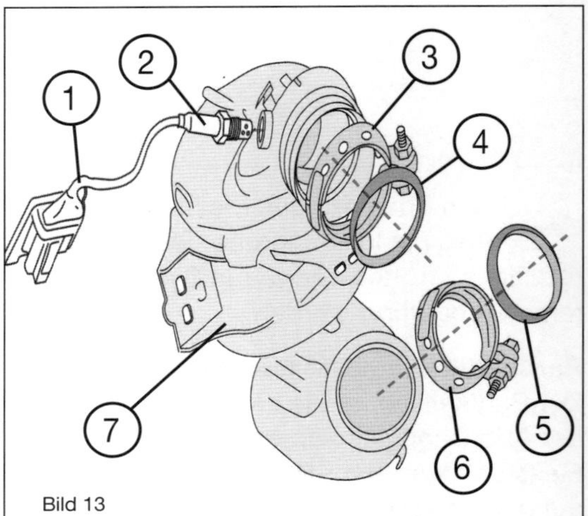

Bild 13

■ Schließen Sie das Diagnosesystem an und löschen Sie den Fehlerspeicher.

Beim Erneuern des Dieselpartikelfilters muss die Initialisierung des Dieselpartikelfilters im Steuergerät mit Diagnosesystem durchgeführt werden.

Oxikat am OM 654 (Bild 13)

Der Dieseloxidationskatalysator (kurz Oxikat) befindet sich zwischen Partikelfilter und Turbolader.

■ Demontieren Sie den NOx-Sensor (2) mit Steuergerät (1).
■ Bauen Sie wie bereits beschrieben den Partikelfilter aus.
■ Die Schelle (3) zum Turbolader ausbauen.
■ Die Befestigungsschrauben des Dieseloxidationskatalysators herausdrehen.
■ Dieseloxidationskatalysator (7) nach unten herausnehmen.

■ Die Dichtung (4) vom Abgasturbolader abnehmen.

Der Einbau erfolgt sinngemäß in umgekehrter Reihenfolge.

■ Schließen Sie das Diagnosesystem an und löschen Sie den Fehlerspeicher, soweit Fehler durch die Montage erfasst wurden.

■ Prüfen Sie die Dichtigkeit der Abgasanlage, wie bereits beschrieben.

■ Die Gewinde der Lambdasonden nach KAT und vor KAT mit Paste bestreichen, wenn sie demontiert wurden.

■ Alle selbstsichernde Muttern erneuern.

■ Die Dichtringe (4 und 5) erneuern.

⚠ Nach Montagearbeiten an der Abgasanlage darauf achten, dass die Abgasanlage nicht verspannt wird und ausreichend Abstand zum Aufbau hat.

Flexstück ersetzen

Der Ersatz des Flexstückes ist seitens des Fahrzeugherstellers nicht vorgesehen. Hinsichtlich einer zeitwertgerechten Reparatur und der horrenden Kosten der Bauteile ist der Ersatz des Flexstückes durch Einschweißen durchaus rentabel.

■ Fahrzeug mit der Hebebühne anheben, Fahrzeug zwischen den Hebebühnensäulen ausrichten und die vier Aufnahmeteller an den vom Fahrzeughersteller vorgeschriebenen Hebebühnenaufnahmepunkten platzieren.

■ Bauen Sie den Schalldämpfer wie bereits beschrieben aus.

■ Beschaffen Sie sich ein passendes Flexrohr (Bild 14) im Zubehör. Als Originalteil ist es nicht lieferbar. Hier ist lediglich der Ersatz des Schalldämpfers vorgesehen.

■ Markieren Sie die Einbauposition der Auspuffrohrstücke zum Flexrohr.

■ Trennen Sie das Flexrohr entsprechend der Länge des Flexrohres aus dem Endschalldämpfer heraus.

☞ Führen Sie die Schnitte möglichst gerade aus.

■ Verschweißen Sie zuerst die eine Seite des Auspuffrohrs mit dem Flexrohr.

■ Richten Sie das noch lose Auspuffrohrstück entsprechend Ihrer Markierung aus.

■ Verschweißen Sie das zweite Auspuffrohrstück mit dem Flexrohr.

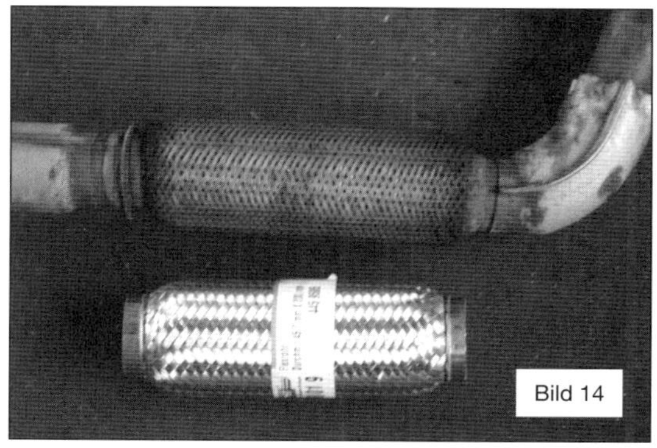

Bild 14

Bild 14
Reparatureinsatz für das Flexstück am Schalldämpfer.

■ Versiegeln Sie die Schweißnähte mit etwas Zinkspray.

■ Bauen Sie die Auspuffanlage wieder ein.

■ Verwenden Sie etwas Auspuffmontagepaste für die Verbindung zwischen Endschalldämpfer und Abgasrohr.

■ Prüfen Sie die Dichtigkeit der Abgasanlage, wie bereits beschrieben.

SCR-System (Adblue®)

⚠ Das Reduktionsmittel kann Haut, Augen und Atmungsorgane reizen. Bei Hautkontakt mit dieser Flüssigkeit sofort mit viel Wasser abwaschen. Suchen Sie gegebenenfalls einen Arzt auf.

⚠ Achten Sie zu jedem Zeitpunkt darauf, dass kein Reduktionsmittel auf Verkleidungs- oder Karosserieteile gelangt. Sollte dies geschehen sein, waschen Sie das Reduktionsmittel mit klarem Wasser und einem fusselfreiem Baumwolltuch wieder heraus. Falls sich das Reduktionsmittel bereits kristallisiert haben sollte, benutzen Sie warmes Wasser und einen Schwamm. Nicht entfernte Reduktionsmittelreste kristallisieren nach einiger Zeit und können die betroffene Oberfläche beschädigen. Informationen über Lagerung und Entsorgung erfragen Sie bei Ihrem Händler.

Reduktionsmitteltank entleeren und befüllen

Entleeren:

■ Den Arbeitsbereich um den AdBlue®-Einfüllstutzen mit Folie und saugfähigem Papier großflächig abdecken.

■ Den Verschlussdeckel am AdBlue®-Einfüllstutzen abschrauben.

■ Die Ansaugseite der Absaugpumpe mit einem Schlauch aus dem Umrüstsatz der Pumpe verlängern.

Sichtprüfung Messen

■ Die AdBlue®-Flüssigkeit über den Einfüllstutzen absaugen.

Befüllen:
■ Arbeitsbereich um den Einfüllstutzen mit Folie und saugfähigem Papier großflächig abdecken.
■ Neues AdBlue® bis zu den Füllstandsmarkierungen in den Einfüllstutzen einfüllen.
■ Die Folie und das Papier entfernen.

⚠ Es darf kein Papier in den Einfüllstutzen und den Additiv-Behälter gelangen, da sonst Schäden an der »AdBlue®-Anlage« drohen.

■ Reste von AdBlue® entfernen.
■ Den Verschlussdeckel am Einfüllstutzen festschrauben.
■ Nach Beenden des beschriebenen Arbeitsablaufs die Absaugpumpe sorgfältig mit Wasser spülen.

☞ Das abgesaugte Reduktionsmittel darf keinesfalls wiederverwendet werden. Informationen über Lagerung und Entsorgung erfragen Sie bei Ihrem Händler.

Arbeiten am Abgasrückführungssystem

Die Abgasrückführungssysteme unterscheiden sich für die einzelnen Motoren. Wir stellen Ihnen an dieser Stelle beispielhaft eine Vorgangsbeschreibung zu den unterschiedlichen Motoren vor.

Ausbau des AGR-Kühlers beim OM 651
Das AGR-Ventil ist auf der Motorvorderseite verbaut.
■ Lassen Sie den Motor abkühlen.
■ Bauen Sie den Luftfilterkasten und die Motorabdeckung oben aus.
Klemmen Sie die Masseleitung an der Bordnetzbatterie ab.
■ Heben Sie das Fahrzeug auf einer Hebebühne an.
■ Bauen Sie die Motorraumverkleidung unten ab.
■ Demontieren Sie den Keilrippenriemen, wie bereits beschrieben.
■ Drehen Sie die obere Schraube des Generators heraus und klappen Sie ihn weg.
■ Öffnen Sie den Deckel des Ausgleichsbehälters und lassen Sie den Druck des Kühlsystems ab.
■ Drücken Sie die Kühlschläuche zum AGR-Kühler mit Kühlschlauchklemmen zu.
■ Bauen Sie die beiden Kühlschläuche am AGR-Kühler (1 im Bild 15) ab.

☞ Fangen Sie auslaufendes Kühlmittel mit geeigneten Lappen auf.

■ Demontieren Sie das Rohr für die Abgasrückführung (6).
■ Demontieren Sie den Halter für die Motorabdeckung.
■ Drehen Sie die Befestigungsschraube des AGR-Kühlers unten heraus.
■ Drehen Sie die Schraube des AGR-Kühlers zum Bypassventil heraus.
■ Nehmen Sie die Dichtung (2) ab.
■ Nehmen Sie den AGR-Kühler ab.

Der Einbau erfolgt sinngemäß in umgekehrter Reihenfolge.
■ Dichtigkeit des Kühlsystems prüfen.
■ Schließen Sie das Diagnosesystem an und löschen Sie den Fehlerspeicher, soweit Fehler durch die Montage erfasst wurden.

Ausbau des AGR-Ventils beim OM 651
Das AGR-Ventil ist auf der Motorvorderseite am Bypassventil verbaut.
■ Bauen Sie die Ladeluftleitung zum Drosselklappenmodul aus.
■ Demontieren Sie das Rohr für die Abgasrückführung (6 im Bild 15).
■ Drehen Sie die Schrauben (1 im Bild 16) heraus.
■ Die elektrische Steckverbindung (5 im Bild 16) und den Anschluss zum Klappensteller im Saugrohr trennen.

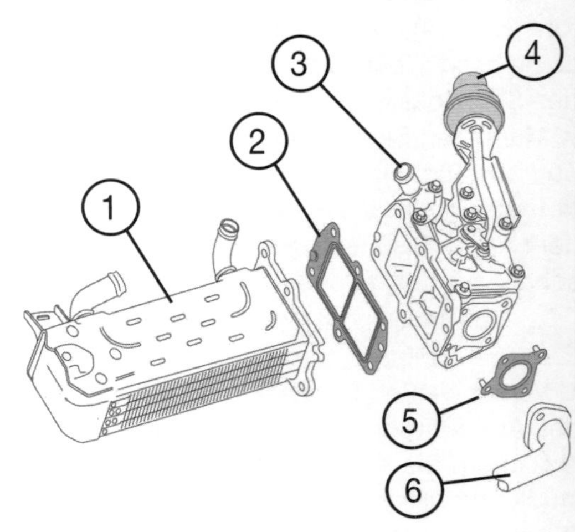

Bild 15

Bild 15
AGR-Kühler (OM 651).
1 AGR-Kühler
2 Dichtung
3 Bypassventil
4 Unterdrucksteller
5 Dichtung
6 Rohr Abgasrückführung

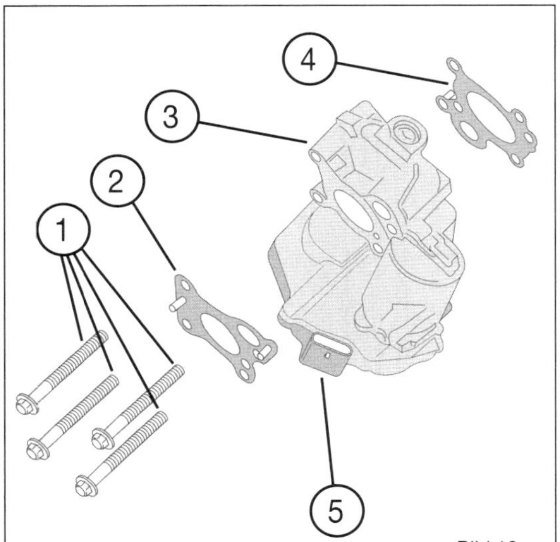

Bild 16

■ Den Drosselklappensteller ausbauen.
■ Das Ventil der Bypassklappe vom Halter abbauen und den Halter abschrauben.
■ Die Schrauben (1) vom Bypassventil herausdrehen.
■ Den Schlauch an der Membrandose abbauen und den Schlauch aus dem Arbeitsbereich herauslegen.
■ Das Abgasrückführventil (3) zusammen mit dem Abgasrückführsteller der Bypassklappe und der Bypassklappe ausbauen.

Der Einbau erfolgt sinngemäß in umgekehrter Reihenfolge.
■ Schließen Sie das Diagnosesystem an und löschen Sie den Fehlerspeicher, soweit Fehler durch die Montage erfasst wurden.

Aufbau der Abgasrückführung am OM 654
Zur weiteren Verbesserung der Abgaswerte kommt ein erweitertes AGR-System zum Einsatz. Herkömmliche AGR-Systeme arbeiten im Hochdruckbereich. Das ist immer der Fall, wenn das Abgas noch vor der Turbine des Turboladers und dem Katalysator abgeleitet und nach dem Ladeluftkühler und Drosselklappenmodul wieder eingeleitet wird. Von einem Niederdruck-AGR spricht man, wenn Abgas nach dem Katalysator abgeleitet wird und vor dem Verdichter des Turboladers wieder eingeleitet wird. Das Niederdruck-AGR-System ermöglicht eine höhere Abgasrückführrate und dadurch eine Senkung der Stickoxide.

Ausbau des AGR-Ventils beim OM 654
Auch beim AGR-System finden sich für den OM 654 andere Bauformen. Es werden zwei AGR-Ventile verwendet. Wir werden im Folgenden die Montagearbeitsschritte für das AGR-Ventil im Niederdrucksystem und das AGR-Ventil im Hochdrucksystem vorstellen.

AGR-Ventil im Niederdruck-Bereich:
Das AGR-Ventil befindet sich auf der hinteren Seite des Motors.
■ Bauen Sie das Luftfiltergehäuse wie bereits beschrieben aus.
■ Demontieren Sie die Luftansaugleitung zum Turbolader.
■ Die Schelle am dünneren Schlauch des Niederdruck-AGR-Ventils öffnen und den Schlauch abziehen.

Bild 16
AGR-Ventil (OM 651).
1 Schrauben zum Bypassventil
2 Dichtung
3 AGR-Ventil
4 Dichtung
5 Elektrischer Anschluss

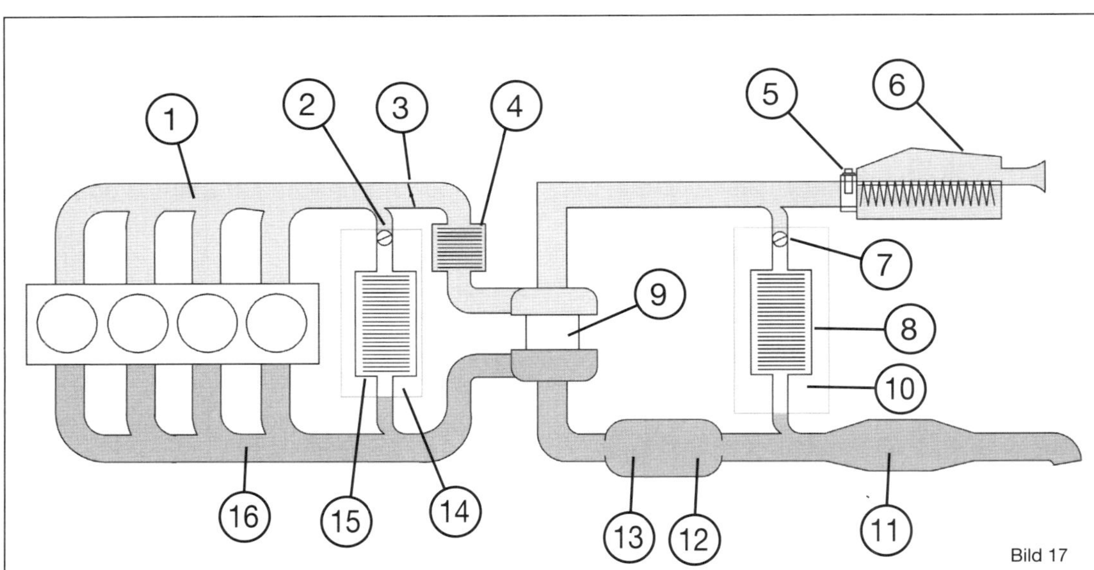

Bild 17

Bild 17
AGR-Ventil (OM 654).
1 Ansaugkrümmer
2 Hochdruck AGR-Ventil
3 Drosselklappenmodul
4 Ladeluftkühler
5 Luftmassenmesser
6 Luftfilter
7 Niederdruck AGR-Ventil
8 Niederdruck Ladeluftkühler
9 Turbolader
10 Niederdruckbereich
11 SCR-Kat
12 Partikelfilter
13 Oxikat
14 Hochdruckbereich
15 Hochdruckladeluftkühler
16 Abgaskrümmer

Bild 18

AGR-Ventil im Niederdruck (OM 654).

1 Temperaturfühler

2 AGR-Ventil

3 Elektrischer Anschluss

4 Dichtung

5 Schrauben

Bild 19

AGR-Ventil im Hochdruck (OM 654).

1 Dichtung

2 Dichtung

3 Dichtung

4 AGR-Ventil

5 Elektrischer Anschluss

6 Dichtung

■ Die Öffnungen mit geeigneten Verschlussstopfen verschließen.
■ Die elektrische Steckverbindung des Temperaturfühlers (1 im Bild 18) entriegeln und abziehen.
■ Die elektrische Steckverbindung (3) entriegeln und abziehen.
■ Die Schelle öffnen und den dickeren Schlauch vom Niederdruck-AGR-Ventil abziehen.
■ Die drei Schrauben (5) herausdrehen.
■ Das Ventil Niederdruck-AGR-Ventil abnehmen.

Alle Anschlüsse mit geeigneten Schutzhauben verschließen.

■ Reinigen Sie die Dichtflächen gründlich.

Der Einbau erfolgt sinngemäß in umgekehrter Reihenfolge.
■ Schließen Sie das Diagnosesystem an und löschen Sie den Fehlerspeicher, soweit weitere Fehler durch die Montage erfasst wurden.

AGR-Ventil im Hochdruck-Bereich:
Das AGR-Ventil befindet sich oben auf der hinteren Seite des Motors.
■ Das Kühlmittel wie bereits beschrieben ablassen.
■ Die Entlüftungsleitung lösen und aus dem Arbeitsbereich herauslegen.
■ Die elektrische Steckverbindung des AGR-Ventils (5 im Bild 19) trennen.
■ Die Schrauben der Kühlmittelleitung am AGR-Ventil (4) herausdrehen.
■ Die Kühlmittelleitung lösen und die Dichtung (2) abnehmen.
■ Die Schrauben der Hochdruck-Abgasrückführleitung am AGR-Ventil (4) herausdrehen.
■ Die Abgasrückführleitung lösen und die Dichtung (1) abnehmen.
■ Den Leitungskanal lösen, aus dem Arbeitsbereich herauslegen und mit einem Kabelbinder sichern.
■ Die Schrauben des AGR-Ventils zum AGR-Kühler aus Richtung des AGR-Kühlers herausdrehen.
■ Die verbliebene Schraube unter der Kühlmittelölleitung des AGR-Ventils herausdrehen und die Verbindungsstelle lösen.
■ Das AGR-Ventil (4) vom AGR-Kühler lösen und abnehmen.

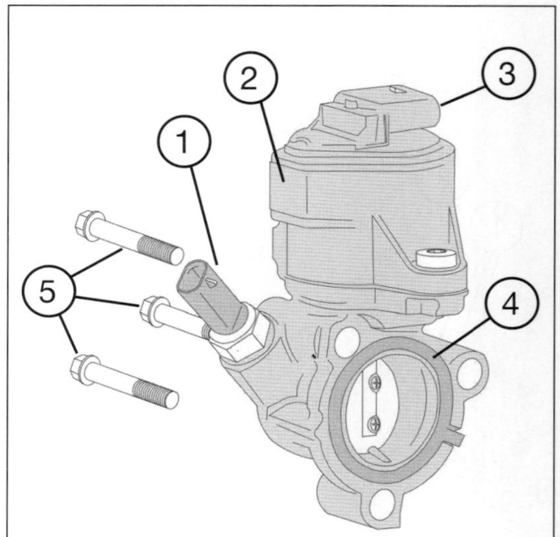

Bild 18

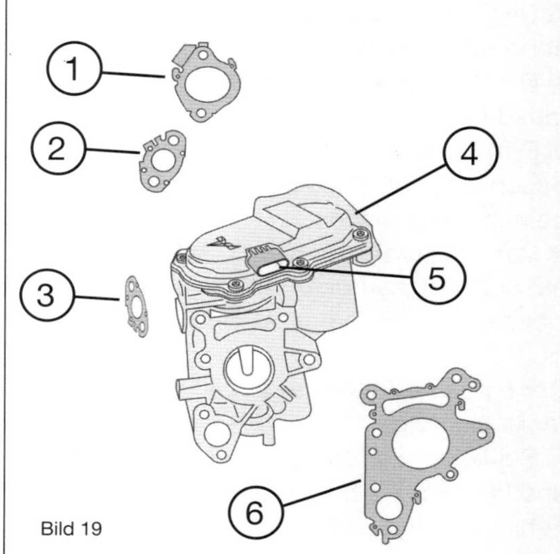

Bild 19

■ Die Dichtung (6) zwischen AGR-Ventil (4) und AGR-Kühler (2) abnehmen.
■ Reinigen Sie die Anschlüsse am AGR-Ventil gründlich und verschließen Sie alle Öffnungen mit passenden Stopfen oder Abdeckhauben.

Der Einbau erfolgt sinngemäß in umgekehrter Reihenfolge.
■ Verwenden Sie grundsätzlich neue Dichtungen.
■ Prüfen Sie die Dichtigkeit des Kühlsystems nach der Befüllung.
■ Schließen Sie das Diagnosesystem an und löschen Sie den Fehlerspeicher, soweit weitere Fehler durch die Montage erfasst wurden.

Bild 20

Bild 20
Ölaustritt am Turbolader bedeutet meistens Totalschaden am Lader. Sehr selten ist der Motor für den Ölverlust verantwortlich.

Aufladesysteme beim Sprinter

Alle Modelle der Mercedes Sprinter sind mit Aufladesystemen wie dem Turbolader ausgerüstet. Die sich ergebende Mehrleistung und das steigende Drehmoment erlauben den Einsatz von Motoren mit kleinerem Hubraum bei erstaunlichen Fahrleistungswerten. Im Laufe der Betriebszeit kann ein Schaden oder einfach normaler Verschleiß am Turbolader den Ausbau und oder Ersatz erforderlich machen.
Auch wenn extrem günstige Preise mancher Händler im Netz locken, sollten Sie immer genau nachsehen und sich informieren, wie die Qualität der oftmals aufbereiteten Lader ist. Schließlich kann ein Schaden am Lader auch einen kapitalen Motorschaden zur Folge haben. Wenn es in einem solchen Fall um die Beweislasten geht, werden Sie als privater Schrauber kaum die Möglichkeit haben nachzuweisen, dass die Reparatur sachgemäß war und die Schadensursache im Bauteil zu finden ist. Fragen Sie deshalb auch in einer Fachwerkstatt nach, was eine Reparatur mit Garantie kosten würde. Das kann durchaus auch eine freie Werkstatt oder oft auch der Lieferant des Turboladers sein.

Tipp: Sämtliche Schlauchverbindungen sind durch Schellen gesichert. Sichern Sie alle Schlauchverbindungen mit Schlauchschellen, die dem Serienstand entsprechen. Ladeluftsystem muss dicht sein. Selbstsichernde Muttern sind zu ersetzen. Motor nach dem Einbau des Turboladers ca. 1 Minute im Leerlauf laufen lassen und nicht gleich hochdrehen, damit die Ölversorgung des Abgasturboladers sichergestellt ist.

Arbeiten am Ladeluftsystem
Wird am Abgasturbolader ein mechanischer Schaden festgestellt, z. B. ein zerstörtes Verdichterrad, genügt es nicht, nur den Turbolader zu ersetzen. Um Folgeschäden zu vermeiden, müssen:
a) Luftfiltergehäuse, Luftfiltereinsatz und die Ansaugschläuche auf Verunreinigungen geprüft werden.
b) Die gesamte Ladeluftstrecke und der Ladeluftkühler auf Fremdkörper überprüft werden.

Achtung: Werden Fremdkörper im Ladeluftsystem festgestellt, muss die Ladeluftstrecke gereinigt und der Ladeluftkühler gegebenenfalls ersetzt werden.

Tipp: Verschließen Sie die Zugänge zum Ladeluftsystem sowohl beim verbleibenden Restsystem am Fahrzeug als auch bei den ausgebauten Teilen, um versehentliches Hereinfallen von Kleinteilen und Verschmutzungen zu verhindern.

Turbolader aus- und einbauen

Ausbau des Turbolader am OM 651

Tipp: Die Ansteuerung der Ventile am Abgasturbolader erfolgt über elektropneumatische Steuerventile.

- Das Fahrzeug zwischen den Hebebühnensäulen ausrichten und die vier Aufnahmeteller an den vom Fahrzeughersteller vorgeschriebenen Hebebühnenaufnahmepunkten platzieren.
- Das Fahrzeug mit der Hebebühne anheben.
- Die Motorabdeckung oben und unten wie bereits im Kapitel 4 »Motor und Unterbodenabdeckung« beschrieben ausbauen.
- Lassen Sie den Motor abkühlen.
- Den Luftfilterkasten wie bereits beschrieben ausbauen.
- Den Gebläse-Lüftungskasten ausbauen.
- Ziehen Sie die elektrische Steckverbindung zum Turbolader ab.
- Ziehen Sie den elektrischen Leitungssatz vom Abgasturbolader, dem Luftansaugrohr und dem Halter ab.
- Legen Sie den Leitungssatz aus dem Arbeitsbereich heraus.
- Das Luftansaugrohr am Turbolader ausbauen.
- Bauen Sie die Abgasanlage vorne wie bereits in diesem Kapitel beschrieben aus.

Sichtprüfung Messen

Single-Turbolader:

■ Drehen Sie die Schrauben heraus und bauen Sie den Halter über dem Turbolader ab.
■ Bauen Sie die Öldruckleitung zum Turbolader ab.
■ Demontieren Sie die Ölrücklaufleitung.

☞ Fangen Sie austretendes Restöl mit einem geeigneten Lappen auf.

■ Demontieren Sie das Wärmeschutzblech über dem AGR-Rohr.
■ Demontieren Sie das Wärmeschutzblech über dem Abgaskrümmer.
■ Drehen Sie die Schrauben des AGR-Rohres am Abgaskrümmer heraus.
■ Demontieren Sie die Sicherungsbleche an den Krümmerverschraubungen.
■ Drehen Sie die Schrauben des Abgaskrümmers am Zylinderkopf heraus und nehmen Sie den Abgaskrümmer zusammen mit dem Turbolader ab.
■ Demontieren Sie das Wärmeschutzblech am Abgaskrümmer.
■ Drehen Sie die drei Schrauben des Turboladers am Abgaskrümmer heraus.
■ Nehmen Sie den Turbolader ab.

Twin-Turbolader:

■ Den Generator ausbauen.
■ Den Halter (10 im Bild 21) ausbauen.
■ Das Ölablaufrohr des Abgasturboladers (8) vom Abgasturbolader abbauen.

☞ Fangen Sie austretendes Restöl mit einem Lappen auf.

■ Das Ansaugrohr am Turbolader ausbauen.
■ Den Ladeluftschlauch zwischen Turbolader und Ladeluftkühler ausbauen.
■ Den Unterdruckschlauch (7) von der Unterdruckdose des Turboladers (8) abziehen und aus dem Arbeitsbereich herauslegen.
■ Die elektrische Steckverbindung zum Temperatursensor (15) trennen.
■ Den Unterdruckschlauch (17) vom elektropneumatischen Steuerventil abziehen.
■ Die elektrische Steckverbindung des elektropneumatischen Steuerventils abziehen.
■ Demontieren Sie den Drucksensor Ladedruck vom Halter ab.
■ Lösen Sie die oberen Schrauben am Turbolader.
■ Trennen Sie die Verbindung der beiden Öldruckleitungen (1 und 19).
■ Bauen Sie den Temperatursensor aus dem Abgaskrümmer aus.
■ Lösen Sie den Temperatursensor vom Halter des Turboladers oben und legen Sie ihn aus dem Arbeitsbereich heraus.
■ Bauen Sie das Wärmeschutzblech auf dem Abgaskrümmer ab.
■ Demontieren Sie die Schelle zum Partikelfilter (2 im Bild 12).

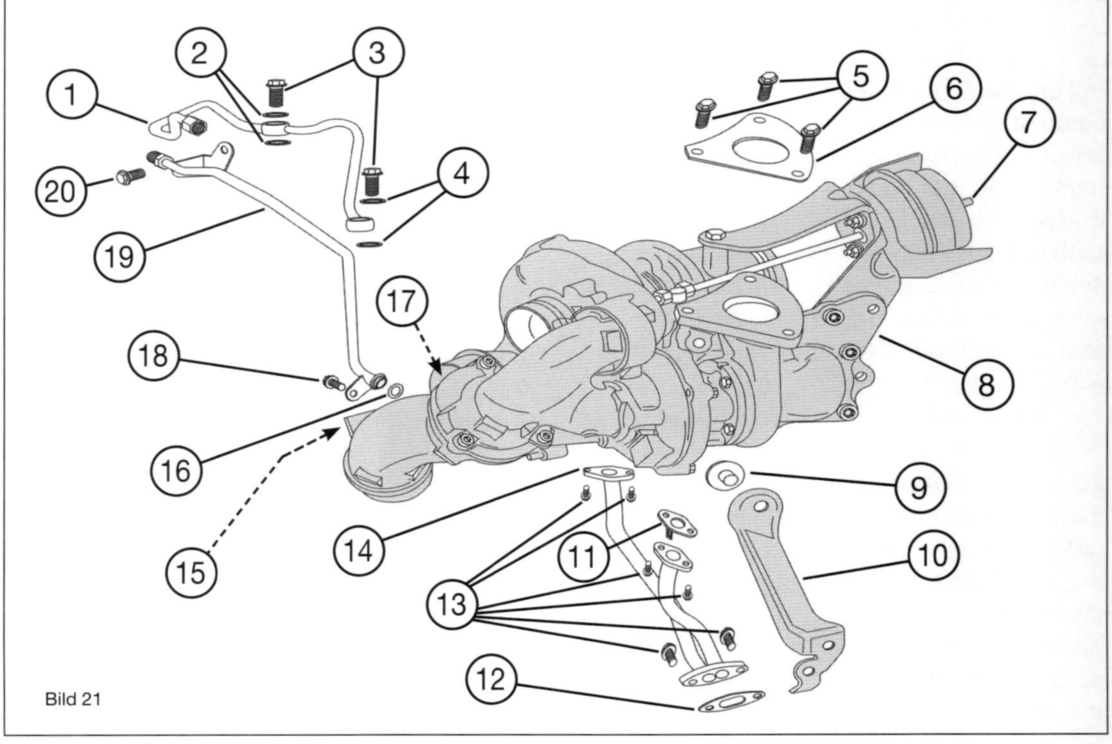

Bild 21
Turbolader OM 651.
1 Öldruckleitung
2 Dichtringe
3 Hohlschrauben
4 Dichtringe
5 Schrauben
6 Dichtung
7 Unterdruckanschluss
8 Turbolader (Bi-Turbo)
9 Schraube
10 Halter
11 Dichtung
12 Dichtung
13 Schrauben
14 Ablaufrohr (Doppel)
15 Temperatursensor
16 O-Ring
17 Unterdruckanschluss
18 Schraube
19 Öldruckleitung
20 Schraube

■ Drehen Sie die Schrauben (5 im Bild 21) aus dem Abgaskrümmer heraus.
■ Drehen Sie die Schrauben aus dem Halter des Turboladers oben heraus.
■ Nehmen Sie den Turbolader (8) zur Seite und dann nach oben heraus.

Die Montage erfolgt sinngemäß in umgekehrter Reihenfolge.
■ Prüfen Sie den Motorölstand mittels Ölmessstab und füllen Sie ihn falls erforderlich auf.
■ Füllen Sie etwas Öl in die Bohrung für die Hohlschraube für die Ölversorgung mit einem Ölkännchen ein.
■ Die Dichtfläche am Abgasturbolader und am Abgaskrümmer reinigen.
■ Alle selbstsichernden Muttern, die gelöst wurden, erneuern.
■ Lassen Sie den Motor zuerst einige Minuten im Leerlauf laufen, um sicherzustellen, dass die Ölversorgung zum Turbolader wieder gewährleistet ist.
■ Den Fehlerspeicher auslesen und soweit erforderlich abarbeiten und löschen.

Ausbau des Turbolader am OM 654

Tipp: Für den OM 654 werden für die unterschiedlichen Leistungsstufen unterschiedliche wassergekühlte Turboladersysteme verbaut. Sie werden entsprechend Versorgungsleitungen für den Schmierkreislauf und für die Kühlung vorfinden.

Das einstufige Ladersystem:
Zum Einsatz kommt ein VTG-Lader mit elektromechanischem Stellmotor.

Das zweistufige Ladersystem:
Zum Einsatz kommt eine Turboladerkombination aus einem Hochdruck- und einem Niederdruckturbolader. Die Regelung erfolgt über einen elektrischen Steller und zwei Bypassklappen, die pneumatisch über Unterdruck und Steherventile betätigt werden.

Montagearbeiten:
Die Montagearbeiten für die beiden Turboladervarianten fallen ähnlich aus. Wir stellen Ihnen hier eine allgemeingültige Beschreibung zur Verfügung. Die Bildnummern beziehen sich auf den »Singel-Turbolader«.
■ Das Kühlmittel wie bereits beschrieben ablassen.

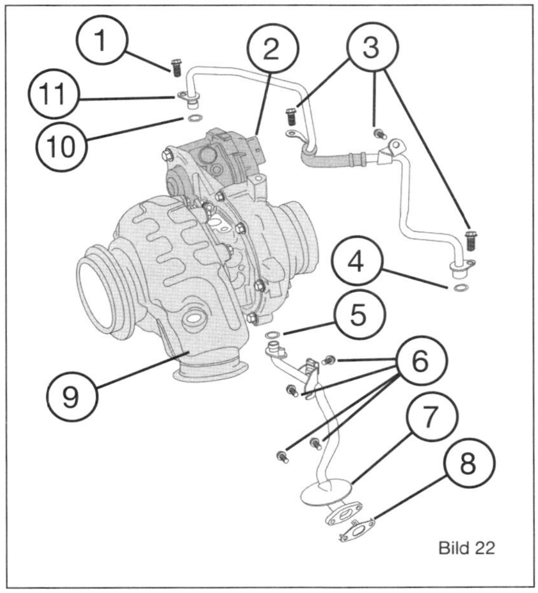

Bild 22

Bild 22
»Single« VTG-Turbolader (OM 654).
1 Schraube
2 Elektrischer Anschluss am Ladedrucksteller
3 Schrauben
4 O-Ring
5 O-Ring
6 Schrauben
7 Ölablaufleitung
8 Dichtung
9 Turbolader
10 Dichtring
11 Öldruckleitung

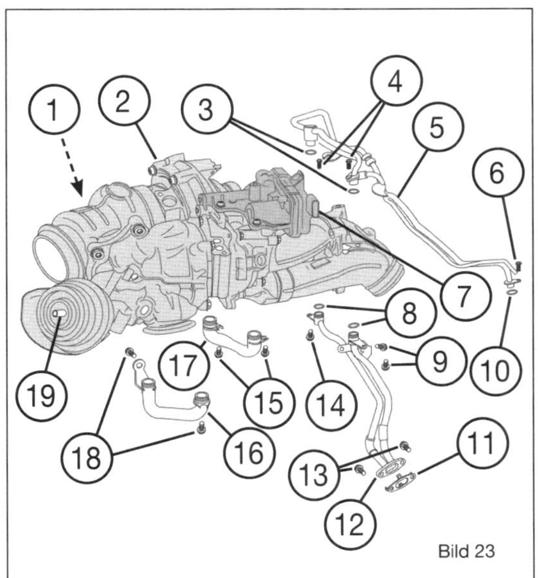

Bild 23

Bild 23
»Bi-Turbolader« am (OM 654).
1 Unterdruckanschluss Byplassklappe
2 Bi-Turbolader
3 O-Ring
4 Schrauben
5 Öldruckleitung
6 Schraube
7 Elektrischer Anschluss am Ladedrucksteller
8 O-Ring
9 Schrauben
10 O-Ring
11 Dichtung
12 Ölablaufleitung
13 Schrauben
14 Schraube
15 Schrauben
16 Kühlmittelleitung
17 Kühlmittelleitung
18 Schrauben
19 Unterdruckanschluss Byplassklappe

■ Den Dieseloxidationskatalysator wie bereits beschrieben ausbauen.
■ Das Ladeluftrohr zwischen Turbolader und dem Ladeluftkühler ausbauen.
■ Abgastemperatursensor vom Abgasturbolader abbauen und mit angeschlossener elektrischer Anschlussleitung aus dem Arbeitsbereich legen.
■ Demontieren Sie die Kühlmittelleitungen am Turbolader und verschließen Sie die Öffnungen mit geeigneten Verschlussstopfen.
■ Schrauben (6 im Bild 22) herausdrehen.
■ Die Ölrücklaufleitung (7) vom Abgasturbolader (9) abbauen.
■ Demontieren Sie die Öldruckleitung (11) zum Turbolader.

Bild 24
Klassischer Laderschaden.
1 Lagerschaden
2 Beschädigtes Turbinenrad

■ Lösen Sie die Schelle zum Abgaskrümmer.
■ Drehen Sie die Befestigungsschraube des Turboladers von unten heraus.
■ Den Abgasturbolader (9) vom Abgaskrümmer lösen und nach oben herausnehmen.
■ Bauen Sie die Schelle zum Abgaskrümmer ab.
Der Einbau erfolgt in umgekehrter Reihenfolge.
■ Füllen Sie etwas Öl in die Bohrung für die Hohlschraube für die Ölversorgung mit einem Ölkännchen ein.
■ Die Dichtfläche am Abgasturbolader und am Abgaskrümmer reinigen.
■ Alle selbstsichernden Muttern, die gelöst wurden, erneuern.
■ Kontrollieren Sie nach der Montage den Motorölstand im Kombiinstrument.
■ Lassen Sie den Motor zuerst einige Minuten im Leerlauf laufen, um sicherzustellen, dass die Ölversorgung zum Turbolader wieder gewährleistet ist.
■ Den Fehlerspeicher auslesen und soweit erforderlich abarbeiten und löschen.

Schäden am Turbolader

Moderne Turbolader wie die in Ihrem Sprinter können Drehzahlen von 300.000 1/min erreichen. Die Lagerung erfolgt auf sogenannten hydrodynamischen Lagern. Die Laderwelle schwimmt praktisch auf dem Ölfilm, der sich durch das unter Öldruck stehende Motoröl aufbaut. Schlechte Ölqualität, unzureichende Ölversorgung oder auch unzureichender Ölablauf führen zu frühzeitigen Laderschäden. Da auch schon ein erhöhter Gegendruck durch einen zugesetzten Partikelfilter und viele andere Möglichkeiten in Betracht kommen, muss ein Schaden am Turbolader grundsätzlich immer auf seine Ursache hin untersucht werden.

Prüfen der Ansteuerung des Ladedruckstellers (VTG-Verstellung)

Die Verstellung kann nur vom Motorsteuergerät angesteuert werden. Das kann über einen »Stellgliedtest« mit einem geeigneten Diagnosetester durchgeführt werden.

Die Verstellung selber wird über das Motorsteuergerät überwacht. Fehler in der Ansteuerung können direkt im Fehlerspeicher abgelegt werden.

Bild 24

Prüfen der Ansteuerung an der Unterdruckdose (Klappenverstellung)

Die Verstellung wird nicht direkt überwacht. Die Auswirkung der Ansteuerung wird über Sensoren erfasst und auf Plausibilität vom Steuergerät geprüft.
■ Ziehen Sie den Unterdruckanschluss am Turbolader ab und stecken Sie einen Schlauch mit einer Handunterdruckpumpe (Minivac-Pumpe) an.
■ Beaufschlagen Sie die Unterdruckdose mit Unterdruck und beobachten Sie die Bewegung des Betätigungsgestänges.

Es sollte sich ruckfrei und in Abhängigkeit vom Unterdruck von Anschlag zu Anschlag bewegen lassen.

Die Unterdruckdose muss dicht sein. Abfallender Druck bedeutet meist eine defekte Membran in der Unterdruckdose.

Vorbereitungen für die Druck- und Volumenmessungen am Turbolader

Mit dieser Prüfung wird das Fördervolumen der Schmierung des Turboladers geprüft. Die Prüfung ist beim Sprinter aufgrund der kompakten Bauweise nur schwierig möglich, oft auch aufgrund der Einbaulage des Turboladers und der Ansteuerung zudem sehr aufwendig.

Bild 25
Prüfung der Unterdruckdose.
1 Anschlussschläuche
2 Druckdose
3 Bypassklappe
4 Turbolader
5 Handunterdruckpumpe

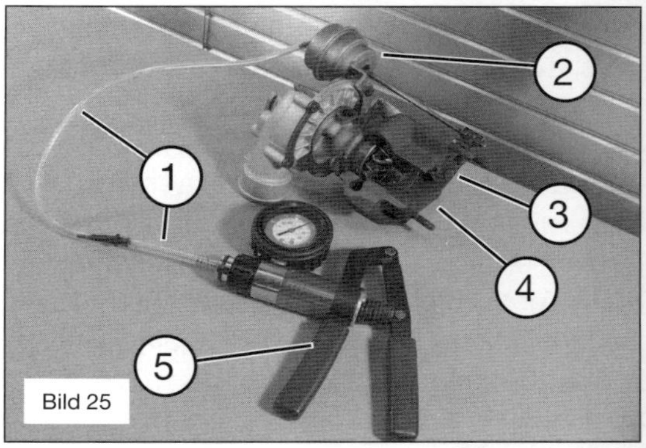

Bild 25

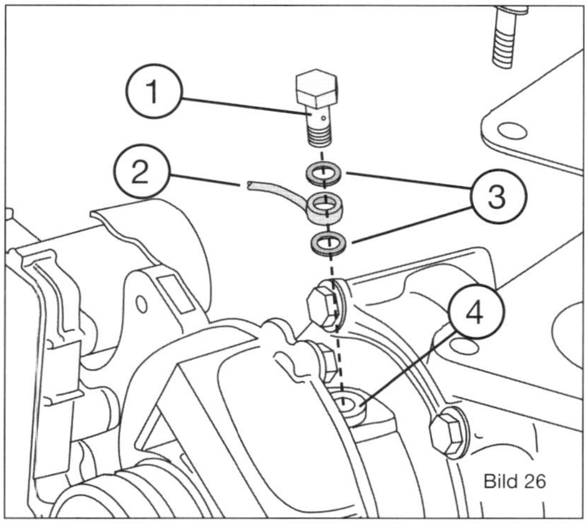

Bild 26
Prüfung des Ölvolumens.
1 Hohlschraube
2 Druckleitung (gekürzt dargestellt)
3 Dichtringe
4 Anschluss am Turboladergehäuse

■ Prüfen Sie den Motorölstand wie bereits im Kapitel 5 beschrieben.
■ Demontieren Sie die Hohlschraube (z. B. 1 im Bild 26) auf Durchlässigkeit und kontrollieren Sie, ob ein Sieb verbaut wurde, das sich eventuell zugesetzt hat.
■ Prüfen Sie die Öldruckleitung des Turboladers auf Durchgängigkeit und eventuelle Verschmutzungen.

Öldruck am Turbolader

■ Führen Sie die Vorbereitungsarbeiten wie beschrieben durch.
■ Bauen Sie an den Versorgungsanschluss um die Druckleitung einen Adapter für den Anschluss einer Druckmessuhr bis 10 bar an.
■ Lassen Sie den Motor bei etwa 2000 1/min laufen. Der Öldruck sollte mindesten 2,0 bar erreichen.

Führen Sie die Prüfung über einen Zeitraum von etwa 10 Minuten durch. Kontrollieren Sie den Öldruck in diesem Zeitraum ununterbrochen.

Ölvolumen am Turbolader

■ Prüfen Sie den Öldruck am Turbolader wie bereits beschrieben.
■ Bauen Sie an den Ölrücklauf des Turboladers einen Schlauch an, den Sie in einen Messbecher mit mindestens 1 Liter Fassungsvermögen leiten.
■ Verschließen Sie die Bohrung für den Rücklauf im Zylinderblock mit einem geeigneten Stopfen.
■ Lassen Sie den Motor eine Minute im Leerlauf laufen.

Der Ölfluss sollte ohne Unterbrechung erfolgen.

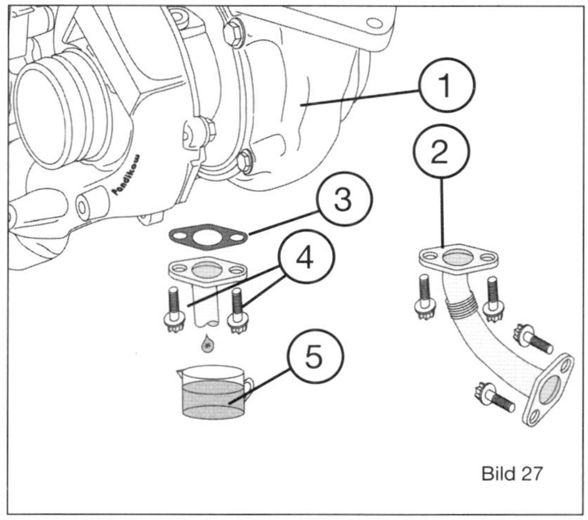

Bild 27
Prüfung des Ölvolumens.
1 Turbolader
2 Ölablaufleitung
3 Dichtung
4 Schrauben
5 Auffangbehälter mit Messskala

Nach Ablauf der Prüfzeit von einer Minute sollte mindestens 0,3 l Öl durch die (den) Turbolader in den Messbecher geflossen sein. Die Messungen sollten mehrfach durchgeführt werden, um ein gesichertes Ergebnis auswerten zu können.

Arbeiten am Ladeluftsystem

Auch die Arbeiten am Ladeluftsystem müssen mit großer Sorgfalt erfolgen. Ein Eindringen von Fremdpartikeln oder Verschmutzungen kann erhebliche Schäden zur Folge haben.

Kontrollen am Aufladungssystem

Für die Sicherung der Schlauchverbindungen mit Schlauchschellen nur solche verwenden, die dem Serienstand entsprechen.

Schlauchstutzen und Schläuche für Ladeluftsystem müssen unbeschädigt und dicht sein.

■ Geringe Ölspuren können im Laufe der Betriebszeit schon auftreten. Erheblichem Ölverlust muss aber nachgegangen werden.

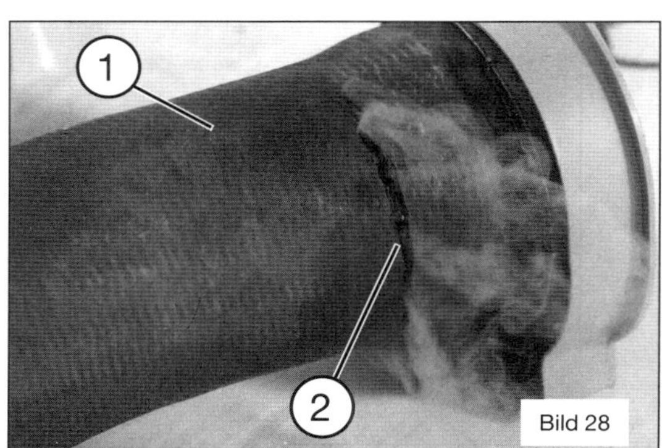

Bild 28
Defekter Luftführungsschlauch.
1 Luftführungsschlauch
2 Riss (leicht sichtbar über die Rauchgasprüfung)

■ Achten Sie auf die korrekte Lage der Anschlusskabel und Schläuche.
■ Die Ölversorgung und der Ablauf müssen dicht sein.
■ Kühlmittelpumpe und die Anschlüsse am Turbolader müssen dicht sein.
■ Achten Sie auf die korrekte Befestigung der Abschirmbleche und der Geräuschdämmmatten.

Kontrolle des Ladedrucks mit der Druckmessuhr

Gerade dann, wenn der Saugrohrdrucksensor im Verdacht steht, den Fehler zu verursachen, ist es erforderlich den Ladedruck über eine Druckmessuhr zur erfassen.
■ Demontieren Sie das Luftführungsrohr am Ansaugkrümmer.
■ Montieren Sie einen passenden Messadapter in die Ladeluftleitung und montieren Sie die Ladeluftleitung mit dem verbauten Messadapter.
■ Schließen Sie eine Druckmessuhr mit einem Messbereich von 5 bar über eine Schlauchverlängerung an.
■ Legen Sie die Messuhr in den Sichtbereich und führen Sie eine Probefahrt durch.
■ Der Ladedruck sollte bei 1,5-1,7 bar liegen.

Kontrolle des Ladedrucks mit dem Diagnosetester

Die Kontrolle des Ladedrucks kann am einfachsten über den Diagnosetester erfolgen.

Das Ladedrucksystem Ihres Sprinter ist mit zwei Sensoren ausgerüstet. Abweichungen vom Sollwert werden in der Regel vom Motorsteuergerät erkannt und im Fehlerspeicher abgelegt.

Die Arbeitsschritte unterscheiden sich für die einzelnen Tester kaum.
■ Stecken Sie den OBD-Tester in die OBD-Anschlussdose ein.
■ Wählen Sie das Fahrzeug wie bereits im Kapitel 4 beschrieben an.
■ Wählen Sie das Motorsteuergerät »Motorsteuerung (EMS) an. Der Tester baut nun die Verbindung zu dem Steuergerät auf.
■ Wählen Sie die »Sensordaten« an.
■ Wählen Sie aus der Liste links den »Saugrohrdrucksensor« an.
■ Fahren Sie das Fahrzeug zusammen mit einem zweiten Mechaniker Probe.

Beobachten Sie den Ladedruck und werten Sie ihn aus. Er sollte etwa 0,5 - 0,7 bar über dem Atmosphärendruck erreichen. Das entspricht einem Absolutdruck von 1,5 - 1,7 bar. Im Zweifel beide Sensoren mit dem Oszilloskop prüfen.

Dichtigkeitsprüfung Bauteile und Leitungen im Ladedrucksystem

Ist der Ladedruck zu niedrig, muss nicht zwingend der Turbolader defekt sein.

Undichte oder gerissene Ladeluftleitung oder Schläuche, ein gerissener Ladeluftkühler oder ein undichtes Druckumluftventil kommen hier auch infrage. Die Dichtungen rund um den Ansaugkrümmer müssen in Augenschein genommen werden.

Undichtigkeiten im Ladedrucksystem können leicht auch zu hohen Turboladerdrehzahlen mit Folgeschäden an Turbolader oder sogar am Motor führen.

Akustische Kontrolle:
■ Lassen Sie den Motor einige Minuten im

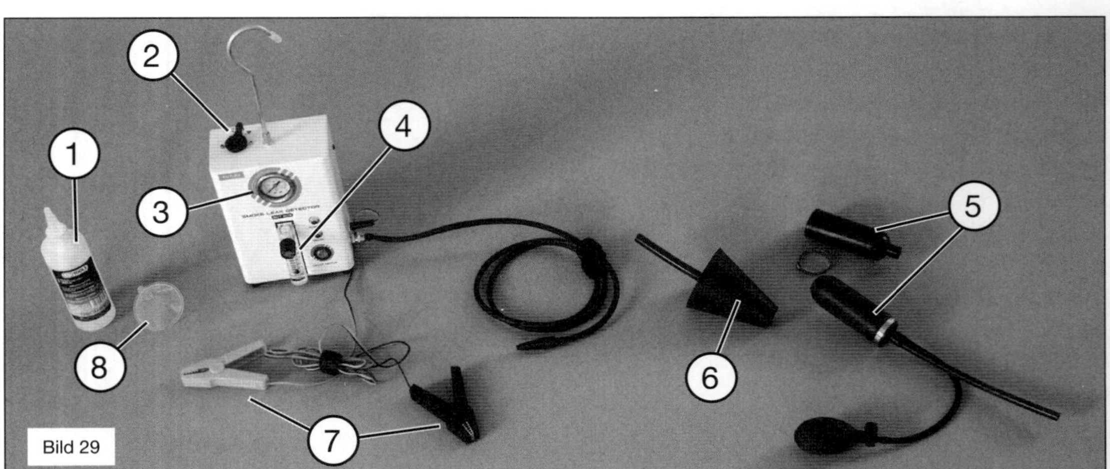

Bild 29
Rauchgasprüfung.
1 Rauchöl
2 Öltank
3 Druckanzeige
4 Durchflussmenge
5 Aufblasbare Stopfen
6 Kegelstopfen
7 Anschlussklemmen
8 Trichter

Leerlauf laufen und beschleunigen Sie ihn mehrfach aus dem Stand heraus auf etwa 4000 1/min.

- Hören Sie die Ladeluftleitungen zwischen Turbolader und Ladeluftkühler sowie zum Ansaugkrümmer ab.

Achten Sie auf Zischgeräusche oder/ und auf einen Luftstrom.

Dichtigkeitsprüfung über Luftdruck:

- Demontieren Sie den Luftfilterkasten komplett.
- Demontieren Sie das Luftführungsrohr am Ansaugkrümmer.
- Verschließen Sie das Luftführungsrohr zum Ansaugkrümmer mit einem passenden Verschlussstopfen.
- Schließen Sie einen passenden Verschlussstopfen mit Luftanschluss am Luftfilteranschluss zum Turbolader an.
- Beaufschlagen Sie das Ladeluftsystem mit etwa 2,0 bar Druckluft über einen Druckminderer.
- Hören Sie die Ladeluftleitungen zwischen Turbolader und Ladeluftkühler sowie zum Ansaugkrümmer ab.

Achten Sie auf Zischgeräusche und/ oder auf einen Luftstrom.

Dichtigkeitsprüfung über Rauchgas (Bild 29):
Die Prüfgeräte über Rauchgas sind über die üblichen Versteigerungsplattformen für unter 100 Euro zu erwerben.

Wichtig bei der Anschaffung ist, dass die Flüssigkeit zur Raucherzeugung nicht verbrannt werden darf.

Am besten erkennbar sind nach Mercedes-Benz dunkle Rauchtöne.

- Klemmen Sie die Anschlüsse für den Bereich, den Sie prüfen möchten, ab.
- Schließen Sie das Prüfgerät am Anfang der Prüfstrecke an und montieren Sie einen Stopfen am Ende der Prüfstrecke.
- Nehmen Sie das Gerät nach der Geräteanweisung in Betrieb.

Die Anforderungen Rauch-Prüfgeräte:

- Der Rauch wird durch Verdampfen der Prüfflüssigkeit erzeugt.
- Das Gerät ist mit einem Durchflussmesser (Flow-Meter) mit Millimeterskala zur Anzeige der Leckgröße ausgestattet.
- Es ist eine Anzeige für den Systemdruck (zwischen +70 mbar bis -70 mbar) vorhanden.
- Die Rauchmenge ist stufenlos einstellbar.

Arbeiten an Temperaturfühlern, Lambda- und Druckmesssonden

In Ihrem Sprinter sind in der Abgasanlage unterschiedliche Sensoren für Druck, Temperatur und die Abgaszusammensetzung verbaut. Die Diagnose sollte ausschließlich über einen geeigneten Motortester erfolgen. Leider sind keine Messwerte für die einzelnen Sensoren seitens des Herstellers bekannt. Oft ist ein Vergleich über Sollwerte auch nicht möglich.

Optische Kontrolle
In vielen Fällen ist Korrosion oder ein Bissschaden durch Nagetiere ein Grund für einen Fehler, der einem Sensor zugeschrieben wird.

- Kontrollieren Sie grundsätzlich vor dem Ausbau den Sitz des Steckkontaktes.
- Prüfen Sie den Zustand der Steckverbindung.
- Prüfen Sie den Zustand der Anschlussleitungen.

Demontagearbeiten
Alle Verschraubungen, die im Abgassystem verbaut sind, unterliegen verstärkt der Korrosion und können oft nur schwer gelöst werden.

- Lassen Sie den Motor und die Abgasanlage für die Montagearbeiten abkühlen.
- Lesen Sie den Fehlerspeicher aus.
- Entsichern Sie die Steckkontakte und ziehen Sie sie ab.
- Drehen Sie die Messsonde mit einem genau passenden Schlüssel (am besten ein Sechskant-Rohrschlüssel) los.
- Nehmen Sie die Messsonde heraus.

Die Montage erfolgt sinngemäß in umgekehrter Reihenfolge.

- Die Gewinde der Messsonde vor der Montage mit Paste bestreichen.

Achten Sie darauf, lediglich das Gewinde und nicht die Messöffnungen zu bestreichen.

- Verlegen Sie die Anschlusskabel in der Position, wie sie im Originalzustand gelegen haben.

10 Kraftübertragung

Getriebetypen beim Sprinter 910

Zum System der Kraftübertragung bei Fahrzeugen mit Schaltgetriebe gehören Getriebe, Kupplung und Achsantrieb. Damit alle Akteure perfekt zusammenarbeiten und die vom Motor produzierte Leistung an die Antriebsräder übertragen, sind sie durch Gelenke, Wellen und Zahnräder miteinander verbunden. Welche Kraft tatsächlich an den Rädern benötigt wird, hängt davon ab, was dem Fahrzeug während der Fahrt abverlangt wird. Der Motor bietet jedoch nur in einem begrenzten Drehzahlbereich eine verwertbare Leistung an. Damit der Wagen beim Beschleunigen und bei Bergfahrten trotzdem genügend Zugkraft entwickelt, ist das Getriebe nötig. Mit seinen verschiedenen Gängen gewährleistet es eine jeweils passende Übersetzung. Je nach Motor werden verschiedene Getriebe verbaut. Gerade beim Ersetzen des Getriebes aus dem Gebrauchtmarkt ist es wichtig, die Getriebe unterscheiden zu können.

Position der Getriebekennung

Auf einer Fräsfläche (1 im Bild 1) ist die Kennnummer eingeschlagen (eingefräst). Diese Kennnummer finden Sie auch auf dem Datenträger (2), der auf dem Getriebe aufgeklebt ist. Soweit es sich noch um das original verbaute Getriebe handelt, lässt es sich auch über die Fahrgestellnummer entschlüsseln. Ähnlich sind auch die Kennnummern für Zwischengetriebe beim Allrad und die Hinterachse. Für die Hinterachse sollten Sie zusätzlich auch das Übersetzungsverhältnis notieren.

Die Aufschlüsselung des Getriebes bei Bezug von Ersatzteilen oder einem Austauschgetriebe sollten Sie aufgrund der Aktualität über einen Mercedes Benz-Händler oder Ihren Getriebelieferanten aufschlüsseln.

Da auch für die Ölbefüllung der Getriebetyp wichtig ist, sollten Sie sich die Getriebenummer und den Bautyp ins Serviceheft übertragen.

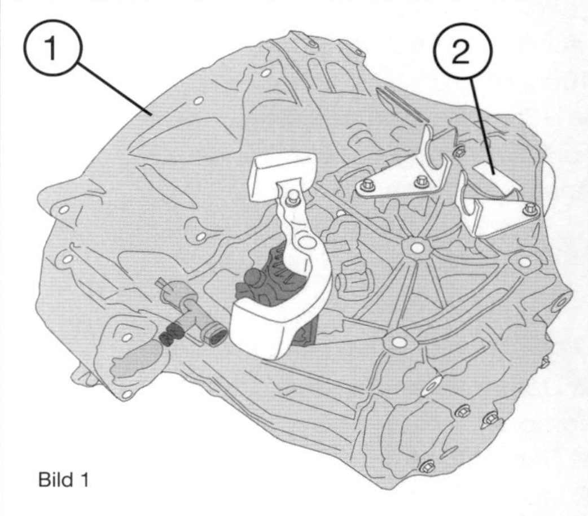

Bild 1

Bild 1
Kennzeichnung am Schaltgetriebe.
1 Einschlagzahl
2 Typenschildaufkleber

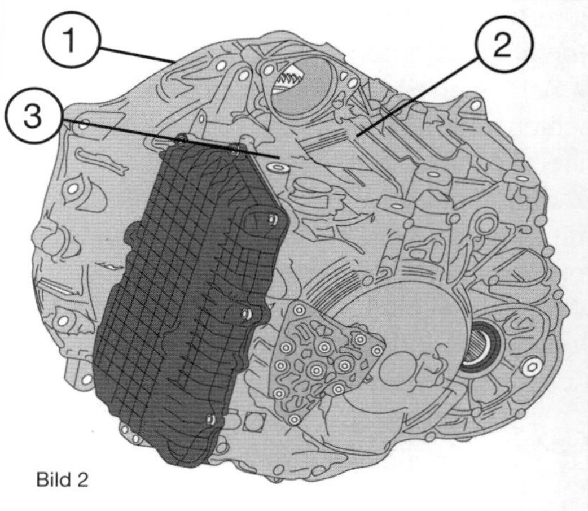

Bild 2

Bild 2
Kennzeichnung am Automatikgetriebe.
1 Einschlagzahl
2 Typenschildaufkleber
3 Typenschild

Besonderheiten beim Sprinter

Drei Automatikgetriebe mit 9 Gängen sowie 3 Bautypen für das 6-Gang-Schaltgetriebe machen die Unterscheidung schwer. Gerade dann, wenn Sie Ihren Sprinter als Camper oder als Transporter durchaus auch im Ausland einsetzen, sollten Sie die Kennzeichnungen für Motor, Getriebe eventuelle Nebenabtriebe oder das Zwischengetriebe beim Allrad sicher notieren.

Vermerken Sie sich auch die erforderliche Ölnorm und die Füllmenge. Letztere besser beim Mercedes-Händler erfragen. So haben Sie zumindest zum Zeitpunkt der Abfrage tagesaktuelle Information.

Ölwechsel am Getriebe

⚠ Das Getriebeöl grundsätzlich nur bei betriebswarmem Getriebe ablassen. Austretendes Getriebeöl in einem geeigneten Behälter auffangen. Das Getriebeöl immer vollständig ablaufen lassen.

■ Das Fahrzeug mit der Hebebühne anheben.

Das Fahrzeug zwischen den Hebebühnensäulen ausrichten und die vier Aufnahmeteller an den vom Fahrzeughersteller vorgeschriebenen Hebebühnenaufnahmepunkten platzieren.

Öle am Schaltgetriebe

6-Gang-Getriebe: 700.760, 700.761, 700.762

Informationen	75W80 synthetisch
Mercedes-Freigabe	MB 235.10
Füllmenge	ca. 2,5 l

Öle am Automatikgetriebe

9-Gang-Getriebe 722.9xx (mit »Reibungsreduzierung« Code A89)

Informationen	ATF D971 (gold)
Mercedes-Freigabe	236.82
Getriebe und Wandler komplett	ca. 7,6 l
Ölwechsel	ca. 5,1 l
Wandler	ca. 2,0 l
Ölkühler undÖlleitungen	ca. 0,5 l

Ölwechsel am Schaltgetriebe

■ Bauen Sie die Motorraumverkleidung unten aus.

■ Reinigen Sie die Umgebung um die Ölablassschraube gründlich.

■ Ölablassschraube (4 im Bild 4) herausschrauben und Getriebeöl ablassen.

■ Den Magnet an der Ölablassschraube reinigen.

■ Die Ölablassschraube (4) im Getriebe einschrauben und anziehen. Verwenden Sie sehr wenig Dichtmasse.

■ Hängen Sie den Schaltzug am Halter (2 im Bild 3) aus.

■ Reinigen Sie die Umgebung um die Öleinfüllschraube (1) gründlich.

■ Beachten Sie die richtige Füllmenge für das jeweilige Getriebe.

■ Das Gewinde der Öleinfüllschraube leicht einölen und die Schraube in das Gewinde von Hand eindrehen.

■ Die Öleinfüllschraube (1 im Bild 3) am Getriebe festschrauben.

■ Die Motorraumverkleidung montieren.

■ Fahrzeug mit der Hebebühne absenken.

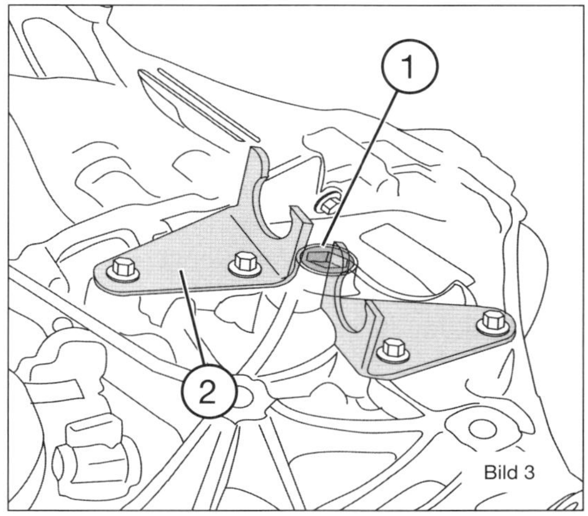

Bild 3
Öleinfüllschraube am Schaltgetriebe.
1 Einfüllschraube
2 Halter Schaltzug

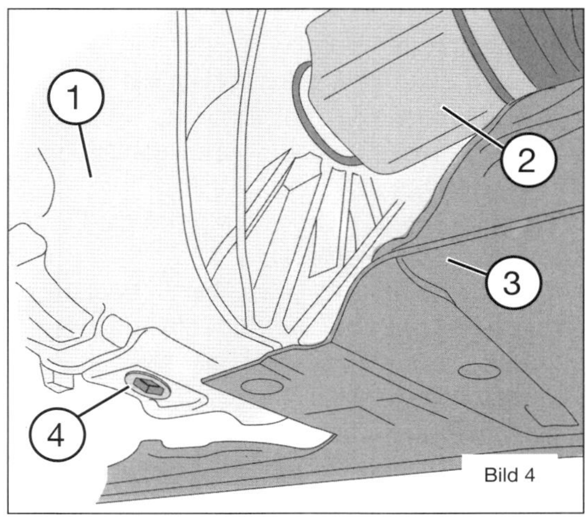

Bild 4
Ölablasschraube am Schaltgetriebe.
1 Getriebegehäuse
2 Antriebswelle links
3 Achsträger
4 Ölablassschraube

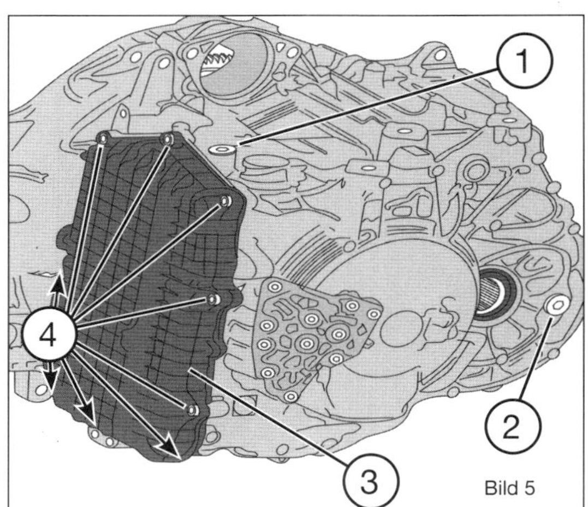

Bild 5
Ölablasschraube am Schaltgetriebe.
1 Öleinfüllschraube
2 Ölkontrollschraube
3 Mechatronikgehäuse
4 Schrauben

Ölwechsel am Automatikgetriebe 700.750, 700.751, 700.752 (9-Gang-Getriebe)

Der Ölstand im Automatikgetriebe wird durch das Ablaufen des Öls über die Kontrollschraube (2 im Bild 5) erreicht.

■ Bauen Sie die Motorraumverkleidung unten aus.

■ Reinigen Sie die Umgebung um die Ölab-

Sichtprüfung Messen

Bild 6
Antriebseinheit mit Automatikgetriebe von unten.
1 Motor
2 Ablassschraube
3 Mechatronikgehäuse
4 Automatikgetriebe

Bild 7
Ölfüllmenge ist beim Überlauf aus der Einfüllschraube erreicht.
1 Getriebegehäuse
2 Einfüllöffnung
3 Getriebeölfüllung
4 Abtropfendes Getriebeöl bei erreichtem Füllstand

Bild 8
Ölfüllgerät für Automatikgetriebe.
1 Handpumpe
2 Einfüllöffnung
3 Behälter
4 Adapter
5 Adapterliste
6 Anschlussadapter

lassschraube gründlich.

■ Ölablassschraube (2 im Bild 6) herausschrauben und Getriebeöl vollständig ablassen.

■ Drehen Sie eine neue Ölablassschraube mit neuer Dichtung ein, ziehen Sie sie fest.

■ Reinigen Sie die Umgebung um die Öleinfüllschraube (1 im Bild 5) gründlich.

■ Schütteln Sie die Getriebeölflaschen gründlich und füllen Sie die angegebene Menge in das Getriebe ein.

■ Drehen Sie die Öleinfüllschraube (1) mit neuer Dichtung wieder fest.

■ Schließen Sie ein geeignetes Diagnosegerät an.

■ Starten Sie den Motor und schalten Sie alle Schaltstufen durch.

■ Stellen Sie den Wahlhebel auf die Position »D« und lassen Sie den Motor laufen, bis das Getriebeöl eine Temperatur von 35 bis 45 °C erreicht hat.

■ Reinigen Sie die Umgebung um die Ölkontrollschraube gründlich.

■ Ölkontrollschraube (2 im Bild 5) bei laufendem Motor in der Getriebestellung »D« herausschrauben und den Getriebeölstand kontrollieren.

Er muss im angegebenen Temperaturbereich von 35 bis 45 °C gerade so die Unterkante der Kontrollschraube erreichen.

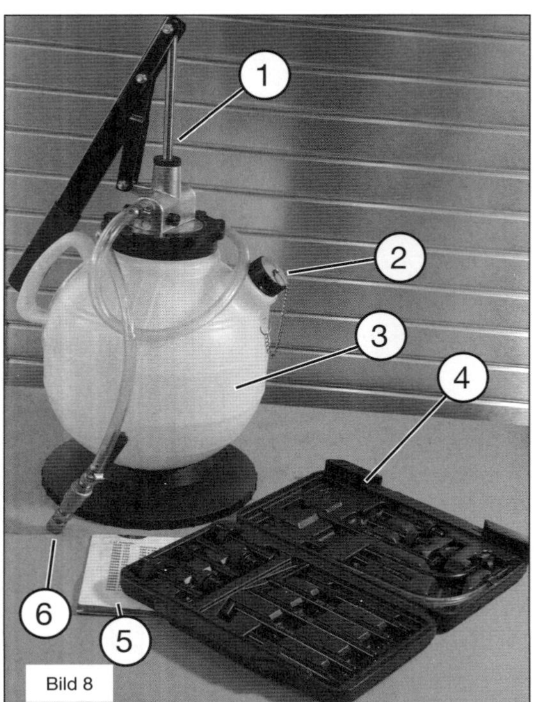

Bild 8

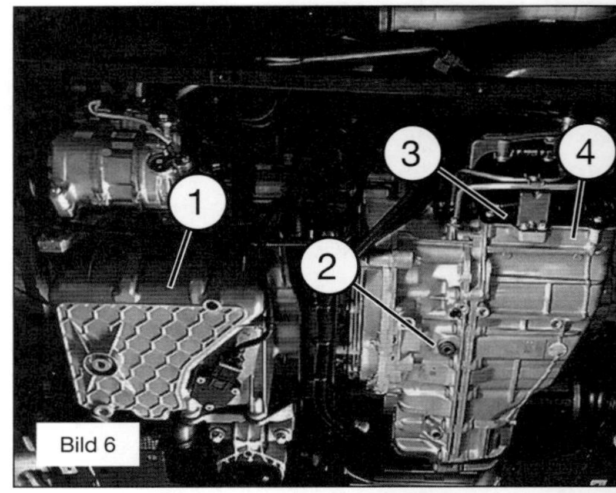

Bild 6

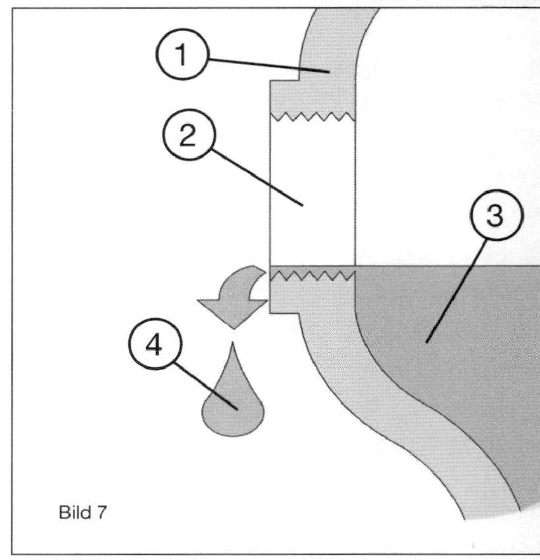

Bild 7

Bei Ölüberschuss lassen Sie das Getriebeöl über die Kontrollschraube ablaufen.

Ist der Ölstand zu niedrig, füllen Sie den Ölstand entsprechend nach.

■ Drehen Sie die Öleinfüllschraube (2) mit neuer Dichtung wieder fest.

Die weiteren Montagearbeiten erfolgen in der umgekehrten Reihenfolge zur Demontage.

Montagearbeiten am Getriebe

Die Demontage des Getriebes erfordert einige spezielle Werkzeuge und auch Erfahrung in der Montage. Im Rahmen dieses Buches gehen wir nur auf Arbeiten ein, die üblicherweise in privater Hand von Schraubern angegangen werden. Hinzu kommt, dass der Umfang der Arbeitsbeschreibungen für die Demontage den Rahmen dieses Buches sprengen würde.

Die Kupplung (manuelles Schaltgetriebe 6-Gang)

Der Kraftfluss vom Motor zum Achsantrieb muss nach Wunsch hergestellt und unterbrochen werden können. Das ist erforderlich, wenn Sie das Fahrzeug starten, mit laufendem Motor fahrbereit stehen oder die Gänge wechseln wollen. Dieses Ankoppeln und Trennen übernimmt bei Fahrzeugen mit Schaltgetriebe die Kupplung. Sie ermöglicht auch ruckfreies Anfahren, indem sie die unterschiedlichen Drehzahlen von Kurbelwelle und Antriebswelle des Getriebes ausgleicht. Kernstück des Systems Kupplung ist die Mitnehmerscheibe. Der Sprinter mit manuellem Schaltgetriebe hat eine hydraulisch betätigte Einscheiben-Trockenkupplung mit asbestfreien Belägen und Einmaßen-Schwungrad. Kupplungen sind komplizierte Konstruktionen. Ihr Verschleißteil Mitnehmerscheibe ist nicht ohne Weiteres zugänglich. Dazu muss das Getriebe vom Motor getrennt und nach unten ausgebaut werden. Diese Arbeit erfordert Know-how und Spezialwerkzeuge. Nun ist aber auch jede Kupplung so gut wie wartungsfrei, weil das System den Verschleiß selbsttätig ausgleicht.
Die Mitnehmerscheibe ist gewöhnlich erst nach mehr als 200 - 300.000 Kilometern zu erneuern. Allerdings hängt ihr Verschleiß von Belastung (zum Beispiel Anhängerbetrieb) und sehr wesentlich von der Fahrweise ab.

Die wichtigsten Teile der Kupplung

Je nach Getriebebauweise und Motorisierung weichen die Kupplungen in konstruktiven Details voneinander ab.

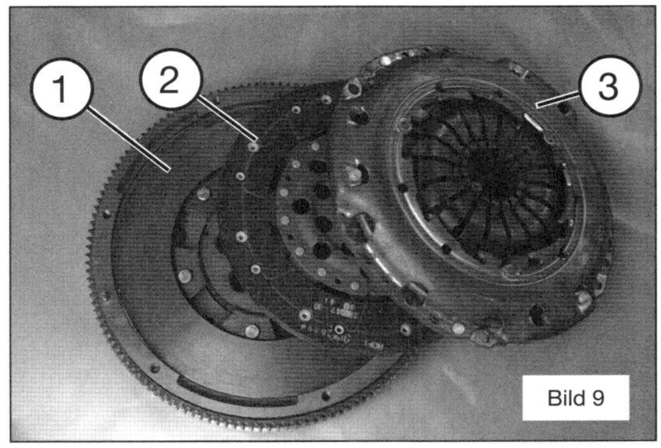

Bild 9
Kupplungsset.
1 Schwungscheibe
2 Mitnehmerscheibe
3 Druckplatte

Im Wesentlichen aber arbeitet jede Kupplung mit den gleichen Komponenten:

- Das Schwungrad (Motorschwungscheibe) (1 im Bild 9) ist fest mit der Kurbelwelle verbunden. Es hilft, eine gleichmäßige Drehschwingung an das Getriebe weiterzugeben.
- Die Kupplungsscheibe (Mitnehmerscheibe) (2) sitzt axial beweglich auf der Getriebe-Eingangswelle. Auf beiden Seiten sind Beläge aufgenietet.
- Die Druckplatte (3) ist mit dem Schwungrad fest verschraubt. Beim Tritt aufs Kupplungspedal löst sich über Kupplungshydraulik (oder Mechanik) und Ausrückplatte die Kupplungsscheibe gegen die Kraft der Tellerfeder (Membranfeder) von der Schwungscheibe.

Druckplatten sind korrosionsgeschützt und gefettet. Sie dürfen nur an der Anlauffläche gereinigt werden, sonst wird die Lebensdauer der Kupplung verringert.

Das hydraulische System

Geberzylinder (14 im Bild 10) am Kupplungspedal und Nehmerzylinder (Zentralausrücker) (1) am Getriebe sind über eine hydraulische Leitung (11) verbunden. In ihr

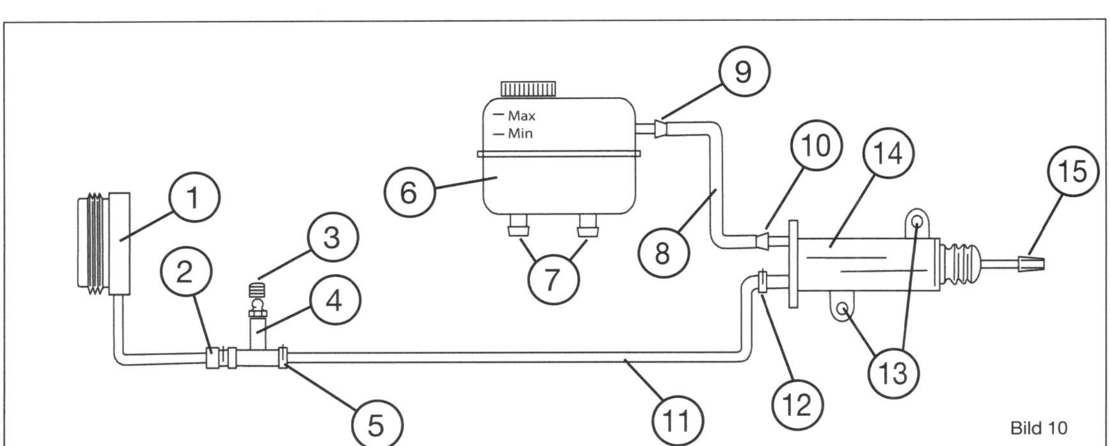

Bild 10
Hydrauliksystem für das 6-Gang-Schaltgetriebe.
1 Zentralausrücker im Getriebe
2 Kupplungsstück
3 Staubschutzkappe
4 Entlüfterventil
5 Anschlussstück
6 Vorratsbehälter Bremsflüssigkeit
7 Anschlüsse zum Hauptbremszylinder
8 Nachlaufleitung
9 Anschluss am Vorratsbehälter
10 Anschluss am Kupplungsgeberzylinder
11 Druckleitung
12 Anschlussstück
13 Befestigungspunkte
14 Kupplungsgeberzylinder
15 Clip zum Kupplungspedal

befindet sich Bremsflüssigkeit, die bei Betätigung der Kupplung die Kraft zwischen Geberzylinder und Nehmerzylinder (Zentralausrücker) (1) überträgt. Ein Defekt in der Kupplungsbetätigung kann daher einen sinkenden Pegel im Bremsflüssigkeitsbehälter verursachen. Ein ausreichender Flüssigkeitsrest für die Bremse ist allerdings immer garantiert. Auch hier drückt beim Einkuppeln die Tellerfeder der Druckplatte die Mitnehmerscheibe langsam gegen das Motorschwungrad, bis sie sich mit der gleichen Drehzahl dreht. So werden die Kräfte sanft übertragen. Dabei schleifen die Anlageflächen kurze Zeit aufeinander, ehe die Reibung wieder so groß ist, dass die Motorleistung vollständig auf das Getriebe übertragen wird. Wenn Sie das Kupplungspedal treten, überwindet das Ausrücklager die Kraft der Tellerfeder. Die Druckplatte wird entlastet und bei völlig durchgetretenem Pedal zurückgezogen. Die Mitnehmerscheibe kann nun im Raum dazwischen frei umlaufen. Das Kupplungsspiel sorgt dafür, dass das Ausrücklager auf dem Zentralausrücker nicht ständig unter Druck steht. Es verringert sich mit der Abnutzung der Beläge. Die Druckplatte nähert sich dem Ausrücklager. Liegt das Lager dann ohne Spiel an der Tellerfeder (Membranfeder) der Kupplung an, wird die Tellerfeder entlastet und die Kupplung rutscht durch.

Kupplung prüfen

Schleift nach Ihrem Eindruck die Kupplung, wenn Sie Ihr Fahrzeug im höchsten Gang beschleunigen, dreht der Motor also hoch, ohne dass die Fahrgeschwindigkeit zunimmt, sollten Sie einmal kurz die Funktion der Kupplung prüfen. Unternehmen Sie diese Probe allerdings wirklich nur gelegentlich!

- Ziehen Sie die Handbremse an, die natürlich in Ordnung sein muss.
- Starten Sie den Motor.
- Legen Sie den 3. Gang ein; dann langsam einkuppeln und Gas geben.
- Bei einwandfreier Kupplung wird der Motor dadurch abgewürgt.

Trennen der Kupplung prüfen

Treten kratzende oder krachende Geräusche beim Schalten auf, trennt meistens die Kupplung nicht mehr richtig. Machen Sie deshalb eine Probe, und zwar mit dem nicht synchronisierten Rückwärtsgang, damit Sie die mögliche Ursache der Geräusche durch ein defektes Getriebe ausschließen.

- Lassen Sie den Motor im Leerlauf drehen.
- Kupplungspedal voll durchtreten, etwa drei Sekunden warten, dann Rückwärtsgang einlegen. Wenn Sie jetzt das kratzende Geräusch hören, läuft die Mitnehmerscheibe nicht ganz frei. Dann trennt die Kupplung nicht sauber.
- Kontrollieren Sie die Funktion der hydraulischen Übertragungselemente. Eventuell muss die Kupplungsbetätigung entlüftet werden. Zu viel Spiel verursacht schnell ein zu hohes Arbeitsspiel und damit reicht der Betätigungsweg der Kupplungsmechanik nicht mehr aus.
- Teile der Kupplungsbetätigung auf Undichtigkeiten untersuchen.

Montage Kupplungspedal

Der Lagerbock des Kupplungspedals und das Kupplungspedal bilden eine Einheit und können nicht getrennt werden. Der Kupplungsgeberzylinder kann weiterhin demontiert werden.

- Die Zündung ausschalten und den Schlüssel abziehen.
- Den Zulaufschlauch am Kupplungsgeberzylinder (8 im Bild 10) abbauen.
- Die Hydraulikleitung am Kupplungsgeberzylinder (12) ausclipsen und zur Seite legen.
- Den Luftkanal für die Beheizung des Fußraums ausbauen.

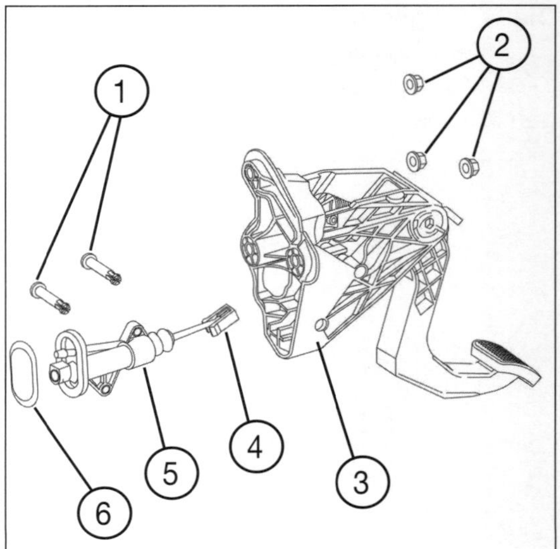

Bild 11

Bild 11
Kupplungspedaleinheit.
1 Sicherungsclips
2 Muttern
3 Kupplungspedaleinheit
4 Halteclip
5 Kupplungsgeberzylinder
6 Verschlussstopfen

■ Den Taster für die Endstellung hinten an Kupplungspedal (5) ausbauen.
■ Den Taster Endstellung vorn an Kupplungspedal (5) ausbauen.
■ Elektrischen Leitungssatz der Taster Endstellung vom Pedalträger (1) abbauen.
■ Die Muttern (2) abschrauben.
■ Den Pedalträger (3) ausbauen.
■ Den Kupplungsgeberzylinder am Pedal ausclipsen.
■ Die Sicherungsclips (1) herausziehen.
■ Den Kupplungsgeberzylinder (5) herausnehmen.

Einbau erfolgt sinngemäß in umgekehrter Reihenfolge.
■ Entlüften Sie das Kupplungssystem.
■ Prüfen Sie die Funktion der Kupplung.
■ Lesen Sie den Fehlerspeicher aus.

De- und Montage des Kupplungspedalgummis
■ Ziehen Sie die Gummibeläge von der Pedaltrittplatte ab.
■ Schieben Sie das neue Pedalgummi über die Ecken auf die Pedaltrittplatte auf.

De- und Montage der Kupplungspedalschalter
Tipp: Der Kupplungsschalter ist im Pedalträgermodul befestigt. Der Zugang erfolgt über den Fahrer-Fußraum.

Tipp: Es sind zwei unterschiedliche Kupplungsschalter verbaut. Sie melden die Lage bei betätigtem und bei unbetätigtem Kupplungspedal.

■ Lesen Sie den Fehlerspeicher aus, arbeiten Sie ihn soweit erforderlich ab und löschen Sie ihn gegebenenfalls.
■ Die Zündung ausschalten und den Schlüssel abziehen.
■ Entsichern Sie den Steckkontakt und ziehen Sie den elektrischen Anschluss (4 im Bild 12) vom Kupplungsschalter ab.
■ Die Raste am Schalter betätigen und den Schalter (3 oder 5) etwa um 45° gegen den Uhrzeigersinn (2) verdrehen.
■ Den Schalter (3 oder 5) gerade herausziehen.

Die Montage erfolgt sinngemäß in umgekehrter Reihenfolge.
■ Tragen Sie etwas Silikonfett auf die Anlage am Kupplungspedal auf.

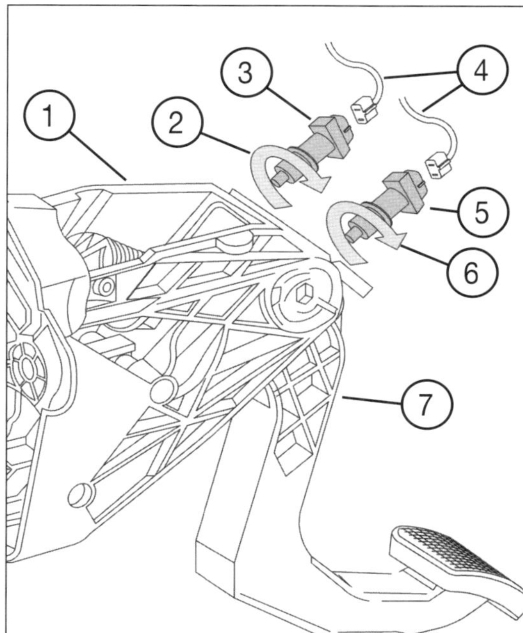

Bild 12

Bild 12
Kupplungsschalter.
1 Kupplungspedaleinheit
2 Drehrichtung öffnen
3 Schalter »betätigt«
4 Anschlusskabel
5 Schalter »unbetätigt«
6 Drehrichtung öffnen
7 Kupplungspedal

■ Lesen Sie den Fehlerspeicher aus und löschen Sie ihn gegebenenfalls.

Hydraulische Kupplungsbetätigung (6-Gang-Getriebe)

Die Kupplungsbetätigung erfolgt hydraulisch über Geber- und Nehmerzylinder (siehe Bild 10). Als Überträger wird Bremsflüssigkeit (DOT 4) verwendet.

Achtung: Vermeiden Sie Augen- und Hautkontakt. Tragen Sie Schutzhandschuhe und geeigneten Augenschutz.

Demontage des Geberzylinders
■ Demontieren Sie die Abdeckung über der Pedalanlage am Armaturenbrett im Fußraum.

Tipp: Ausgetretene Bremsflüssigkeit sofort aufnehmen und mit Bremsenreiniger abspülen. Bremsflüssigkeit kann lackierte und beschichtete Flächen schädigen.
■ Markieren Sie den Stand der Bremsflüssigkeit mit einem wasserfesten Stift an der Außenseite des Vorratsbehälters (6), um später eine Überfüllung zu vermeiden.
■ Saugen Sie so viel Bremsflüssigkeit aus dem Vorratsbehälter (6) ab, dass der Nachlauf über die Zulaufleitung (8 im Bild 10) zum Kupplungsgeberzylinder (14) nicht mehr erfolgen kann.

Sichtprüfung Messen

Bild 13
Kupplungsnehmerzylinder (Zentralausrücker) in der Getriebeglocke.
1 Schrauben
2 Druckleitung
3 Starter
4 Kupplungsnehmerzylinder (Zentralausrücker)

■ Bauen Sie den Lagerbock des Kupplungspedals wie bereits beschrieben aus.
■ Den Clip im Kupplungspedal (4 im Bild 11) zusammendrücken und den Kupplungsgeberzylinder am Pedal herausziehen.
■ Die Sicherungsclips (1) an der Kupplungspedaleinheit herausziehen.
■ Den Kupplungsgeberzylinder (5) abnehmen.

Die Montage erfolgt sinngemäß in umgekehrter Reihenfolge.
■ Tragen Sie etwas Silikonfett auf die Anlage am Kupplungspedal auf.
■ Entlüften Sie das Kupplungssystem.
■ Prüfen Sie die Funktion der Kupplung.
■ Lesen Sie den Fehlerspeicher aus und löschen Sie ihn gegebenenfalls.

Demontage des Nehmerzylinders
Die Vorgehensweise unterscheidet sich bei den Schaltgetriebetypen hinsichtlich des Arbeitsablaufes nicht.
■ Bauen Sie den Masseanschluss an der Bordnetzbatterie ab.
■ Lassen Sie das Getriebeöl wie beschrieben ab.
■ Demontieren Sie die Antriebswelle rechts und links. Die Arbeiten hierzu haben wir unter der Überschrift »Achsgelenkwelle vorne« beschrieben.
■ Bauen Sie den Vorderachsträger aus. Die Arbeiten hierzu haben wir im Kapitel »Fahrwerk« beschrieben.
■ Bauen Sie den Luftfilterkasten komplett aus.

Verschließen Sie die Öffnungen mit geeigneten Stopfen.

■ Demontieren Sie den Lüftungskasten.
■ Bauen Sie die Schrauben der Abgasanlage am Getriebe ab.
■ Lösen Sie die elektrischen Anschlussleitungen und legen Sie sie aus dem Arbeitsbereich heraus.
■ Entsichern Sie die Steckverbindungen am Getriebe und ziehen Sie sie ab.
■ Bauen Sie die Schaltzüge am Getriebe ab.

Diese Arbeiten stellen wir noch in diesem Kapitel im Detail vor.

■ Legen Sie die Schaltzüge aus dem Arbeitsbereich heraus.
■ Markieren Sie den Stand der Bremsflüssigkeit mit einem wasserfesten Stift an der

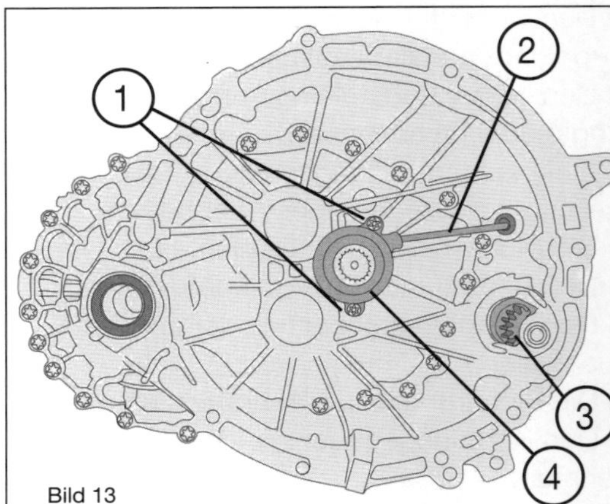

Bild 13

Außenseite des Vorratsbehälters (6 im Bild 10), um eine Überfüllung zu vermeiden.
■ Saugen Sie so viel Bremsflüssigkeit aus dem Vorratsbehälter (6) ab, dass der Nachlauf über die Zulaufleitung (8 im Bild 10) zum Kupplungsgeberzylinder (14) nicht mehr erfolgen kann.
■ Einen nicht fasernden Lappen unter den Nehmerzylinder (5) und unter den Anschluss des Geberzylinders (12) legen, um damit die abtropfende Bremsflüssigkeit aufzufangen.
■ Den Sicherungsclip mit einem Schraubendreher aus der Hydraulikleitung für den Kupplungsnehmerzylinder clipsen.
■ Die Hydraulikleitung am Anschluss (5) des Kupplungsnehmerzylinders abziehen.
■ Die Hydraulikleitung am Anschluss (12) des Kupplungsgeberzylinders (14) abziehen.
■ Demontieren Sie die Druckleitung (11).

Ausgetretene Bremsflüssigkeit sofort aufnehmen und mit Bremsenreiniger abspülen. Bremsflüssigkeit kann lackierte und beschichtete Flächen schädigen.

Um das Auslaufen von Bremsflüssigkeit zu verhindern, verschließen Sie die abgezogene Hydraulikleitung mit der Verschlusskappe des Entlüftungsventils.

■ Bauen Sie die Anschlusskabel am Starter ab und legen Sie sie aus dem Arbeitsbereich heraus.
■ Drehen Sie die Schraube oben in der Getriebeglocke am Steuergehäusedeckel heraus.
■ Montieren Sie eine geeignete Motorstütze auf den Rahmenträgern.
■ Hängen Sie den Motor auf der linken Seite auf.
■ Demontieren Sie das Motorlager am Ge-

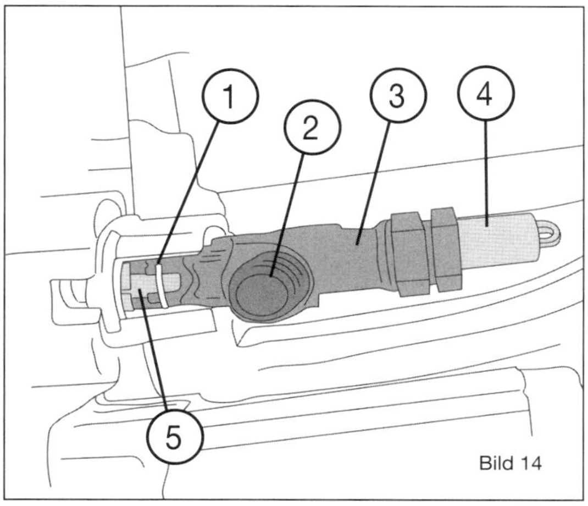

Bild 14

Bild 14
Entlüfterstück vor dem Kupplungsnehmerzylinder (Zentralausrücker) in der Getriebeglocke.
1 Sicherungsklammer
2 Staubschutzkappe
3 Entlüfterstück
4 Schutzkappe
5 Anschlussleitung zum Zentralausrücker

triebe und senken Sie den Motor auf der linken Seite etwa 12 cm ab.
■ Heben Sie das Fahrzeug an und unterbauen Sie das Getriebe mit einem geeigneten Getriebeheber.
■ Ziehen Sie mit Hilfe eines zweiten Mechanikers das Getriebe nach links gerade vom Motorblock und der Kupplungsscheibe ab.
■ Prüfen Sie den Starterzahnkranz sowie das Starterritzel auf Schäden und Verschleiß.
■ Ziehen Sie die Sicherungsklammer (1 im Bild 14) heraus.
■ Ziehen Sie das Entlüfterstück (3) gerade von der Zuleitung des Zentralausrückers (5) ab.
■ Drehen Sie die beiden Schrauben (1 im Bild 13) heraus.
■ Nehmen Sie den Kupplungsnehmerzylinder (Zentralausrücker) vom Getriebe ab.

Der Einbau erfolgt sinngemäß in umgekehrter Reihenfolge.
■ Reinigen Sie die Zahnung der Kupplungswelle und die Anlage des Kupplungsnehmerzylinders (Zentralausrücker) am Getriebe gründlich.
■ Die Führungshülse wird im Bereich des Ausrücklagers, der Ausrückhebel im Bereich der Anlagestelle am Kugelzapfen und das Lager im Bereich der Anlagestellen an dem Ausrückhebel mit Molybdänsulfid-Schmierfett gefettet.
■ Bauen Sie das Getriebe ein.
■ Entlüften Sie die Kupplungsbetätigung.

Entlüften der Kupplungshydraulik

Das Entlüften der Anlage ohne ein Entlüftungsgerät ist nicht zu empfehlen. Die Leitungsführung und das geringe Fördervolumen der Zylinder machen eine Druckentlüftung oder ein Absaugen über den Entlüftungsnippel erforderlich. Beim Absaugen muss dringend darauf geachtet werden, dass der Vorratsbehälter nicht leergesaugt wird und der Geberzylinder keine Luft zieht.
■ Geeignetes Bremsenfüll- und Entlüftungsgerät am Vorratsbehälter anschließen.
■ Zum Entlüften muss ein Entlüfterschlauch auf den Entlüftungsnippel des Entlüfterstücks (4) aufgesteckt werden.
■ Die Staubkappe des Entlüftungsnippels (2) entfernen.
■ Den Entlüfterschlauch mit Auffangbehälter auf den Entlüftungsnippel stecken.
■ Das System mit dem Entlüftungsgerät am Vorratsbehälter mit einem Druck von etwa 1 bar beaufschlagen.
■ Die Entlüftungsschraube etwa eine halbe Umdrehung lösen.
■ Ca. 100 cm^3 Bremsflüssigkeit in den Auffangbehälter ausströmen lassen und den Entlüftungsnippel wieder schließen.
■ Das Kupplungspedal 15- bis 20-mal sehr schnell von Anschlag zu Anschlag bewegen.
■ Die Entlüftungsschraube wieder etwa eine halbe Umdrehung lösen.
■ Etwa 50 cm^3 Bremsflüssigkeit ausströmen lassen.
■ Die Entlüftungsschraube wieder anziehen.

Nach Beendigung des Entlüftungsvorgangs, wenn der Druck des Entlüftungsgerätes wieder abgebaut ist, das Kupplungspedal bitte noch 10-mal mit dem Fuß treten.
■ Prüfen Sie die Funktion der Kupplung.
■ Machen Sie eine Probefahrt.

Ausgetretene Bremsflüssigkeit sofort aufnehmen und mit Bremsenreiniger abspülen. Bremsflüssigkeit kann lackierte und beschichtete Flächen schädigen.

Kupplung beim manuellen 6-Gang-Getriebe

Demontage der Kupplung

■ Den Unterfahrschutz (soweit verbaut) ausbauen.
■ Getriebe ausbauen.
■ Haltesperre zum Blockieren des Motors anbauen.
■ Stecken Sie ein geeignetes Zentrierwerk-

Bild 15
Kupplung und Schwungscheibe.
1 Schrauben
2 Druckplatte
3 Zentrierwerkzeug
4 Membranfeder
5 Schwungrad

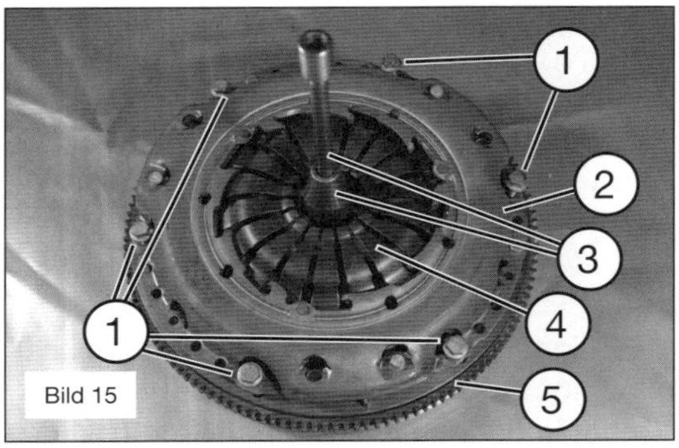

zeug (3 im Bild 15) in Schwungscheibe und Kupplungsmitnehmerscheibe ein.

■ Die Schrauben (1) der Druckplatte (2) herausschrauben. Die Schrauben (1) jeweils in Schritten von 1,5 Umdrehungen diagonal lösen.
■ Die Druckplatte (2) und die Kupplungsscheibe (1) abnehmen.
■ Die Reibfläche der Druckplatte (2) entfetten und mit grober Schmirgelleinwand anrauen.
■ Die Druckplatte (2) und die Kupplungsscheibe (Mitnehmerscheibe) prüfen.
■ Das Schwungrad (5) auf Verschleiß und Beschädigung prüfen.
■ Den Zentralausrücker auf Geräusche, rauen Lauf, Undichtigkeit, Verschleiß und Beschädigung prüfen.

Die Montage erfolgt sinngemäß in umgekehrter Reihenfolge.
■ Setzen Sie zur Montage das Zentrierwerkzeug (3) ein.
■ Ziehen Sie die Schrauben gleichmäßig und über Kreuz an.
■ Entlüften Sie das Kupplungssystem, wie bereits beschrieben.

Wo liegt der Schaden – Kupplung, Betätigung oder Zweimassenrad?

Krachende Geräusche beim Gangeinlegen oder beim Gangwechsel, schwergängige Schaltvorgänge bei laufendem Motor?

Eine schlecht trennende Kupplung muss nicht zwangsläufig durch einen Schaden an der Kupplung oder der Druckplatte verursacht werden. Die Kupplungsbetätigung erfolgt bei modernen Systemen über ein hydraulisches System, das sich selbsttätig nachstellt. Die Rückstellung der Kupplung kann durch ein ausgeschlagenes Zweimassenrad größer ausfallen. Das wiederum kann den Hubweg verkürzen und die Kupplung wird nicht vollständig getrennt.

Auch dann, wenn die Verzahnung der Mitnehmerscheibe nicht leichtgängig auf der Getriebewelle verschoben werden kann, wird die Kupplung nicht ganz von der Druckplatte getrennt und schleift weiter an.

Kupplung Kraftschluss prüfen

Schleift nach Ihrem Eindruck die Kupplung, wenn Sie Ihr Fahrzeug im höchsten Gang beschleunigen, dreht der Motor also hoch, ohne dass die Fahrgeschwindigkeit zunimmt, sollten Sie einmal kurz die Funktion der Kupplung prüfen. Unternehmen Sie diese Probe allerdings wirklich nur gelegentlich!
■ Ziehen Sie die Handbremse an, die natürlich in Ordnung sein muss.
■ Starten Sie den Motor.
■ Legen Sie den 3. Gang ein, dann langsam einkuppeln und Gas geben.
■ Bei einwandfreier Kupplung wird der Motor dadurch abgewürgt.

Druckplatte prüfen

Die Druckplatte ist auf die Schwungscheibe aufgeschraubt. Eine Wärmeabgabe ist nur sehr schlecht möglich.
■ Die Druckplatte beziehungsweise die Reibfläche (2 im Bild 15) auf Risse und Riefen sowie Membranfeder (4 im Bild 16) auf Brüche prüfen.
■ Die Zungen der Membranfeder (4) auf Verschleiß und gleichmäßige Höhe prüfen.

Kupplungsscheibe prüfen

■ Reibbeläge (1 im Bild 16) der Kupplungsscheibe auf Verölung, Risse, Ausbrüche und Verschleiß prüfen.

Bild 16
Mitnehmerscheibe.
1 Reibbelag
2 Belagnieten
3 Mittenverzahnung
4 Torsionsfedern

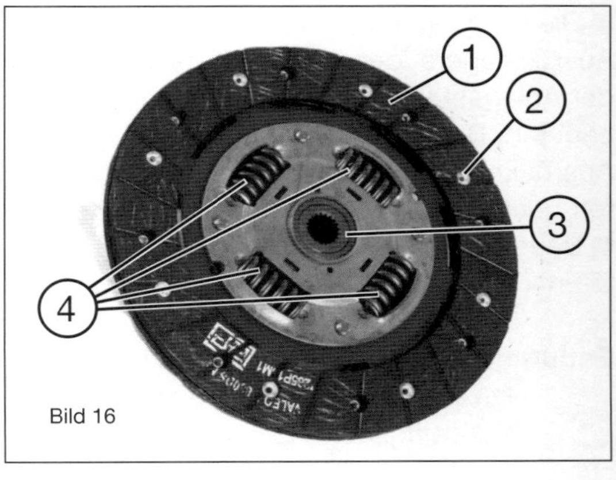

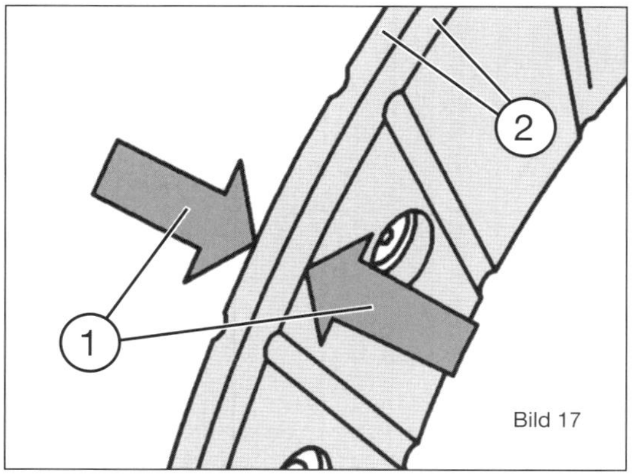

Bild 17

Bild 17 Kupplung und Schwungscheibe.
1 Messpunkt Belagstärke
2 Reibbeläge

■ Die Dämpferfedern (4) auf Brüche und festen Sitz prüfen.
■ Das Keilwellenprofil in der Mitte (3) auf Verschleiß und Ausbrüche prüfen. Die Kupplungsscheibe muss sich mit geringem Kraftaufwand auf der Antriebswelle des Getriebes verschieben lassen.
■ Prüfen Sie den Zustand der Vernietungen (2) und den festen Sitz der Beläge auf dem Belagträger.
■ Prüfen Sie die Belagstärke (1 im Bild 17).
■ Prüfen Sie den Seitenschlag.

Verschleißmaße für die Kupplung (Bild 17)
Beachten Sie die Angaben für die einzelnen Kupplungshersteller (soweit vorhanden).

Belagstärke	3,10 mm
Max. Gesamtverschleiß	2,00 mm
Max. Seitenschlag	0,75 mm

Schwungrad demontieren

Die Arbeiten unterscheiden sich für die beiden Getriebebautypen nicht wesentlich. Wir stellen Ihnen an dieser Stelle eine allgemeingültige Beschreibung zur Verfügung.
■ Den Unterfahrschutz (soweit verbaut) und das Getriebe ausbauen.
■ Die Kupplung wie bereits beschrieben demontieren.
■ Die Schrauben (2 im Bild 18) am Schwungrad (1) herausdrehen.
■ Eine Haltesperre in der Verzahnung des Schwungrades zum Blockieren des Motors anbauen.
■ Das Schwungrad (1) von der Kurbelwelle abnehmen. Dabei auf die Einbaulage des Schwungrades (1) achten.

Bild 18

Bild 18 Schwungscheibe auf der Kurbelwelle.
1 Schwungrad (Scheibe)
2 Schrauben

Die Montage erfolgt sinngemäß in umgekehrter Reihenfolge.
Achten Sie auf die Einbauposition.
■ Ziehen Sie die Schrauben über Kreuz mit dem vorgegebenen Anzugsdrehmoment an.

Schaltzüge und Betätigung

Die Arbeitsschritte unterscheiden sich für die einzelnen Modelle nur unwesentlich. Wir stellen Ihnen an dieser Stelle eine allgemeingültige Beschreibung zur Verfügung.

Schaltknauf und Manschette aus- und einbauen
■ Hebeln Sie die Plakette (1 im Bild 19) im Schaltknauf (3) heraus.
■ Drehen Sie die Schraube (2) heraus.
■ Ziehen Sie den Schaltknauf (3) nach oben ab.
■ Nehmen Sie den Betätigungsschaft und die Feder (4) darunter ab.
■ Clipsen Sie die Manschette (5) von hinten beginnend aus der Verkleidung aus.
■ Nehmen Sie die Manschette ab.

Die Montage erfolgt sinngemäß in umgekehrter Reihenfolge.

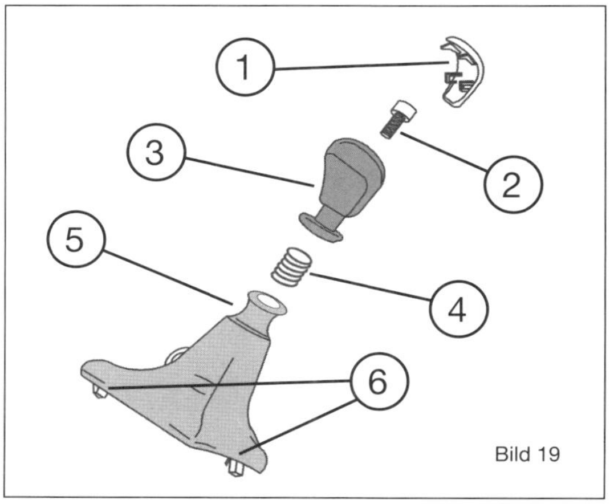

Bild 19

Bild 19 Schaltknauf und Manschette.
1 Plakette
2 Schraube
3 Schaltknauf mit Betätigungsschaft
4 Feder
5 Manschette
6 Rastnasen

Sichtprüfung Messen

Bild 20
Schaltzüge am Sprinter 910 (Schaltgetriebe).
1 Schaltknauf
2 Sechskantschraube
3 Manschette
4 Schalthebelkonsole
5 Manschette
6 Schaltzüge
7 Sperrstift

Bild 21
Grundeinstellung Schaltung.
1 Schalthebel
2 Sperrstift
3 Schaltkulisse
4 Schiebestück
5 Lasche Schalthebel

Bild 22
Grundeinstellung Schaltung (Zug vorne).
1 Kugelpfanne
2 Sicherungsklammer
3 Einstellhülse
4 Schaltzug

Bild 23
Grundeinstellung Schaltung (Zug hinten).
1 Zughaken
2 Bewegungsrichtung zum Entsichern
3 Kugelpfanne
4 Feder
5 Schiebestück
6 Schaltzug

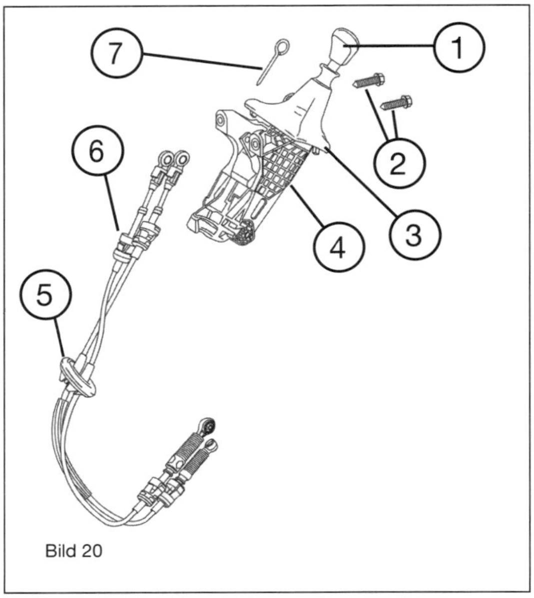

Bild 20

Schaltzüge beim 6-Gang-Getriebe aus- und einbauen

■ Das Getriebe in Neutralstellung schalten.
■ Das Fahrzeug anheben.
■ Die Unterbodenverkleidung auf der linken Seite ausbauen.
■ Die Schaltzüge (6 im Bild 20) unten vom Getriebe abbauen.
■ Das Fahrzeug wieder absenken.
■ Die Schalthebelmanschette (3) wie bereits beschrieben ausbauen.
■ Die Verkleidung in der Mitte der Instrumententafel ausbauen.
■ Die Schrauben (2) herausdrehen und Schaltkulisse (4) abnehmen.
■ Die Schaltzugmanschette (5) am Fahrzeugboden herausziehen.
■ Die beiden Schaltzüge (6) zusammen mit der Schaltzugmanschette ausbauen. Hierzu die Schaltzüge (6) vorsichtig nach oben aus dem Fahrzeugboden herausziehen.

Die Montage erfolgt sinngemäß in umgekehrter Reihenfolge.
■ Schaltzüge (6), Schaltzugmanschette (5) und Kugelpfannen auf Verschleiß und Beschädigungen prüfen.

Schaltzüge am 6-Gang-Getriebe einstellen

Die Voraussetzung für die korrekte Einstellung sind unbeschädigte Schaltzüge und Lagerungen sowie eine spielfreie Mechanik der Schalthebelkonsole. Die Aufnahmen der Schaltzüge müssen schadfrei sein.

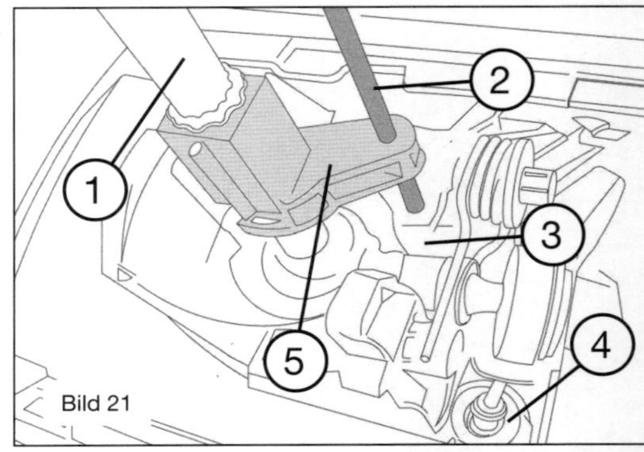

Bild 21

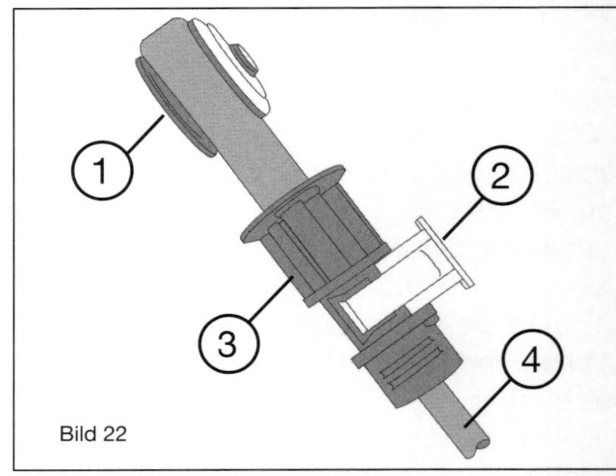

Bild 22

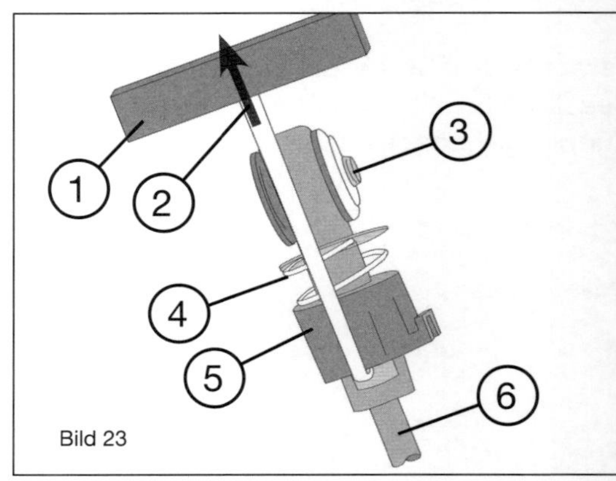

Bild 23

■ Das Getriebe in Neutralstellung schalten.
■ Demontieren Sie das Ablagefach unter der Instrumententafel.
■ Bringen Sie das Getriebe in die Neutralstellung.

Hinterer Schaltzug:
■ Entriegeln Sie die Sicherungsklammer (2 im Bild 22) am jeweiligen Schaltzug.

Die Sicherungsklammer nicht vom Schaltzug abziehen.

Vorderer Schaltzug:
■ Das Schiebestück (5) am Schaltzug an seinem Gehäuse nach oben ziehen und so entsichern.

Weiter für beide Schaltzüge:
■ Bringen Sie die Bohrung der Lasche (5 im Bild 21) am Schalthebel mit der Bohrung in der Schaltkulisse überein und stecken Sie den Sperrstift (2) bis Anschlag ein.

Hinterer Schaltzug:
■ Verriegeln Sie die Sicherungsklammer (2 im Bild 22) am jeweiligen Schaltzug.

Vorderer Schaltzug:
■ Das Schiebestück loslassen. Der Schaltzug rastet wieder ein und sollte nun eingestellt sein.

Weiter für beide Schaltzüge:
■ Ziehen Sie den Sperrstift (2 im Bild 21) heraus und prüfen Sie die Schaltung.

Schaltbetätigung Automatik-Getriebe

Das Automatik-Getriebe wird nicht über einen Seilzug betätigt. Der »Drive-Select-Wahlhebel ist der rechte Hebel am Lenkstock. Der Wahlhebel selber kann nicht einzeln ersetzt werden. Er kann nur zusammen mit dem Lenkmantelrohr ausgebaut oder erneuert werden.

Achsgelenkwellen (vorne)

De- und Montage der Achsgelenkwellewellen der Vorderachse. Die Montagearbeiten unterscheiden sich nur unwesentlich. Die beschriebenen Montagearbeiten sind für die rechte und für die linke Seite anwendbar.
■ Fahrzeug anheben und verzurren.

Wenn das Fahrzeug nicht verzurrt wird, besteht die Gefahr, dass es von der Hebebühne abrutscht.

■ Demontieren Sie die Unterbodenverkleidung/Unterfahrschutz.

Ausbau der linken Achsgelenkwelle

Das Radlagergehäuse besitzt zwei Löcher zur Befestigung der Drehzahlfühler vorn rechts. Ein Verdrehen beim Einbau der Drehzahlfühler vorn führt zu Fehlfunktionen. Vor der Demontage bitte die Einbaulage markieren.
■ Das linke Vorderrad abbauen.
■ Den Drehzahlfühler ABS vorn ausbauen.
■ Den Bremssattel mit Bremsträger abbauen und so mit Draht befestigen, dass das Gewicht des Bremssattels den Bremsschlauch nicht belastet bzw. beschädigt.
■ Spurstangenkopf lösen.
■ Die Achswellenzentralschraube (5 im Bild 24) abschrauben.
■ Stabilisatorgestänge auf der entsprechenden Seite abbauen.
■ Die Mutter (5 im Bild 25) lösen.

Die Mutter (5) noch auf dem Gewinde belassen, um das Gewinde beim Abdrücken zu schützen.

■ Den Traggelenkbolzen (4) aus dem Querlenker ausdrücken.
■ Den Traggelenkbolzen (4) aus dem Querlenker (6) herausnehmen.
■ Die Lenkung nach rechts beziehungsweise nach links drehen, um mehr Bewegungsfreiheit zu erlangen.

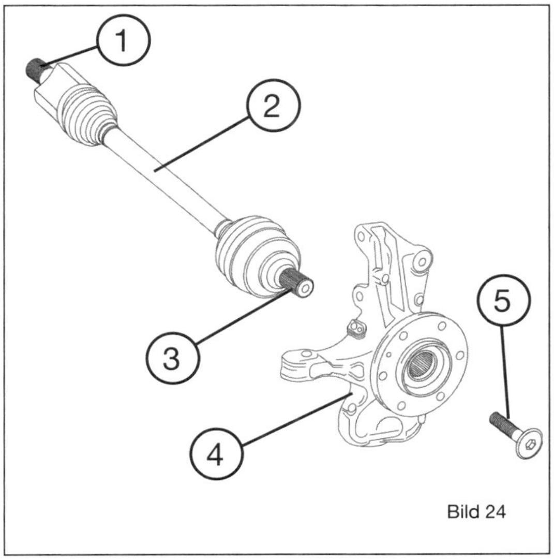

Bild 24
Antriebswelle vorne links.
1 Zahnung im Getriebe
2 Antriebswelle
3 Zahnung in der Radnabe
4 Achsschenkel
5 Zentralschraube

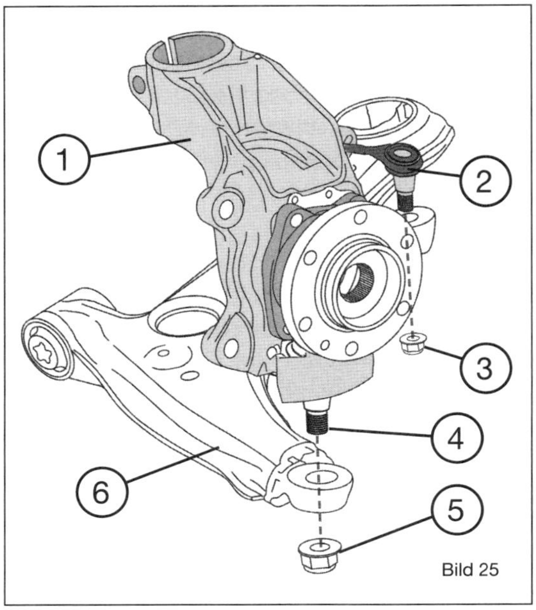

Bild 25
Achsschenkel vorne.
1 Achsschenkel
2 Spurstangenkopf
3 Mutter
4 Traggelenkbolzen
5 Mutter
6 Querlenker

Bild 26
Antriebswelle aus dem Getriebe aushebeln.
1 Antriebswelle
2 Zahnung im Getriebe
3 Montierhebel

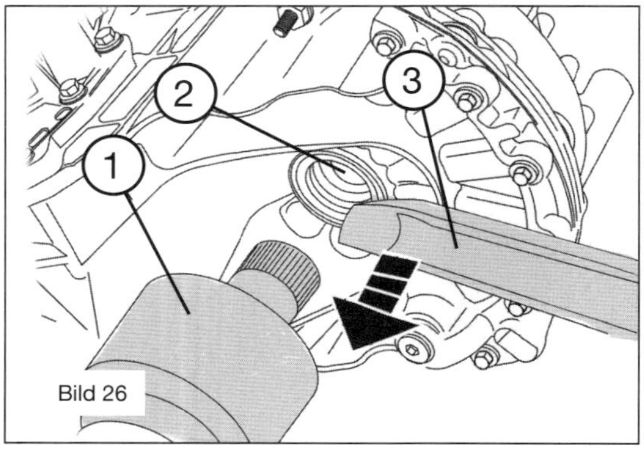

Bild 26

■ Die Gelenkwelle aus dem Radlagergehäuse ziehen und Gelenkwelle entnehmen.

Gegebenenfalls die Zentralschraube wieder anschrauben und mit einem handelsüblichen Kunststoffhammer das Gleichlaufgelenk außen mit leichten Schlägen austreiben.

■ Den Nabendeckel (soweit verbaut) abhebeln.
■ Hebeln Sie die Gelenkwelle wie im Bild 26 gezeigt vorsichtig aus dem Getriebe heraus.

Ausbau der rechten Achsgelenkwelle

■ Das rechte Vorderrad abbauen.
■ Den Drehzahlfühler ABS vorn ausbauen.
■ Den Bremssattel mit Bremsträger abbauen und so mit Draht befestigen, dass das Gewicht des Bremssattels den Bremsschlauch nicht belastet bzw. beschädigt.
■ Spurstangenkopf lösen.
■ Die Achswellenzentralschraube (5 im Bild 24) abschrauben.
■ Stabilisatorgestänge auf der entsprechenden Seite abbauen.
■ Die Mutter (5 im Bild 25) lösen.

Die Mutter (5) noch auf dem Gewinde belassen, um das Gewinde beim Abdrücken zu schützen.

■ Den Traggelenkbolzen (4) aus dem Querlenker ausdrücken.
■ Den Traggelenkbolzen (4) aus dem Querlenker (6) herausnehmen.
■ Die Lenkung nach rechts beziehungsweise nach links drehen, um mehr Bewegungsfreiheit zu erlangen.
■ Die Gelenkwelle aus dem Radlagergehäuse ziehen und Gelenkwelle entnehmen.

Gegebenenfalls die Zentralschraube wieder anschrauben und mit einem handelsüblichen Kunststoffhammer das Gleichlaufgelenk außen mit leichten Schlägen austreiben.

■ Den Nabendeckel (soweit verbaut) abhebeln.
■ Drehen Sie die Schraube (4 im Bild 27) heraus.
■ Nehmen Sie die Schelle (3) ab.
■ Hebeln Sie die Gelenkwelle wie im Bild 26 gezeigt, vorsichtig aus dem Getriebe heraus.

Abstellen oder Bewegen

Bei loser radseitiger Gelenkwellenverschraubung dürfen die Radlager nicht belastet werden. Werden die Radlager durch das Eigengewicht des Fahrzeugs belastet, wird das Radlager vorgeschädigt. Die Radlagerlebensdauer ist dadurch geringer.

Fahrzeuge ohne Gelenkwelle dürfen nicht bewegt werden, da sonst das Radlager beschädigt wird. Soll ein Fahrzeug trotzdem bewegt werden, bitte Folgendes beachten:

■ Anstatt der Gelenkwelle ein Außengelenk oder alternativ eine entsprechende Schraube (M20) einbauen.

Montage der Achsgelenkwellen

Die Montage erfolgt sinngemäß in umgekehrter Reihenfolge.

Beim Ablegen oder beim Einsetzen darauf achten, dass sich kein Schmutz an den Teilen befindet.

Bei eventuellen Verschmutzungen oder Beschädigungen am Radlagergehäuse/Achsschenkel oder an der Radnabe, die Teile reinigen bzw. erneuern.

■ Die Gelenkwelle vorsichtig (am bestem mit einer Montagehilfe) in das Getriebe einführen.
■ Das Gleichlaufgelenk in die Verzahnung des Radlagers einfügen.

Bild 27
Antriebswelle vorne rechts.
1 Stützlager
2 Verzahnung im Getriebe
3 Schelle
4 Schraube
5 Lagertopf

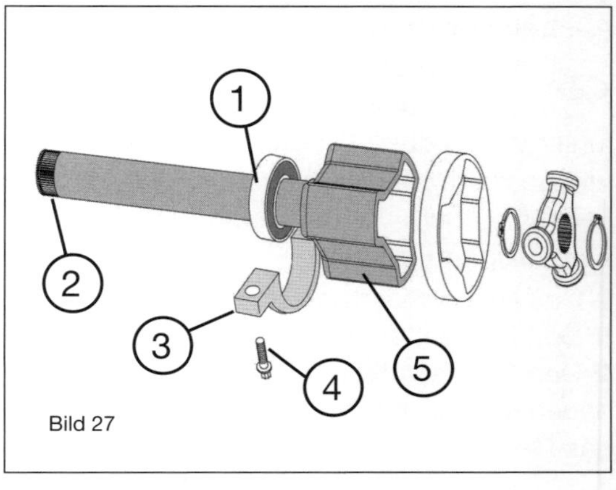

Bild 27

Rechte Achsgelenkwelle:
- Montieren Sie die Schelle (3 im Bild 27) zunächst so, dass die Achsgelenkwelle noch verschoben werden kann.
- Ziehen Sie die Zentralschraube (5 im Bild 24) wieder fest.
- Ziehen Sie Schraube (4 im Bild 27) fest.

Linke Achsgelenkwelle:
- Ziehen Sie die Zentralschraube (5 im Bild 24) wieder fest.

Weiter für beide Achsgelenkwellen:
- Spurstangenkopf (soweit gelöst) wieder befestigen.
- Drehzahlfühler vorn einbauen.
- Neuen Nabendeckel (soweit verbaut) einbauen.
- Bremssattel mit Bremsträger anbauen.
- Das entsprechende Vorderrad anbauen.

Gelenkwellen prüfen

Gelenkwellen unterliegen zwar Verschleiß, aber es gibt eigentlich nur drei Gründe, eine Achsgelenkwelle zu zerlegen. Zuerst einmal möchten wir den Hintergrund für diese Arbeiten genauer beleuchten.

- *Spiel an den Gelenken:*

Spiel an den Achswellen prüfen (Bild 28).

Halten Sie den Lageraußenring mit der Hand fest und verdrehen Sie die Achswelle. Sie sollte möglichst kurze schnelle Bewegungen machen (einfach schnell hin- und herdrehen). So bemerken Sie ein mögliches Lagerspiel in den Achswellen sehr schnell. Spiel an den Gelenken sollte immer nachgegangen werden.

Denken Sie daran, dass Ihr Fahrzeug beim Anheben einen anderen Winkel der Achswelle bewirkt. Die Prüfungen sollten immer am Boden stattfinden. Eine Grube in der Garage oder eine Mutterbühne ist hier sehr hilfreich. Stellen Sie übermäßiges Spiel fest, sollte die Gelenkwelle erneuert oder zerlegt und repariert werden. Zumeist zeigen sich bei der Demontage erhebliche Schäden an Lagerflächen oder Kugeln. Wird das Spiel zu groß (mehr als 2 mm Spiel in der Verdrehung), kann die Antriebswelle »auseinanderfliegen« und sorgt dann im günstigsten Fall für eine Panne. Im schlimmsten Fall kann die

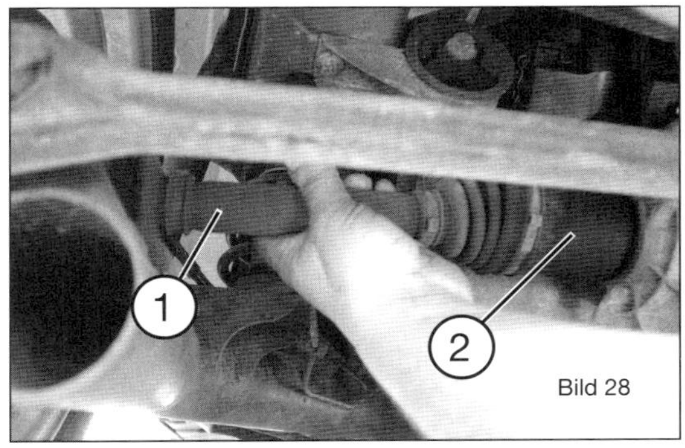

Bild 28

Bild 28
Spiel an den Gelenken der Achswellen prüfen.
1 Gelenkwelle
2 Gelenkwellentopf (Lageraußenring)

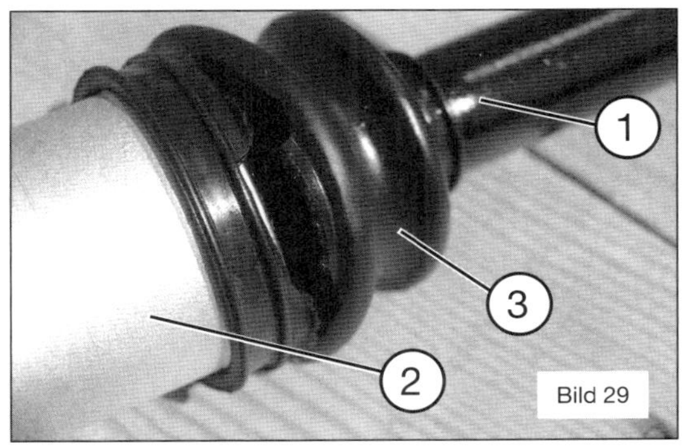

Bild 29

Bild 29
Beschädigte Achswellenmanschette.
1 Gelenkwelle
2 Gelenkwellentopf
3 Achswellenmanschette

Achswelle weitere Schäden verursachen, wenn sie aus den Führungen herausrutscht.

- *Geräusche:*

Die Prüfung der Achsgelenkwellen auf diese Schäden erfolgt in der Regel bei einer Probefahrt. Es sollten hier enge Radien gefahren werden können (Supermarktparkplatz) und auch der Lastwechsel vom Beschleunigen zum Schiebebetrieb simuliert werden.

Gefahren vermeiden! Auf den Verkehr achten! Geräusche an den Achswellen lassen sich leider nur für das radseitige Gelenk sicher orten.

Die Getriebeseite wird oftmals als »Getriebeschaden« wahrgenommen. Sollten also Geräusche beim Lastwechsel entstehen, nehmen Sie auch die Antriebswellen einmal genauer unter die Lupe. Ein deutliches »Klackern« oder durchaus schon »Schläge« gerade beim Kurvenfahren in engen Radien weisen auf einen Achswellenschaden hin.

Je lauter diese Geräusche werden, umso dringender besteht Handlungsbedarf. Auch hier sind oft an den zerlegten Wellen sehr gut sichtbare Schäden vorhanden.

- *Manschette beschädigt (Bild 29):*

Das Ende der Lagerungen einer Achswelle wird natürlich schneller erreicht, wenn

Bild 30
Gelenkmanschette anheben.
1 Manschette
2 Innenring des Gelenks
3 Gelenktopf

Bild 31
Gelenk abwischen, um es besser erkennen zu können.

Bild 32
Bauweise mit Sicherungsring.
1 Innenring
2 Kugelkäfig
3 Kugeln
4 Gelenktopf
5 Welle
6 Sicherungsring

Bild 33
Bauweise mit Rastring auf der vorderen Wellenspitze.
1 Gleichlaufgelenk
2 Welle
3 Kunststoffhammer

Bild 34
Radseitiges Gelenk der Achswelle.
1 Gelenktopf
2 Kugelkäfig
3 Kugeln
4 Innenring

Bild 35
1 Zange
2 Federbandschelle
3 Achswellenmanschette

Bild 30

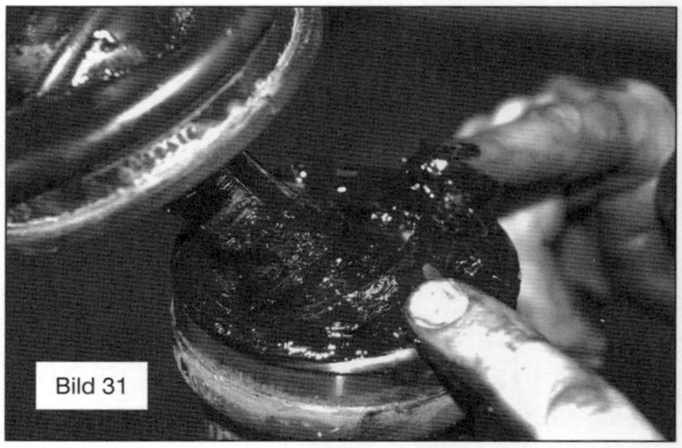
Bild 31

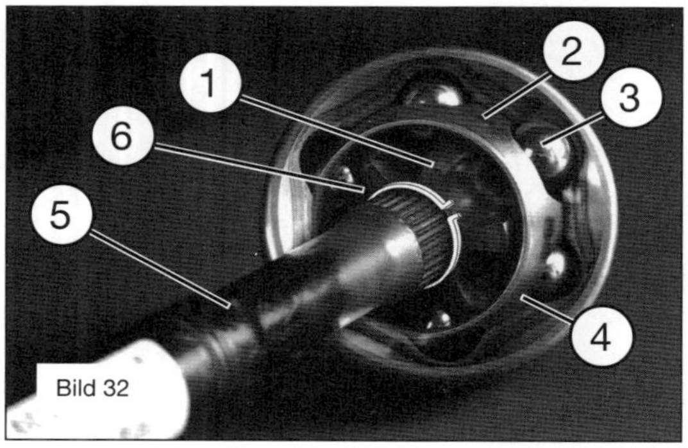

Bild 32

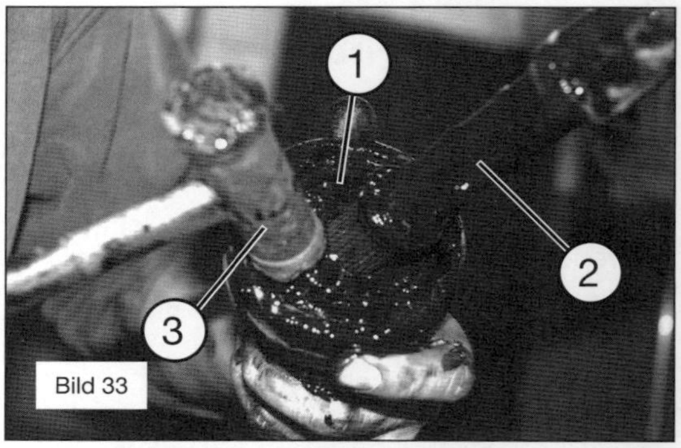

Bild 33

Schmutz, Wasser und Straßendreck durch eine defekte Manschette eindringen können.

Kontrollieren Sie die Lenkmanschetten und die Gelenkmanschette regelmäßig. Bei Schäden führt an einer Reinigung des Gelenkes und dem Ersatz der Manschette kein Weg vorbei.

Achten Sie auch auf kleine Fettspritzer im Radlaufbereich oder an den Bremsteilen. Oftmals zeichnen schon kleinste Schäden an der Manschette deutliche Spuren. Durch die hohe Drehzahl wird das Fett im Gelenk sehr schnell in der Landschaft verteilt. Daraufhin läuft das Gelenk trocken und wird mit der Unterstützung des eindringenden Schmutzes ein erhebliches Verschleißverhalten entwickeln.

Gelenkwellen zerlegen

Achsmanschette außen (radseitig) wechseln:

- Die entsprechende Antriebswelle wie bereits beschrieben ausbauen.
- Die Gelenkwelle mit Schutzbacken in Schraubstock einspannen.
- Die Antriebswellenmanschette (1 im Bild 30) aufschneiden und abziehen.
- Fett über dem Gelenktopf abwischen.

Es gibt zwei unterschiedliche Bauweisen für die Sicherung des Gelenktopfes auf der Welle. Unterscheiden kann man

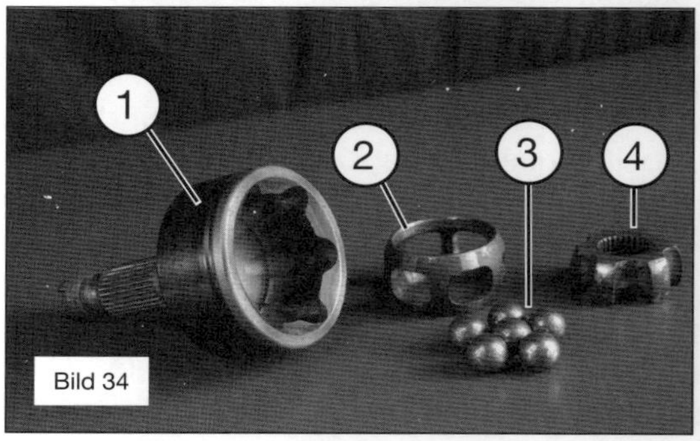

Bild 34

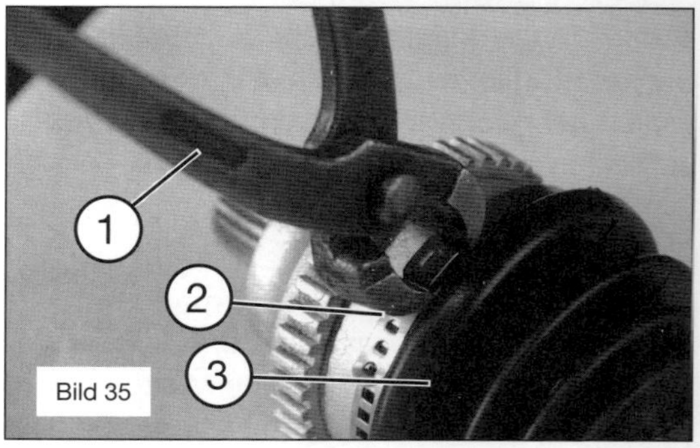

Bild 35

die Bauweisen über dem Topfgelenk. Die Öffnungen des Sicherungsrings (6 im Bild 32) sind nach dem Entfernen des Gelenkwellenfetts erkennbar.

Bauweise mit Sicherungsring (Bild 32):

- Den Sicherungsring (6) mit einer Seegerringzange öffnen und das Gleichlaufgelenk von der Antriebswelle ziehen.

Bauweise mit Sprengring (Bild 33):
■ Das Gleichlaufgelenk (1 im Bild 33) mit einem Kunststoffhammer (3) von der Antriebswelle (2) treiben.
■ Den Sicherungsring ausbauen.

Weiter für beide Bauweisen:
■ Das Gleichlaufgelenk reinigen.
■ Die kleine Klemmschelle auf die Antriebswelle aufschieben.
■ Die neue Antriebswellenmanschette auf die Antriebswelle aufschieben.
■ Den neuen Sicherungsring (beider Bauweisen) einbauen.
■ Das Gleichlaufgelenk bis zur Oberkante des Innensterns mit im Lieferumfang enthaltenem Fett befüllen.
■ Das Gleichlaufgelenk mit einem Plastikhammer auf die Antriebswelle auftreiben, bis der Sicherungsring einrastet.
■ Die Manschette und Gleichlaufgelenk mit der Restmenge Fett befüllen.
■ Die Antriebswellenmanschette auf das Gleichlaufgelenk aufschieben.

Der Wulst der Manschette muss in der Nut am Gleichlaufgelenk liegen.

■ Die Klemmschellen (2 im Bild 35) auf der Antriebswellenmanschette (3) positionieren und befestigen.
■ Antriebswelle aus dem Schraubstock lösen und abnehmen.
■ Antriebswelle wieder einbauen.

Topfgelenk (radseitig) zerlegen

Die Antriebswellen beim Sprinter 910 für den Radantrieb unterliegen wie bei jedem Fahrzeug dem Verschleiß und die Manschetten können beschädigt werden.

Die beiden radseitigen Gelenke sind Kugelgelenkwellen. Die Montagearbeit ist identisch.

Grundsätzlich sollten Sie beim Zerlegen von Achsgelenken die Übertragungsteile wie die Kugeln oder Lager wieder in die gleiche Position einbauen, in der sie vor der Demontage gewesen sind. Sie können die Bauteile mit einem Lackstift oder wasserfesten Filzstift markieren.

Hilfreich ist es, eine Ablage aus Pappe zur Ablage der Einzelteile vorzubereiten.

■ Bauen Sie die entsprechende Antriebswelle wie bereits beschrieben aus.
■ Entfernen Sie die beiden Klemmbänder auf der entsprechenden Manschette.
■ Schneiden Sie die Achsmanschette mit einem Messer auf und nehmen Sie sie ab.
■ Wischen Sie das Fett am Rand des Gelenktopfes (1 im Bild 31) ab, damit Sie den Innenring (1) des Gelenks erkennen können.
■ Bauen Sie das Gelenk von der Achswelle wie beschrieben ab.
■ Kippen Sie den Innenring zur Seite und nehmen Sie eine Kugel nach der anderen wie im Bild 36 gezeigt heraus.

Achten Sie darauf, dass die Kugeln nicht auf den Boden fallen.

■ Verdrehen Sie den Gelenkinnenring so weit, dass Sie ihn wie im Bild 38 gezeigt herausnehmen können.
■ Verdrehen Sie den Kugelkäfig so weit, dass Sie ihn über die Aussparungen (Bild 39) vom Gelenkwellenkopf abnehmen können.

Bild 36

Bild 36
Herausnehmen beziehungsweise Einsetzen der Kugeln in den Kugelkäfig.

Bild 37

Bild 37
Oftmals gibt es für das Einsetzen in den Kugelkäfig eine Position mit Flachstellen seitlich.

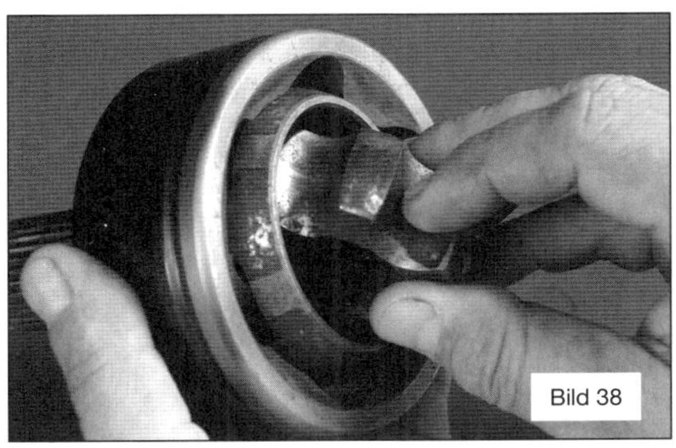

Bild 38

Bild 38
Im Detail.
Gelenkinnenring in den Kugelkäfig aus- oder einfädeln.

Sichtprüfung Messen

Bild 39
Kugelkäfig hochkant in den Gelenktopf einsetzen.

Bild 40
Einbaulage der Achswellenbauteile im Gelenktopf.

Bild 41
Klemmband vorbiegen.
1 Spraydose
2 Klemmband

Bild 42
Antriebswelle getriebeseitig.
A Antriebswelle links
B Antriebswelle rechts
1 Zahnung Getriebe
2 Lagertopf mit Wellenstumpf
3 Ausgleichsring
4 Sicherungsring
5 Tripoidlagerträger
6 Klemmschelle
7 Manschette
8 Klemmschelle
9 Antriebswelle
10 Schraube
11 Schelle
12 Stützlager

■ Reinigen Sie alle Bauteile gründlich und untersuchen Sie sie nach Schäden oder Verschleißspuren.

■ Sind Schäden oder Verschleiß erkennbar, muss das Gelenk erneuert werden. Es sind beide Gelenke als Ersatzteil lieferbar.

Die Montage erfolgt sinngemäß in umgekehrter Reihenfolge.

■ Stecken Sie die kleine Schelle auf die Manschette auf.

■ Stecken Sie die neue Manschette auf die Achswelle auf.

■ Tragen Sie etwas Fett auf die Laufbahnen der Kugeln und auf die Kugeln auf.

■ Montieren Sie das Kugelgelenk.

■ Geben Sie den Rest des Fettes in das Kugelgelenk hinein.

■ Stecken Sie die Achswelle in das Innengelenk ein.

■ Schlagen Sie das Gelenk mit einem Kunststoffhammer auf die Welle auf.

■ Positionieren Sie die Achswellenmanschette so, dass sie beim Bewegen des Gelenkes nicht zu straff gespannt wird. Sie könnte sonst vom Gelenktopf rutschen.

■ Montieren Sie die beiden neuen Klemmbänder (Schellen) auf der entsprechenden Manschette.

■ Die Klemmbänder werden mit einer speziellen Zange zu gebogen. Mit etwas Geschick gelingt das auch mit einer Beißzange (1 im Bild 35).

■ Biegen Sie die Klemmbänder (2 im Bild 41) über einer Spraydose (1) vor. So lassen sie sich leichter montieren.

■ Reinigen Sie die Achsgelenkwelle und bauen Sie sie wieder ein.

Bild 39

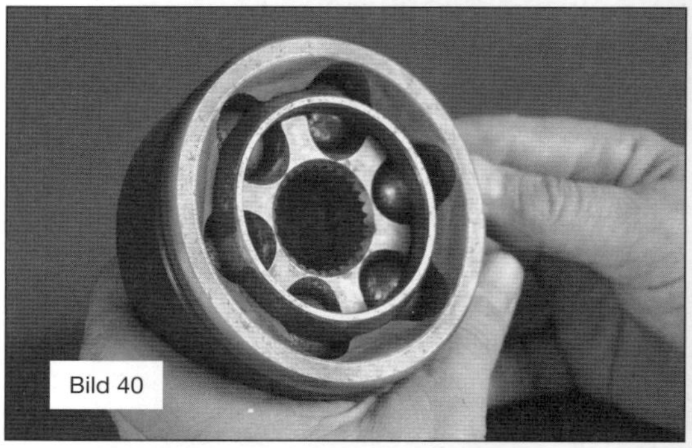
Bild 40

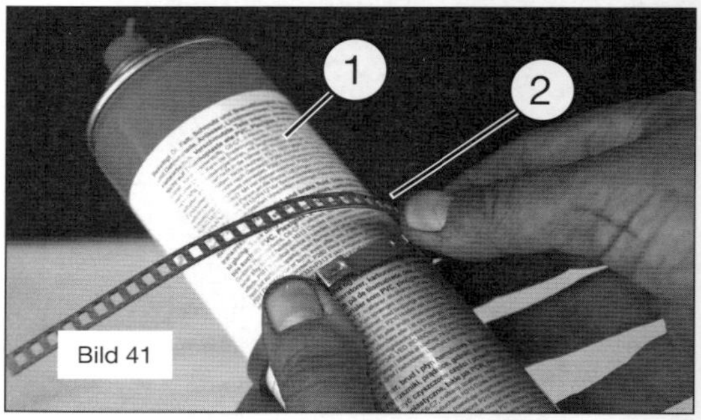

Bild 41

Achsmanschette innen (getriebeseitig) wechseln

■ Die entsprechende Antriebswelle ausbauen.

■ Die beiden Federbandschellen (6 und 8 im Bild 42) der Manschette öffnen.

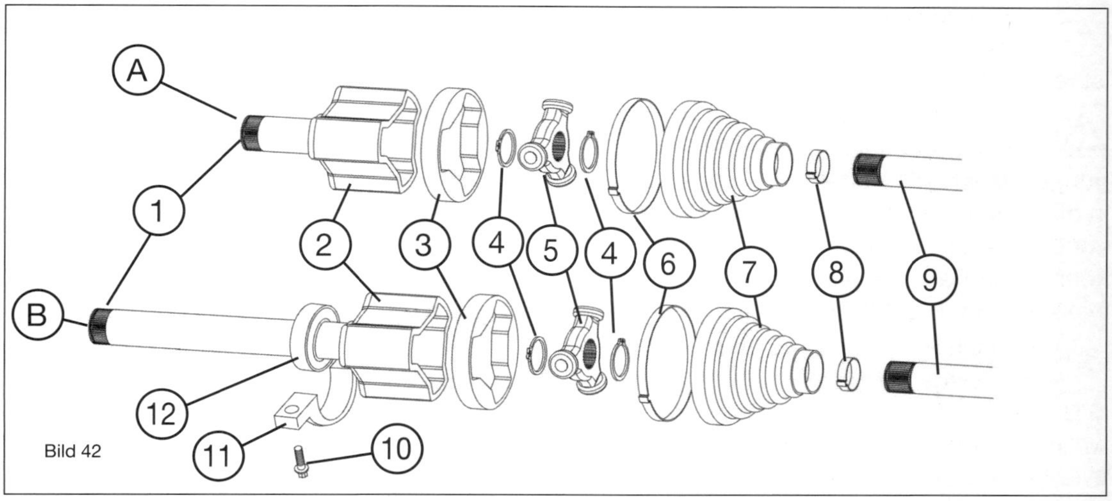

Bild 42

- Die Antriebswellenmanschette getriebeseitig (7) aufschneiden und abnehmen.
- Den Sicherungsring (4) öffnen und den Tripoidlagerträger (5) abnehmen.
- Lagertopf (2) und den Tripoidlagerträger (5) reinigen.
- Die Antriebswelle aus dem Schraubstock lösen und abnehmen.
- Die Klemmschelle (8) auf die Antriebswelle aufschieben.
- Die neue Antriebswellenmanschette auf die Antriebswelle (9) aufschieben.
- Die Antriebswelle mit Schutzbacken in den Schraubstock einspannen.
- Das Tripoidlager mit ausreichend Fett versorgen.
- Den Tripoidlagerträger auf die Antriebswelle aufschieben.
- Antriebswellenmanschette und den Lagertopf (2) mit dem im Lieferumfang enthaltenem Fett befüllen.
- Die Antriebswellenmanschette auf die Gelenknabe aufschieben. Der Wulst der Antriebswellenmanschette muss in der Nut am Gleichlaufgelenk liegen.
- Die Klemmschellen auf der Antriebswellenmanschette positionieren, verschließen und befestigen.
- Antriebswelle aus dem Schraubstock lösen und abnehmen.
- Die Antriebswelle wieder einbauen.

Fahrzeuge mit Automatikgetriebe:

- Kontrollieren Sie den Ölstand im Getriebe wie bereits beschrieben.

Fahrzeuge mit Schaltgetriebe:

- Wenn die Ölkontrolle nicht durch eine Kontrollschraube möglich ist, das Getriebeöl wie beschrieben wechseln und hierbei die vorgegebene Getriebeölmenge einfüllen.

Stützlager der rechten Gelenkwelle aus- und einbauen

Die lange rechte Achsgelenkwelle ist mit einem Stützlager am Motor zusätzlich gelagert. Das Kugellager (12 im Bild 42) ist auf die Antriebswelle aufgepresst.

Tipp: Aufgrund der Einbauposition ist ein Geräusch am Lager bei normaler Fahrt eher nicht zu orten. Die Kontrolle sollte durch Drehen und abhören mit einem Stethoskop von unten erfolgen.

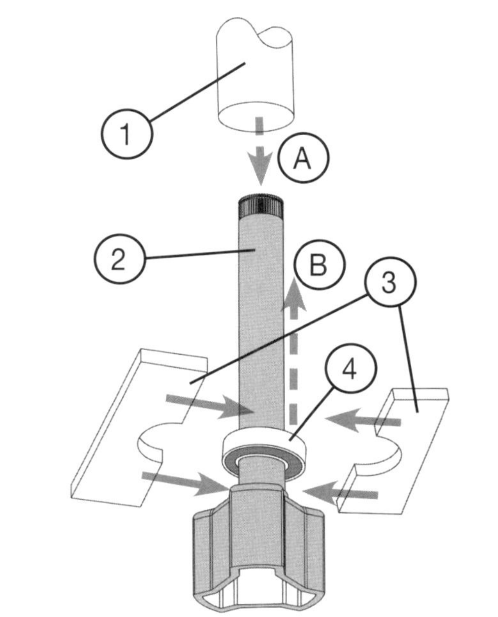

Bild 43

Bild 43
Stützlager Achsgelenkwelle De- und Montage.
1 Druckstempel der hydraulischen Presse
2 Achsgelenkwelle
3 Passstücke für die Auflage am Lager
4 Kugellager
A Bewegung hydraulischer Stempel
B Abziehen des Lagers

Tipp: Zum Abziehen des Lagers ist ein hydraulischer Pressenrahmen zu empfehlen.

Tipp: Zur Montage kann ein Rohr verwendet werden, das genau auf den Innenring des Stützlagers passt.

- Bauen Sie die rechte Antriebswelle wie bereits beschrieben aus.
- Fangen Sie austretendes Getriebeöl auf.
- Unterlegen Sie das Lager (4 im Bild 43) mit Passstücken auf der hydraulischen Presse.
- Drücken (A) Sie die Achsgelenkwelle (2) aus dem Lager (4) heraus (B).
- Nehmen Sie das Lager von der Achsgelenkwelle ab.
- Reinigen Sie den Lagersitz auf der Achsgelenkwelle gründlich und fetten Sie ihn leicht ein.
- Setzen Sie das neue Lager auf.
- Setzen Sie ein Rohr auf den Lagerinnenkranz auf.
- Treiben Sie das Lager mit dem aufgesetzten Rohr bis Anschlag auf den Lagersitz auf.
- Reinigen Sie die Achsgelenkwelle und montieren Sie sie wieder wie bereits beschrieben.

Fahrzeuge mit Automatikgetriebe:

- Kontrollieren Sie den Ölstand im Getriebe wie bereits beschrieben.

Sichtprüfung Messen

Bild 44
Universa-Demontagehaken (DB 116 589 01 6200).
1 Demontagehaken
2 Wellendichtring

Bild 45
Montage Wellendichtring (DB 700 589 14 15 00)
1 Wellendichtring
2 Montagedorn

Fahrzeuge mit Schaltgetriebe:
■ Wenn die Ölkontrolle nicht durch eine Kontrollschraube möglich ist, das Getriebeöl wie beschrieben wechseln und hierbei die vorgegebene Getriebeölmenge einfüllen.

Achswellendichtring ersetzen

Für die Montage der Antriebswellen ist eine Montagehilfe sehr hilfreich, um die Dichtlippe des Wellendichtrings nicht zu beschädigen.
■ Die entsprechende Antriebswelle wie bereits beschrieben ausbauen.
■ Fangen Sie austretendes Getriebeöl auf. Hebeln Sie den defekten Wellendichtring mit einem Montagehaken (DB 116 589 01 6200) oder einem anderen geeigneten Werkzeug heraus.
■ Reinigen Sie den Bereich um den Wellendichtring gründlich.
■ Tragen Sie etwas Getriebeöl auf die Dichtlippe und die Sitzfläche des Wellendichtrings auf.
■ Montieren Sie den neuen Wellendichtring mit einem Montagedorn (DB 700 589 14 15 00) oder einem anderen geeigneten Werkzeug.

Fahrzeuge mit Automatikgetriebe:
■ Kontrollieren Sie den Ölstand im Getriebe wie bereits beschrieben.

Fahrzeuge mit Schaltgetriebe:
■ Wenn die Ölkontrolle nicht durch eine Kontrollschraube möglich ist, das Getriebeöl wie beschrieben wechseln und hierbei die vorgegebene Getriebeölmenge einfüllen.

Getriebe aus- und einbauen

Die Getriebe werden nach unten ausgebaut. Benötigt werden Abfangvorrichtung, Motor- und Getriebeheber, Getriebeaufnahme und diverse Adapter und Zusatzhaken für die Anhängevorrichtung. Reparaturen an ausgebauten Getrieben gehören allerdings in die darauf spezialisierte Fachwerkstatt.

Die Montagearbeiten zwischen den manuell geschalteten Getrieben und den automatisch geschalteten Getrieben unterscheiden sich nur geringfügig. Wir

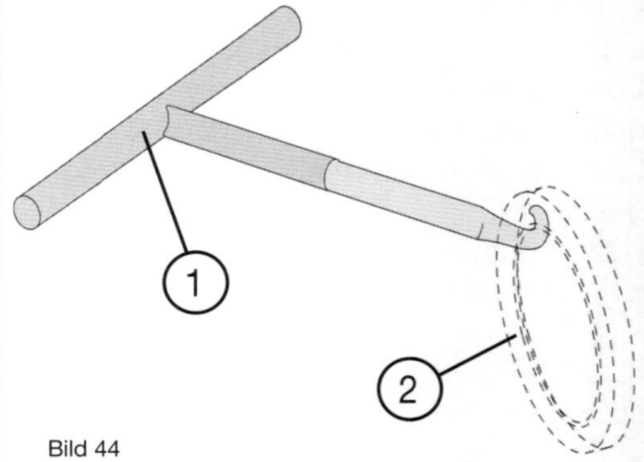

Bild 44

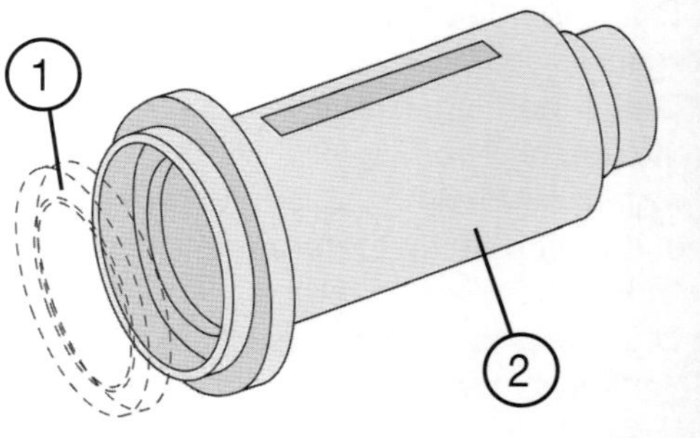

Bild 45

werden die Besonderheiten, auch für die Nebenantriebe, gesondert in dieser Beschreibung hervorheben.

Falls im Fahrzeug ein Radio mit Codierung eingebaut ist, muss dieser abgefragt und notiert werden.

Fragen Sie den Fehlerspeicher ab und sichern Sie die Einträge.
■ Lassen Sie das Getriebeöl wie bereits beschrieben ab.

Automatikfahrzeuge:
■ Den Wählhebel in Stellung »N« schalten.

Schaltfahrzeuge:
■ Den Ganghebel in die neutrale Stellung bringen.
■ Die Bremsflüssigkeit aus dem Vorratsbehälter absaugen.

Weiter für alle Fahrzeuge:
■ Die Zündung ausschalten.
■ Das Masseband der Batterie abklemmen.
■ Das Fahrzeug anheben und das Fahrzeug auf der Hebebühne sichern.
■ Bauen Sie die Unterbodenverkleidung beziehungsweise den Unterfahrschutz ab.

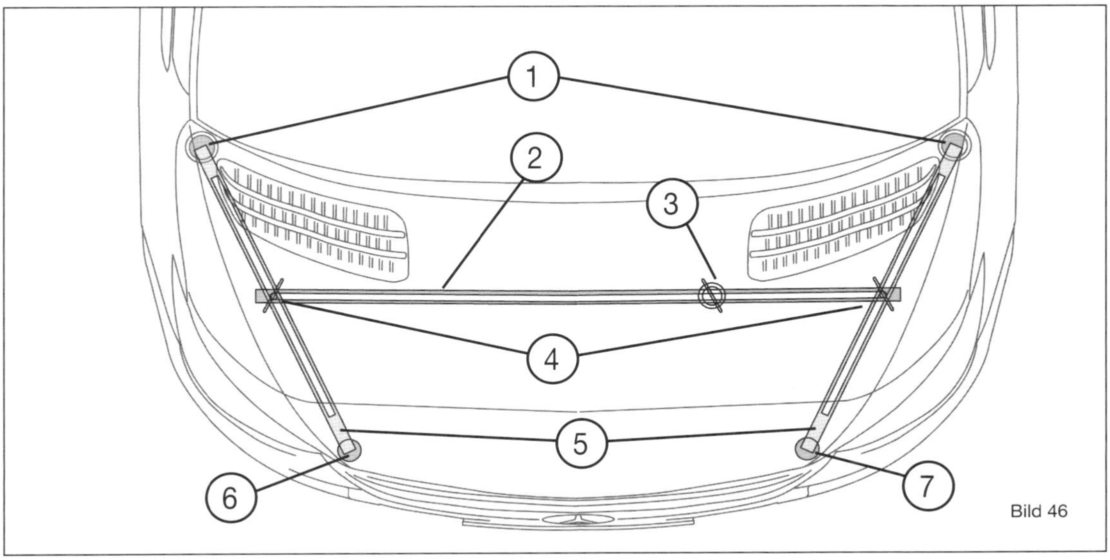

Bild 46
Motorträger zur Getriebedemontage.
1 Auflage auf dem Stoßdämpferdom
2 Quertraverse
3 Verschraubung am Motor links
4 Verschraubung Quertraversen
5 Stützstreben
6 Abstützung über dem Einfüllstutzen des AdBlue® Behälters
7 Abstützung auf dem Schlossträger

■ Demontieren Sie die Antriebswelle rechts und links. Die Arbeiten hierzu haben wir unter der Überschrift »Achsgelenkwelle vorne« beschrieben.
■ Bauen Sie den Vorderachsträger aus. Die Arbeiten hierzu haben wir im Kapitel »Fahrwerk« beschrieben.
■ Bauen Sie den Luftfilterkasten komplett aus.

Verschließen Sie die Öffnungen mit geeigneten Stopfen.

■ Bauen Sie die Anschlusskabel am Starter ab und legen Sie sie aus dem Arbeitsbereich heraus.
■ Demontieren Sie den Lüftungskasten.
■ Bauen Sie die Schrauben der Abgasanlage am Getriebe ab.
■ Entsichern Sie die Steckverbindungen am Getriebe und ziehen Sie sie ab.
■ Bauen Sie wie bereits beschrieben die Schaltzüge am Getriebe ab.
■ Legen Sie die Schaltzüge aus dem Arbeitsbereich heraus.
■ Drehen Sie die Schraube oben in der Getriebeglocke am Steuergehäusedeckel heraus.
■ Montieren Sie eine geeignete Motorstütze auf den Rahmenträgern.
■ Hängen Sie den Motor auf der linken Seite auf.
■ Demontieren Sie das Motorlager am Getriebe und senken Sie den Motor auf der linken Seite etwa 12 cm ab.
■ Heben Sie das Fahrzeug an und unterbauen Sie das Getriebe mit einem geeigneten Getriebeheber.
■ Ziehen Sie mit Hilfe eines zweiten Mechanikers das Getriebe nach links gerade vom Motorblock und der Kupplungsscheibe ab.
■ Prüfen Sie den Starterzahnkranz sowie das Starterritzel auf Schäden und Verschleiß.

Der Einbau erfolgt sinngemäß in umgekehrter Reihenfolge.
■ Reinigen Sie die Montageflächen von Motor und Getriebe gründlich.

Schaltfahrzeuge:
■ Reinigen Sie die Zahnung der Kupplungswelle und die Anlage des Kupplungsnehmerzylinders (Zentralausrücker) am Getriebe gründlich.
■ Die Führungshülse wird im Bereich des Ausrücklagers, der Ausrückhebel im Bereich der Anlagestelle am Kugelzapfen und das Lager im Bereich der Anlagestellen an den Ausrückhebel mit Molybdänsulfid-Schmierfett gefettet.
■ Bauen Sie das Getriebe ein.
■ Entlüften Sie die Kupplungsbetätigung.
■ Den Bremsflüssigkeitsstand im Bremsflüssigkeitsvorratsbehälter prüfen, ggf. richtigstellen.
■ Kupplung und Schaltung auf Funktion prüfen.

Automatikfahrzeuge:
■ Getriebeöl auffüllen und Öleinfüllschraube festschrauben.
■ Probefahrt durchführen und den Fehlerspeicher mit dem Diagnosegerät auslesen.

11 Fahrwerk

Arbeiten am Fahrwerk

Bei der Instandsetzung von tragenden und radführenden Bauteilen, zum Beispiel an Unfall-Fahrzeugen, können Schäden am Fahrwerk unentdeckt bleiben. Diese unentdeckten Schäden führen unter Umständen im späteren Fahrbetrieb zu schweren Folgeschäden. Bei Unfall-Fahrzeugen müssen deshalb die im Folgenden aufgeführten Bauteile auf jeden Fall in der beschriebenen Weise und Reihenfolge kontrolliert werden. Wichtig ist immer auch eine Vermessung des Fahrwerks. Werden dabei keine Abweichungen von den Sollwerten festgestellt, liegen auch keine Verformungen am Fahrwerk vor.

Sicht- und Funktionsprüfung für das Lenksystem

- Sichtprüfung auf Verformung und Risse.
- Spielprüfung der Spurstangengelenke und des Lenkgetriebes.
- Sichtprüfung auf defekte Falten- und Fettbälge.
- Elektrische Leitungen auf Scheuer-, Schnitt- und Knickstellen untersuchen.
- Verschraubungen und Lenkgetriebe auf Dichtheit kontrollieren.
- Lenkgetriebe und Leitungen auf festen Sitz überprüfen.
- Einwandfreie Funktion über den gesamten Lenkeinschlag prüfen, indem die Lenkung von Anschlag zu Anschlag betätigt wird. Dabei muss das Lenkrad mit gleichbleibender Betätigungskraft, ohne zu haken, drehbar sein.

Sicht- und Funktionsprüfung für das Fahrwerk

- Alle in den Montageübersichten dargestellten Bauteile auf Verformung, Risse und sonstige Beschädigungen überprüfen.
- Beschädigte Teile ersetzen.
- Fahrzeug auf einem Computer-Achsmessstand vermessen lassen.
- Räder und Reifen auf Rundlauf und Unwucht untersuchen.
- Reifen auf Einschnitte und Stoßverletzungen im Profil und an den Flanken überprüfen.
- Bereifung auf Fülldruck (Angaben in der Tankklappe), Zustand, Reifenlaufbild und Profiltiefe prüfen.
- Bei Beschädigungen am Scheibenrad und/oder am Reifen ist der Reifen oder auch das ganze Rad zu ersetzen. Dies gilt auch, wenn ein Unfallhergang und Schäden am Fahrzeug auf eine mögliche, wenngleich nicht sichtbare Beschädigung schließen lassen.
- Reifen sollten nicht älter als 6 Jahre sein.

Elektronische Fahrzeugsysteme

Sicherheitsrelevante Systeme wie zum Beispiel: ABS/EDS, Airbag, elektronisch geregelte Fahrwerksysteme, elektromechanische Lenk- und sonstige Fahrerassistenzsysteme müssen mit einem Fahrzeugdiagnose-, Mess- und Informationssystem auf eventuell gespeicherte Fehlermeldungen abgefragt werden. Wurden in den Fehlerspeichern der genannten Systeme Fehler gespeichert, sind diese entsprechend den Vorgaben von Mercedes zu beseitigen. Nach erfolgter Reparatur sind die jeweils betroffenen Systeme nochmals auf Fehlerspeichereinträge zu prüfen, um sicher zu sein, dass die Funktion wieder gewährleistet ist.

Hinweise und Vorschriften

- Schweiß- und Richtarbeiten an tragenden und radführenden Bauteilen der Radaufhängung sind nicht zulässig.
- Selbstsichernde Muttern sowie korrodierte Schrauben und Muttern müssen immer ersetzt werden.
- Gummimetalllager haben einen begrenzten Verdrehbereich. Ziehen Sie deshalb die Schraubverbindungen an den Bauteilen mit Gummimetalllagern erst dann fest, wenn das Radlagergehäuse angehoben ist (siehe »Radlagerung in Leergewichtslage heben«).

Prüfungen an der Achslagerung

Achsgelenke und Achslager: Sichtprüfung

- Bitte prüfen Sie die Dichtungsbälge der Achsgelenke auf Undichtigkeiten und Beschädigungen.
- Weiterhin prüfen Sie die Achslager: Es

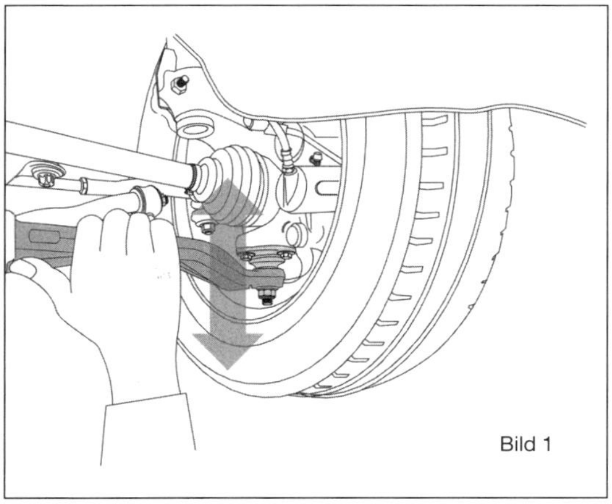
Bild 1

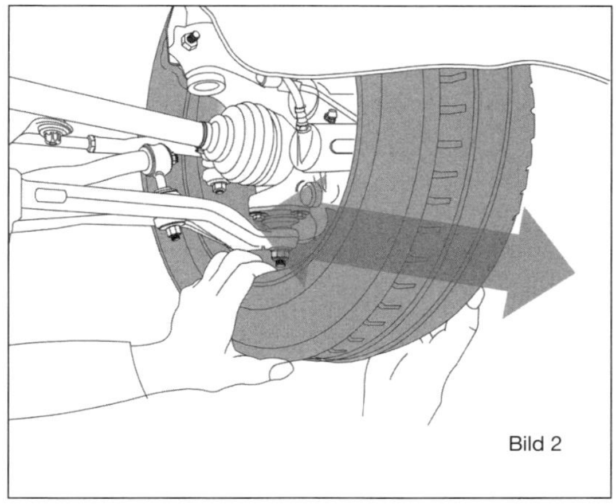
Bild 2

Bild 1
Axialspiel prüfen.

Bild 2
Radialspiel prüfen.

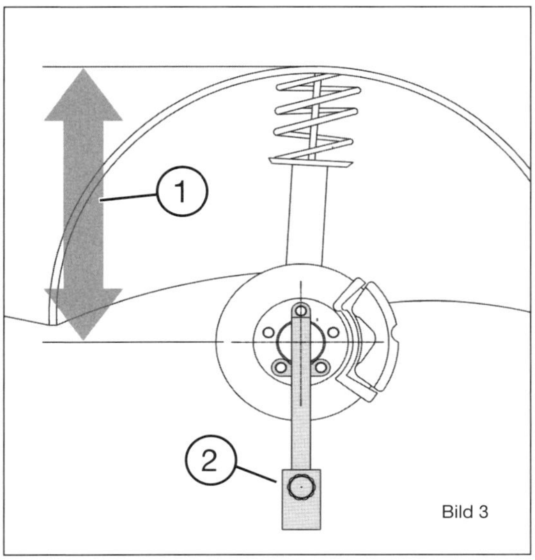

Bild 3

Bild 3
Leergewichtslage herstellen.
1 Abstand von Radmitte zum Radlauf als Ruhemaß
2 Adapter auf einem Getriebeheber

darf kein Spiel vorhanden sein, das vulkanisierte Gummilager darf keine Risse und poröse Stellen aufweisen.

Achsgelenk prüfen (Bilder 1 und 2)

Es darf bei beiden Prüfungen kein fühl- oder sichtbares »Spiel« vorhanden sein. Während der Prüfungen das Achsgelenk beobachten. Eventuell vorhandenes Radlagerspiel oder »Spiel« im Federbeinlager oben berücksichtigen. Gummibalg auf Beschädigung prüfen, ggf. Achsgelenk ersetzen.

Axialspiel prüfen:

■ Achslenker kräftig in Pfeilrichtung (Bild 1) nach unten ziehen und wieder hochdrücken.

Radialspiel prüfen:

■ Rad unten kräftig in Pfeilrichtung nach innen und außen drücken (Bild 2).

■ Auf beschädigungsfreien und nicht verdrillten Dichtbalg achten.

Radlagerung in Leergewichtslage (Bild 3)

Alle Schrauben an Fahrwerksteilen mit Gummimetalllagern müssen grundsätzlich in Leergewichtslage (unbeladenem Zustand) festgezogen werden. Gummimetalllager haben einen begrenzten Verdrehbereich. Achsbauteile mit Gummimetalllagern müssen deshalb vor dem Festziehen in eine Position gebracht werden, die der Position im Fahrbetrieb entspricht (Leergewichtslage). Anderenfalls wird das Gummimetalllager verspannt, eine geringere Lebensdauer wäre dann die Folge. Durch Anheben der entsprechenden Radaufhängung mit dem Motor- und Getriebeheber und der Aufnahme kann diese Position auf der Hebebühne simuliert werden. Bevor die entsprechende Radaufhängung angehoben wird, muss das Fahrzeug auf beiden Fahrzeugseiten an den Tragarmen der Hebebühne mit den Spanngurten verzurrt werden.

Wird das Fahrzeug nicht verzurrt, besteht die Gefahr, dass das Fahrzeug von der Hebebühne abrutschen kann!

■ Radnabe so weit drehen, bis eine der Bohrungen für Radschrauben oben steht.
■ Aufnahme mit einer Radschraube an die Radnabe anbauen.
■ Das Festziehen der betroffenen Schrauben/Muttern darf nur dann erfolgen, wenn das Maß (1) zwischen der Radnabenmitte und der Unterkante Radhaus erreicht ist.
■ Das Maß (1) ist abhängig von der Standhöhe des eingebauten Fahrwerks und wird im Stand bei unbeladenen Zustand in neutraler Federlage ermittelt.

Bild 4
Achsgelenk und Querlenker vorne.
1 Achsschenkel
2 Traggelenkbolzen
3 Schirmblech unten
4 Schraube
5 Mutter
6 Querlenker

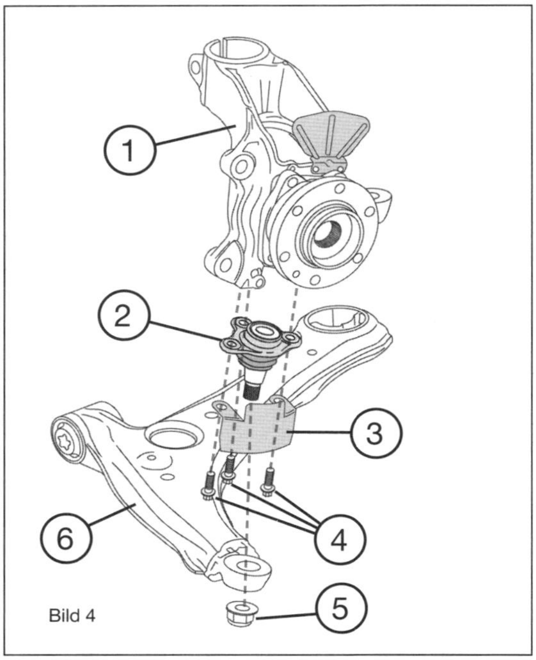

Bild 4

Bild 5
Gelenkbolzen abdrücken.
1 Achsschenkel
2 Gelenkbolzenabdrücker
3 Spindel
4 Gelenkbolzen

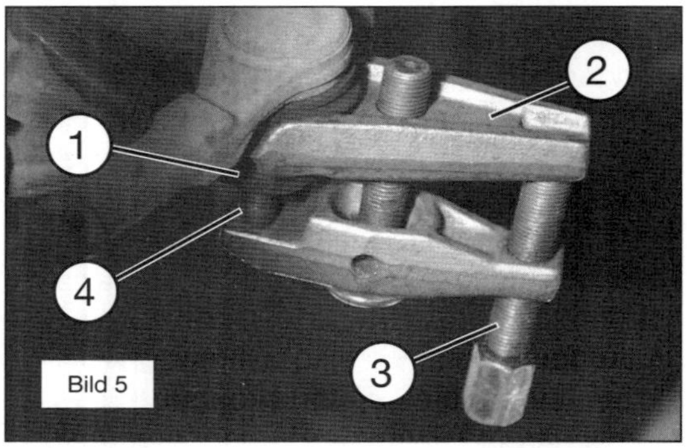

Bild 5

Bild 6
Querlenker vorne ausbauen.
1 Achsschenkel
2 Schraube
3 Querlenker
4 Mutter
5 Schraube

Achsgelenk aus- und einbauen

Traggelenkbolzen (Achsgelenkbolzen) wechseln

■ Betätigen Sie die Bremse und lösen Sie mit Hilfe einer zweiten Person die Zentralmutter des Radlagers.
■ Das Fahrzeug anheben und verzurren.
⚠ Wird das Fahrzeug nicht verzurrt, besteht die Gefahr, dass das Fahrzeug von der Hebebühne abrutschen kann!
■ Das entsprechende Rad abbauen.
■ Drehen Sie die Mutter (5 im Bild 4) so weit ab, dass sie das Ende des Gewindes noch abdeckt.
■ Drücken Sie den Traggelenkbolzen (2) mit einem Gelenkbolzenabdrücker wie im Bild 5 gezeigt vom Querlenker (6) ab.
■ Bauen Sie die Mutter (5) ab.
■ Lösen Sie die untere Verschraubung des Stabilisators am Querlenker und nehmen Sie sie aus dem Querlenker heraus.
■ Ziehen Sie den Querlenker etwas herunter und ziehen den Achsschenkel (1) vorsichtig nach außen.
■ Führen Sie die Antriebswelle hierbei aus der Radnabe heraus und sichern Sie sie gegen unbeabsichtigtes Herausfallen.
■ Drehen Sie die Schrauben (4) heraus.
■ Nehmen Sie das Schirmblech unten (3) ab.
■ Soweit erforderlich, schlagen Sie das Traggelenk vorsichtig aus seinem Sitz im Achsschenkel heraus.

Der Einbau erfolgt sinngemäß in umgekehrter Reihenfolge.
■ Reinigen Sie den Sitz des Traggelenkbolzens im Achsschenkel und fetten Sie den Sitz leicht ein.
■ Ersetzen Sie die selbstsichernden Muttern am Traggelenkbolzen und soweit vorhanden an der Koppelstange des Stabilisators.
■ Verwenden Sie eine neue Zentralschraube für die Achsgelenkwelle.

Querlenker wechseln

■ Das Fahrzeug anheben und verzurren.
⚠ Wird das Fahrzeug nicht verzurrt, besteht die Gefahr, dass das Fahrzeug von der Hebebühne abrutschen kann!
■ Das entsprechende Rad abbauen.
■ Die Geräuschdämpfung oder Unterfahrschutz (soweit verbaut) ausbauen.
■ Die Schraubverbindungen an Aggrega-

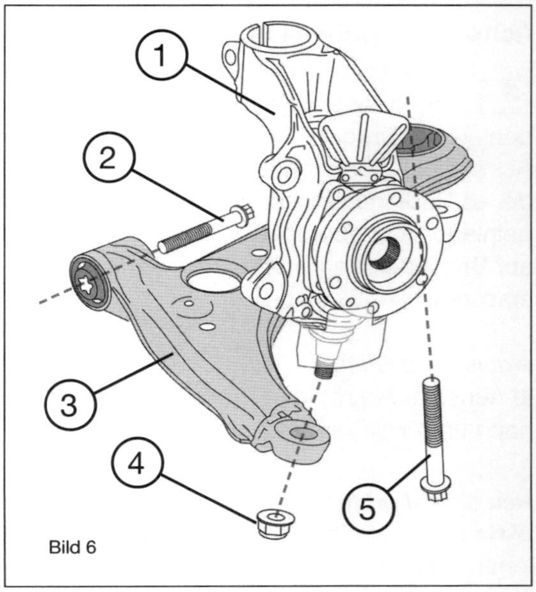

Bild 6

teträger/Achsträger (2 und 5 im Bild 6) nur lösen, um die Vorspannung aus den Gummilagern des Achslenkers zu nehmen.
■ Drehen Sie die Mutter (4) so weit ab, dass sie das Ende des Gewindes noch abdeckt.
■ Drücken Sie den Traggelenkbolzen mit einem Gelenkbolzenabdrücker wie im Bild 5 gezeigt vom Querlenker (3) ab.
■ Bauen Sie die Mutter (4) ab.
■ Lösen Sie die untere Verschraubung des Stabilisators am Querlenker und nehmen Sie sie aus dem Querlenker (3) heraus.

Der Einbau erfolgt sinngemäß in umgekehrter Reihenfolge.
■ Geräuschdämpfung einbauen.

Auf beschädigungsfreien und nicht verdrillten Dichtbalg des Achsgelenkbolzens achten.

■ Ersetzen Sie die selbstsichernden Muttern am Traggelenkbolzen und soweit vorhanden an der Koppelstange des Stabilisators.
■ Das Rad wieder anbauen und festziehen.

Querlenkerlager (Gummimetalllager) im Querlenker wechseln

Hier sollten Sie überlegen, ob der Neuteilersatz des Querlenkers nicht die bessere Wahl ist. Die Gummilager müssen aus dem Querlenker ausgepresst werden.

Ersetzen Sie grundsätzlich alle Gummilager in den Querlenkern gleichzeitig. Unterschiedliche Härtegrade können merklichen Einfluss auf die Radführung haben.

■ Bauen Sie den Querlenker wie schon beschrieben aus.
■ Markieren Sie die Einbaurichtung der Lager.
■ Drücken Sie die Querlenkerlager mit einem Presswerkzeug für Gummimetalllager (Silentlager) oder einer Gewindestange und passenden Hülsen heraus.

Achten Sie darauf, dass sich das Lager nicht verkantet und gerade hineinrutscht.

■ Reinigen Sie die Sitzfläche gründlich.
■ Fetten Sie die Sitzfläche leicht ein.
■ Drücken Sie die Querlenkerlager mit einem Presswerkzeug für Gummimetalllager (Silentlager) oder einer Gewindestange und passenden Hülsen hinein.

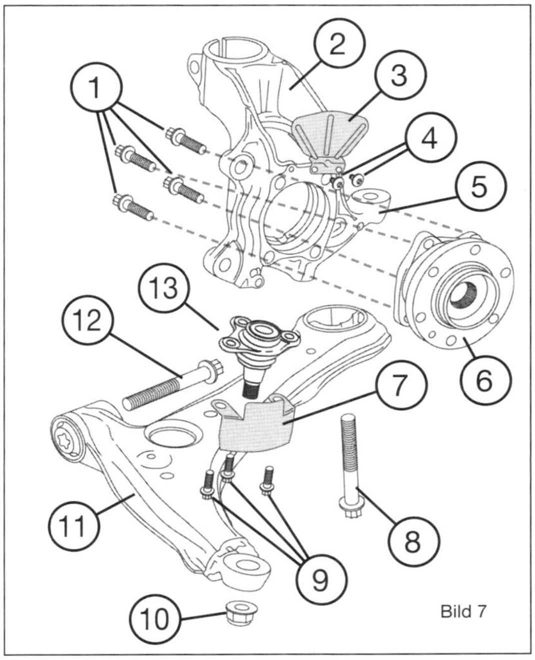

Bild 7
Achsgelenk, Radlager und Querlenker vorne.
1 Schrauben
2 Achsschenkel
3 Schirmblech oben
4 Schrauben
5 Spurhebel
6 Radlagereinheit
7 Schirmblech unten
8 Schraube
9 Schrauben
10 Mutter
11 Querlenker
12 Schraube
13 Traggelenkbolzen

Radlagereinheit vorne aus- und einbauen

Radlager und Radnabe können nicht sinnvoll voneinander getrennt werden. Sie bilden eine Montageeinheit und werden zusammen verpresst.

Montage der Radlagereinheit

■ Das Fahrzeug anheben und verzurren.

Wird das Fahrzeug nicht verzurrt, besteht die Gefahr, dass das Fahrzeug von der Hebebühne abrutschen kann!

■ Das entsprechende Rad abbauen.
■ Die Geräuschdämpfung oder Unterfahrschutz (soweit verbaut) ausbauen.
■ Demontieren Sie die Achsgelenkwelle, wie bereits beschrieben.
■ Bauen Sie den Bremssattel und die Bremsscheibe ab.

Die Arbeitsschritte hierzu werden wir Ihnen im Kapitel 13 »Bremsanlage« im Detail vorstellen.

■ Demontieren Sie die entsprechende Achsgelenkwelle.
■ Drehen Sie die Schrauben (1 im Bild 7) etwa 5 mm heraus.
■ Lösen Sie die Radlagereinheit (6) durch einige Hammerschläge auf die Schraubenköpfe (1).
■ Drehen Sie die Schrauben (1) heraus.
■ Nehmen Sie Radlagereinheit (6) ab.

Sichtprüfung Messen

Bild 8
Vor dem Einbau. Kontrolle der Magnetspur des Radlagers mit einer Prüfkarte.
1 Radlager
2 Kontrollkarte
3 Kontrollfeld für Magnetfelder am Sensorring
4 Sensorring

Bild 9
Radlagereinheit der Hinterachse.
1 Radlagereinheit
2 Schrauben

Der Einbau erfolgt sinngemäß in umgekehrter Reihenfolge.

⚠ Das Radlager ist zur Innenseite mit einem Magnetspurring für das ABS-System ausgestattet. Das Radlager darf keinen Kontakt zu magnetischen Materialien bekommen. Der Magnetspurring kann unbrauchbar werden und das Radlager muss erneut ersetzt werden. Prüfen Sie die Magnetspur des Radlagers (Bild 8) unbedingt vor der endgültigen Montage der Achsbauteile.

- Reinigen Sie die Sitzfläche der Radlagereinheit im Achsschenkel gründlich.
- Setzen Sie die neue Radlagereinheit in den Achsschenkel ein und verschrauben Sie sie.

Radlagereinheit hinten aus- und einbauen

Montage der Radlagereinheit

- Das Fahrzeug anheben und verzurren.

⚠ Wird das Fahrzeug nicht verzurrt, besteht die Gefahr, dass das Fahrzeug von der Hebebühne abrutschen kann!

- Das entsprechende Rad abbauen.
- Ziehen Sie den elektrischen Anschluss für die Verschleißanzeige der Bremsbeläge ab.

Fahrzeuge mit elektrischer Handbremse:

- Stellen Sie den Bremssattel mit einem geeigneten Diagnosetester in die Montagestellung.
- Demontieren Sie den Bremssattel und den Sattelträger.
- Bauen Sie die Bremsscheibe ab.

☞ Die Arbeitsschritte hierzu werden wir Ihnen im Kapitel 13 »Bremsanlage« im Detail vorstellen.

Fahrzeuge mit mechanischer Handbremse:

- Demontieren Sie den Bremssattel und den Sattelträger.
- Bauen Sie die Bremsscheibe ab. Demontieren Sie Handbremsbeläge.

☞ Die Arbeitsschritte hierzu werden wir Ihnen im Kapitel 13 »Bremsanlage« im Detail vorstellen.

Weiter für alle Fahrzeuge:

- Drehen Sie die Schrauben (2 im Bild 9) etwa 5 mm heraus.

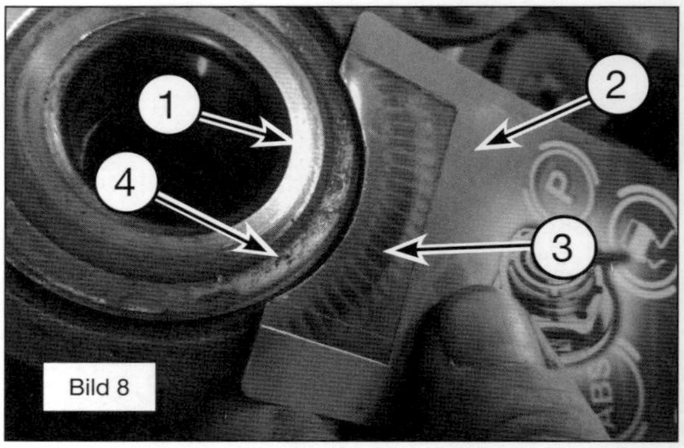

Bild 8

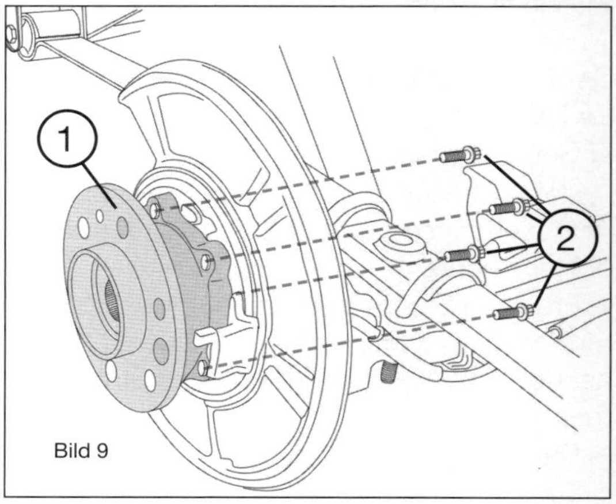

Bild 9

- Lösen Sie die Radlagereinheit (1) durch einige Hammerschläge auf die Schraubenköpfe (2).
- Drehen Sie die Schrauben (2) heraus.
- Nehmen Sie Radlagereinheit (6) ab.

Der Einbau erfolgt sinngemäß in umgekehrter Reihenfolge.

⚠ Das Radlager ist zur Innenseite mit einem Magnetspurring für das ABS-System ausgestattet. Das Radlager darf keinen Kontakt zu magnetischen Materialien bekommen. Der Magnetspurring kann unbrauchbar werden und das Radlager muss erneut ersetzt werden. Prüfen Sie die Magnetspur des Radlagers (Bild 8) unbedingt vor der endgültigen Montage der Achsbauteile.

- Reinigen Sie die Sitzfläche der Radlagereinheit im Achsschenkel gründlich.
- Setzen Sie die neue Radlagereinheit in den Achsschenkel ein und verschrauben Sie sie.
- Prüfen Sie den Zustand der Bremsbeläge und der Bremsscheibe. Erneuern Sie verschlissene oder schadhafte Bauteile.
- Prüfen Sie abschließend die Funktion der Handbremse.

Montagearbeiten am Federbein der Vorderachse

Demontage des Federbeins vorne

⚠ Stoßdämpfereinheiten sollten grundsätzlich nur achsweise ersetzt werden!

⚠ Der Stoßdämpfer hat auch Radführungsaufgaben. Es ist sehr wichtig, auf seinen Zustand zu achten.

■ Das Fahrzeug anheben und verzurren.

⚠ Wird das Fahrzeug nicht verzurrt, besteht die Gefahr, dass das Fahrzeug von der Hebebühne abrutschen kann!

■ Das entsprechende Rad vorne abbauen.

■ Lösen Sie die elektrischen Leitungen der Bremsbelagverschleißanzeige und des Drehzahlfühlers aus der Halterung am Dämpfer heraus.

■ Lösen Sie die Verschraubung des Stabilisators am Federbein.

■ Bauen Sie den Bremssattel aus und befestigen Sie diesen am Aufbau.

■ Stellen Sie den Motor- und Getriebeheber unter den Achsschenkel und drücken Sie leicht gegen, um den Querlenker (Achslenker) abzufangen.

☞ Grundsätzlich lässt sich der Stoßdämpfer aus dem Achsschenkel herausnehmen, wenn der Querlenker weit genug nach unten gedrückt wird und die Klemmung des Achsschenkels am Stoßdämpfer mit einem geeigneten Spreizwerkzeug leicht aufgedrückt wird. Es besteht aber die Gefahr, dass der Traggelenkbolzen überdrückt oder die Achsgelenkwelle beschädigt wird.

■ Bauen Sie den Bremssattel aus und befestigen Sie diesen am Aufbau.

■ Entsichern Sie den Anschlussstecker des Raddrehzahlgebers ab.

■ Demontieren Sie die Bremsscheibe.

■ Schrauben Sie die Befestigungsschraube (4 im Bild 10) am Radlagergehäuse heraus.

■ Weiten Sie die Klemmung des Achsschenkels am Stoßdämpfer mit einem geeigneten Werkzeug (DB 177 589 00 31 00) vorsichtig gerade so weit auf, dass Sie den Stoßdämpfer aus dem Achsschenkel herausziehen können.

Wenn der Dämpfer wieder eingebaut wird:

■ Kennzeichnen Sie die Einbaulage des Radlagergehäuses am Dämpfer (z. B. mit einem Filzstift).

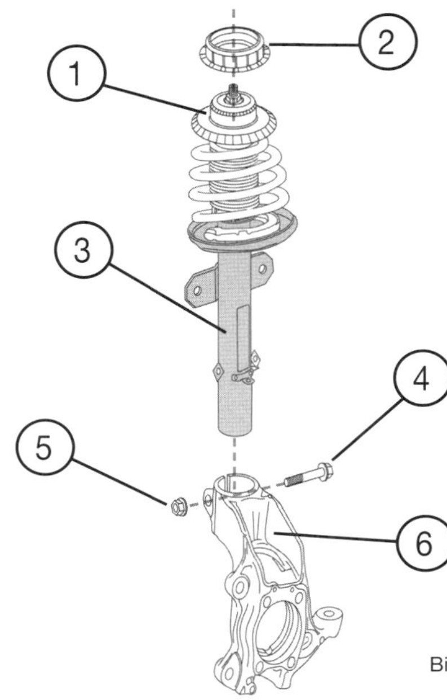

Bild 10

Bild 10
Federbein vorne.
1 Stützlager
2 Kunststoffmutter
3 Federbein vorne
4 Schraube
5 Mutter
9 Anschlagpuffer
6 Achsschenkel

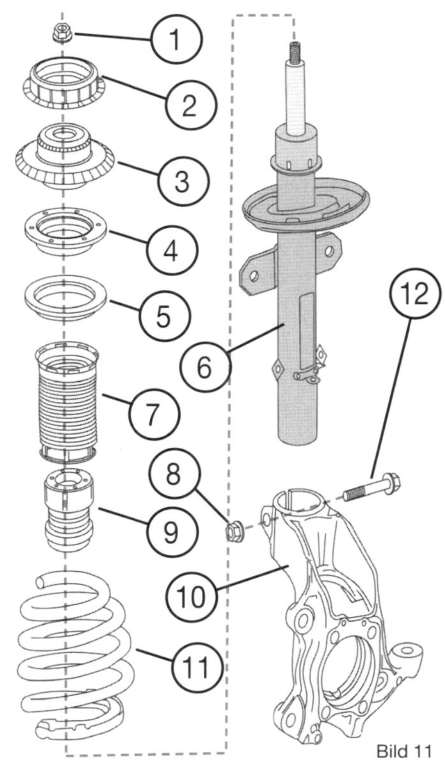

Bild 11

Bild 11
Federbein vorne in Teilen.
1 Mutter
2 Kunststoffmutter
3 Stützlager
4 Gleitlager
5 Federanlage
6 Stoßdämpfer vorne
7 Staubschutz
8 Mutter
9 Anschlagpuffer
10 Achsschenkel
11 Feder
12 Schraube

■ Ziehen Sie den Achsschenkel (10) vom Stoßdämpfer (6) ab.

■ Lösen Sie die Mutter (2) mit einem passenden Steckschlüssel (Ölfilterschlüssel) und nehmen Sie das Federbein vorne heraus.

Sichtprüfung Messen

Bild 12
Mechanischer Federspanner.
1 Feder
2 Arbeitsspindeln
3 Sechskant
4 Steckschlüssel mit passender Nuss

Bild 13
Hydraulischer Federspanner.
1 Spannzangen
2 Hydraulikzylinder
3 Handpumpe

Bild 14
Stoßdämpfer vorne.
1 Mutter
2 Kolbenstange
3 Feder
4 Stoßdämpfer
5 Federspanner

Bild 15
Demontage Stoßdämpfer vorne.
1 Drehmomentschlüssel
2 Stecknusseinsatz
3 Ratsche mit Zentralbohrung
4 Stecknuss
5 Stoßdämpfer

Bild 12

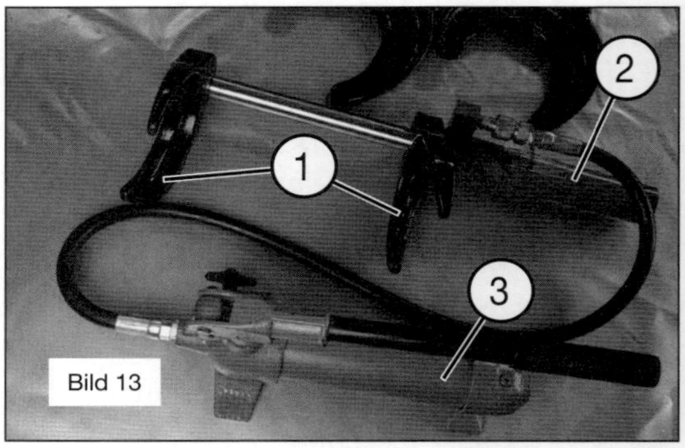

Bild 13

Der Einbau erfolgt in umgekehrter Reihenfolge.

■ Lassen Sie eine Fahrwerksvermessung durchführen.

Zerlegen des Federbeins vorne (Ausbau des Stoßdämpfers oder der Feder)

⚠ Stoßdämpfereinheiten sollten grundsätzlich nur achsweise ersetzt werden!

⚠ Der Stoßdämpfer hat auch Radführungsaufgaben. Es ist sehr wichtig, auf seinen Zustand zu achten.

■ Bauen Sie das Federbein wie zuvor beschrieben aus.

■ Spannen Sie die Feder (3 im Bild 14) so weit vor, dass die Feder gerade so lose im Federbein einliegt.

■ Drehen Sie die Mutter (1) wie im Bild 15 gezeigt ab.

■ Nehmen Sie das Stützlager (3 im Bild 11) mit der Federanlage (5) ab.

■ Nehmen Sie die Feder (11) ab.

■ Nehmen Sie das Gleitlager (4) ab.

■ Nehmen Sie den Staubschutz (7) ab.

■ Nehmen Sie den Anschlagpuffer (9) ab.

Der Einbau erfolgt in umgekehrter Reihenfolge.

■ Achten Sie auf den korrekten Sitz der Feder auf dem Federteller des Federbeins und der Federanlage (5).

■ Lassen Sie eine Fahrwerksvermessung durchführen.

Stoßdämpfer Hinterachse aus- und einbauen

☞ Grundsätzlich sollten Sie das Fahrzeug mit einer Hebebühne anheben. Die Montagearbeiten für den Stoßdämpfer lassen sich aber durchaus auch am Boden mit einem Wagenheber durchführen.

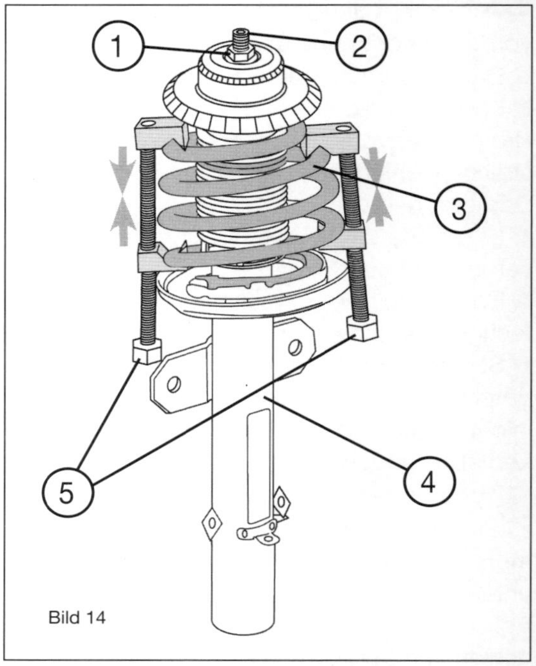

Bild 14

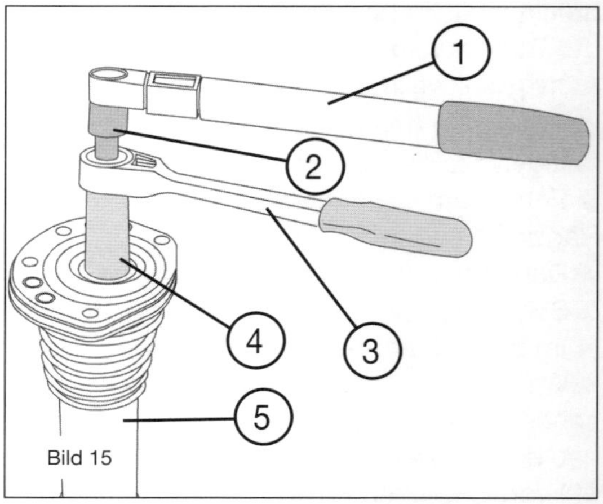

Bild 15

■ Das Fahrzeug anheben und verzurren.

⚠ Wird das Fahrzeug nicht verzurrt, besteht die Gefahr, dass das Fahrzeug von der Hebebühne abrutschen kann!

■ Heben Sie die Hinterachse mit dem Motor- und Getriebeheber und einer entsprechenden Unterlage am Achsrohr leicht an, um den Stoßdämpfer zu entlasten.

■ Drehen Sie die Schraube (2 im Bild 17) heraus und nehmen Sie den Stoßdämpfer aus der Aufnahme.

■ Drehen Sie die Schraube (1 im Bild 16) aus dem Längsträger heraus und nehmen Sie den Stoßdämpfer (2) vom Fahrzeug ab.

Der Einbau erfolgt sinngemäß in umgekehrter Reihenfolge.

Achsrohr hinten aus- und einbauen

■ Heben Sie das Fahrzeug an und verzurren Sie es.

Grundsätzlich sollten Sie das Fahrzeug mit einer Hebebühne anheben.

■ Die Montagearbeiten für den Stoßdämpfer lassen sich aber durchaus auch am Boden mit einem Wagenheber durchführen.

Wird das Fahrzeug nicht verzurrt, besteht die Gefahr, dass das Fahrzeug von der Hebebühne abrutschen kann!

■ Bauen Sie die Hinterräder ab.

■ Entsichern Sie den Steckkontakt und ziehen Sie den Anschlussstecker zum Raddrehzahlsensor ab.

Fahrzeuge mit mechanischer Handbremse:

■ Hängen Sie die Handbremsseile am Bremssattel aus.

■ Legen Sie die Bremsseile frei und befestigen Sie sie außerhalb des Arbeitsbereichs.

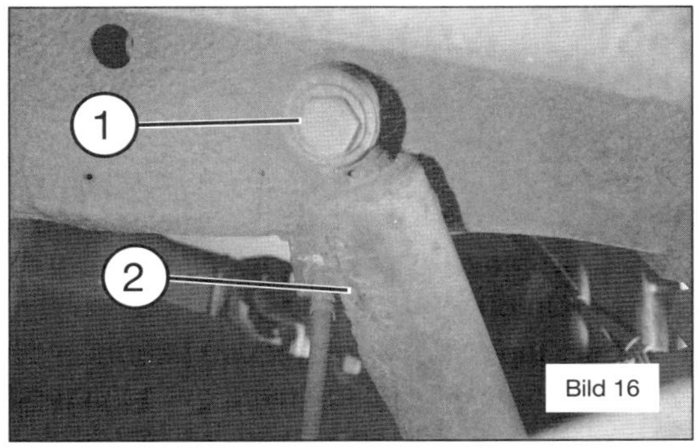

Bild 16
Stoßdämpfer oben.
1 Schraube oben (Mutter im Rahmen unter einem Gummistopfen)
2 Stoßdämpfer

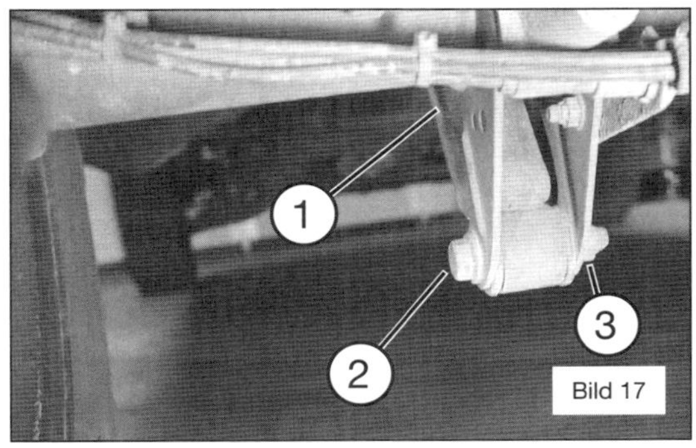

Bild 17
Stoßdämpfer unten verschraubt an der Hinterachse.
1 Stoßdämpfer
2 Schraube
3 Mutter

Fahrzeuge mit elektrischer Handbremse:

■ Entsichern Sie den Steckkontakt und ziehen Sie den Anschlussstecker zum Stellmotor der Handbremse ab.

■ Bauen Sie die Bremssättel ab und befestigen Sie sie außerhalb des Arbeitsbereiches am Aufbau.

■ Drehen Sie die Verschraubung der Koppelstangen am Stabilisator hinten heraus.

■ Drehen Sie die unteren Stoßdämpferverschraubungen (2 im Bild 17) heraus.

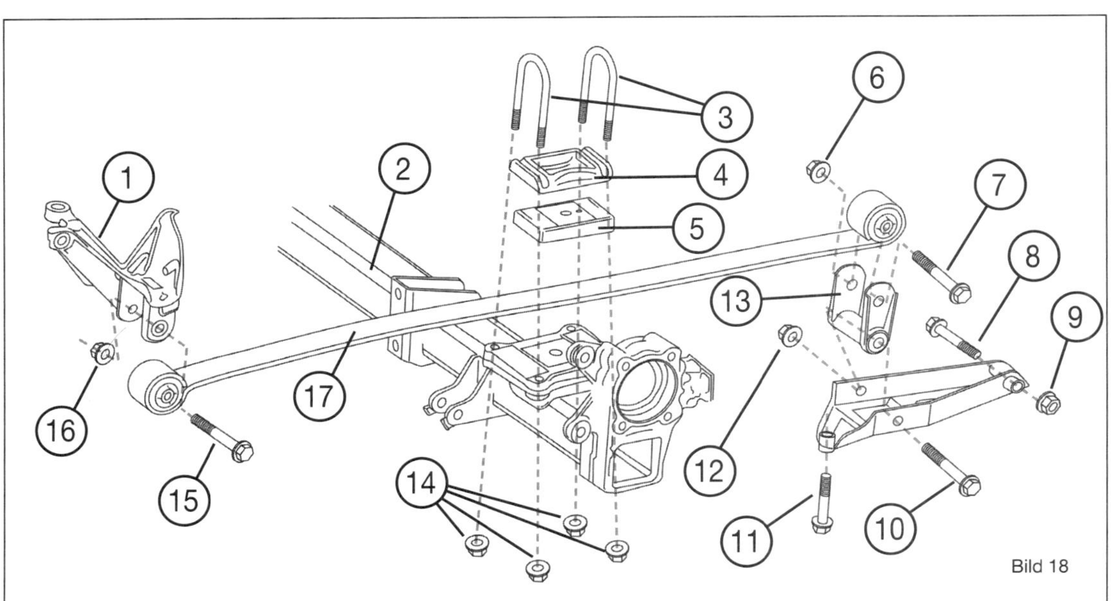

Bild 18
Blattfeder hinten, leichte Ausführung.
1 Halter vorne
2 Achsrohr
3 Bügel
4 Auflage
5 Beilagplatte
6 Mutter
7 Schraube
8 Schraube
9 Mutter
10 Schraube
11 Schraube
12 Mutter
13 Federlasche
14 Muttern
15 Schraube
16 Mutter
17 Blattfeder

Sichtprüfung Messen

Bild 19
Blattfeder hinten, verstärkte Ausführung.
1 Halter vorne
2 Achsrohr
3 Bügel
4 Auflage
5 Beilagplatte
6 Mutter
7 Schraube
8 Schraube
9 Mutter
10 Schraube
11 Schraube
12 Mutter
13 Federlasche
14 Muttern
15 Schraube
16 Mutter
17 Blattfeder
18 Schrauben
19 Federlasche verstärkt
20 Muttern

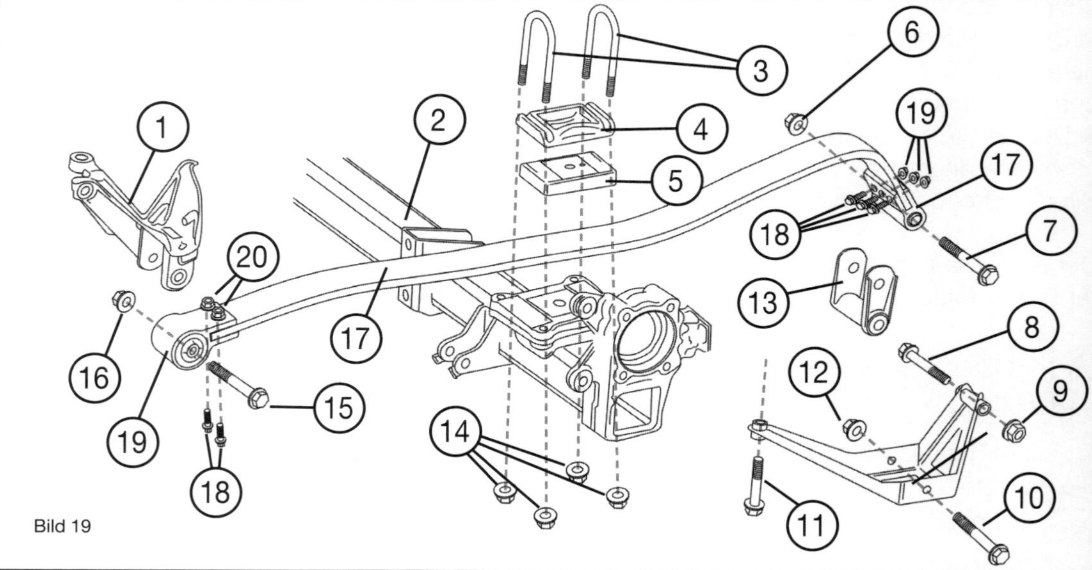

Bild 19

Wenn Bauteile mit Gummimetalllagern ersetzt oder Schrauben oder Muttern an diesen Bauteilen gelöst werden, muss vor Beginn der Arbeiten die Leergewichtslage wie beschrieben hergestellt werden.

- Bauen Sie den Halter des Höhensensors (soweit verbaut) an der Hinterachse ab.
- Lösen Sie die Muttern (14 im Bild 18).
- Unterbauen Sie das Achsrohr (2) mit einem geeigneten Getriebeheber und befestigen Sie das Achsrohr mit Spanngurten an der Aufnahme des Getriebehebers.
- Drehen Sie die Muttern (14) ab.
- Lassen Sie das Achsrohr (2) langsam mit dem Getriebeheber ab.
- Nehmen Sie die Bügel (3), die Auflage (4) und die Beilagplatte (5) ab.

Der Einbau erfolgt sinngemäß in umgekehrter Reihenfolge.

Achten Sie darauf, dass die Auflage (4) und die Beilagplatte (5) in der richtigen Position zur Blattfeder montiert werden.

- Bringen Sie vor dem Anziehen der Stoßdämpferverschraubung das Fahrzeug in die Leegewichtslage.

Blattfeder hinten aus- und einbauen

Wenn Bauteile mit Gummimetalllagern ersetzt oder Schrauben oder Muttern an diesen Bauteilen gelöst werden, muss vor Beginn der Arbeiten die Leergewichtslage wie beschrieben hergestellt werden.

- Demontieren Sie die Koppelstange an der Hinterachse.
- Bauen Sie den Halter des Höhensensors (soweit verbaut) an der Hinterachse ab.
- Die Mutter des Stoßdämpfers unten von der Befestigungsschraube abdrehen.
- Die Schraube des Stoßdämpfers unten bei auf Räder stehendem Fahrzeug herausziehen.
- Die Bundmuttern (14 im Bild 18 oder 19) circa 2 Umdrehungen lösen.
- Die Schraube für den Halter des Handbremsseils herausdrehen
- Das Fahrzeug anheben und verzurren.

Wird das Fahrzeug nicht verzurrt, besteht die Gefahr, dass das Fahrzeug von der Hebebühne abrutschen kann!

- Einen geeigneten Adapter in den Motor- und Getriebeheber einsetzen, den Motor- und Getriebeheber unter die Hinterachse (2) stellen und leicht andrücken.
- Die Bundmuttern (14) von den Federbügeln (3) abschrauben.
- Die Federbügel (3) und die Federspannplatte (7) von der entsprechenden Blattfeder (13) abnehmen.
- Das Achsrohr (2 im Bild 19) etwa 20 mm absenken.

Die Federschraube (Nase in der Feder, die im Achskörper sitzt) der Blattfeder muss dabei aus der Bohrung im Achskörper herausgleiten, ggf. aushebeln.

Der Bremsschlauch darf nicht gedehnt werden.

Achten Sie auf die Anschlusskabel zum Raddrehzahlsensor und zur Verschleißanzeige der Bremsbeläge.

■ Die Blattfeder von den Aufnahmepunkten am Rahmen abschrauben.

Bei einigen Fahrzeugen muss die Abdeckkappe im Rahmen ausgebaut werden, um die hintere Befestigungsschraube für die Blattfeder auszubauen.

■ Die Blattfeder (13) um 180° drehen und nach hinten herausnehmen.

Der Einbau erfolgt sinngemäß in umgekehrter Reihenfolge.

Das größere Lagerauge in Fahrtrichtung vorn einbauen.

Gummimetalllager haben einen begrenzten Verdrehbereich. Deshalb die Schraubverbindungen an den Bauteilen mit Gummimetalllagern erst dann festziehen, wenn die Achse in Leergewichtslage (wie bereits beschrieben) ist.

■ Die Federschraube (Nase in der Feder, die im Achskörper sitzt) der Mitte der Blattfeder muss in die Bohrung im Achskörper eingesetzt werden.

Stabilisatoren und Koppelstangen vorne und hinten

Vorbereitung für die Montagearbeiten

■ Das Fahrzeug anheben und verzurren.

Wird das Fahrzeug nicht verzurrt, besteht die Gefahr, dass das Fahrzeug von der Hebebühne abrutschen kann!

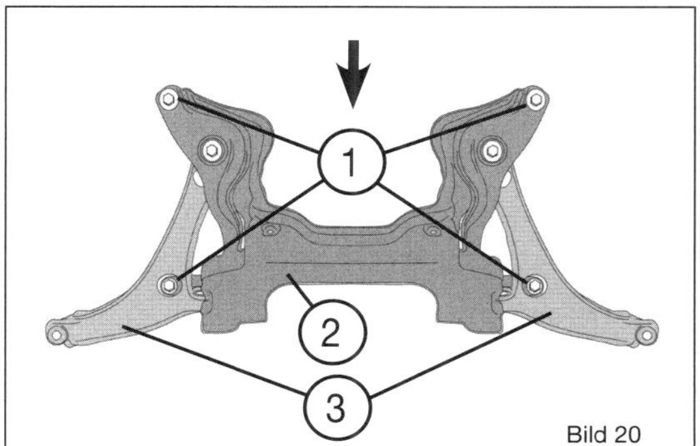

Bild 20

Bild 20
Achsträger vorne.
1 Schrauben am Rahmen vorne
2 Achsträger
3 Querlenker
Pfeil: Fahrtrichtung

Stabilisator an der Vorderachse (Bild 21)

■ Die Unterbodenverkleidung oder den Unterfahrschutz (soweit verbaut) ausbauen.

■ Das Gestänge des Niveausensors an der Vorderachse abbauen.

■ Die Koppelstangen (2 im Bild 21) vom Stabilisator (4) abbauen.

■ Unterbauen Sie den Achsträger mit einem geeigneten Getriebeheber.

■ Die Schrauben (1 im Bild 20) herausdrehen.

■ Senken Sie den Achsträger (2) gerade so weit ab, dass Sie die Schellen (9 im Bild 21) erreichen können.

■ Lösen Sie die Verschraubung der Schellen am Achsträger und nehmen Sie sie ab.

■ Nehmen Sie die beiden Lagergummis ab.

■ Nehmen Sie den Stabilisator heraus.

Der Einbau erfolgt sinngemäß in umgekehrter Reihenfolge.

■ Prüfen Sie den Zustand der Stabilisatorlagerung (3) und der Koppelstangen (2).

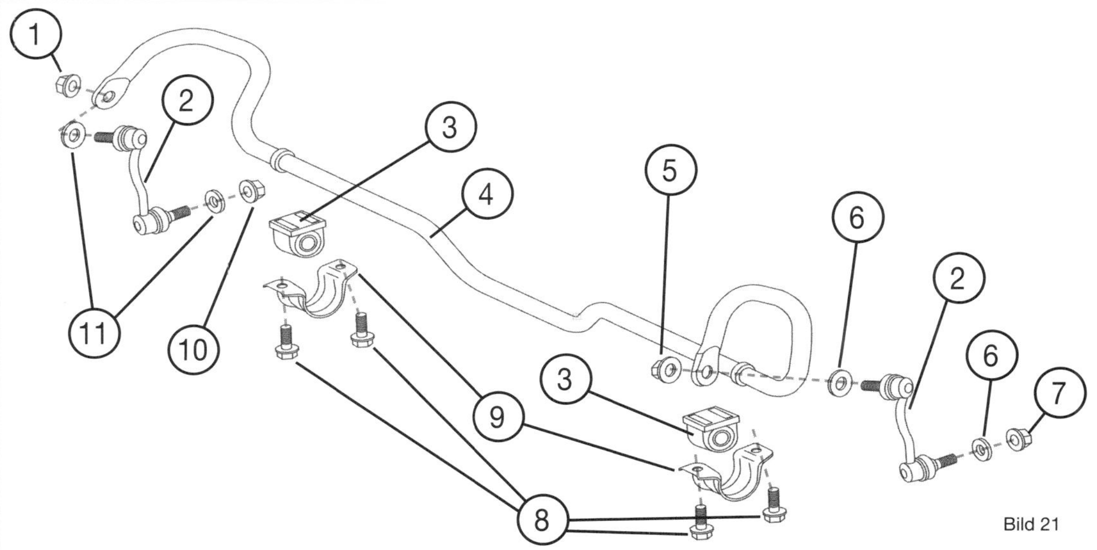

Bild 21

Bild 21
Stabilisator vorne.
1 Mutter
2 Koppelstange
3 Lagergummi
4 Stabilisator vorne
5 Mutter
6 Scheibe
7 Mutter
8 Schraube
9 Schelle
10 Mutter
11 Scheibe

Sichtprüfung Messen

Bild 22
Stabilisator hinten.
1 Schraube unten
2 Schraube oben
3 Mutter
4 Koppelstange
5 Mutter
6 Schraube
7 Schelle
8 Lagergummi
9 Stabilisator hinten

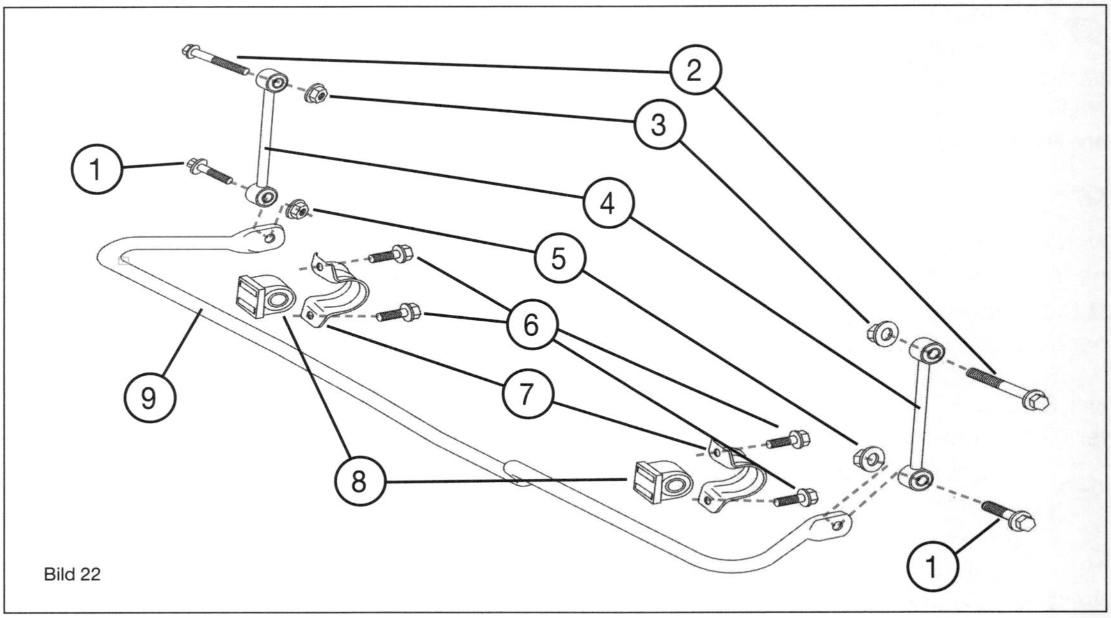

Bild 22

Stabilisator an der Hinterachse (Bild 22)

■ Lösen Sie die Verschraubung am Stabilisator (1 im Bild 22) und nehmen Sie die Schrauben heraus.
■ Drehen Sie die Schrauben (6) an der Hinterachse heraus.
■ Nehmen Sie die Schellen (7) ab.
■ Nehmen Sie die Lagergummis (8) ab.
■ Nehmen Sie den Stabilisator (9) heraus.

Der Einbau erfolgt sinngemäß in umgekehrter Reihenfolge.
■ Prüfen Sie den Zustand der Stabilisatorlagerung (8) und der Koppelstangen (4).

Demontage des Achsträgers

■ Das Fahrzeug anheben und verzurren.

⚠ Wird das Fahrzeug nicht verzurrt, besteht die Gefahr, dass das Fahrzeug von der Hebebühne abrutschen kann!
Fixieren Sie das Lenkrad in der Lenkungsmittelstellung.

☞ Die Fixierung kann durch Verkleben des Lenkrades mit der Lenksäulenverkleidung über einen umlaufenden Klebestreifen erreicht werden.

■ Bauen Sie die Geräuschdämpfung beziehungsweise den Unterfahrschutz ab.
■ Bauen Sie die Vorderräder ab.
■ Lösen Sie die Verschraubungen (1 und 5 im Bild 21) und nehmen Sie die Koppelstangen vom Stabilisator ab.
■ Drücken Sie die Traggelenkbolzen rechts und links wie im Bild 5 gezeigt aus den Querlenkern rechts und links ab.
■ Soweit verbaut, entsichern Sie den Steckkontakt des Höhensensors vorne und ziehen ihn ab.
■ Entsichern Sie den Steckkontakt und ziehen Sie die Steckverbindung zum elektrisch unterstützten Lenkgetriebe ab.
■ Bauen Sie den Halter für den Leitungssatz am Lenkgetriebe ab.
■ Bauen Sie die Pendelstütze zwischen Motor und Achsträger am Motor ab.
■ Markieren Sie die Einbauposition des Kreuzgelenks an der Lenkung und drehen Sie die Befestigungsschraube heraus.
■ Ziehen Sie das Kreuzgelenk vom Lenkgetriebe ab.
■ Unterbauen Sie den Achsträger vorne mit einem geeigneten Getriebeheber und befestigen Sie ihn mit Spanngurten.
■ Drehen Sie die Schrauben (1 im Bild 20) heraus.
■ Lassen Sie den Achsträger langsam nach unten ab.

Der Einbau erfolgt sinngemäß in umgekehrter Reihenfolge.

☞ Soweit der Achsträger erneuert werden muss, werden nun die Querlenker (Höhenlage beachten), die Pendelstütze, der Stabilisator und das Lenkgetriebe angebaut.

■ Stellen Sie das Lenkgetriebe vor der Montage in Mittelstellung.

12 Servolenkung

Die servounterstützte Zahnstangenlenkung Ihres Transporters zeichnet sich durch besonders geringe Bedienungskräfte bei hoher Lenkpräzision aus. Servolenkungen erleichtern durch Hilfskraft die Lenkarbeit erheblich. Sie sorgen für größtmöglichen Komfort beim Rangieren und für präzises Lenkgefühl bei schnellen Autobahnfahrten.
Die Möglichkeit, mit geringem Kraftaufwand am Lenkrad eine relativ direkte Lenkung zu erreichen, dennoch den Fahrer relativ unbehelligt von den Fahrbahnstößen zu lassen, wird mit Hilfe eines elektrischen Motors realisiert. Die unterstützende Motorkraft wirkt auf beiden Seiten der Zahnstange. Der Motor wird über eine Steuerelektronik überwacht und geregelt. Lenkwinkel, Fahrgeschwindigkeit und auch die Stromaufnahme des Servomotors werden erfasst. So wird für alle Fahrsituationen ein abgestimmtes Unterstützungsprofil eingesetzt.

Prüfungen an der Lenkung

Die Lenkung ist eine Baugruppe, von der die Fahrsicherheit besonders stark abhängt. Defekte, falsche Einstellungen und fehlerhafte Reparaturarbeiten können fatale Auswirkungen haben. Nach einem Unfall und bei Beschädigung der Vorderachse können verschiedene Lenkungsteile ersetzt werden. Als Instandsetzung an der Servolenkung ist aber nur das Ersetzen der Faltenbälge sowie der Spurstangen und Spurstangenköpfe üblich. Für bestimmte Arbeiten kann es nötig sein, die Lenkzwischenwelle aus- und einzubauen, die das Kreuzgelenk unten an der Lenksäule mit dem Kreuzgelenk des Lenkritzels am Lenkgetriebe verbindet. Beim Sprinter 910 ist eine elektrisch unterstützte Zahnstangenlenkung verbaut.

Lenkungsspiel prüfen

■ Die Räder geradeaus stellen. Von außen durchs geöffnete Fenster greifen und das Lenkrad kurz hin- und herdrehen.

Auf die Felge achten: Bewegt sich das Vorderrad wie erforderlich sofort mit? Eine Hilfsperson kann die Spurstangenköpfe umfassen und das Lagerspiel bei Lenkbewegung fühlen oder in Extremfällen sogar beobachten.

■ Falls Spiel bemerkt wird, muss das Nachstellen in der Werkstatt erfolgen oder das Lenkgetriebe ersetzt werden.

Wenn die Lenkung um die Geradeausstellung kein Spiel hat, aber bei stärkerem Einschlag spürbar klemmt, ist die Zahnstange verschlissen. Das dürfte zwar erst nach einer gehörigen Fahrstrecke der Fall sein, aber dann muss das Lenkgetriebe ausgetauscht werden!

Manschetten der Lenkzahnstange prüfen

Mit einer Taschenlampe die Gummimanschetten ableuchten, mit denen die aus ihrem Gehäuse austretende Zahnstange links und rechts geschützt wird. Gründlich auch auf kleinste Verschleißspuren prüfen.

Dringen durch einen rissigen oder beschädigten Faltenbalg Schmutz und Feuchtigkeit ein, verbinden sie sich mit dem Fett des Lenkgetriebes zu einer zerstörerischen Schleifpaste.

■ Das Fahrzeug mit der Hebebühne anheben und gegen Abrutschen oder Kippen sichern.

■ Die Lenkung voll nach rechts oder links einschlagen. Um Risse in den Falten zu erkennen, muss der Faltenbalg Stück um Stück auseinandergezogen werden. Eine verschlissene Manschette sollte man sofort austauschen. Sie kann bei eingebautem Lenkgetriebe ersetzt werden.

■ Klemmschellen müssen fest auf der Manschette sitzen. Zum Wechseln des Faltenbalgs wird daher eine spezielle Schlauchbinderzange empfohlen.

Lenksäule überprüfen

Wenn an der Lenksäule gearbeitet wurde, muss danach auf sichtbare Schäden und Funktion geprüft werden. Lässt sich die Säule, ohne zu haken, und ohne Schwergängigkeit drehen?

■ Lässt sie sich (soweit in der Ausstattung vorgesehen) in Längsrichtung und in der Höhe leicht verstellen?

■ Lässt sich das Rohr der Säule deutlich nach vorn und hinten oder seitlich bewegen? Dann ist etwas faul, die Lenksäule muss ausgetauscht werden.

Sichtprüfung

Messen

Bild 1
Spurstange in Teilen.
1 Faltenbalg
2 Spurstange
3 Kugelgelenkkopf (Spurstangenkopf)
4 Kontermutter

Bild 2
Spurstange ausgebaut.
1 Abflachung oder Sechskant für einen Schraubenschlüssel
2 Gelenkpfanne
3 Spurstangengewinde
4 Spurstange
5 Gewinde zur Befestigung in der Zahnstange der Lenkung

Bild 3
Nachfetten der Zahnstange der Lenkung.
1 Spur Lagerfett
2 Zahnstange der Lenkung unter der Manschette
3 Lenkgetriebe

Arbeiten an der Lenkung

Spurstangenkopf aus- und einbauen

■ Fahrzeug mit der Hebebühne anheben und gegen Abrutschen oder Kippen sichern.
■ Das entsprechende Rad abbauen.
■ Mutter von Spurstangenkopf lösen, aber noch nicht abschrauben. Die Mutter zum Schutz des Gewindes einige Umdrehungen auf dem Zapfen lassen.
■ Den Spurstangenkopf vom Radlagergehäuse mit einem Kugelgelenkabzieher abdrücken.
■ Die Mutter nach dem Abdrücken des Spurstangenkopfes abschrauben.

⚠ Beim Abdrücken die Gummitülle und das Gewinde nicht beschädigen.

■ Die Kontermutter (4 im Bild 1) lösen.
■ Die Position vom Spurstangenkopf (3) auf der Spurstange (2) kennzeichnen.
■ Den Spurstangenkopf von der Spurstange abdrehen. Hierzu die Schlüsselflächen am Spurstangenkopf (3) und an der Spurstange (2) nutzen.

Der Einbau erfolgt sinngemäß in umgekehrter Reihenfolge.
■ Den Spurstangenkopf bis zur angebrachten Markierung auf die Spurstange drehen.
■ Den Spurstangenkopf mit der Kontermutter sichern.
■ Den Spurstangenkopf mit neuer Mutter verschrauben.
■ Das Rad anbauen und mit Anzugsdrehmoment festziehen.
■ Die Fahrzeugvermessung durchführen (lassen).

Lenkmanschette wechseln

■ Fahrzeug mit der Hebebühne anheben und gegen Abrutschen oder Kippen sichern.
■ Rad an der betreffenden Seite abbauen.
■ Bauen Sie an der betroffenen Seite den Spurstangenkopf wie beschrieben ab.
■ Drehen Sie die Kontermutter (4 im Bild 1) ab.
■ Die Schellen am Faltenbalg (Lenkmanschette) lösen und abnehmen.
■ Ziehen Sie die Lenkmanschette (1) über die Spurstange ab.

☞ Reinigen Sie die Lenkstange im Lenkgetriebe, die Spurstange und die Auflageflächen der Manschetten gründlich

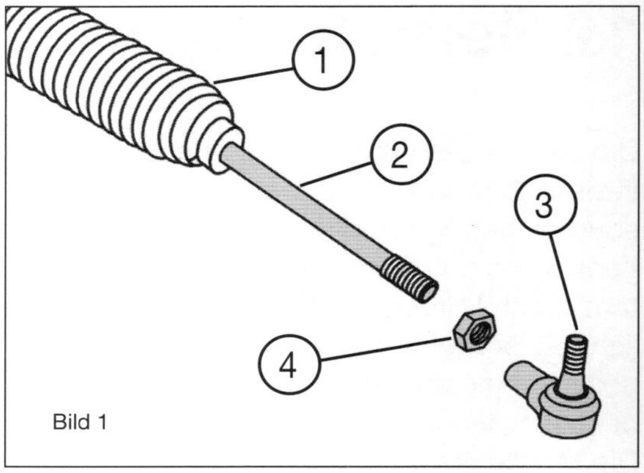

Bild 1

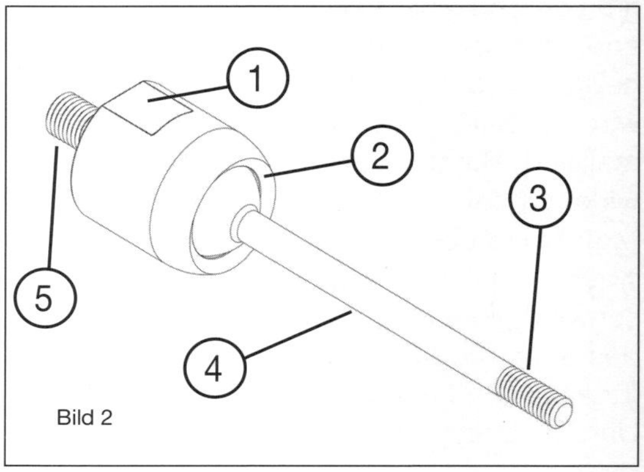

Bild 2

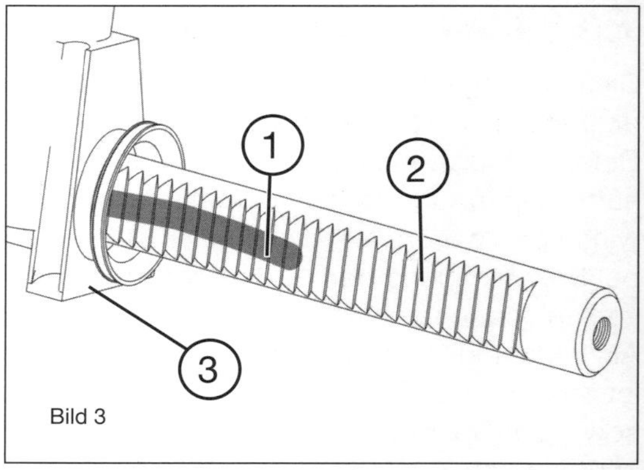

Bild 3

und fetten (1 im Bild 3) sie leicht ein. Verschmutzungen können das Lenkgetriebe schädigen.
■ Schieben Sie die Schellen auf die neue Manschette und diese dann auf die Zahnstange und die Lenkung auf.

Die weitere Montage erfolgt sinngemäß in umgekehrter Reihenfolge.

☞ Die Laschen und Klemmstellen an den Schellen müssen so ausgerichtet werden, dass sie nirgendwo anliegen oder schleifen können. Sie können beim Hängenbleiben leicht die Manschette herunterschieben oder beschädigen.

Elektrisch unterstützte Lenkung aus- und einbauen

Die elektrische Lenkung basiert auf einem konventionellen Zahnstangenlenkgetriebe, das vom Lenkhilfemotor unterstützt wird. Die Lenkkraftunterstützung erfolgt stufenlos und geschwindigkeitsabhängig. Auch eine Instandsetzung des Lenkgetriebes mit elektrischer Lenkunterstützung ist nicht vorgesehen. Es muss bei Beanstandungen komplett ausgetauscht werden.

Folgende Hinweise sind bei Arbeiten am Lenkgetriebe zu beachten

■ Bei Arbeiten an der Servolenkung ist größte Sauberkeit erforderlich. Korrosion an den Anschlusssteckern und Kabeln müssen frühzeitig erkannt werden, da die Anschlussstellen durch einen Übergangswiderstand überhitzen können.

■ Achten Sie auf die originalgetreue Kabelführung und befestigen Sie die Anschlusskabel mit Befestigungsmaterial, das dem Serienstand entspricht.

De- und Montage

■ Das Fahrzeug mit der Hebebühne anheben und Unterbodenverkleidungen ausbauen.

Sichern Sie das Fahrzeug unbedingt auf der Hebebühne mit Spanngurten, um ein Herunterfallen oder Abrutschen zu verhindern.

■ Schalten Sie die Zündung aus und ziehen Sie den Zündschlüssel ab.

■ Prüfen Sie, ob ein Radiocode erforderlich ist und ob der Ihnen vorliegt.

■ Klemmen Sie die Batterie ab.

■ Bauen Sie die Vorderräder ab.

■ Die Muttern am Spurstangenkopf links und rechts abschrauben.

■ Demontieren Sie den Vorderachsträger wie bereits am Ende des Kapitels 11 »Fahrwerk« beschrieben.

■ Legen Sie den Achsträger auf einer Werkbank ab.

■ Drehen Sie die Verschraubungen (2) heraus.

■ Nehmen Sie das Lenkgetriebe vom Achsträger ab.

Der Einbau erfolgt sinngemäß in umgekehrter Reihenfolge.

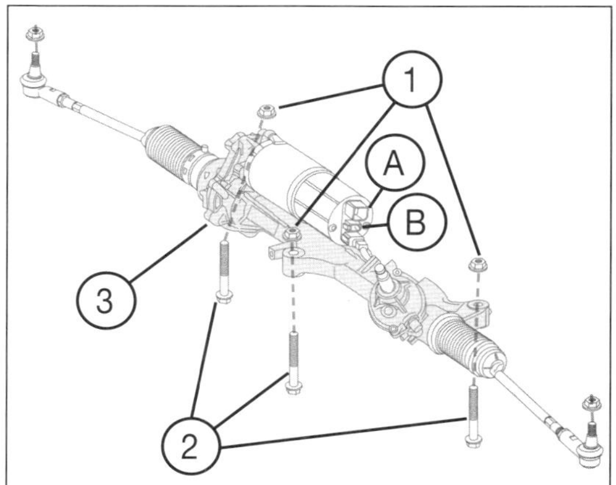

Bild 4

Bild 4
Lenkgetriebe elektrisch.
1 Muttern
2 Schrauben
3 Lenkgetriebe
A Anschluss Spannungsversorgung
B Anschluss Bordnetz

Soweit das Lenkgetriebe erneuert wurde, muss das neue Lenkgetriebe mit einem Diagnosetester angelernt werden.

■ Die Spurstangenköpfe und das Lenkgetriebe mit neuern Muttern verschrauben.

■ Abschließend eine Fahrwerkvermessung durchführen (lassen).

Fehlerspeicherabfrage und Istwerte mit dem OBD-Tester

Die Fehlerspeicherabfrage sowie die Abfrage der Istwerte erfolgt über einen geeigneten Diagnosetester.

■ Schließen Sie den Diagnosetester an die OBD-Anschlussdose im Fußraum an.

■ Wählen Sie in der Startmaske den Button »Select Control Unit« (1 im Bild 5) an.

■ Wählen Sie in der Steuergeräteübersicht das »Steering-Column-Control-Module« (SCCM) an, über den Reiter »Chassis«.

■ Wählen Sie in der Funktionsmaske den Button »Read Fault Code Memory« an. Soweit Fehlereinträge vorliegen, werden diese in der folgenden Maske angezeigt.

■ Notieren Sie die Einträge und/oder drucken Sie sie aus.

■ Sind die Einträge bekannt und bereits

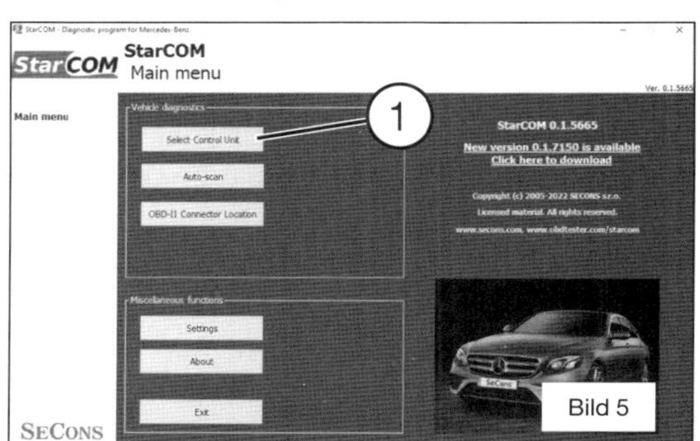

Bild 5

Bild 5
Abfrage elektrische Lenkung.
1 Auswahl des Steuergerätes für die Lenkung

Sichtprüfung Messen

Bild 6
Anwahl des Fahrzeugs.
1 Hersteller
2 Fahrzeugtyp
3 Fahrzeugbaureihe

Bild 7
Anwahl von Kategorie und Steuergerätes.
1 Reiter für die Übersicht
2 Steuergerät der Lenkung

Bild 8
Lenkradmontage.
1 Airbageinheit
2 Befestigungsplatte
3 Kontaktplatte
4 Steuergerät
5 Lenkradtasten rechts
6 Lenkradtasten links
7 Schrauben
8 Steuergerät
9 Zentralschraube
10 Lenkrad
11 Mantelrohrmodul mit Schalteinheiten

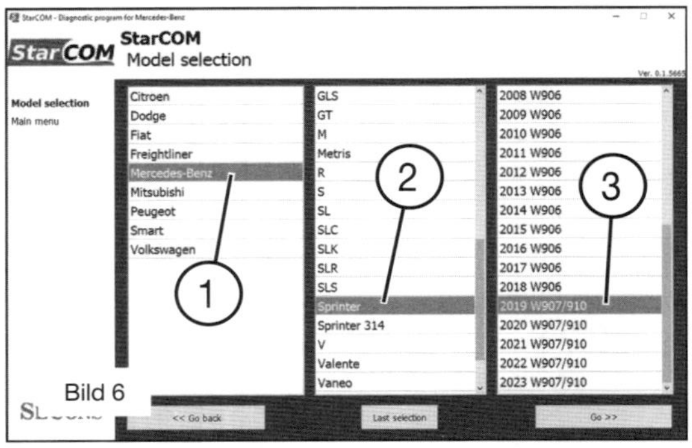

Bild 6

abgearbeitet oder es soll überprüft werden, ob diese Fehlercodes noch aktuell sind, löschen Sie die Fehlereinträge mit dem Button »Clear Fault Codes« in der Funktionsmaske.

■ Führen Sie eine Probefahrt durch und fragen Sie den Fehlerspeicher wie beschrieben erneut ab.

Lenkrad ausbauen

⚠ Grundsätzlich sollten Sie nur mit einer entsprechenden Ausbildung an Airbagsystemen arbeiten. Die Hinweise hierzu haben wir Ihnen im Kapitel 1 diesem Buch vorgestellt und möchten Sie an dieser Stelle nochmals darauf hinweisen.

■ Stellen Sie das Lenkrad in die Mittelstellung.
■ Klemmen Sie die Masseleitung der Bordnetzbatterie ab.
■ Klemmen Sie die Masseleitung der Zusatzbatterie (soweit verbaut) ab.
■ Drücken Sie in einem Winkel von etwa 25° von der Unterseite aus einen T20-Torx-Schraubendreher in die Löcher des Lenkradkranzes rechts und links hinein, um den Airbag zu entriegeln.
■ Nehmen Sie den Fahrerairbag (1 im Bild 8) vorsichtig so weit vom Lenkrad ab, dass Sie den Steckkontakt erreichen können.
■ Entsichern Sie den Steckkontakt und ziehen Sie den Stecker ab.
■ Nehmen Sie den Airbag ab und legen Sie ihn mit der Oberseite nach oben in einem sicheren Bereich außerhalb des Arbeitsplatzes ab.
■ Ziehen Sie den Steckkontakt zur Kontaktplatte (2) ab.
■ Lassen Sie einen Helfer das Lenkrad festhalten und lösen Sie die Zentralschraube (9).
■ Markieren Sie die Einbauposition des Lenkrades zur Kerbverzahnung auf der Lenksäule.

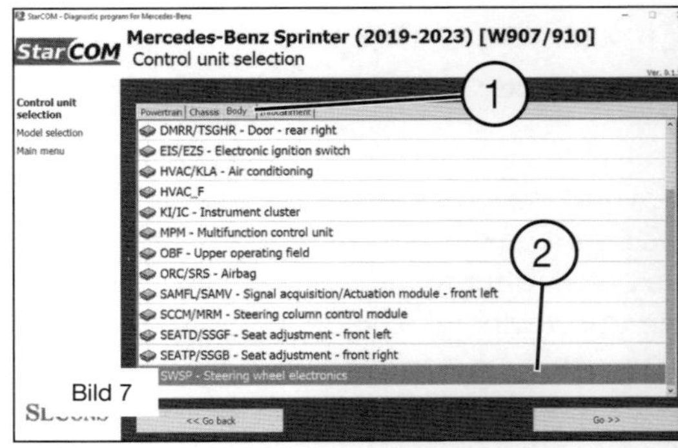

Bild 7

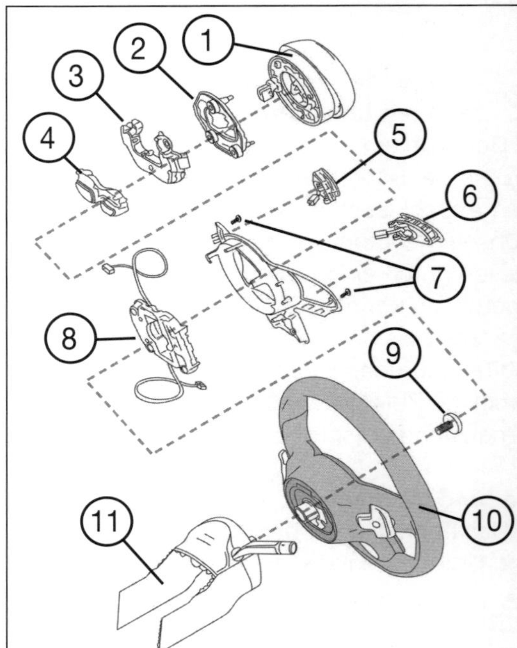

Bild 8

■ Drehen Sie die Zentralschraube heraus und nehmen Sie das Lenkrad von der Lenksäule ab.

☞ Abwechselnde Schläge mit der Hand auf das Lenkrad rechts und links können das Lenkrad von der Verzahnung lösen.

Der Einbau erfolgt sinngemäß in umgekehrter Reihenfolge.

■ Achten Sie darauf, dass die Steckverbindung des Lenkrades sicher in der Kontaktplatte einrastet.
■ Setzen Sie das Lenkrad passend zur Markierung auf der Kerbverzahnung auf.
■ Achten Sie darauf, dass die Steckverbindung zum Airbag sicher einrastet.
■ Ziehen Sie das Lenkrad mit einem Helfer wieder fest.

■ Prüfen Sie die Funktionen der Lenkradtasten und der Hube.

Arbeiten an der Lenksäule

Die Lenksäule besteht zwar aus vielen Einzelteilen, zerlegt werden kann die Lenksäule nach Werksvorgaben lediglich in zwei Teile. Der obere Teil wird im Mantelrohr (1 im Bild 9) geführt. Am oberen Ende wird das Lenkrad verschraubt und am unteren Ende das Lenkspindellager. Die Bauteile 1-10 befinden sich im Fahrgastraum. Das Lenkspindellager (8) ist die Abdichtung zum Motorraum. Der untere Teil der Lenksäule, die Lenkspindel (9), verbindet das Lenkspindellager (8) mit dem Lenkgetriebe.

Prüfen der Kreuzgelenke

Radialspiel in der Lenksäule kann in den Kreuzgelenken (2 und 10) und in dem Schiebestück (5) entstehen.

■ Umfassen Sie das Bauteil fest mit einer Hand und lassen Sie einen Helfer das Lenkrad wenige Millimeter im schnellen Wechsel hin und her drehen.

Das Lenkrad muss gerade so viel verdreht werden, wie das Spiel in der Lenksäule fühlbar ist.

■ Achten Sie auf fühlbares Spiel zwischen den Einzelteilen des jeweiligen Kreuzgelenks beziehungsweise des Schiebestücks, während Sie es umfassen.

Demontage der Lenkspindel (9 im Bild 9)

■ Stellen Sie das Lenkrad in die Mittelstellung.

■ Fixieren Sie das Lenkrad mit Klebeband am Mantelrohrmodul (Verkleidung der Schaltereinheit).

■ Das Fahrzeug mit der Hebebühne anheben und Unterbodenverkleidungen ausbauen.

Sichern Sie das Fahrzeug unbedingt auf der Hebebühne mit Spanngurten, um ein Herunterfallen oder Abrutschen zu verhindern.

■ Markieren Sie die Einbauposition der Kreuzgelenke (2 und 10).

■ Drehen Sie die Schraube (11) heraus.

■ Drehen Sie die Schrauben (7) heraus.

■ Nehmen Sie das Lenkspindellager (8) ab.

■ Ziehen Sie das Kreuzgelenk (10) vom Lenkgetriebe ab.

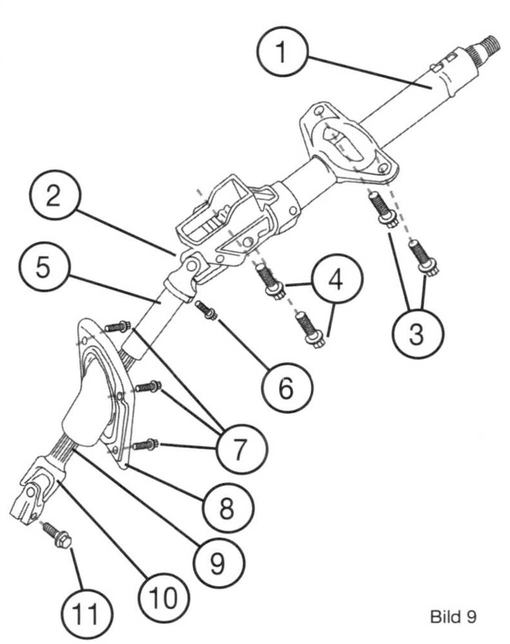

Bild 9

Bild 9
Lenksäule komplett.
1 Mantelrohr
2 Kreuzgelenk oben
3 Schrauben
4 Schrauben
5 Schiebestück
6 Schraube
7 Schrauben
8 Lenkspindellager
9 Lenkspindel
10 Kreuzgelenk
11 Schraube

■ Ziehen Sie die untere Lenkspindel (9) aus dem Schiebestück (5) heraus.

■ Nehmen Sie die untere Lenkspindel (9) heraus.

Der Einbau erfolgt sinngemäß in umgekehrter Reihenfolge.

Achten Sie auf die richtige Einbauposition der unteren Lenkspindel (9) zum Schiebestück (5).

Achten Sie auf die Einbauposition des Kreuzgelenks (10) am Lenkgetriebe.

Demontage der Lenksäule

■ Stellen Sie das Lenkrad in die Mittelstellung.

■ Bauen Sie wie im Anschluss beschrieben das Mantelrohrmodul aus.

■ Klemmen Sie die Masseleitung der Bordnetzbatterie ab.

■ Kleben Sie die Verkleidung rechts und links neben dem Bedienteil der Klimaanlage ab.

■ Clipsen Sie das Bedienteil der Klimaanlage vorsichtig heraus.

■ Entsichern Sie den Steckkontakt und ziehen Sie den Stecker am Bedienteil der Klimaanlage ab.

■ Lösen Sie die Verkleidung zum Türeinstiegsgummi und nehmen Sie sie ab.

■ Klappen Sie die Verkleidung mit dem Entlüfteraustritt für die Seitenscheibe nach oben heraus und nehmen Sie sie ab.

Bild 10
Wickelfeder am Mantelrohrmodul.
1 Steckkontakt am Mantelrohrmodul
2 Markierung auf dem Mantelrohrmodul
3 Markierung auf der Wickelfeder
4 Sicherungsclip bei neuen Mantelrohrmodul

■ Heben Sie das Ablagefach in der Mittelkonsole etwas an.
■ Drehen Sie die Schrauben im Ablagefach unter der Armaturentafel auf der Beifahrerseite heraus.
■ Demontieren Sie den Bodenbelag auf der Beifahrerseite.
■ Klappen Sie den Bodenbelag auf der Fahrerseite im Bereich der mittleren Verkleidung zurück.
■ Drehen Sie die beiden Schrauben rechts und links heraus.
■ Clipsen Sie die Verkleidung oben aus und nehmen Sie sie heraus.
■ Legen Sie die Verkleidungen mit den noch angeschlossenen elektrischen Leitungen aus dem Arbeitsbereich heraus.
■ Drehen Sie die Schrauben aus den Verkleidungen links und rechts der Lenksäule (Mantelrohr) heraus und nehmen Sie sie ab.
■ Soweit noch nicht erfolgt, drehen Sie die Schrauben (7 im Bild 9) heraus.
■ Markieren Sie die Einbauposition des Schiebestücks (5) zur Lenkspindel (9).
■ Drehen Sie die Schrauben (3 und 4) heraus.
■ Nehmen Sie das Mantelrohr (Lenksäule) so weit ab, dass Sie an die Steckverbindung herankommen.
■ Entsichern Sie den Steckkontakt und ziehen Sie ihn ab.
■ Nehmen Sie das Mantelrohr ab.

Der Einbau erfolgt sinngemäß in umgekehrter Reihenfolge.

Achten Sie auf die richtige Montageposition des Schiebestücks auf der Lenkspindel.

■ Drehen Sie die vier Schrauben (3 und 4) zuerst von Hand ein und ziehen Sie sie anschließend fest.

Mantelrohrmodul ausbauen

Das Mantelrohrmodul beinhaltet die Wickelfeder, die Schalteinheiten und für die Automatikfahrzeuge auch den Wahlhebel.

Soweit das Mantelrohrmodul erneuert wird, muss die Inbetriebnahme über einen geeigneten Tester erfolgen.

■ Bauen Sie das Lenkrad wie bereits beschrieben aus.
■ Stellen Sie die Höhenverstellung der

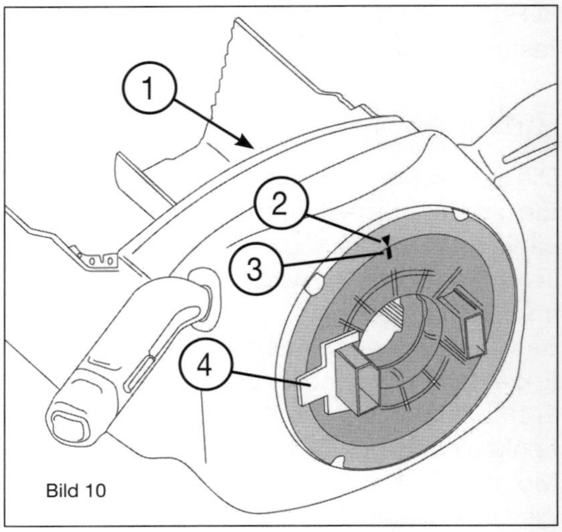

Bild 10

Lenksäule in die tiefste Stellung.
■ Hebeln Sie die Abdeckung der Lenksäule oben zur Instrumententafel am Mantelrohrmodul nach oben.
■ Ziehen Sie die Abdeckung der Lenksäule oben an der Instrumententafel nach unten und nehmen Sie die Abdeckung heraus.
■ Richten Sie die Markierung der Wickelfeder (2) zur Markierung des Mantelrohrmoduls (1) aus.
■ Sichern Sie die Wickelfeder zum Mantelrohrmodul mit Klebeband gegen Verdrehen.
■ Ziehen Sie das Mantelrohrmodul von der Lenksäule ab, bis Sie die Steckkontakte erreichen können.
■ Entsichern Sie den Steckkontakt von der Rückseite aus.

Die Steckerraste (A000 823 02 45) bricht hierbei ab und muss für die Montage erneuert werden.

■ Ziehen Sie den Steckkontakt von der Rückseite aus ab.
■ Nehmen Sie das Mantelrohrmodul ab.

Der Einbau erfolgt sinngemäß in umgekehrter Reihenfolge.

Achten Sie darauf, dass der Stecker auf dem Mantelrohrmodul richtig einsitzt.

■ Erneuern Sie die Steckersicherung (A000 823 02 45)

Bei Verwendung eines neuen Mantelrohrmoduls muss der Sicherungsclip entfernt (abgebrochen) werden.

■ Prüfen Sie die Funktionen der Lenkradbedienung und der Schaltereinheiten.

Fragen Sie den Fehlerspeicher für die Lenkelektronik wie beschrieben ab.

13 Bremsanlage

Die Bremsen des Sprinter 910

Der Sprinter wird kraftvoll und sicher über ein Hydraulik-Zweikreis-Bremssystem mit rundum Scheibenbremsen verzögert. Die vorderen Scheibenbremsen sind innenbelüftet, die Bremsscheiben hinten sind derzeit durchweg für alle Motorisierungen massiv. Die elektromechanische Feststellbremse wirkt auf die Hinterräder. Die Bremsunterstützung erfolgt pneumatisch durch Vakuumbremskraftverstärker. In ihnen wird der hydraulische Druck, der dann an den Bremsen wirkt, mehr als verdoppelt. Auf diese Weise werden etwa 60 % der wirkenden Bremskraft aufgebracht. Das Vakuum für den Unterdruck im Bremskraftverstärker wird dem Saugrohr entnommen oder mit einer Vakuumpumpe erzeugt. Je nach Motorisierung werden unterschiedliche Bremsenmodelle eingesetzt. Welche Bremsen in einem bestimmten Fahrzeug verbaut sind, wird unter anderem in der Ausstattungsliste durch Codenummern dokumentiert. Die Ausstattungscodierung können Sie sich bei Ihrem Mercedes-Händler ausdrucken lassen. Die Codierungen sind für die Kombinationen Bremssattel/Bremsscheibe/Bremstrommel und Bremsbelag wichtig.

Antiblockiersystem (ABS)

Der Sprinter verfügt serienmäßig über ein Antiblockiersystem. Die Bremsanlage des ABS ist diagonal aufgeteilt. Die Bremskraftverstärkung erfolgt pneumatisch durch den Vakuumbremskraftverstärker. Fahrzeuge mit ABS haben keinen mechanischen Bremskraftregler. Eine speziell abgestimmte Software im Steuergerät übernimmt die Bremskraftverteilung für die Hinterachse.

⚠ Störungen am ABS haben Einfluss auf die Bremsanlage und die Verstärkung. Es muss mit einem veränderten Bremsverhalten gerechnet werden. Nach Aufleuchten der Kontrollleuchte für ABS und Kontrollleuchte für Bremsanlage können die Hinterräder beim Bremsen frühzeitig blockieren! Die recht unauffälligen, aber sehr wichtigen Funktionen für beispielsweise die Gespannstabilisierung fallen aus. Grundsätzlich ist es möglich, ein ABS-Steuergerät zu reparieren. Einige Firmen haben sich auf die Instandsetzung spezialisiert und liefern eine kostengünstige Alternative zum Neuteilersatz. Hydraulikeinheit und Steuergerät bilden eine Einheit. Eine Trennung ist nur im ausgebauten Zustand möglich.

■ Neue Steuergeräte aus dem Ersatzteilbereich sind nicht codiert. Sie sind nach dem Einbau mit einem geeigneten Diagnosetester zu codieren. In der Regel muss das beim Mercedes-Benz-Vertragshändler erfolgen. Die Kontrollleuchte für ABS und die Kontrollleuchte für ESP und ASR blinken, solange das Steuergerät für ABS nicht codiert ist.

■ Wenn ein Steuergerät instandgesetzt worden ist, wird die Reparaturfirma die vorhandene Codierung sichern und das instandgesetzte Steuergerät betriebsbereit ausliefern.

ABS und ESP

Im Sprinter 910 kommt ein ABS/ESP-System zum Einsatz. Es besteht neben dem Eingriff auf die Bremsanlage die Möglichkeit, mit dem Bordnetzsystem und der Motorsteuerung einige Neuerungen umzusetzen. Es sind nun folgende Funktionen realisiert worden: ABS (Blockierverhinderer beim Bremsen), ASR (verhindert durchdrehende Räder), EBV (regelt den Bremsdruck an der Hinterachse), ESP (Stabilitätsprogramm, um Schleudern einzudämmen) und das MSR (reduziert das Motormoment zum Anfahren auf glatter Straße über den Eingriff in das System E-Gas).

Eigenschaft der Bremsflüssigkeit

☞ Die im Hydrauliksystem zirkulierende Flüssigkeit ist Bremsflüssigkeit nach dem Standard »FMVSS 116 DOT 4«, wovon auch die Weiterentwicklung »DOT 4 plus« erhältlich ist.

⚠ Bremsflüssigkeit auf keinen Fall mit mineralölhaltigen Flüssigkeiten (Öl, Benzin, Reinigungsmittel) in Verbindung bringen. Mineralöle beschädigen die Dichtungen und Gummitüllen der Bremsanlage!

⚠ Bremsflüssigkeit ist giftig, sie darf wegen ihrer ätzenden Wirkung auch nicht mit Lack in Berührung kommen. Eventuell ausgetretene Bremsflüssigkeit mit viel Wasser abspülen!

Sichtprüfung Messen

Bild 1
Ausgleichsbehälter im Motorraum.
1 Ausgleichsbehälter
2 Deckel
3 Stecker Warnkontakt
4 Minimal-Markierung
5 Maximal-Markierung

Bild 2
Durchgerostete Bremsleitungen sind durchaus auch bei modernen Fahrzeugen noch zu finden.

Bremsflüssigkeit ist hygroskopisch, das heißt, sie nimmt aus der umgebenden Luft Feuchtigkeit auf und ist darum stets in luftdicht verschlossenen Behältern aufzubewahren.

Bremsflüssigkeitsstand (abhängig vom Belagverschleiß) prüfen

Der Stand der Bremsflüssigkeit ist an den Markierungen des Bremsflüssigkeitsbehälters abzulesen.

- Der Bremsflüssigkeitsstand (Menge) ist stets in Abhängigkeit vom Bremsbelagverschleiß zu beurteilen. Im Fahrbetrieb sinkt durch Abnutzung und automatische Nachstellung der Bremsbeläge der Flüssigkeitsstand geringfügig ab.
- Bei einem Flüssigkeitsstand an der »MIN«-Markierung und etwas darüber ist kein Nachfüllen erforderlich, wenn die Bremsbelagverschleißgrenze nahezu erreicht ist.
- Sind die Bremsbeläge neu bzw. weit von der Belagverschleißgrenze entfernt, muss der Flüssigkeitsstand zwischen der »MIN«- und der »MAX«-Markierung liegen.
- Die »MAX«-Markierung darf jedoch nicht überschritten werden, damit die Flüssigkeit nicht aus dem Bremsflüssigkeitsbehälter austritt.
- Ist der Flüssigkeitsstand unter die »MIN«-Markierung abgesunken, muss, bevor Bremsflüssigkeit ergänzt wird, das ganze Bremssystem überprüft werden, ggf. sind Reparaturen einzuleiten.

Bremsanlage auf Undichtigkeiten und Beschädigung prüfen

Sichtprüfung
Folgende Bauteile müssen auf Undichtigkeiten und Beschädigungen überprüft werden:

- Hauptbremszylinder
- Bremskraftverstärker
- Hydraulikeinheit
- Bremssättel

Weiterhin sind zu prüfen:

- Vorhandensein der Staubkappen an den Entlüftungsventilen für Bremsflüssigkeit.
- Dass die Bremsschläuche nicht verdreht

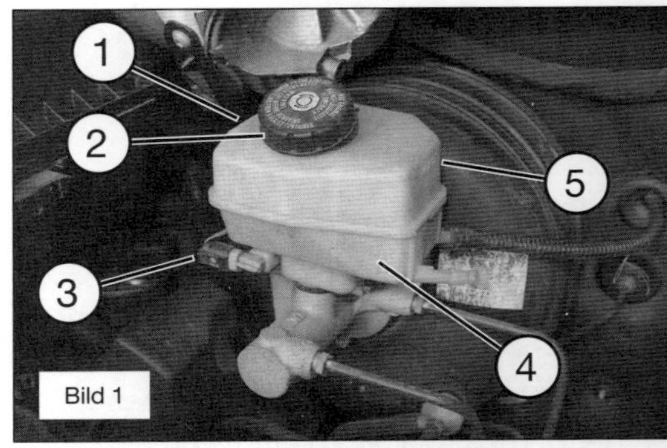

sind und dass sie beim maximalen Lenkeinschlag keine Fahrzeugbauteile berühren.

- Dass Bremsschläuche nicht porös und brüchig sind.
- Dass Bremsschläuche und Bremsleitungen keine Scheuerstellen aufweisen.
- Dass Bremsanschlüsse und Befestigungen richtig sitzen, nicht undicht und frei von Korrosion sind.

⚠ Festgestellte Mängel sind durch entsprechende Reparaturmaßnahmen zu beseitigen.

Dichtigkeitsprüfung unter Druck
Diese Prüfung erfordert ein Prüfgerät für Bremssysteme mit Adapter. Prüfvoraussetzung ist, dass Funktion und Dichtheit der Bremsanlage gegeben sind.

- Entlüftungsventil an einem der vorderen Bremssättel herausschrauben. Das Prüfgerät für Bremssysteme anschließen und entlüften.
- Bremspedal mit einem Feststeller belasten, bis das Druckmanometer 50 bar Überdruck anzeigt.

Während der Prüfdauer von 45 Sekunden darf der Druckabfall nicht mehr als 4 bar betragen. Bei größerem Druckabfall Bremssystem prüfen, wenn erforderlich Hauptbremszylinder ersetzen.

Technische Daten Bremsanlage

Zur Übersicht die wichtigsten technischen Daten der Bremsanlage:

Handbremse

Einstellung/Anforderung	Abmessung
Belagstärke Handbremse	Min. 4,5 mm
Rasten Handbremshebel bis zum Blockieren der Radbremse	4

Scheibenbremse vorne

Einstellung/Anforderung	Abmessung
Stärke Bremsscheibe	28,0 mm
Durchmesser Bremsscheibe	300,0 mm
Verschleißmaß Bremsscheibe	25,0 mm
Verschleißmaß Bremsbelag	3,0 mm
Seitenschlag Bremsscheibe	0,03 mm

Scheibenbremse hinten

Einstellung/Anforderung	Abmessung
Stärke Bremsscheibe	18,0 mm
Durchmesser Bremsscheibe	298,0 mm
Verschleißmaß Bremsscheibe	16,0 mm
Verschleißmaß Bremsbelag	3,0 mm
Seitenschlag Bremsscheibe	0,03 mm

Bremsanlage mit Gerät entlüften

Normale Entlüftung

Den Arbeitsablauf zum Entlüften der Bremsanlage sollten Sie grundsätzlich genau einhalten.

■ Bremsenfüll- und Entlüftungsgerät anschließen, das bedeutet den Adapter statt Verschlussdeckel auf Bremsflüssigkeitsbehälter aufschrauben, den Druck am Entlüftungsgerät einstellen und Befüllschlauch des Gerätes an den Adapter anschließen.
■ Abdeckkappen von den Entlüftungsventilen abziehen, Schlauch der Entlüfterflasche aufstecken und dann Entlüftungsventile mit einem passenden Schlüssel in folgender Reihenfolge öffnen und jeweiligen Radbremszylinder/Bremssättel entlüften:

1. Bremssattel hinten links
2. Bremssattel vorn links
3. Bremssattel vorn rechts
4. Bremssattel hinten rechts

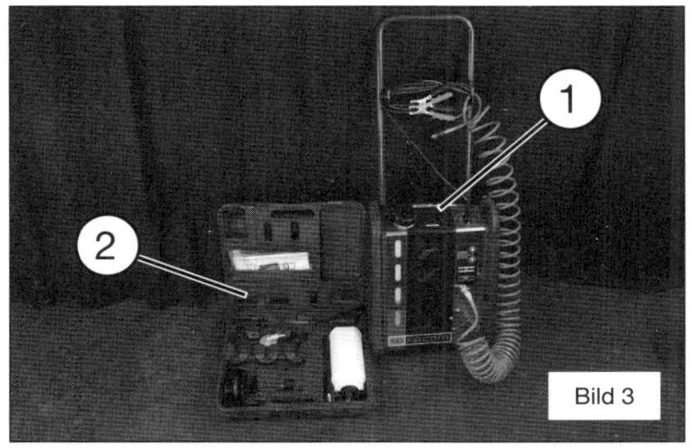

Bild 3

Bild 3
Automatisches Entlüftungsgerät.
1 Entlüftungsgerät mit Batterieanschlüssen und Vorratstank
2 Adapterset für unterschiedliche Vorratsbehälter am Fahrzeug

■ Entlüftungsventil bei aufgestecktem Schlauch der Entlüfterflasche so lange geöffnet lassen, bis blasenfreie Bremsflüssigkeit ausströmt.

Tipp: Geeigneten Entlüfterschlauch verwenden. Er muss straff auf dem Entlüftungsventil sitzen, damit keine Luft in die Bremsanlage gelangen kann!

Vorentlüftung

Wenn bei Fahrzeugen mit EDS, EDS/ASR oder EDS/ASR/ESP eine Kammer des Bremsflüssigkeitsbehälters komplett leergelaufen ist (z. B. bei Undichtigkeiten der Bremsanlage), muss zuerst eine Vorentlüftung erfolgen.

■ Bremssattel vorn links und vorn rechts gleichzeitig zusammen entlüften.
■ Bremssattel hinten links und hinten rechts gleichzeitig zusammen entlüften.
■ Entlüftungsventile bei aufgesteckten Schläuchen der Entlüfterflasche so lange geöffnet lassen, bis blasenfreie Bremsflüssigkeit ausströmt.
■ Anschließend kann über eine Funktion mit dem Diagnosetester die Hydraulikeinheit nochmals entlüftet werden. Hierbei werden die einzelnen Steuerventile angesteuert und auch die geringe Restmenge im Hydraulikaggregat in die Entlüftung mit einbezogen. Zum Entlüften der Hydraulikeinheit ist ein Vordruck von 2 bar nötig.
■ Danach die Bremsanlage normal entlüften.

Bremsanlage ohne Gerät entlüften

Steht kein Bremsenfüll- und Entlüftungsgerät zur Verfügung, muss die Bremsanlage mit einfachen Mitteln entlüftet werden. Nötig dafür sind neue Bremsflüssigkeit und ein geeigneter, möglichst durchsichtiger Kunst-

Sichtprüfung Messen

stoffschlauch, wie ihn Baumärkte im Sortiment haben. Er muss straff auf der Entlüfterschraube Radbremszylinder/Bremssattel sitzen, damit keine Luft in die Bremsanlage gelangen kann.

■ Wenn erforderlich, die Entlüftungsventile einige Stunden vor der Arbeit mit Rostlöser einsprühen. Das mindert das Risiko, dass die Ventile beim Lösen abgerissen werden.

■ Entlüftungsreihenfolge wie bei »Entlüftung normal«.

■ Staubkappe vom Entlüftungsventil abziehen, Ventilnippel säubern, den Kunststoffschlauch auf den Nippel schieben und das freie Schlauchende in einen teilweise mit Bremsflüssigkeit gefüllten Auffangbehälter stecken.

■ Entlüftungsschraube mit einem Ringschlüssel maximal eine Umdrehung lösen.

■ Ein Helfer tritt das Bremspedal langsam bis zum Boden, damit die Bremsflüssigkeit und die darin eingeschlossene Luft herausgepumpt werden.

Auf Schlauch und Auffangbehälter achten: die Luftbläschen müssen zu sehen sein.

■ Das Bremspedal am Boden halten.

■ Nun die Entlüftungsschraube schließen, erst dann das Bremspedal zurücknehmen.

■ Diesen Vorgang so lange wiederholen, bis keine Luftbläschen mehr aufsteigen, es ist dann keine Luft mehr im System. Dabei aber ständig den Stand der Bremsflüssigkeit im Ausgleichsbehälter beobachten. Bei Bedarf nachfüllen, aber nur so viel, dass der vorherige Stand im Bremsflüssigkeitsbehälter nicht überschritten wird. Dadurch wird verhindert, dass bei einem späteren Wechsel der Bremsbeläge zu viel Bremsflüssigkeit im System ist und der Behälter beim Zurückdrücken der Bremskolben überläuft.

■ Nach dem letzten Durchgang muss der Helfer das Bremspedal wieder am Boden halten, bis das Entlüftungsventil endgültig geschlossen ist (Schraube nicht anknallen).

■ Die Arbeit an den anderen Entlüftungsventilen wiederholen.

■ Lässt sich die Bremse nach vorgenannter Methode nicht vollständig entlüften, alle Entlüftungsventile schließen, den Motor starten und mehrfach die Bremse betätigen. Dann nochmals einen Entlüftungsdurchgang vornehmen.

■ Zum Schluss noch einmal alle Bremsleitungen, Entlüftungsventile (angezogen?), den Stand im Bremsflüssigkeitsbehälter und die Funktion der Bremsen bei einer (vorsichtigen) Probefahrt prüfen. Dabei einmal so stark bremsen, dass die ABS-Regelung greift.

Bremsflüssigkeit wechseln

Bremsflüssigkeit ist giftig! Sie darf wegen ihrer ätzenden Wirkung auch nicht mit Lack in Berührung kommen. Eventuell ausgetretene Bremsflüssigkeit mit viel Wasser abspülen!

■ Verschlussdeckel vom Bremsflüssigkeits-Vorratsbehälter abschrauben. Das Sieb darf nicht aus dem Behälter entfernt werden!

■ Mit dem Saugschlauch vom Bremsenfüll- und Entlüftungsgerät so viel Bremsflüssigkeit wie möglich absaugen. Abgesaugte Bremsflüssigkeit darf nicht wieder verwendet werden.

■ Adapter (aus dem Bremsenentlüftungswerkzeug) auf den Bremsflüssigkeitsvorratsbehälter schrauben, den richtigen Druck am Bremsenfüll- und Entlüftungsgerät einstellen (Bedienungsanleitung des Gerätes beachten) und den Befüllschlauch des Geräts an den Adapter anschließen.

■ Abdeckkappe des Entlüftungsventils am Bremssattel vorn links abziehen und Entlüfterschlauch der Auffangflasche auf das Ventil stecken, Entlüftungsventil öffnen und die entsprechende Bremsflüssigkeitsmenge (siehe folgende Tabelle) ausfließen lassen. Entlüftungsventil mit 10 Nm schließen. Abdeckkappe am Entlüftungsventil des Bremssattels vorn links wieder aufstecken.

■ Diesen Arbeitsablauf an der rechten Fahrzeugseite vorn wiederholen.

■ Schrauben Sie ggf. beide Räder an der Hinterachse ab, um nun dort an die Entlüftungsventile zu gelangen. Abdeckkappe am Entlüftungsventil des Bremssattels hinten links abziehen und Entlüfterschlauch der Auffangflasche auf das Entlüftungsventil hinten links stecken, Entlüftungsventil öffnen und die entsprechende Bremsflüssigkeitsmenge (siehe folgende Tabelle) ausfließen lassen. Entlüftungsventil mit 10 Nm schließen. Abdeckkappe am Entlüftungsventil des Bremssattels hinten links wieder aufstecken.

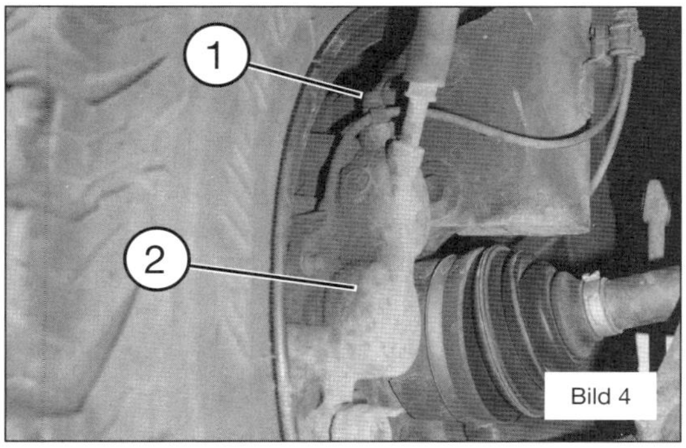

Bild 4

■ Diesen Arbeitsablauf an der rechten Fahrzeugseite hinten wiederholen.

Ausfließende Bremsflüssigkeitsmengen

Reihenfolge Entlüftungsventile	Bremsflüssigkeit
Bremssattel vorn links	0,20 Liter
Bremssattel vorn rechts	0,20 Liter
Bremssattel hinten links	0,30 Liter
Bremssattel hinten rechts	0,30 Liter
Kupplungsnehmerzylinder	0,15 Liter

Bremslichtschalter aus- und einbauen

Der Bremslichtschalter ist von vorne im Pedalmodul befestigt. Ist die Lenkradhöhenverstellung ganz nach oben gestellt, kann der Bremslichtschalter durch den Spalt zwischen Lenkradverkleidung und Armaturenbrett gut eingesehen werden. Der Zugang erfolgt über den Fahrer-Fußraum.

■ Entsichern Sie den Steckkontakt (4 im Bild 7) und ziehen Sie ihn ab.
■ Drehen Sie den Bremslichtschalter (1) etwa eine Viertel-Umdrehung gegen den Uhrzeigersinn und nehmen Sie ihn heraus.

Die Montage erfolgt sinngemäß in umgekehrter Reihenfolge.
■ Lesen Sie den Fehlerspeicher aus und löschen Sie ihn gegebenenfalls.

Hauptbremszylinder aus- und einbauen

■ Radio-Codierung beachten, Batterie abklemmen, Batterieverkleidung ausbauen.

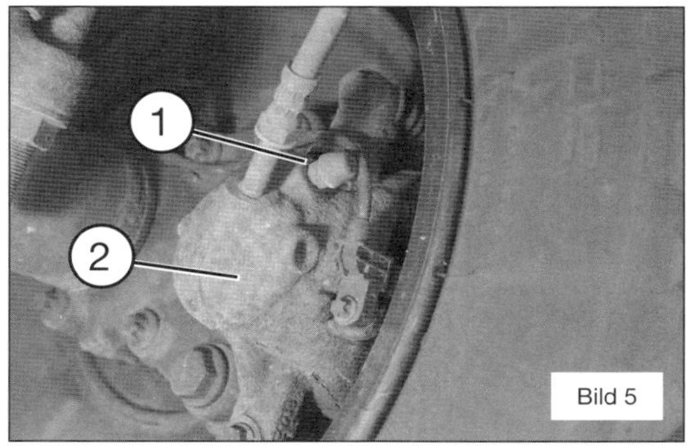

Bild 5

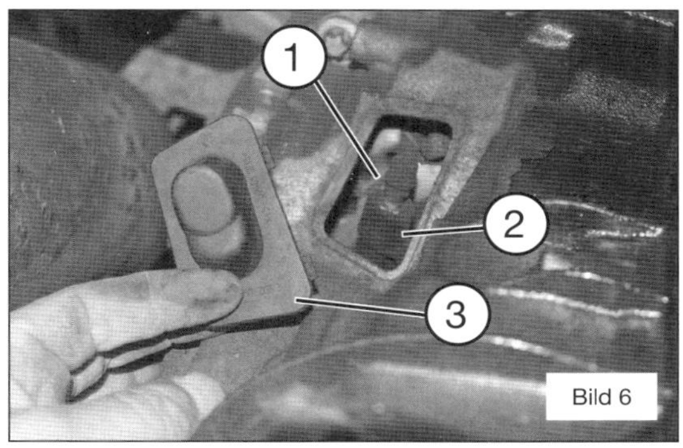

Bild 6

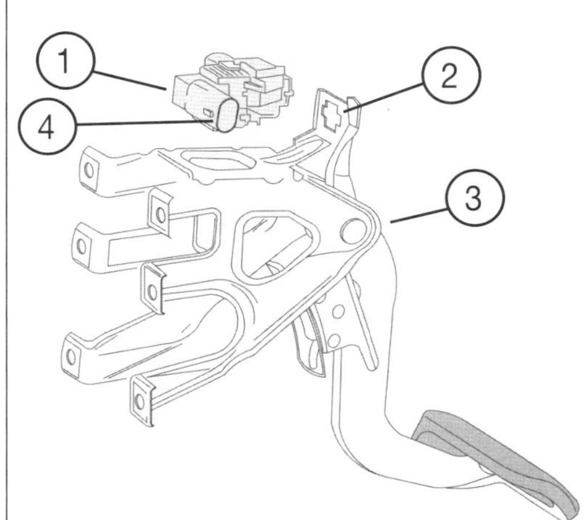

Bild 7

■ Ausreichend nicht fasernde Lappen im Bereich des Motors und des Getriebes auslegen und so viel Bremsflüssigkeit wie möglich mit dem Bremsenfüll- und Entlüftungsgerät oder mit einer Absaugvorrichtung aus dem Bremsflüssigkeitsbehälter absaugen.
■ Bei Fahrzeugen mit Schaltgetriebe den Nachlaufschlauch für den Kupplungsgeberzylinder abziehen und hochbinden oder mit einem handelsüblichen Werkzeug (Hazet 4590) abklemmen und dann abziehen.
■ Den Stecker (8 im Bild 8) vom Warnkontakt für Bremsflüssigkeitsstand abziehen.

Bild 4
Entlüftungsventil am Bremssattel vorne.
1 Entlüftungsventil
2 Bremssattel

Bild 5
Entlüftungsventil am Bremssattel hinten.
1 Entlüftungsventil
2 Bremssattel

Bild 6
Entlüftungsventil am Kupplungszylinder.
1 Entlüftungsventil
2 Kupplungsnehmerzylinder
3 Abdeckung in der Kupplungsglocke

Bild 7
Bremslichtschalter am Pedalmodul.
1 Bremslichtschalter
2 Halterung am Pedalmodul
3 Pedalmodul
4 Elektrischer Anschluss

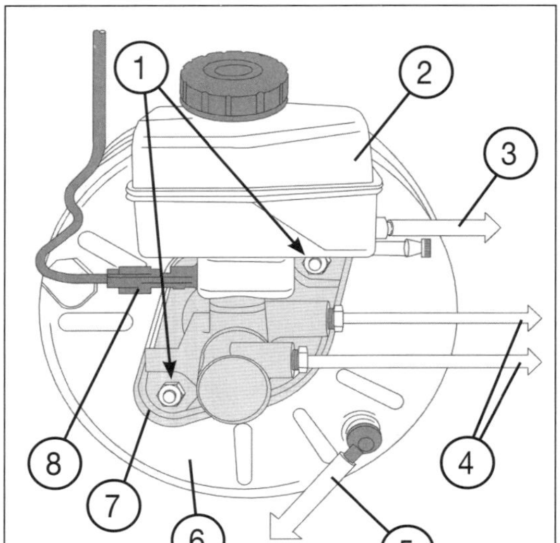

Bild 8

Bild 8
Hauptbremszylinder.
1 Muttern
2 Vorratsbehälter
3 Anschluss zum Kupplungsnehmerzylinder
4 Anschlüsse zum ABS-Steuerblock
5 Anschluss Unterdruck
6 Bremskraftverstärker
7 Hauptbremszylinder
8 Sensor

■ Die Bremsleitungen (4) am Hauptbremszylinder (7) abschrauben.
■ Die Bremsleitungen mit geeigneten Verschlussstopfen verschließen.
■ Die Muttern (1) vom Hauptbremszylinder (7) abschrauben.
■ Den Hauptbremszylinder (7) vorsichtig aus dem Bremskraftverstärker (6) herausnehmen.

Der Einbau erfolgt sinngemäß in umgekehrter Reihenfolge.

Beim Zusammensetzen des Hauptbremszylinders mit dem Bremskraftverstärker auf richtigen Sitz der Druckstange im Hauptbremszylinder achten.

Darauf achten, dass der Dichtring zwischen Hauptbremszylinder und Bremskraftverstärker ordnungsgemäß eingebaut ist.

■ Füllen Sie die Bremsflüssigkeit wieder auf den alten Stand auf.
■ Bremsanlage entlüften. Eventuell auch den Kupplungsgeberzylinder entlüften.
■ Betätigen Sie Bremse und Kupplung mehrfach und kontrollieren Sie den Flüssigkeitsstand erneut.

Funktion des Bremskraftverstärkers prüfen

■ Bremspedal bei stehendem Motor mehrere Male kräftig durchtreten (dadurch wird der im Gerät vorhandene Unterdruck abgebaut).
■ Bremspedal jetzt mit mittlerer Fußkraft in Bremsstellung halten und Motor starten.

Bei einem einwandfrei funktionierenden Bremskraftverstärker gibt das Bremspedal dabei unter dem Fuß spürbar nach (Verstärkung wird wirksam).
Senkt sich das Pedal nicht, liegt eine Störung vor.

Diese kann in der Unterdruckversorgung (Leitung, Pumpe, Anschluss) oder am Bremskraftverstärker selbst zu finden sein. In diesem Fall muss er ersetzt werden. Reparaturen an diesem Bauteil sind nicht vorgesehen.

Bremsscheiben und Beläge prüfen

Bremsbeläge prüfen

Mit einer Taschenlampe durch einen Durchbruch in der Felge leuchten. Die Dicke des äußeren Belages durch Sichtprüfung ermitteln. Den inneren Belag anleuchten und einen Spiegel anhalten. Dann die Dicke des inneren Belages durch Sichtprüfung ermitteln.

■ Zur besseren Beurteilung der Restbelagdicke einen Prüfspiegel benutzen oder das Rad abnehmen.
■ Die Anbauposition des Rades kennzeichnen (RV = rechts vorne, LV = links vorne, RH = rechts hinten, LH = Links hinten).
■ Die Dicke des äußeren und inneren Belages messen oder abschätzen. Bei der Belagdicke (3,0 mm ohne Rückenplatte) haben die Bremsbeläge ihre Verschleißgrenze erreicht und sind zu ersetzen.
■ Das entsprechende Rad in der gekennzeichneten Position wieder anschrauben. Radbefestigungsschrauben über Kreuz mit dem entsprechenden Drehmoment anziehen ggf. Radschraubenkappen aufstecken.

Bremsscheiben prüfen

Wenn die Scheibenbremsbeläge ersetzt werden müssen, sind unbedingt auch die Bremsscheiben auf Verschleiß zu prüfen. Typische Fehlerbilder, die für eine Erneuerung sprechen sind:
■ Risse,
■ Riefen,
■ Rost und
■ Grat am Bremsscheibenrand.

Ggf. Bremsscheiben ersetzen (grundsätzlich achsweise).

Bremsscheiben und Beläge vorne

Bremsbeläge wechseln

Weiter zu verwendende Bremsbeläge beim Ausbau kennzeichnen. Die Beläge an gleicher Stelle wieder einbauen, sonst kann eine ungleichmäßige Bremswirkung entstehen!

- Radschrauben lösen, aber noch nicht herausdrehen.
- Das Fahrzeug mit der Hebebühne anheben und Unterbodenverkleidungen ausbauen.

Sichern Sie das Fahrzeug unbedingt auf der Hebebühne mit Spanngurten, um ein Herunterfallen oder Abrutschen zu verhindern.

- Bauen Sie die vorderen Räder ab.
- Steckverbindung (2 im Bild 10) für Bremsbelagverschleißanzeige trennen.
- Bremsbeläge (13) mit geeignetem Werkzeug etwas zurückdrücken.
- Staubschutzkappe (17) abnehmen und Schrauben für Bremssattelbefestigung (4) oder den unteren Führungsbolzen herausschrauben.
- Mit einem Schraubendreher die Führungsbuchse (10) im Bremssattel etwas zurückdrücken.
- Den Bremssattel nach oben klappen.
- Den Bremssattel mit Draht am Aufbau befestigen.
- Die Bremsbeläge und die Spreizfedern herausnehmen, dabei die Leitung für Bremsbelagverschleißanzeige durch die Öffnung im Bremssattel führen.
- Bremssattelgehäuse reinigen.

Für das Reinigen des Bremssattelgehäuses ist ausschließlich Spiritus zu verwenden.

Der Einbau erfolgt sinngemäß in umgekehrter Reihenfolge.

Vor dem Zurückdrücken mit einer Entlüfterflasche Bremsflüssigkeit aus dem Bremsflüssigkeitsbehälter absaugen, sonst kann, wenn zwischenzeitlich Bremsflüssigkeit nachgefüllt wurde, Bremsflüssigkeit auslaufen und zu Schäden führen.

- Vor Einsetzen neuer Bremsbeläge müssen die Kolben mit der Kolbenrücksetzvorrichtung (3 im Bild 11) in den Zylinder gedrückt werden.
- Die Bremsbeläge (13 im Bild 10) in den Satteltträger (1) einsetzen.

Darauf achten, dass die Bremsbeläge (13) in den Belaghalteblechen oder Spreizfedern (12) sitzen.

Bild 9

Bild 9
Eine Bremsscheibe mit tiefen Riefen muss ersetzt werden.

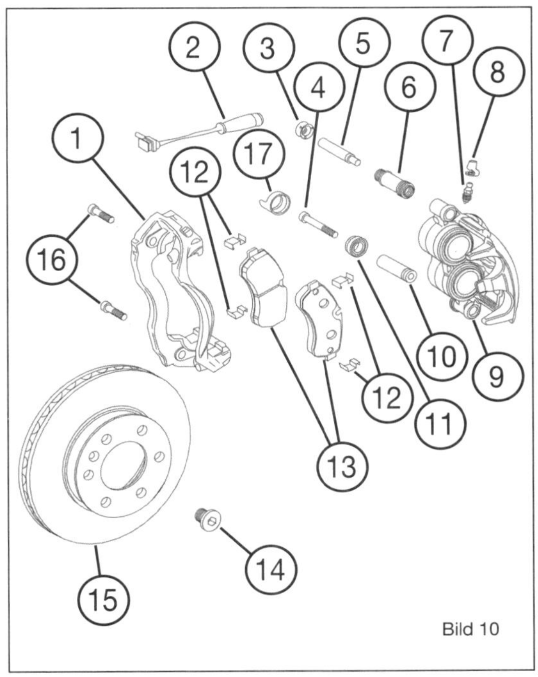

Bild 10

Bild 10
Bremsanlage an der Vorderachse.
1 Satteltträger
2 Verschleißkontakt
3 Staubschutzkappe
4 Schraube
5 Führungsbolzen
6 Buchse
7 Entlüftungsnippel
8 Staubschutzkappe
9 Bremssattel
10 Führungsbuchse
11 Staubschutz
12 Spreizfedern
13 Bremsbelag
14 Schraube
15 Bremsscheibe
16 Schrauben
17 Staubschutzkappe

Bild 11

Bild 11
Bremskolben im Bremssattel zurückstellen.
1 Bremssattel
2 Adapter auf dem Bremskolben
3 Bremskolbenrücksteller

Sichtprüfung   Messen

■ Den Bremssattel wieder herunterklappen.

Darauf achten, dass Führungsbolzen oder Schraube im Bremsträger sitzen.

■ Neue Befestigungsschrauben mit vorgeschriebenem Anzugsdrehmoment festziehen.

■ Die Staubschutzkappe (17) einsetzen.

■ Die Steckverbindung (2) für die Bremsbelagverschleißanzeige verbinden.

■ Räder wieder anbauen.

Nach dem Ersetzen von Bremsbelägen Bremspedal im Stand mehrmals kräftig durchtreten, damit die Bremsbeläge ihren dem Betriebszustand entsprechenden Sitz einnehmen.

Nach dem Bremsbelagwechsel den Bremsflüssigkeitsstand prüfen.

Bremsscheiben vorne wechseln

Wenn Sie die Bremsscheiben erneuern, müssen Sie auch neue Bremsbeläge verwenden. Sollen Beläge und Scheiben wiederverwendet werden, markieren Sie die Einbauposition von Bremsscheiben und Belägen.

■ Radschrauben lösen, aber noch nicht herausdrehen.

■ Das Fahrzeug mit der Hebebühne anheben und Unterbodenverkleidungen ausbauen.

⚠ Sichern Sie das Fahrzeug auf der Hebebühne mit Spanngurten, um ein Herunterfallen oder Abrutschen zu verhindern.

■ Die elektrische Steckverbindung für Belagverschleißanzeige trennen und eventuell den Bremsschlauch aus dem Halter nehmen. Bremsbeläge herausnehmen.

■ Drehen Sie die Schrauben (14 im Bild 10) in der Bremsscheibe heraus. Verwenden Sie unbedingt einen passenden Schlüssel.

Lösen Sie die Schrauben durch einige Hammerschläge. Sie sind recht oft festgerostet.

■ Demontieren Sie den Bremssattel (9 im Bild 10) wie bereits beim Belagwechsel beschrieben.

■ Drehen Sie die beiden Schrauben (16) heraus und nehmen Sie den Bremssattelträger (1) ab.

■ Nehmen Sie die Bremsscheibe (15) von der Radnabe ab.

Auch hier kann Rostbildung dafür sorgen, dass die Bremsscheibe sehr fest sitzt. Im Extremfall helfen nur gezielte Hammerschläge von hinten auf die Bremsscheibe, um sie zu lösen. Der Ersatz ist dann nicht mehr abzuwenden.

■ Reinigen Sie die Auflagefläche der Bremsscheibe auf der Radnabe sehr gründlich.

Sehr gut und einfach gelingt das mit einer Topfbürste auf dem Winkelschleifer oder der Bohrmaschine.

⚠ Geringe Korrosionsreste können das saubere Aufliegen der Bremsscheibe verhindern. Daraus resultiert eine ungleichmäßige Wärmeableitung, die schnell einen Verzug der Scheibe nach sich ziehen kann.

■ Tragen Sie im Bereich der Auflage der Bremsscheibe auf der Radnabe etwas (sehr wenig!) Montagepaste oder Kupferpaste auf, so wird das Festkorrodieren etwas hinausgezögert.

■ Ersetzen Sie die Befestigungsschraube (14) in der Bremsscheibe (15) in jedem Fall.

Die weitere Montage erfolgt sinngemäß in umgekehrter Reihenfolge.

Die Scheibenbremse hinten

Bremsbeläge wechseln

⚠ Weiter zu verwendende Bremsbeläge beim Ausbau kennzeichnen. Die Beläge an gleicher Stelle wieder einbauen, sonst kann eine ungleichmäßige Bremswirkung entstehen!

■ Die Radschrauben lösen, aber noch nicht herausdrehen.

■ Das Fahrzeug mit der Hebebühne anheben und Unterbodenverkleidungen ausbauen.

⚠ Sichern Sie das Fahrzeug unbedingt auf der Hebebühne mit Spanngurten, um ein Herunterfallen oder Abrutschen zu verhindern.

■ Bauen Sie die hinteren Räder ab.

■ Die Steckverbindung (13 im Bild 12) für Bremsbelagverschleißanzeige trennen.

Fahrzeuge mit mechanischer Handbremse:

■ Bremsbeläge (2 im Bild 13) mit geeignetem Werkzeug etwas zurückdrücken.

Fahrzeuge mit elektrischer Handbremse:

■ Den Bremssattel mit dem Diagnosetester in »Montagestellung« bringen.

⚠ Die Bremse für die Montage nicht betätigen. Andernfalls wird der Bremssattel, oder besser die Spindel für die Kolbenverstellung beschädigt.

Vor dem Zurückstellen mit einer Entlüfterflasche Bremsflüssigkeit aus dem Bremsflüssigkeitsbehälter absaugen. Es kann sonst, wenn zwischenzeitlich Bremsflüssigkeit nachgefüllt wurde, Bremsflüssigkeit auslaufen und zu Schäden führen.

- Die Staubschutzkappe (17 im Bild 12) ausbauen.
- Bremssattel (7) am unteren Befestigungspunkt abbauen und nach oben klappen.
- Den Bremssattel (7) mit Draht am Aufbau befestigen.
- Die Bremsbeläge (12) und die Spreizfedern (9) herausnehmen. Dabei die Leitung für Bremsbelagverschleißanzeige (13) durch die Öffnung im Bremssattel (7) führen.
- Bremssattelgehäuse reinigen.

Für das Reinigen des Bremssattels ausschließlich Spiritus verwenden.

Der Einbau erfolgt sinngemäß in umgekehrter Reihenfolge.

- Vor Einsetzen neuer Bremsbeläge müssen die Kolben mit der Kolbenrücksetzvorrichtung (3 im Bild 11) in den Zylinder gedrückt oder bei der elektrischen Handbremse über den Tester zurückgestellt werden.
- Die Bremsbeläge (12 im Bild 12) in den Sattelträger (8) einsetzen.

Darauf achten, dass die Bremsbeläge (12) in den Belaghalteblechen oder Spreizfedern (9) sitzen.

- Den Bremssattel wieder herunterklappen.

Darauf achten, dass Führungsbolzen oder Schraube im Bremsträger sitzen.

- Neue Befestigungsschrauben mit vorgeschriebenem Anzugsdrehmoment festziehen.
- Die Staubschutzkappe (17) einsetzen.
- Die Steckverbindung (13) für die Bremsbelagverschleißanzeige verbinden.
- Räder wieder anbauen.

Nach dem Ersetzen von Bremsbelägen Bremspedal im Stand mehrmals kräftig durchtreten, damit die Bremsbeläge ihren dem Betriebszustand entsprechenden Sitz einnehmen.

Nach dem Bremsbelagwechsel den Bremsflüssigkeitsstand prüfen und gegebenenfalls auffüllen.

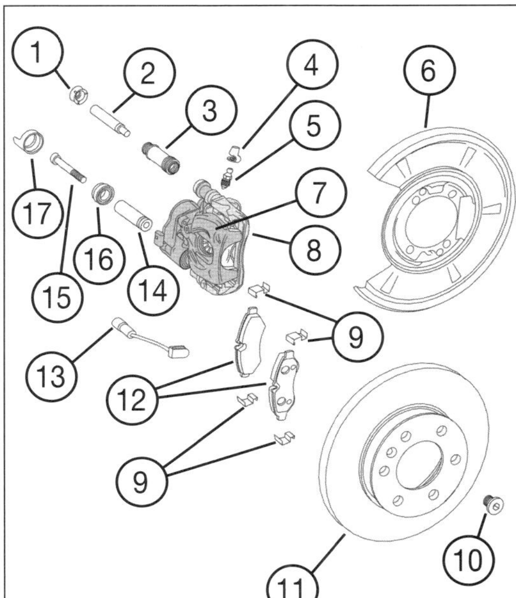

Bild 12

Bild 12
Bremssattel hinten (mit elektrischer Handbremse).
1 Staubschutzkappe
2 Führungsbolzen
3 Buchse
4 Staubschutzkappe
5 Entlüftungsnippel
6 Bremsankerblech
7 Bremssattel
8 Sattelträger
9 Spreizfedern
10 Schraube
11 Bremsscheibe
12 Bremsbeläge
13 Verschleißkontakt
14 Führungsbuchse
15 Staubschutz
16 Schraube
17 Staubschutzkappe

Bremsscheiben hinten wechseln

Wenn Sie die Bremsscheiben erneuern, müssen Sie auch neue Bremsbeläge verwenden. Sollen Beläge und Scheiben wiederverwendet werden, markieren Sie die Einbauposition von Bremsscheiben und Belägen.

- Radschrauben lösen, aber noch nicht herausdrehen.
- Das Fahrzeug mit der Hebebühne anheben und Unterbodenverkleidungen ausbauen.

Sichern Sie das Fahrzeug auf der Hebebühne mit Spanngurten, um ein Herunterfallen oder Abrutschen zu verhindern.

- Die elektrische Steckverbindung für die Belagverschleißanzeige trennen und eventuell den Bremsschlauch aus dem Halter nehmen. Bremsbeläge herausnehmen.
- Drehen Sie die Schraube (10 im Bild 12) in der Bremsscheibe (11) heraus. Verwenden Sie unbedingt einen passenden Schlüssel.

Lösen Sie die Schraube durch einige Hammerschläge. Sie sind recht oft festgerostet.

- Demontieren Sie den Bremssattel (7) wie bereits beim Bremsbelagwechsel beschrieben.
- Drehen Sie die beiden Schrauben am Sattelträger heraus und nehmen Sie den Bremssattelträger (8) ab.
- Nehmen Sie die Bremsscheibe (11) von der Radnabe ab.

Bild 13
Mechanische Handbremse »Normalausführung«.
1 Bremsankerplatte
2 Bremsbacke
3 Haltefeder
4 Spreizer
5 Feder
6 Bremsscheibe
7 Feder
8 Einsteller
9 Radflansch

Bild 14
Einstellen der mechanischen Handbremse »Normalausführung«.
1 Bremsscheibe
2 Bremsbacken
3 Schraubendreher
4 Gewinde/Bohrung Radschraube
5 Einsteller

Auch hier kann Rostbildung dafür sorgen, dass die Bremsscheibe sehr fest sitzt. Im Extremfall helfen nur gezielte Hammerschläge von hinten auf die Bremsscheibe, um sie zu lösen. Der Ersatz ist dann nicht mehr abzuwenden.

■ Reinigen Sie die Auflagefläche der Bremsscheibe auf der Radnabe sehr gründlich.

Sehr gut und einfach gelingt das mit einer Topfbürste auf dem Winkelschleifer oder der Bohrmaschine.

⚠ Geringe Korrosionsreste können das saubere Aufliegen der Bremsscheibe verhindern. Daraus resultiert eine ungleichmäßige Wärmeableitung, die schnell einen Verzug der Scheibe nach sich ziehen kann.

■ Tragen Sie im Bereich der Auflage der Bremsscheibe auf der Radnabe etwas (sehr wenig!) Montagepaste oder Kupferpaste auf. So wird das Festkorrodieren etwas hinausgezögert.

■ Ersetzen Sie die Befestigungsschraube (10) in der Bremsscheibe (11) in jedem Fall.

Die weitere Montage erfolgt sinngemäß in umgekehrter Reihenfolge.

Die Handbremse hinten

Unterschiedliche Ausführungen

Im 910er-Sprinter wurden unterschiedliche Bremssysteme verbaut. Nicht nur, dass die Bremsanlage sich für die zwillingsbereiften Modelle unterscheidet, kommt neben der mechanischen Handbremse als Trommelbremse in der Bremsscheibe eine elektrische Handbremse zum Einsatz, die über die Beläge der Betriebsbremse der Hinterachse arbeitet. Die Betätigung erfolgt über einen Handbremsaktuator. Bei den Varianten der elektrischen Handbremse sind keine Beläge in der Bremstrommel verbaut.

Bremsbelagwechsel Trommelbremse

⚠ Weiter zu verwendende Bremsbeläge müssen beim Ausbau gekennzeichnet werden. Sie müssen an gleicher Stelle wieder eingebaut werden, da sonst ungleichmäßige Bremswirkung entsteht.

Die Bremsen sind achssymmetrisch aufgebaut. Entsprechend setzen Sie zuerst eine Seite instand und belassen die andere Seite im zusammengebauten Zustand.

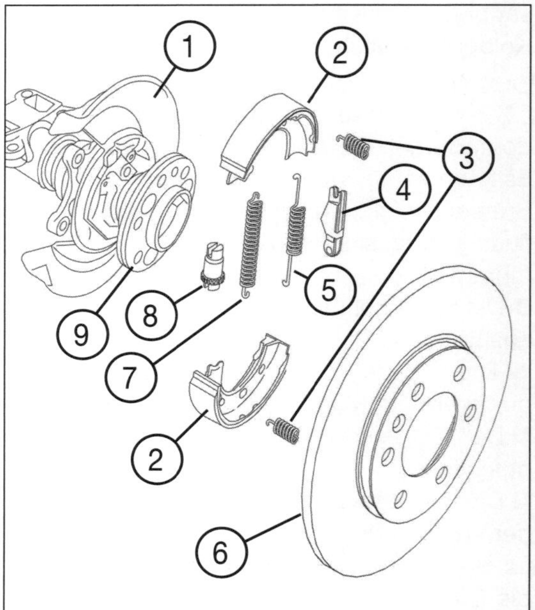

Bild 13

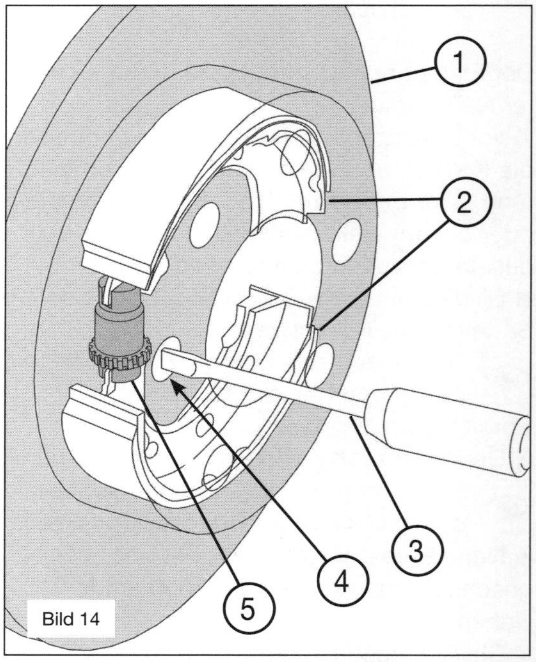

Bild 14

So haben Sie ein Muster zum Gucken, wenn doch mal vergessen gehen sollte, was wie zusammengebaut war.

■ Die Radschrauben lösen, aber noch nicht herausdrehen.

■ Das Fahrzeug mit der Hebebühne anheben und Unterbodenverkleidungen ausbauen.

⚠ Sichern Sie das Fahrzeug auf der Hebebühne mit Spanngurten, um ein Herunterfallen oder Abrutschen zu verhindern.

■ Die Hinterräder demontieren.

■ Über eine Radschraubenbohrung (4 im Bild 14) den Einsteller (5) zusammendrehen.
■ Die Bremsscheibe wie bereits beschrieben abbauen.
■ Die Feder (7 im Bild 13) und (5) aushängen.
■ Die beiden Haltefedern (3) andrücken und um 90° verdrehen. Sie rasten so aus dem Ankerblech (1) aus.
■ Die Haltefedern (3) aus den Bremsbelägen (2) herausnehmen.
■ Die Bremsbeläge (2) abnehmen.

Die Montage erfolgt sinngemäß in umgekehrter Reihenfolge.
■ Kontrollieren Sie den Zustand der Bauteile vor der Montage.
■ Reinigen Sie Bremsbeläge (2) und Bremstrommel/Scheibe (6) mit Schleifpapier und Bremsenreiniger.
■ Kontrollieren Sie, dass der Einsteller (8) sich leichtgängig verdrehen lässt.
■ Achten Sie darauf, dass der Spreizer (4) nicht schwergängig ist.

Er ist oft der Grund für eine schlechte Bremsleistung der Handbremse.
■ Reinigen Sie die Bremsträgerplatte (Ankerplatte) (1) gründlich und tragen Sie etwas Kupferpaste auf die Anlagepunkte der Bremsbeläge auf der Ankerplatte auf.

Grundeinstellung Handbremsbeläge (Fahrzeuge mit Normalbereifung)

Natürlich ist die Grundeinstellung der Handbremse nur bei Fahrzeugen mit mechanischer Handbremse erforderlich.

Die Grundeinstellung der Bremsbeläge sollte immer dann erfolgen, wenn die Beläge de- oder montiert beziehungsweise die Bremsscheibe erneuert wurde. Die Einsteller funktionieren NICHT automatisch.
■ Eine Radschraube herausdrehen.
■ Das Fahrzeug mit der Hebebühne anheben und Unterbodenverkleidungen ausbauen.

Sichern Sie das Fahrzeug auf der Hebebühne mit Spanngurten, um ein Herunterfallen oder Abrutschen zu verhindern.
■ Durch die Bohrung der Radschraube mit Hilfe eines Schraubendrehers (3 im Bild 14) den Einsteller an seinem Zahnrad verdrehen.
■ Drehen Sie den Einsteller (5) zuerst so weit heraus, dass die Bremsbacken (2) merklich anliegen.
■ Ziehen Sie den Handbremshebel mehrfach fest an.
■ Lösen Sie den Einsteller (5) wieder so weit, dass die Beläge gerade so in der Trommel anliegen.

Zur Kontrolle den Schraubendreher herausziehen und das Rad von Hand verdrehen. Die Bremsbeläge dürfen nur leicht anschleifen.

Es ist sehr wichtig, dass sich die Räder bei unbetätigter Bremse frei drehen können, ansonsten kommt es zur Überhitzung der Bremsanlage.
■ Schleifen Sie die Handbremsbeläge immer noch etwas an, stellen Sie Einsteller (5) etwa 1 bis 2 Raststufen zurück.

De- und Montage der Bremstrommel

Die Trommelbremse läuft in den Bremsscheiben der hinteren Scheibenbremse (Bild 14). Diese Bauweise kommt nur bei der mechanischen Handbremse zum Einsatz. Die elektrische Handbremse (Bild 12) realisiert die Feststellbremse über die Bremsbeläge (12).

Die Montagearbeiten für die »Bremstrommel« entsprechen den Arbeiten für die Demontage der Bremsscheiben hinten.

Bremsseil vorn aus- und einbauen

Diese Bauweise kommt nur bei der mechanischen Handbremse zum Einsatz.

De- und Montage der Handbremsseile

Prüfen Sie die Handbremsseile auf Leichtgängigkeit und auch auf Schäden an der Außenhülle. Korrosionsschäden und daraus folgend schwergängige Seile sind leicht vorauszusehen.
■ Die hintere Verkleidung (2 im Bild 18) vom Handbremshebel abbauen.

Der Handbremshebel muss sich in der untersten (nicht betätigter Stellung) befinden.
■ Die Sicherungsklammer (5 im Bild 15) abbauen und Sicherungsbolzen (2) für das Handbremsseil vorn aus dem Handbremshebel herausziehen.
■ Die beiden Nasen (3) am Handbremsseil zusammendrücken und das Handbrems-

Sichtprüfung Messen

Bild 15
Handbremshebel an der Sitzkonsole.
1 Handbremshebel
2 Bolzen
3 Rastnasen
4 Öse am Innenzug
5 Sicherungsklammer
6 Hülse auf dem Außenzug
7 Außenzug des Handbremsseils

Bild 16
Seilnachsteller um Unterboden.
1 Muttern
2 Handbremsseil vorne
3 Abstand (Hebel zum Seilnachsteller)
4 Hebel Seilnachsteller
5 Seilwaage Bremsseile hinten
6 Mutter und Kontermutter
7 Bremsseile hinten

seil vorn (7) aus dem Handbremshebel (1) herausschieben.
■ Die Tülle des Handbremsseils und das Handbremsseil durch den Unterboden drücken.
■ Fahrzeug anheben und verzurren.

⚠ Wird das Fahrzeug nicht verzurrt, besteht die Gefahr, dass das Fahrzeug von der Hebebühne abrutschen kann!

■ Das Handbremsseil vorn am Hebel (1 im Bild 15) aushängen.
■ Das Handbremsseil vorn durch den Unterboden in Fahrtrichtung herausziehen.

Der Einbau erfolgt sinngemäß in umgekehrter Reihenfolge.

Vorderes Handbremsseil einstellen:
■ Handbremshebel lösen.
■ Fahrzeug anheben und verzurren.

⚠ Wird das Fahrzeug nicht verzurrt, besteht die Gefahr, dass das Fahrzeug von der Hebebühne abrutschen kann!

■ Die Muttern der Konsole (1 im Bild 16) lösen und Konsole in Fahrtrichtung schieben.
■ Die Konsole so weit nach hinten schieben, bis der Hebel einen Abstand von 6 mm zur Konsole hat (3).

Als Einstelllehre kann ein 6-mm-Bohrer verwendet werden.

■ Muttern (1) der Konsole festziehen.
■ Handbremshebel 4 Zähne anziehen.
■ Handbremshebel lösen.
■ Prüfen, ob beide Räder frei drehen.

Bremsseil hinten aus- und einbauen

De- und Montage der Handbremsseile
■ Demontieren Sie die Bremsscheibe hinten, wie bereits beschrieben.
■ Lösen Sie die Mutter und die Kontermutter (6 im Bild 16).

Die Muttern müssen nicht abgedreht werden.

■ Hängen Sie das Bremsseil (7) aus der Seilwaage (5) aus.
■ Hängen Sie das Bremsseil aus dem Spreizer (4 im Bild 13) aus.
■ Ziehen Sie das Bremsseil aus der Ankerplatte heraus.
■ Ziehen Sie das Bremsseil aus der Rahmenführung heraus.

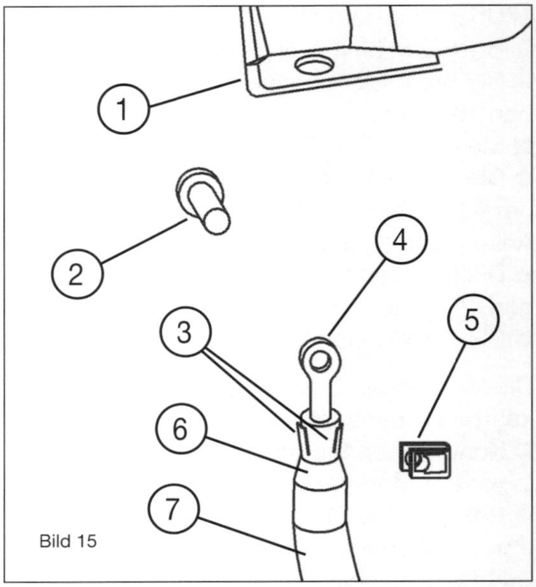

Bild 15

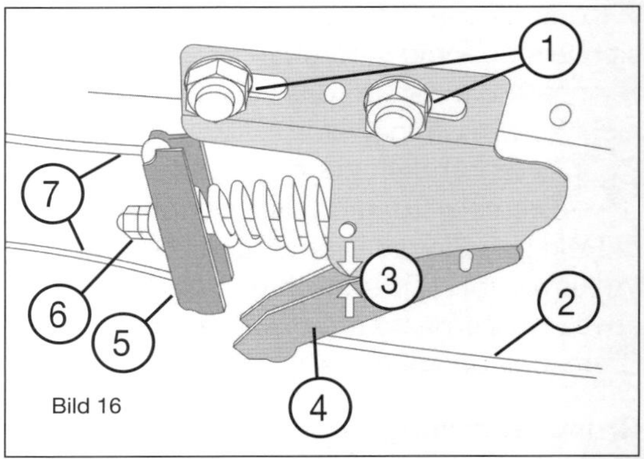

Bild 16

■ Lösen Sie die Kabelbinder an der Hinterachse (Sensoren) und führen Sie den Bremszug durch die Durchführungen hindurch heraus.

Der Einbau erfolgt sinngemäß in umgekehrter Reihenfolge.

Prüfen Sie die Handbremsseile vor der Montage auf Leichtgängigkeit.

■ Führen Sie eine Grundeinstellung der Bremsbeläge durch.
■ Stellen Sie die Handbremsseile wie beschrieben ein.

Montage am Handbremshebel

De- und Montage des Handbremshebels
■ Die vordere Verkleidung (1 im Bild 18) in Pfeilrichtung vom Handbremshebel abziehen.
■ Die hintere Verkleidung (2) vom Handbremshebel abnehmen.
■ Der Handbremshebel befindet sich in unterster, nicht betätigter Stellung.

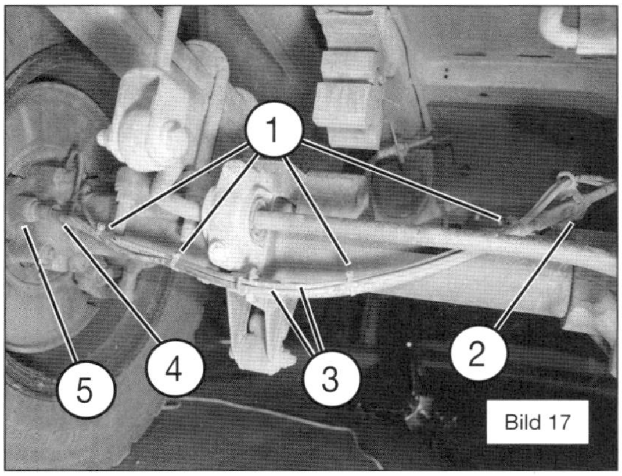

Bild 17

Bild 17
Handbremsseil hinten an der Hinterachse.
1 Kabelbinder
2 Seildurchführung
3 Anschlusskabel Warnkontakt und Verschleißanzeige
4 Bremszug hinten
5 Ankerplatte

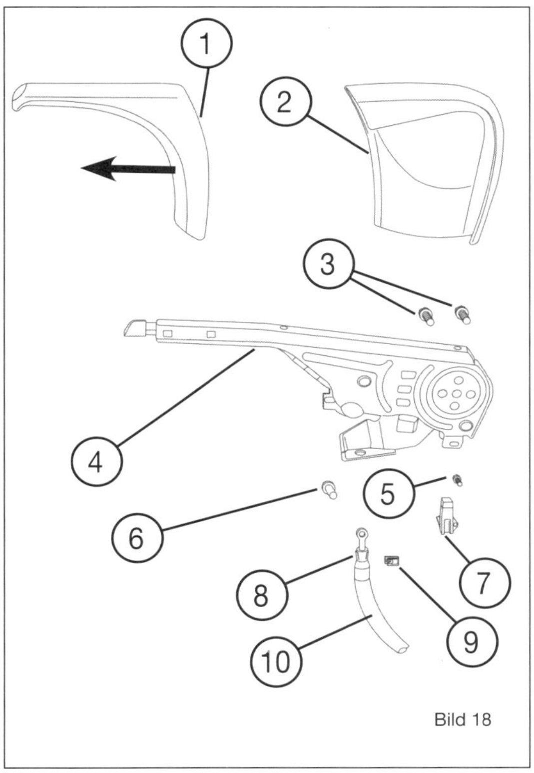

Bild 18

Bild 18
Handbremshebel an der Sitzkonsole.
1 Verkleidung vorne
2 Verkleidung hinten
3 Schrauben
4 Handbremshebel
5 Schraube
6 Bolzen Handbremsseil
7 Handbremskontrollschalter
8 Sicherungsnasen
9 Sicherungsklammer
10 Handbremsseil vorne

■ Steckverbindung am Schalter für Handbremskontrolle (7) trennen.
■ Sicherungsklammer (9) abbauen und den Sicherungsbolzen (6) für das Handbremsseil vorn (10) aus dem Handbremshebel (4) herausziehen.
■ Die beiden Nasen (8) zusammendrücken und Handbremsseil vorn (10) aus dem Handbremshebel (4) herausschieben.
■ Schrauben (3) herausdrehen und Handbremshebel (4) abnehmen.

Der Einbau erfolgt sinngemäß in umgekehrter Reihenfolge.
■ Prüfen Sie die Einstellung der Handbremsseile.
■ Prüfen Sie die Handbremskontrollleuchte.

De- und Montage des Handbremskontrollschalters
■ Ziehen Sie die Verkleidung hinten (2 im Bild) nach hinten vom Handbremshebel ab.
■ Ziehen Sie die elektrische Steckverbindung am Handbremskontrollschalter ab.
■ Drehen Sie die Schraube (5) heraus.
■ Nehmen Sie den Schalter (7) ab.

Der Einbau erfolgt sinngemäß in umgekehrter Reihenfolge.
■ Prüfen Sie die Funktion des Handbremskontrollschalters.

Elektrische Handbremse

Der Schalter der elektrischen Handbremse ist Bestandteil des Lichtschaltermoduls.
■ Lösen Sie die Verkleidung zum Türeinstiegsgummi und nehmen Sie sie ab.
■ Klappen Sie die Verkleidung mit dem Entlüfteraustritt für die Seitenscheibe nach oben heraus und nehmen Sie sie ab.
■ Clipsen Sie die Schalthebelmanschette nach oben heraus.

Tipp: Eine Montageübersicht finden Sie im Kapitel 10 (Bild 19).

■ Clipsen Sie das Ablagefach nach oben heraus.
■ Nehmen Sie das Ablagefach so weit heraus, bis der Schalter für die elektrische Schiebetür zugänglich ist (soweit verbaut). Entsichern Sie den Steckkontakt und nehmen Sie das Ablagefach ab.
■ Drehen Sie die Befestigungsschrauben heraus und nehmen Sie die Verkleidung unter der Lenksäule ab.
■ Entsichern Sie die Steckkontakte und ziehen Sie die Stecker der verbauten Schaltereinheiten in der Verkleidung ab.
■ Entsichern Sie die Steckkontakte und ziehen Sie die Stecker des Lichtschaltermoduls ab.
■ Entriegeln Sie die Haltelaschen des Lichtschaltermoduls und drücken Sie es nach hinten aus der Verkleidung heraus.
■ Nehmen Sie das Lichtschaltermodul heraus.

Der Einbau erfolgt sinngemäß in umgekehrter Reihenfolge.
■ Prüfen Sie die Schalterfunktionen.

14 Elektrische Anlage

Schon im Stand, aber erst recht während der Fahrt benötigt der Sprinter 910 elektrischen Strom. Motorsteuerung, Lenkung und Kraftstoffeinspritzung müssen mit Elektroenergie versorgt werden. Alle weiteren unbedingt erforderlichen oder für die Sicherheit und Bequemlichkeit eingebauten automatischen Systeme sowie natürlich die gesamte Lichtanlage sind ohne elektrische Energie arbeitsunfähig.
Viele Störungen und Funktionsprüfungen gerade in diesem Bereich gehören, ähnlich wie bei anderen Baugruppen, in die Fachwerkstatt. Denn zum genauen Erkennen und Beseitigen der Mängel muss häufig das auch in anderen Kapiteln schon mehrfach erwähnte Fahrzeugdiagnosegerät angeschlossen und der Fehlerspeicher abgefragt werden.
Der Diagnoseanschluss im Fahrzeug (Steckkontakt für das Werkstattsystem) befindet sich, wie inzwischen international festgelegt, im Fußraum Fahrerseite an der A-Säule. Nun sind die meisten Innovationen im Kraftfahrzeug heute zwar von immer komplizierterer Elektronik geprägt, Reparaturen an der elektrischen Anlage sind aber durchaus nicht in jedem Fall von ihr verursacht. Oft sitzt nur ein Kabel lose, sind Sicherungen durchgebrannt oder Kontakte korrodiert oder messtechnisch zu ermittelnde Bauteile sind defekt. Nicht wenige Störungen an der Elektrik lassen sich mit einfachen Mitteln beheben. Natürlich muss man sich etwas auskennen und die Grundbegriffe verstehen.

Arbeiten an der Spannungsversorgung

Zu allererst haben wir es im Sprinter 910 noch immer mit elektrischen Bauteilen zu tun, die schon die gesamte Entwicklungsgeschichte des Automobils begleiten: Batterie, Anlasser (Starter) und Lichtmaschine (Drehstromgenerator). Sie sind zusammen für die Arbeitsaufnahme des Motors verantwortlich. Um seine Aufgabe zu erfüllen, ist jedes dieser drei Bauteile auf das andere angewiesen. Wir wenden uns hauptsächlich ihnen zu.

Einbaulage der Relais und Sicherungen
Die Sicherungen für das Bordnetz finden Sie im Beifahrerfußraum unter der Armaturentafel und an der Batterie unterhalb des Fahrerfußraums sowie unter dem Fahrersitz. Die Belegung des Sicherungsträgers ist in Ihrem Bordbuch unter dem Begriff »Sicherung« für Ihren Modelltyp genau beschrieben. Ersetzen Sie niemals eine Sicherung gegen eine stärkere. Das kann erhebliche Schäden auch im Bordnetzsteuergerät verursachen.

Batterie

Batterie an- und abklemmen
Auf das Prüfen (Sichtprüfung, Batterietester) und Laden sowie auf Warnhinweise und allgemeine Sicherheitsregeln bei Arbeiten an der Batterie (Kennzeichnungen auf der Batterie selbst) gehen wir in diesem Ratgeber nur begrenzt ein. Sie sind ausführlich in der Bedienungsanleitung des Fahrzeugs behandelt.

⚠ Um Beschädigungen der Batteriepolklemmen und der Batteriepole zu vermeiden, schreibt der Hersteller vor:

- Die Batteriepolklemmen dürfen nur gewaltfrei von Hand aufgesteckt werden.
- Die Batteriepole dürfen nicht gefettet werden.
- Die Batteriepolklemmen sind so zu montieren, dass der Batteriepol bündig mit der Klemme abschließt oder aus ihr herausragt.
- Nach dem Anziehen der Batteriepolklemmen mit dem vorgeschriebenen Anzugsdrehmoment von 6 Nm dürfen die Verschraubungen nicht nochmals nachgezogen werden.
- Durch das Abschrauben der Batterie-Minuspolklemme (Stromunterbrechung) wird das sichere Arbeiten an der elektrischen Anlage gewährleistet. Das Abschrauben der Batterie-Pluspolklemme ist nur für den Ausbau der Batterie erforderlich. In jedem Fall müssen die Hinweise zum Anklemmen der Batterie beachtet werden.

Abklemmen:

- Zündung und alle elektrischen Verbraucher ausschalten, Zündschlüssel abziehen.

■ Bei Fahrzeugen mit Batteriekasten die Verriegelung an der linken Kastenseite öffnen und den Deckel abnehmen.
■ Bei Fahrzeugen mit Batterieschutzhülle die Abdecklasche der Schutzhülle öffnen.
■ Die Befestigungsmutter Batteriepolklemme Masseleitung lösen und die Minuspolklemme von der Batterie abnehmen.

Falls wie beim Batterieausbau die Pluspolklemme auch abgenommen wird: Immer zuerst die Minusklemme abnehmen!

■ Die Batterie-Masseleitung sollte an der Karosserie nicht gelöst werden.

Anklemmen:
■ Die Batteriepolklemme Masseleitung in der richtigen Stellung auf den Minuspol der Batterie stecken und die Befestigungsmutter mit 6 Nm anziehen. Dabei auf festen Sitz der Batterieklemme achten.

Falls wie beim Batterieausbau die Pluspolklemme auch abgenommen wird: Immer zuerst die Pluspolklemme wieder anklemmen! Erst danach die Masseleitung wie beschrieben anklemmen.

Nach Anklemmen der Batterie und Einschalten der Zündung leuchtet die Kontrollleuchte für ESP und ASR dauerhaft. Die Kontrollleuchte erlischt automatisch, wenn mit 15 bis 20 km/h eine Wegstrecke geradeaus gefahren wird. Dadurch wird der Geber für Lenkwinkel wieder aktiviert.

Arbeitsschritte nach Anklemmen der Batterie:
■ Zündung mit dem Zündschlüssel einschalten und wieder ausschalten.
■ Fehlerspeicher auslesen: »Geführte Fehlersuche« mit dem Fahrzeugdiagnosegerät.
■ Uhrzeiteinstellung prüfen, ggf. nach Bedienungsanleitung neu einstellen.
■ Zündung einschalten und mit Fensterheberschalter alle Fenster bis Endanschlag öffnen und wieder vollständig schließen.
■ Die Taster für die Fensterheber nach oben ziehen und mindestens eine Sekunde lang in dieser Stellung halten.
■ Anschließend bei geschlossenen Fenstern den Fensterheberschalter ziehen, bis das Relais hörbar schaltet.
■ Die Komfortschaltung der Fensterheber prüfen: Das Fenster muss bei betätigter Komfortschaltung ohne Halten des Schalters schließen.

■ Alle elektrischen Verbraucher auf Funktion prüfen.

Batteriepol mit Sensor ausbauen
■ Schalten Sie die Zündung aus.
■ Klemmen Sie den Minuspol der Batterie wie bereits beschrieben ab.
■ Ziehen Sie den Steckkontakt am Batteriesensor (Start/Stopp) ab.
■ Lösen Sie die Klemmschraube.
■ Nehmen Sie den Batteriepol ab.

Die Montage erfolgt sinngemäß in umgekehrter Reihenfolge.
■ Befolgen Sie die Anweisungen zum Anklemmen der Batterie.

Batterie aus- und einbauen
■ Batterie wie beschrieben abklemmen.
■ Befestigungsschraube vorne abbauen.
■ Die Griffe nach oben klappen und die Batterie herausnehmen.

Die Montage erfolgt sinngemäß in umgekehrter Reihenfolge.

Batterie anklemmen:
■ Die Schraubverbindungen mit den geforderten Anzugsdrehmomenten anziehen: Muttern an den Polklemmen 6 Nm, M8-Schraube am Klemmbügel 35 Nm.
■ Batterie nach dem Einbau auf festen Sitz prüfen.

Bei einer lose montierten Batterie bestehen folgende Gefahren: verkürzte Lebensdauer durch Rüttelschäden (Explosionsgefahr!), Schädigung der Gitterplatten, Beschädigung des Batteriegehäuses durch den Befestigungsbügel (möglicher Säureaustritt, hohe Folgekosten) und mangelhafte Crash-Sicherheit.

Anlasser (Starter) aus- und einbauen

Die Starterbatterie befindet sich im Innenraum des Fahrzeugs. Zum Aus- und Einbau des Anlassers muss die Starterbatterie abgeklemmt werden. Wird versehentlich die optional vorhandene Zusatzbatterie im Motorraum abgeklemmt, ist am Anlasser immer noch das volle Pluspotenzial der Starterbatterie vorhanden!

Sichtprüfung Messen

Bild 1
Starter (Anlasser) im Sprinter 910.
1 Schutzkappe
2 Mutter
3 Anschluss Klemme 30
4 Schrauben
5 Anschluss Klemme 50
6 Starter

Aufgrund der höheren Anforderung an den Anlasser bei aktivem Start-Stopp-System, z. B. im Stadtverkehr, wurde die Zyklenfestigkeit erhöht und der Anlasserzahnkranz verstärkt.
Beim Ersatz des Anlassers ist auf die korrekten Ersatzteilbezeichnungen zu achten. Die für das Start-Stopp-System angepassten Bauteile sind nicht extra gekennzeichnet und unterscheiden sich äußerlich nicht oder kaum von herkömmlichen Bauteilen.

Die nachfolgende Arbeitsbeschreibung beschreibt den Aus- und Einbau des Anlassers für Fahrzeuge mit Schaltgetriebe. Der Aufbau bei Fahrzeugen mit dem automatischen Getriebe ist aber technisch gleich.

Nicht alle Fahrzeuge verwenden den gleichen Starter. Für viele Motorentypen werden spezielle Bauweisen verwendet. Wenn Sie sich beim Zubehörhändler einen Anlassermotor besorgen, achten Sie darauf, dass er dem Original entspricht. Weiterhin können Sie Ihren alten Starter in den meisten Fällen als Altteil zurückgeben. Heben Sie sich die Quittung auf, um das Altteilepfand bei der Rückgabe Ihres alten Starters auslösen zu können.

Korrosionskontrolle

Wenn Sie Korrosionsspuren erkennen können, reinigen Sie die Anschlüsse gründlich und wenn erforderlich erneuern Sie die Anschlussklemmen. Ein Übergangswiderstand durch Korrosion bedeutet immer einen Leistungsverlust des Starters und somit auch eine geringere Starterdrehzahl.

De- und Montage des Starters am OM 651 Dieselmotor mit Schaltgetriebe:

■ Die Masseleitung der Batterie abklemmen.
■ Falls vorhanden, die Geräuschdämpfung oder den Unterfahrschutz ausbauen.
■ Das Fahrzeug mit der Hebebühne anheben und Unterbodenverkleidungen ausbauen.

Sichern Sie das Fahrzeug unbedingt auf der Hebebühne mit Spanngurten, um ein Herunterfallen oder Abrutschen zu verhindern.

■ Die Schrauben herausdrehen und das Wärmeschutzblech (soweit verbaut) über dem Starter herausnehmen.
■ Die Schrauben am Zylinderkopf herausschrauben und den Halter des Wärmeschutzbleches herausnehmen.

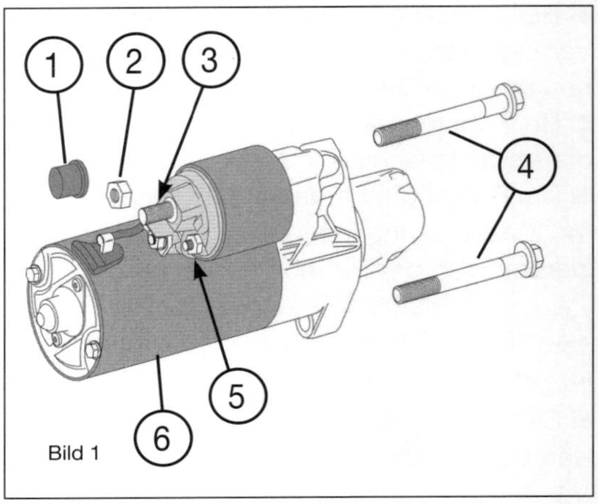

Bild 1

■ Die Schutzkappe (1 im Bild 1) (soweit verbaut) abziehen.
■ Die Mutter (2) abschrauben und elektrische Leitung vom Starter (6) abnehmen.
■ Die Anschlussleitung (5) vom Starter lösen und abnehmen.
■ Drehen Sie Schrauben (4) am Starter zur Getriebeglocke heraus.
■ Den Starter nach unten herausnehmen.

Der Einbau erfolgt sinngemäß in umgekehrter Reihenfolge.
■ Den Zahnkranz auf Verschleiß und Beschädigung prüfen.

De- und Montage des Starters am OM 651 Dieselmotor mit Automatikgetriebe:

Der Starter ist von oben im Getriebegehäuse verbaut.

■ Bauen Sie das Luftfiltergehäuse komplett wie bereits im Kapitel 8 zum Luftfilter beschrieben.
■ Die Masseleitung der Batterie abklemmen.
■ Falls vorhanden, die Geräuschdämpfung oder den Unterfahrschutz ausbauen.
■ Die Mutter (2) abschrauben und elektrische Leitung vom Starter (6) abnehmen.
■ Die Anschlussleitung (5) vom Starter lösen und abnehmen.
■ Drehen Sie Schrauben (4) am Starter zur Getriebeglocke heraus.
■ Den Starter nach oben herausnehmen.

De- und Montage des Starters am OM 654 Dieselmotor:

■ Die Masseleitung der Batterie abklemmen.
■ Falls vorhanden, die Geräuschdämpfung oder den Unterfahrschutz ausbauen.

■ Fahrzeug anheben und verzurren.

⚠ Wird das Fahrzeug nicht verzurrt, besteht die Gefahr, dass das Fahrzeug von der Hebebühne abrutschen kann!

■ Die Unterbodenverkleidung rechts (soweit verbaut) ausbauen.

■ Die Schrauben herausdrehen und das Wärmeschutzblech (soweit verbaut) über dem Starter herausnehmen.

■ Die Schrauben am Motor herausschrauben und den Halter des Wärmeschutzbleches herausnehmen.

■ Die elektrische Steckverbindung der Klemme 50 (2) entsichern und abziehen.

■ Die Schutzkappe (1 im Bild 1) (soweit verbaut) abziehen.

■ Die Mutter (2) abschrauben und elektrische Leitung vom Starter (6) abnehmen.

■ Die Befestigungsschrauben (4) am Anlasser herausschrauben.

■ Den Starter nach Bedarf ein Stück verdrehen und nach unten herausnehmen.

Der weitere Einbau erfolgt sinngemäß in umgekehrter Reihenfolge.

■ Zahnkranz auf Verschleiß und Beschädigung prüfen.

■ Prüfen Sie die Funktion des Starters.

Generator (Lichtmaschine) aus- und einbauen

☞ Beim Einbau bereits gelaufener Keilrippenriemen beachten Sie die beim Ausbau gekennzeichnete Laufrichtung!

■ Achten Sie vor dem Einbau des Keilrippenriemens darauf, dass alle Aggregate (Generator, Klimakompressor) fest montiert sind.

■ Beim Auflegen des Riemens auf korrekten Sitz des Keilrippenriemens in den Riemenscheiben achten!

De- und Montage des Generators am OM 651 Dieselmotor

■ Zündung und alle elektrischen Verbraucher ausschalten und den Zündschlüssel abziehen.

■ Die Masseanschlussleitung der Batterie abklemmen.

■ Den Keilrippenriemen wie im Kapitel 4 beschrieben entspannen und von der Riemenscheibe des Generators abnehmen.

■ Die Schraube oben am Generatorhalter herausschrauben.

■ Fahrzeug anheben und verzurren.

⚠ Wird das Fahrzeug nicht verzurrt, besteht die Gefahr, dass das Fahrzeug von der Hebebühne abrutschen kann!

■ Die Schrauben herausschrauben und den Halter am Generator abnehmen.

■ Den Träger des 2. Kältemittelverdichters (soweit verbaut) abbauen.

■ Den Ladeluftschlauch am Abgasturbolader abbauen und die Anschlüsse am Ladeluftschlauch und am Abgasturbolader mit Schutzhauben verschließen.

■ Die Steckverbindung (1 im Bild 2) am Generator entsichern und abziehen.

■ Die Schutzkappe (soweit verbaut) abziehen, die Mutter (4) abschrauben und elektrische Leitung (Dauerplus) vom Generator abnehmen.

■ Die Schraube am Zylinderkopf des Halters vom Turboladers am Generator herausdrehen.

■ Die obere Schrauben (3 im Bild 2) herausschrauben, den Halter an der Halteklammer des Wärmeschutzbleches ausclipsen und herausnehmen.

■ Die untere Schrauben (3) herausdrehen und den Generator (2) nach unten herausnehmen.

Der Einbau erfolgt sinngemäß in umgekehrter Reihenfolge.

👁 Die Lauffläche und Freilauf der Riemenscheibe auf Beschädigung prüfen.

■ Schraubverbindungen mit angegebenen Anzugsdrehmomenten anziehen.

■ Die Batterie wieder anklemmen.

■ Den Motor starten und den Riemenlauf kontrollieren.

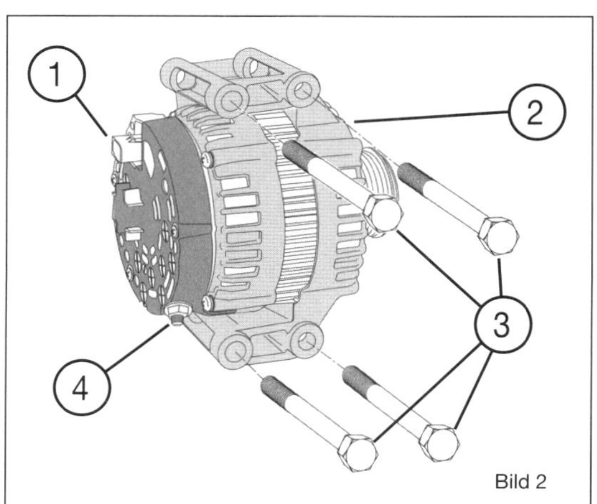

Bild 2
Generator beim OM 651.
1 Steckverbindung
2 Generator
3 Schrauben
4 KL30 Dauerplusanschluss

Sichtprüfung Messen

Bild 3
Generator beim OM 654.
1 Schrauben
2 Anschluss KL30 (Dauerplus)
3 Generator
4 Bewegliche Buchsen
5 Steckkontakt

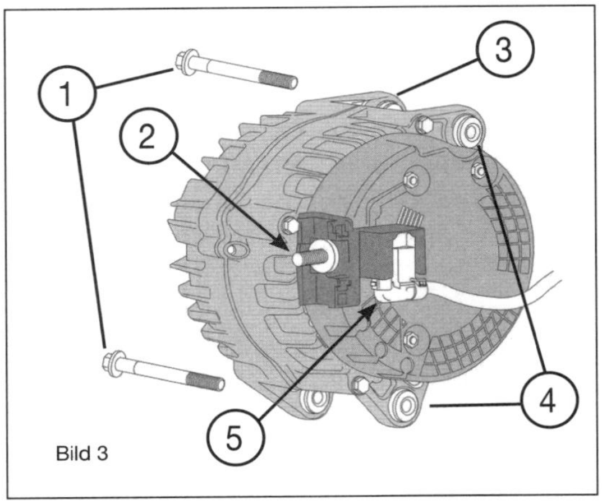

Bild 3

■ Motor abstellen und den Fehlerspeicher abfragen.

De- und Montage des Generators am OM 654 Dieselmotor

Die Montagearbeiten können je nach Ausstattung geringfügig abweichen.

■ Die Zündung und alle elektrischen Verbraucher ausschalten und den Zündschlüssel abziehen.

■ Das Fahrzeug mit der Hebebühne anheben und Unterbodenverkleidungen ausbauen.

⚠ Sichern Sie das Fahrzeug unbedingt auf der Hebebühne mit Spanngurten, um ein Herunterfallen oder Abrutschen zu verhindern.

■ Die Masseleitung an der Batterie abklemmen.

■ Demontieren Sie soweit verbaut die Motorabdeckungen oben.

■ Den Keilrippenriemen wie im Kapitel 4 bereits beschrieben demontieren.

■ Die Umlenkrolle des Keilrippenriemens wie bereits im Kapitel 4 beschrieben ausbauen.

■ Das Mischgehäuse nach der Drosselklappe ausbauen.

■ Clipsen Sie den Kühlschlauch aus dem Halter am Generator heraus.

■ Die Abdeckkappe abziehen und Mutter Klemme B+ (2 im Bild 3) am Generator abbauen.

■ Die elektrische Leitung B+ (Dauerplus) vom Generator abnehmen und zur Seite legen.

■ Die Schrauben (1) des Generators am Aggregateträger/Ölfilter herausdrehen.

■ Den Generator (3) lösen.

■ Den Generator (3) nach vorn ziehen, bis die elektrische Steckverbindung (5) zugängig ist.

■ Die elektrische Steckverbindung (5) entriegeln und abziehen.

■ Den Generator (3) herausnehmen.

Der Einbau erfolgt sinngemäß in umgekehrter Reihenfolge.

(Sichtprüfung) Lauffläche und Freilauf der Riemenscheibe auf Beschädigung prüfen.

■ Schraubverbindungen mit den angegebenen Anzugsdrehmomenten anziehen.

■ Die Batterie wieder anklemmen.

■ Den Motor starten und den Riemenlauf kontrollieren.

■ Motor abstellen.

Freilaufriemenscheibe für Generator aus- und einbauen (Bild 5)

■ Den Keilrippenriemen wie im Kapitel 4 bereits beschrieben demontieren.

■ Den Generator wie bereits beschrieben ausbauen.

■ Die Abdeckkappe des Freilaufs abbauen.

■ Riemenscheibe (1) mit einem Gabelschlüssel (2) lösen. Die Generatorwelle mit Ratsche (3) und Vielzahn (4) gegenhalten.

Bild 4
Generatorfreilauf als Schnittmodell.
1 Riemenscheibe (Außenrotor)
2 Sperrlager (drehrichtungsgebunden)
3 Freilaufnabe

Bild 4

Bild 5
Ausbau des Generatorfreilaufs.
1 Riemenscheibe
2 Schlüssel
3 Ratsche
4 Passender Vielzahn für die Generatorwelle
5 Einsatz für die Freilaufnabe
6 Freilaufnabe

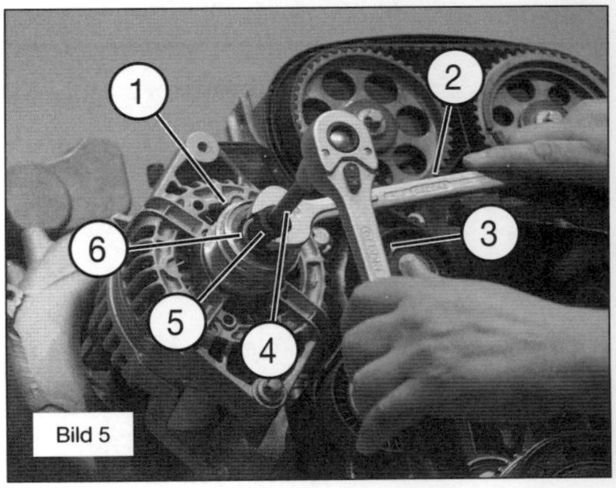

Bild 5

Der Einbau erfolgt sinngemäß in umgekehrter Reihenfolge.
■ Lauffläche und Freilauf der Riemenscheibe auf Beschädigung prüfen.
■ Den Motor starten und den Riemenlauf kontrollieren.
■ Den Fehlerspeicher abfragen.

Scheinwerfer vorne ausbauen

Die folgende Beschreibung kann auf beide Scheinwerfer angewendet werden. Der Aufbau der Halterungen ist symmetrisch.
Auch die Demontage der unterschiedlichen Scheinwerfertypen unterscheidet sich nicht wesentlich.

Wird ein LED-Scheinwerfer ersetzt, muss dieser über ein geeignetes Diagnosesystem codiert und in Betrieb genommen werden.

■ Schalten Sie die Zündung und alle elektrischen Verbraucher aus.
■ Ziehen Sie den Zündschlüssel ab und legen Sie ihn außerhalb der Reichweite (über 2 m) entfernt ab.
■ Die elektrische Steckverbindung am Scheinwerfer vom Motorraum aus entsichern und abziehen.

Demontage des linken Scheinwerfers:
■ Den Motorhaubenzug von dem Scheinwerfer ausclipsen.

Weiter für beide Scheinwerfer:

Wenn ein Scheinwerfer ausgebaut werden soll, den vorderen Stoßfänger im Bereich des Scheinwerfers lösen.

Sollen beide Scheinwerfer demontiert werden, ist es sinnvoller, den vorderen Stoßfänger zu demontieren.

■ Markieren Sie die Einbauposition des Scheinwerfers mit Farbstrichen an der Kühlerbrücke (Quertraverse oben).
■ Die Schrauben (2 im Bild 6) oben und unten (4) herausschrauben und den Scheinwerfer herausnehmen.

Der Einbau erfolgt sinngemäß in umgekehrter Reihenfolge.
■ Prüfen Sie die Ausrichtung des demontierten Scheinwerfers in der Karosserie.
■ Prüfen Sie die Einstellung und die Funktionen des Scheinwerfers.

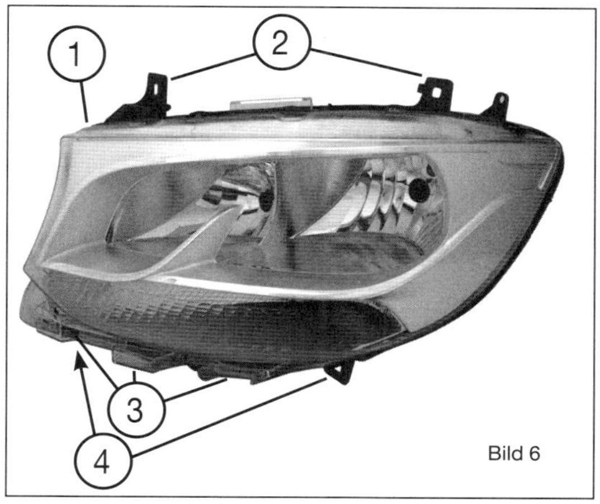

Bild 6
Scheinwerfer vorne.
1 Scheinwerfer (links)
2 Halter oben
3 Führungen Stoßfänger
4 Halter unten

■ Fragen Sie den Fehlerspeicher ab und prüfen Sie die Scheinwerfercodierung.

Leuchtmittel im Scheinwerfer wechseln

Leuchtmittel im Halogen-Scheinwerfer

Im Sprinter 910 wurden unterschiedliche Scheinwerfersysteme verbaut. In der folgenden Tabelle listen wir Ihnen die verbauten Leuchtmittel für den Halogenscheinwerfer auf.

Funktion	Leuchtmittel
Fernlicht/Tagfahrlicht	H15 55W/15 W
Abblendlicht	H7 55 W
Positionslicht	W5W
Blinklicht	PY21W

Standlichtlampe (Positionslicht W5W)

■ Die Beleuchtungsanlage ausschalten.
■ Die Abdeckung (2) nach hinten abziehen.
■ Die Fassung der Standlichtlampe nach hinten herausziehen.
■ Das Leuchtmittel gerade aus der Fassung ziehen.
■ Das neue Leuchtmittel in die Fassung einsetzen, sodass der Lampensockel vollständig auf dem Boden der Fassung aufliegt.

Beim Einbau einer Lampe nicht den Glaskolben berühren. Die Finger hinterlassen Fettspuren auf dem Glaskolben, die beim Einschalten der Lampe verdampfen und den Glaskolben trüben.

■ Die Fassung gerade in den Scheinwerfer einstecken.
■ Die Abdeckung (2) wieder aufstecken.

Bild 7
Halogen-Scheinwerfer vorne (Rückansicht).
1 Einstellschraube Abblendung
2 Abdeckung zum Abblend- und Positionslicht
3 Einstellschraube Leuchtrichtung (links/rechts)
4 Fassung Blinklicht
5 Steckkontakt Scheinwerfer
6 Abdeckung zum Fern- und Tagfahrlicht

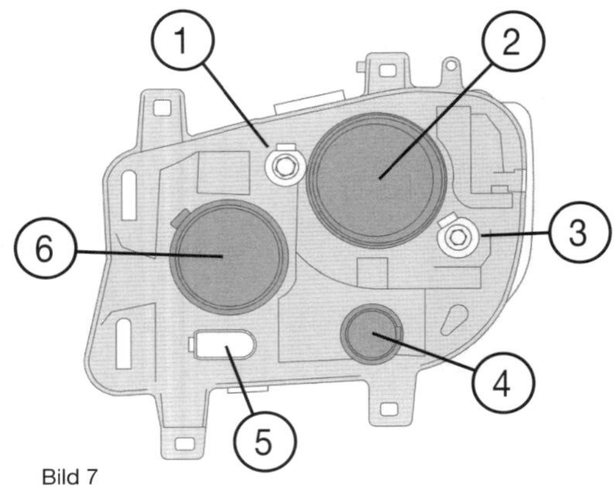

Bild 7

■ Prüfen Sie die Funktion der Lampe nach der Montage.
■ Kontrollieren Sie den Sitz des Gummischutzes auf dem Scheinwerfergehäuse.

Glühlampe für Abblendlicht (H7 55W)
■ Die Beleuchtungsanlage ausschalten.
■ Die Abdeckung (2) nach hinten abziehen.
■ Die Fassung der Standlichtlampe nach hinten herausziehen.
■ Das Leuchtmittel gerade aus der Fassung ziehen.
■ Das neue Leuchtmittel in die Fassung einsetzen, sodass der Lampensockel vollständig auf dem Boden der Fassung aufliegt.
⚠ Beim Einbau einer Lampe nicht den Glaskolben berühren. Die Finger hinterlassen Fettspuren auf dem Glaskolben, die beim Einschalten der Lampe verdampfen und den Glaskolben trüben.
■ Die Fassung gerade in den Scheinwerfer einstecken.
■ Die Abdeckung (2) wieder aufstecken.
■ Prüfen Sie die Funktion der Lampe nach der Montage.
■ Kontrollieren Sie den Sitz des Gummischutzes auf dem Scheinwerfergehäuse.

Glühlampe für Fern- und Abblendlicht (H15 55/15W)
■ Die Beleuchtungsanlage ausschalten.
■ Die Abdeckung (6) nach hinten abziehen.
■ Die Fassung nach links drehen und aus dem Scheinwerfer herausziehen.
■ Das Leuchtmittel gerade aus der Fassung herausziehen.
■ Das neue Leuchtmittel in die Fassung einsetzen, sodass der Lampensockel vollständig auf dem Boden der Fassung aufliegt.
⚠ Beim Einbau einer Lampe nicht den Glaskolben berühren. Die Finger hinterlassen Fettspuren auf dem Glaskolben, die beim Einschalten der Lampe verdampfen und den Glaskolben trüben.
■ Die Fassung wieder einsetzen und nach rechts drehen.
■ Die Abdeckung (6) wieder aufstecken.
■ Prüfen Sie die Funktion der Lampe nach der Montage.
■ Kontrollieren Sie den Sitz des Gummischutzes auf dem Scheinwerfergehäuse.

Glühlampe für Blinklicht im Scheinwerfer (PY21W)
■ Die Beleuchtungsanlage ausschalten.
■ Die Fassung (3) nach links drehen und abnehmen.
■ Das Leuchtmittel mit leichtem Druck nach links drehen und aus der Fassung ziehen.
■ Das neue Leuchtmittel in die Fassung einsetzen und nach rechts drehen.
■ Die Fassung (3) einsetzen und nach rechts drehen.

Zusatzblinkleuchten

Lampe für Zusatzblinkleuchte auf dem Kotflügel (H15 55/15W)
■ Zündung und alle elektrischen Verbraucher ausschalten und den Zündschlüssel abziehen.
■ Befestigungsschrauben (5 im Bild 8) herausschrauben und Kappe abnehmen.
■ Elektrische Steckverbindungen (2 im Bild 8) an der Lampenfassung abziehen.
■ Die Seitenblinkleuchte abnehmen.

Bild 8
Seitenblinkleuchte am Kotflügel (Allrad), Ansicht von hinten.
1 Dichtung
2 Steckkontakte
3 Glas Blinkleuchte (Kappe)
4 Glühlampe
5 Schrauben

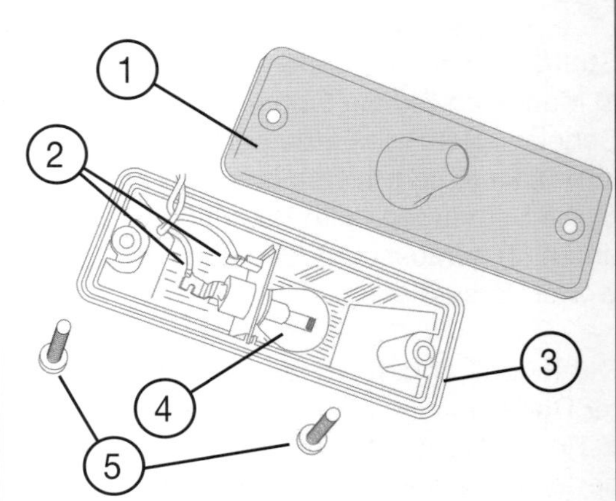

Bild 8

■ Die Glühlampe (4) ca. 45° nach links in der Fassung drehen und aus dem Gehäuse herausziehen.

⚠ Beim Einbau einer Lampe nicht den Glaskolben berühren. Die Finger hinterlassen Fettspuren auf dem Glaskolben, die beim Einschalten der Lampe verdampfen und den Glaskolben trüben.

Der Einbau erfolgt sinngemäß in umgekehrter Reihenfolge.
■ Auf einen einwandfreien Sitz der Gummidichtung (1) der Seitenblinkleuchte zum Kotflügel achten.
■ Die Funktionen der Seitenblinkleuchte prüfen.

Seitenblinkleuchte im Spiegel (12V, 21W)
■ Zündung und alle elektrischen Verbraucher ausschalten und den Zündschlüssel abziehen.
■ Die Spiegelgläser des betroffenen Außenspiegels ausbauen.
■ Die drei Verriegelungen in der Spiegelverkleidung (1 im Bild 9) herausziehen und abnehmen.
■ Den Spiegelrahmen von der Verkleidung Außenspiegel (1) ausclipsen und abnehmen.
■ Die Blinkleuchte (2) nach hinten herausschieben.
■ Die Verkleidung (1) etwas nach außen drücken (Pfeile) und Blinkleuchte (2) aus der Verkleidung (1) herausnehmen.
■ Die Fassung (3) entgegen dem Uhrzeigersinn verdrehen und von der Blinkleuchte (2) abnehmen.

⚠ Beim Einbau einer Lampe nicht den Glaskolben berühren. Die Finger hinterlassen Fettspuren auf dem Glaskolben, die beim Einschalten der Lampe verdampfen und den Glaskolben trüben.

Der Einbau erfolgt sinngemäß in umgekehrter Reihenfolge.
■ Die Funktionen der Seitenblinkleuchte prüfen.
■ Auf eine einwandfreie Verrastung der Spiegelgläser achten.

Lampe für hochgesetzte Zusatzblinkleuchte aus- und einbauen (12V, 21W)
Da die hochgesetzten Zusatzblinkleuchten oben auf dem Dach angebaut sind, muss je nach Fahrzeugausführung eine Leiter be-

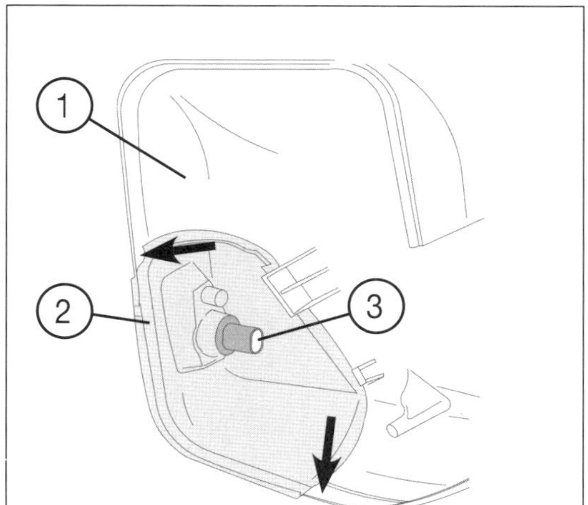

Bild 9

Bild 9
Seitenblinkleuchte im Spiegel.
1 Spiegelverkleidung
2 Blinkleuchte im Spiegel
3 Glühlampe mit Fassung

nutzt werden, um die Leuchten zu erreichen.
■ Zündung und alle elektrischen Verbraucher ausschalten und den Zündschlüssel abziehen.
■ Befestigungsschrauben (2 im Bild 10) aus der hochgesetzten Blinkleuchte herausschrauben und Abdeckkappe (1) abnehmen.
■ Lampe für hochgesetzte Zusatzblinkleuchte (3 im Bild 10) aus der Fassung (4) herausdrehen.

Der Einbau erfolgt sinngemäß in umgekehrter Reihenfolge.
■ Auf einen einwandfreien Sitz der Gummidichtung der Zusatzblinkleuchte zum Kotflügel achten.
■ Die Funktionen der Zusatzblinkleuchte prüfen.

Nebelscheinwerfer vorne

Nebelscheinwerfer aus- und einbauen
■ Zündung und alle elektrischen Verbraucher ausschalten und den Zündschlüssel abziehen.
■ Abdeckung mit einem geeigneten Schraubendreher oder Hebelwerkzeug aus der Stoßfängerabdeckung ausclipsen (Pfeile im Bild 11).
■ Befestigungsschraube (3) herausschrauben.
■ Den Nebelscheinwerfer aus dem Stoßfänger ausknipsen.
■ Das Nebelscheinwerfergehäuse, unter Berücksichtigung der angeschlossenen Leitungslängen, aus dem Stoßfänger herausziehen.

Sichtprüfung Messen

Bild 10
Hochgesetzte Blinkleuchte.
1 Abdeckkappe
2 Schrauben
3 Glühlampe
4 Fassung mit Dichtung und Halter

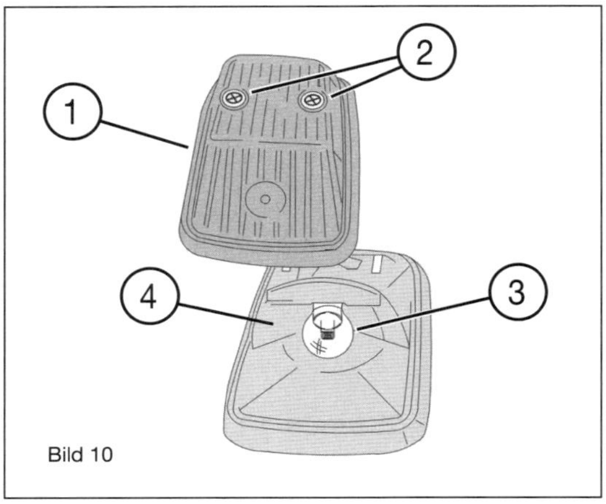

Bild 10

Bild 11
Nebelscheinwerfer im Stoßfänger.
1 Stoßfänger
2 Bohrung zur Einstellschraube
3 Halterungsschraube Scheinwerfer (verdeckt)
4 Drehrichtung
5 Steckkontakt
6 Nebelscheinwerfer von hinten
7 Abdeckung Nebelscheinwerfer

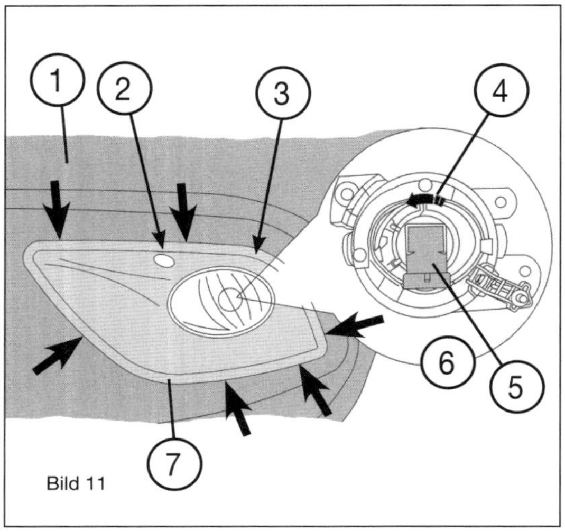

Bild 11

■ Die elektrische Steckverbindung (5) in der Fassung entriegeln und trennen.

Der Einbau erfolgt sinngemäß in umgekehrter Reihenfolge.
■ Funktionen der Nebelscheinwerfer prüfen.
■ Nebelscheinwerfereinstellung prüfen und wenn erforderlich einstellen.

Glühlampe für Nebelscheinwerfer aus- und einbauen (12V, 51W)
■ Zündung und alle elektrischen Verbraucher ausschalten und den Zündschlüssel abziehen.
■ Den Nebelscheinwerfer (6 im Bild 11) wie beschrieben ausbauen.
■ Die Lampenfassung mit der Glühlampe für Nebelscheinwerfer in Pfeilrichtung (4) drehen und aus dem Nebelscheinwerfergehäuse herausnehmen.

☞ Die Lampe für Nebelscheinwerfer ist mit der Lampenfassung fest verbunden und nicht einzeln zu ersetzen.

Der Einbau erfolgt sinngemäß in umgekehrter Reihenfolge.
■ Nebelscheinwerfer einbauen.
■ Funktionen der Nebelscheinwerfer prüfen.
■ Nebelscheinwerfereinstellung prüfen und wenn erforderlich einstellen.

Scheinwerfer einstellen

Voraussetzungen
■ Der Reifendruck muss in Ordnung sein.

Die Scheinwerferscheiben dürfen weder beschädigt noch verschmutzt sein.

■ Reflektoren und Glühlampen sind intakt.
■ Die Fahrzeugbelastung muss hergestellt sein.

☞ Das Fahrzeug muss einige Meter gerollt bzw. vorn und hinten mehrmals durchgefedert werden, damit sich die Federn setzen.

☞ Das Fahrzeug und Scheinwerfer-Einstellgerät müssen auf einer ebenen Fläche stehen, eingestellt und ausgerichtet sein.

■ Scheinwerferhöhenverstellung prüfen, indem die maximale Stufe eingestellt und dabei das Licht der Scheinwerfer beobachtet wird.
■ Anschließend das Rändelrad für die Leuchtweitenregelung, falls vorhanden, in Position »0« stellen.

Einstellung Scheinwerfer (Abblendlicht)

☞ Das Fahrzeug muss sich im fahrbereiten Zustand befinden (Leermasse, Kraftstoffbehälter voll oder entsprechendes Zusatzgewicht).

■ Die Vorderräder müssen in Geradeausstellung stehen.

Bild 12
Scheinwerfer einstellen.
1 Einstellschraube von oben
2 Einstellschraube Abblendung
3 Einstellschraube Leuchtrichtung (links/rechts)

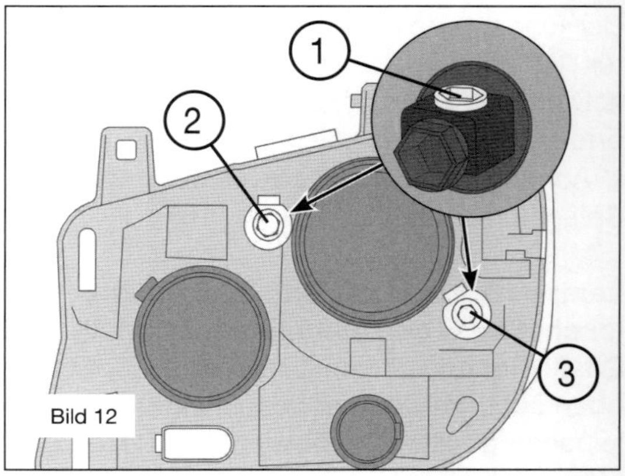

Bild 12

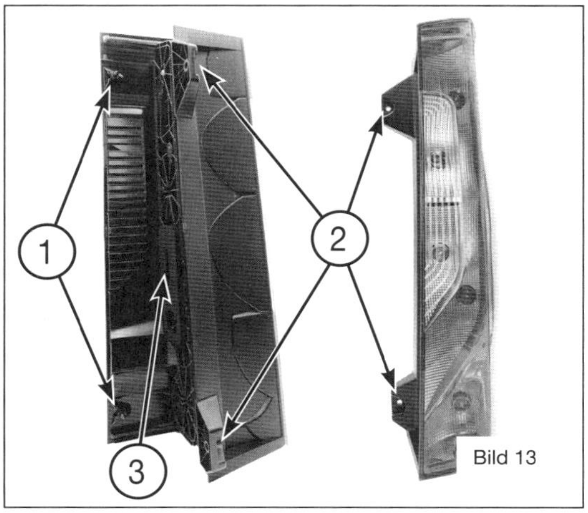

Bild 13

Bild 13
Befestigung der Rückleuchte.
1 Halteclips
2 Schraube Rückleuchte
3 Elektrischer Anschluss

■ Reifendruck prüfen und richtigstellen.
■ Fahrersitz mit 75 kg oder einer Person belasten und Leuchtweitenregulierung auf »0« stellen (manuelle Einstellung innen).
■ Motorhaube öffnen.
■ Scheinwerfer-Einstellgerät zum Fahrzeug ausrichten und Höheneinstellung nach Mitte der Scheinwerfer vornehmen.
■ Fernlicht und Abblendlicht einschalten, dann die Lichteinstellung der beiden Leuchten prüfen und soweit erforderlich die Einstellung (2 und 3 im Bild 12) korrigieren.

Einstellung Nebelscheinwerfer

Der Zugang zu der Einstellschraube ist über eine Bohrung (2 im Bild 11) in der Radhausverkleidung/Spoiler möglich. Für die Verstellung ist meistens ein 5-mm-Innensechskantschlüssel erforderlich.

Das Neigungsmaß für Nebelscheinwerfer beträgt 2,0 %.

■ Drehen Sie zum Verstellen der Leuchtweite die Einstellschraube (1).
■ Eine Seitenverstellung ist nicht vorgesehen.

Heckleuchten

Glühlampen der Heckleuchten (Kombi und Kasten)

Es sind unterschiedliche Rückleuchten lieferbar. Bei den Teil-LED-Rückleuchten sind lediglich Bremslicht und die Schlussleuchten (Positionsleuchten) als LED ausgelegt.

Die anderen Leuchtfunktionen werden mit Glühlampen umgesetzt. Die Montagearbeiten unterscheiden sich für die unterschiedlichen Bautypen nicht wesentlich.

Funktion	Leuchtmittel
Bremslicht/Schlusslicht/ Positionslicht	P 21 W
Blinklicht	PY 21 W
Rückfahrlicht	P 21 W
Nebelschlusslicht	P 21 W

Glühlampen der Heckleuchten (Pritsche und Aufbauten)

Funktion	Leuchtmittel
Umrissleuchte	R 5 W
Schlusslicht	R 5 W
Bremslicht	P 21 W
Blinklicht	PY 21 W
Rückfahrlicht	P 21 W
Nebelschlusslicht (nur auf der Fahrerseite)	P 21 W
Kennzeichenbeleuchtung	R 5 W

Rückleuchte ausbauen (Kombi und Kasten)

■ Zündung und alle elektrischen Verbraucher ausschalten.
■ Den Zündschlüssel abziehen und den Senderschlüssel außerhalb der Senderreichweite (mindestens 2 m) aufbewahren.
■ Die entsprechende Hecktür öffnen.
■ Die Schrauben der Rückleuchte (2 im Bild 13) herausdrehen.
■ Die Leuchteinheit an den Halteclips (1) zur Seite hin ausclipsen und abnehmen, bis die elektrische Steckverbindung (3) zugängig ist.
■ Die elektrische Steckverbindung (3) entsichern und abziehen.
■ Die Leuchteinheit abnehmen.

Glühlampen der Heckleuchten ausbauen (Kombi und Kasten)

Es sind unterschiedliche Rückleuchten lieferbar. Die Montagearbeiten unterscheiden sich für die unterschiedlichen Bautypen nicht wesentlich.

■ Bauen Sie die entsprechende Rückleuchte aus.
■ Drehen Sie die Schrauben (2 im Bild 13) heraus.
■ Nehmen Sie den Lampenträger (1 im Bild 14) ab.
■ Die entsprechende Glühlampe leicht hineindrücken und etwa 45° nach links drehen.
■ Die entsprechende Glühlampe aus der Fassung ziehen.

Sichtprüfung Messen

Bild 14
Einbauposition der Glühlampen in der Heckleuchte.
1 Lampenträger beim Standard-Rücklicht
2 Schrauben
3 Elektrischer Anschluss
4 Bremslicht/Schlusslicht
5 Blinklicht
6 Rückfahrlicht
7 Rückfahrlicht

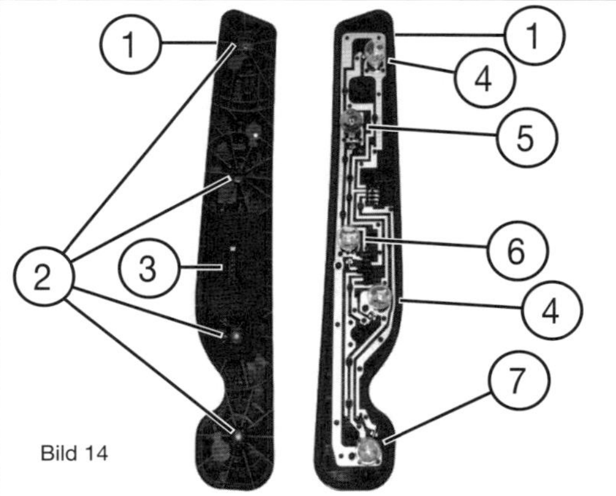

Bild 14

Bild 15
Rückleuchte bei Fahrzeugen mit Pritsche und Aufbauten.
1 Lampengehäuse
2 Reflektoreinsatz
3 Begrenzungsleuchte
4 Bremslicht
5 Blinklicht
6 Rückfahrlicht
7 Schrauben
8 Streuscheibe
9 Nebelschlusslicht
10 Kennzeichenleuchte
11 Schlusslicht

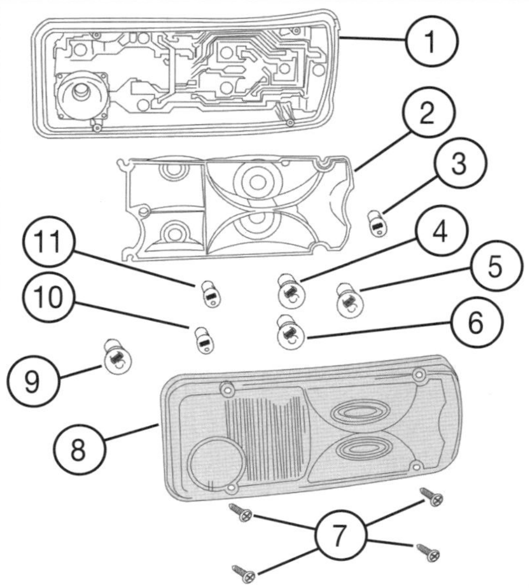

Bild 15

⚠ Beim Einbau einer Lampe nicht den Glaskolben berühren. Die Finger hinterlassen Fettspuren auf dem Glaskolben, die beim Einschalten der Lampe verdampfen und den Glaskolben trüben.

Die Montage erfolgt sinngemäß in umgekehrter Reihenfolge.
■ Prüfen Sie die Funktion der Lampe nach der Montage.

Rückleuchte ausbauen (Pritsche)
■ Zündung und alle elektrischen Verbraucher ausschalten.
■ Den Zündschlüssel abziehen und den Senderschlüssel außerhalb der Senderreichweite (mindestens 2 m) aufbewahren.
■ Den Schraubverschluss der elektrischen Steckverbindung auf der Rückseite der Rückleuchte gegen den Uhrzeigersinn drehen, die elektrische Steckverbindung wird dabei getrennt.
■ Die beiden Befestigungsmuttern auf der Rückseite der Lampe abschrauben.
■ Die Schlussleuchte abnehmen.

Der Einbau erfolgt sinngemäß in umgekehrter Reihenfolge.
■ Prüfen Sie die Funktionen der Lampe nach der Montage.

Glühlampen der Rückleuchte ausbauen (Pritsche und Aufbauten)
■ Zündung und alle elektrischen Verbraucher ausschalten.
■ Den Zündschlüssel abziehen und den Senderschlüssel außerhalb der Senderreichweite (mindestens 2 m) aufbewahren.
■ Die vier Befestigungsschrauben des Rücklichtglases (7 im Bild 15) herausdrehen.
■ Das Rücklichtglas abnehmen.
■ Die entsprechende Glühlampe leicht hineindrücken und etwa 45° nach links drehen.
■ Die entsprechende Glühlampe aus der Fassung ziehen.

⚠ Beim Einbau einer Lampe nicht den Glaskolben berühren. Die Finger hinterlassen Fettspuren auf dem Glaskolben, die beim Einschalten der Lampe verdampfen und den Glaskolben trüben.

Die Montage erfolgt sinngemäß in umgekehrter Reihenfolge.
■ Prüfen Sie die Funktion der Lampe nach der Montage.
■ Achten Sie auf den Sitz der Dichtung.
■ Kontrollieren Sie den Anschlussstecker auf der Rückseite der Lampe.

Kennzeichenleuchte

Lampe Kennzeichenleuchte ausbauen
■ Zündung und alle elektrischen Verbraucher ausschalten und den Zündschlüssel abziehen.
■ Griffleiste in der Rückwandtür ausbauen.
■ Verrastung (3 im Bild 16) mit einem geeigneten Schraubendreher vorsichtig drücken und die Kennzeichenleuchte (5) aus der Griffleiste heraushebeln.
■ Die elektrische Steckverbindung entriegeln und abziehen.

Der Einbau erfolgt sinngemäß in umgekehrter Reihenfolge.
■ Prüfen Sie die Funktion der Lampe nach der Montage.
■ Achten Sie darauf, dass die Leuchte hörbar einrastet.

Lampe für Kennzeichenleuchte aus- und einbauen
■ Zündung und alle elektrischen Verbraucher ausschalten und den Zündschlüssel abziehen.
■ An der Aussparung der Lichtscheibe (6) mit einem Schraubendreher ansetzen und die Lichtscheibe (4) vorsichtig aufhebeln.
■ Das Leuchtmittel aus der Fassung ziehen.
■ Das neue Leuchtmittel in die Fassung einsetzen.

Der Einbau erfolgt sinngemäß in umgekehrter Reihenfolge.
■ Die Lichtscheibe ansetzen und bis zum Einrasten andrücken.
■ Prüfen Sie die Funktion der Lampe nach der Montage.
■ Achten Sie darauf, dass die Leuchte hörbar einrastet.

LED-Kennzeichenleuchte umbauen
Lampenträger und Heckklappengriff sind aus Kunststoff (ABS) gefertigt. Die thermische Belastung und die Verformung kann die Heckklappe und Kennzeichenleuchte beschädigen. Verwenden Sie niemals leistungsstärkere Leuchtmittel. Achten Sie bei der Verwendung von LED-Leuchten auf die abgegebene Wärme.

Achten Sie darauf, LED-Kennzeichenleuchten mit EG-Prüfzeichen zu verbauen. Es muss ein Messwiderstand verbaut werden. Nur so kann das Bordnetzsteuergerät erkennen, dass eine Lampe verbaut ist, und setzt keine Fehlermeldung ab.
■ Bauen Sie, wie bereits beschrieben, die Lampen der Kennzeichenleuchte aus. Die Lampengläser werden meist zusammen mit den (Glüh-) Lampen ersetzt.
■ Kontrollieren Sie den Zustand der Kontakte für die Lampen.

Die Montage erfolgt sinngemäß in umgekehrter Reihenfolge.
■ Setzen Sie die LED-Lampe mit der Streuscheibe ein.

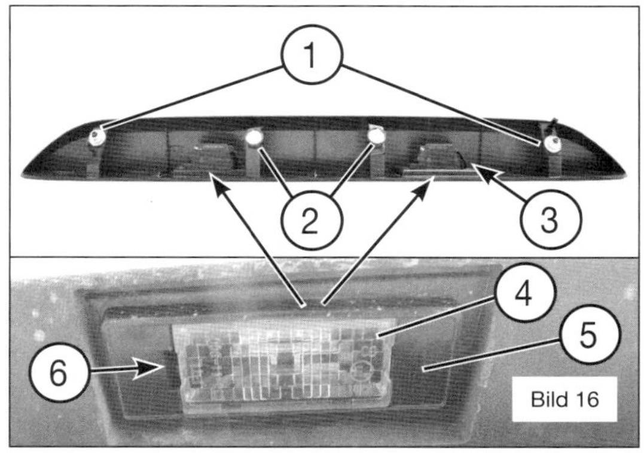

Bild 16
Kennzeichenleuchte Sprinter 910.
1 Befestigungsmuttern
2 Clips
3 Haltenasen (Verrastung)
4 Streuscheibe
5 Kennzeichenleuchte
6 Einstich zum Lösen der Streuscheibe

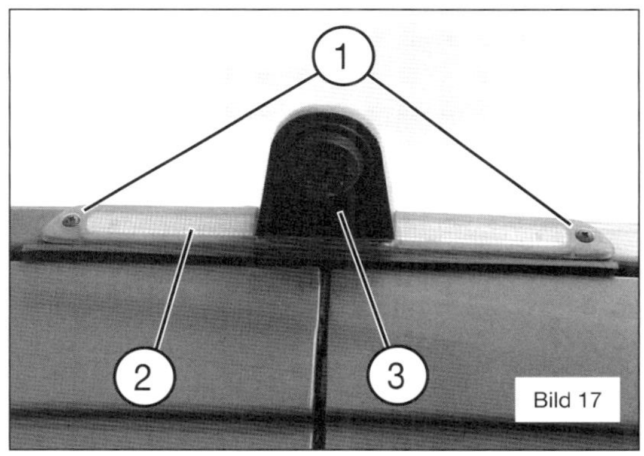

Bild 17
Hochgesetzte Bremsleuchte beim Sprinter.
1 Schrauben
2 Hochgesetzte Bremsleuchte
3 Rückfahrkamera oder auch Dashcam-Kamera (in der Zubehörbremsleuchte integriert)

Bei LED-Lampen mit externem Widerstand muss dieser in der Lampe verstaut werden.
■ Achten Sie darauf, dass die Streuscheibe richtig einrastet.
■ Prüfen Sie die Funktion der Lampe nach der Montage.

3. Bremsleuchte aus- und einbauen

Die hochgesetzte Bremsleuchte ist oberhalb der Heckflügeltüren in die Dachkante eingebaut. Die Beleuchtung der hochgesetzten Bremsleuchte wird von LED´s (Licht emittierende Dioden) erzeugt. Die hochgesetzte Bremsleuchte ist nicht zerlegbar. Im Schadensfall muss die gesamte Bremsleuchte ersetzt werden.
■ Zündung und alle elektrischen Verbraucher ausschalten und den Zündschlüssel abziehen und aus dem Sendebereich entfernen.
■ Die beiden Befestigungsschrauben (1 im Bild 17) herausschrauben.
■ Die hochgesetzte Bremsleuchte herausnehmen.
■ Elektrische Steckverbindung entriegeln und abziehen.

Bild 18
Wischerblattwechsel vorne.
1 Scheibenwischer
2 Kupplung Wischer
3 Wischerarm
A Sicherungsclips
B Bewegungsrichtung zum Abziehen

Bild 19
Wischerblattwechsel hinten.
1 Wischerarm
2 Entriegelungshaken
3 Wischerblatt

Der Einbau erfolgt sinngemäß in umgekehrter Reihenfolge.

■ Funktionen der hochgesetzten Bremsleuchte prüfen.

Scheibenwischer vorne und hinten

Wischerblattwechsel vorne (Bild 18)

Beachten Sie die unterschiedlichen Längen der beiden Wischerblätter. Auf der Fahrerseite wird das lange Wischerblatt und auf der Beifahrerseite das kurze Wischerblatt verbaut.

■ Die Wischerarme müssen in der unteren Endstellung liegen.
■ Schalten Sie die Zündung aus und ziehen Sie den Zündschlüssel ab.
■ Bewahren Sie den Senderschlüssel außerhalb der Senderreichweite (mindestens 2 m) auf.
■ Öffnen Sie die Motorhaube und stellen Sie den entsprechenden Wischerarm auf.

⚠ Den Wischerarm nicht unkontrolliert zurückklappen lassen, ansonsten kann es zu Beschädigungen an der Frontscheibe oder am Wischerblatt kommen.

■ Den Verschluss an den Seiten vorsichtig entriegeln (Pfeile A) und vom Wischerarm (1) abziehen (Pfeil B).
■ Wischerblatt vom Wischerarm abnehmen.
■ Bei Fahrzeugen mit »Magic-Vision-Control« vom Wischerblatt abziehen.

Der Einbau erfolgt sinngemäß in umgekehrter Reihenfolge.

■ Funktionen der Scheibenwischer vorne und deren Endlage prüfen.

Wischerblattwechsel hinten (Bild 19)

■ Die Wischerarme müssen in der unteren Endstellung liegen.
■ Schalten Sie die Zündung aus und ziehen Sie den Zündschlüssel ab.
■ Bewahren Sie den Senderschlüssel außerhalb der Senderreichweite (mindestens 2 m) auf.
■ Den entsprechenden Wischerarm von der Scheibe abklappen.
■ Die Entriegelungshaken zusammendrücken und das Wischerblatt (3) in Pfeilrichtung vom Wischerarm (1) abnehmen.

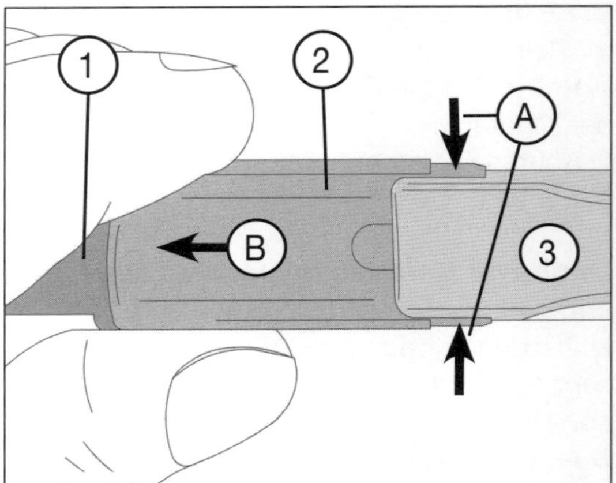

Bild 18

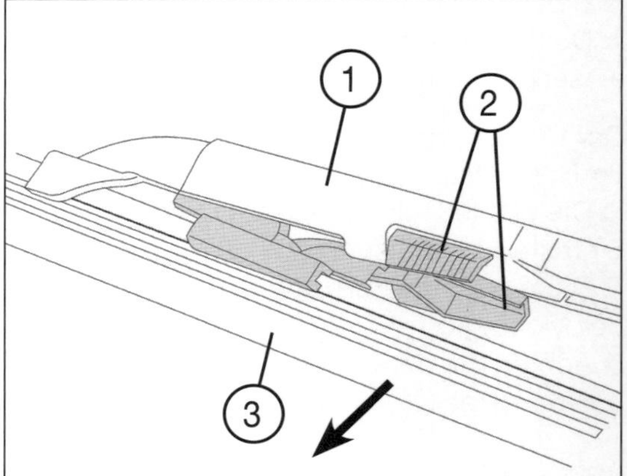

Bild 19

⚠ Den Wischerarm nicht unkontrolliert zurückklappen lassen, ansonsten kann es zu Beschädigungen an der Frontscheibe oder am Wischerblatt kommen.

Der Einbau erfolgt sinngemäß in umgekehrter Reihenfolge.

■ Achten Sie auf korrektes Einrasten der Entriegelungsrasten (2).
■ Funktionen der Scheibenwischer hinten und deren Endlage auf der Heckscheibe prüfen.

Wischerarme vorne (Bild 20)

Bevor die Scheibenwischerarme ausgebaut werden, sicherstellen, dass sich der Scheibenwischermotor in Endstellung befindet. Nur so lässt sich beim Einbau die Endablage der Scheibenwischerarme korrekt einstellen.

■ Zündung und alle elektrischen Verbraucher ausschalten und den Zündschlüssel abziehen.

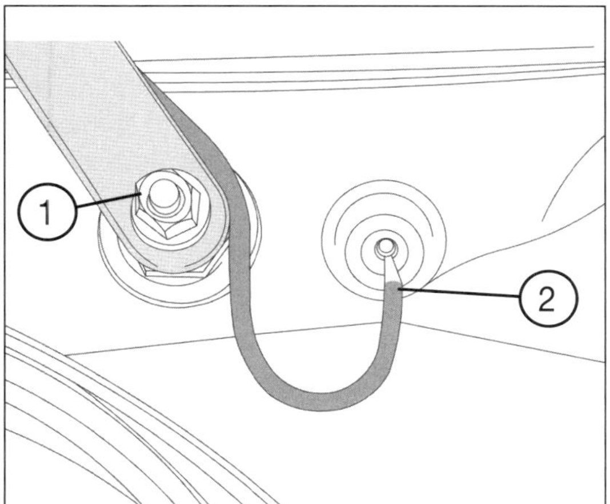

Bild 20

■ Falls vorhanden, Abdeckkappe mit einem Schraubendreher abhebeln.
■ Den Schlauch der Scheibenwaschanlage am Anschlussstück neben der Scheibenwischerarmwelle (2 im Bild 19) abziehen.
■ Sechskantmutter (1) lösen ohne sie ganz abzuschrauben.
■ Scheibenwischerarm hochklappen und durch kippelnde seitliche Bewegungen vom Konus lösen.
■ Befestigungsmutter (1) ganz abschrauben und den Scheibenwischerarm herunternehmen.

Der Einbau erfolgt sinngemäß in umgekehrter Reihenfolge.
■ Die Scheibenwischerarme der Fahrer- und Beifahrerseite in der ungefähren Endablage auf ihre Wellen aufstecken.
■ Die Befestigungsmuttern locker auf die Scheibenwischerarmwellen aufschrauben.
■ Die Scheibenwischerblätter-Endablage wie im Folgenden beschrieben einstellen.
■ Befestigungsmuttern festziehen.
■ Kontrollieren Sie, dass die Wischerblätter nicht über die Frontscheibe hinaus wischen.

Endlage der Wischerarme vorne
■ Der Abstand (a im Bild 21) zwischen Scheibenwischergummi (1) und Scheibenrahmenabdeckung muss (a = 65 mm) und (b = 70 mm) betragen.
■ Gegebenenfalls Endablage durch Versetzen des Scheibenwischerarms einstellen.
■ Die Befestigungsmuttern der Scheibenwischerarme mit 30 Nm festziehen.

Wischerarme hinten (Bild 22)

Tipp: Bevor die Scheibenwischerarme ausgebaut werden sicherstellen, dass sich der Scheibenwischermotor in Endstellung befindet. Nur so lässt sich beim Einbau die Endablage der Scheibenwischerarme korrekt einstellen.
■ Zündung und alle elektrischen Verbraucher ausschalten und den Zündschlüssel abziehen.
■ Abdeckkappe aufklappen.
■ Den Schlauchanschluss (3 im Bild 23) für die Spritzdüse an der Heckscheibenwischerarmwelle abclipsen.
■ Sechskantmutter lösen, ohne sie ganz abzuschrauben.
■ Scheibenwischerarm hochklappen und durch kippelnde seitliche Bewegungen vom Konus lösen.
■ Befestigungsmutter ganz abschrauben und den Scheibenwischerarm herunternehmen.

Bild 20
1 Sechskantmutter
2 Anschlussdurchführung Waschschlauch

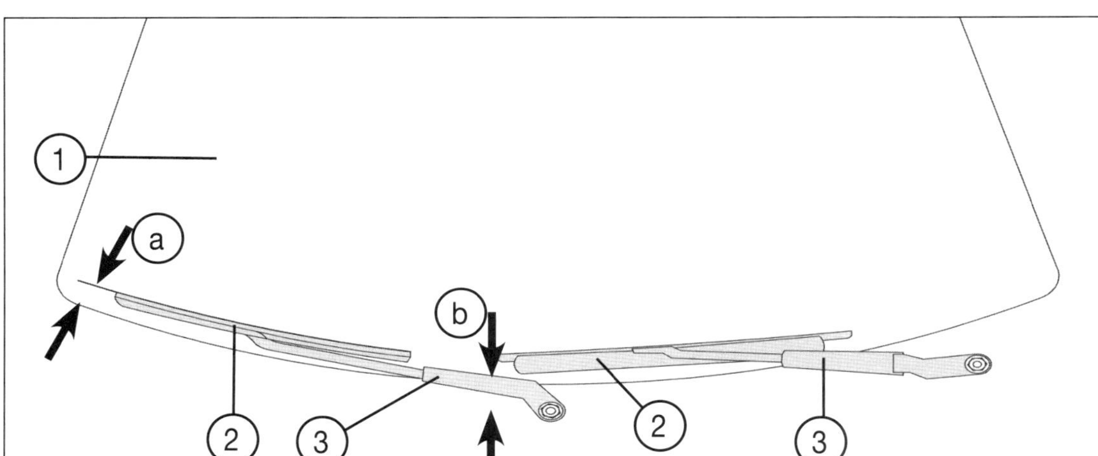

Bild 21

Bild 21
Abstände zur Abdeckung des Scheibenrahmens.
a = 65 mm
b = 70 mm
(teilweise sind Strichmarkierung auf der Scheibe aufgebracht)
1 Frontscheibe
2 Wischerblatt
3 Wischerarm

Sichtprüfung Messen

Der Einbau erfolgt sinngemäß in umgekehrter Reihenfolge.

- Die Scheibenwischerarme in der ungefähren Endablage auf ihre Wellen aufstecken.
- Befestigungsmuttern locker auf die Scheibenwischerarmwelle aufschrauben.
- Scheibenwischerblätter-Endablage, wie im Folgenden beschrieben einstellen.
- Befestigungsmuttern festziehen.

Endlage der Wischerarme hinten

- Den Heckscheibenwischer in seine Endablage laufen lassen.
- Der Abstand zwischen Scheibenwischergummi und Scheibenseitenkante muss 40 mm betragen.
- Gegebenenfalls Heckscheibenwischer-Endablage durch Versetzen des Scheibenwischerarms einstellen.
- Befestigungsmutter des Scheibenwischerarms mit 12 Nm festziehen.

Waschdüsen vorne und hinten

Waschdüsen vorne de- und montieren

Die Waschdüse vorne ist voreingestellt. Eine Veränderung der Einstellung ist nicht vorgesehen. Es können aber kleine Höhenunterschiede ausgeglichen werden.

- Schalten Sie die Zündung aus und ziehen Sie den Zündschlüssel ab.
- Bewahren Sie den Senderschlüssel außerhalb der Senderreichweite (mindestens 2 m) auf.
- Die Spritzdüse mit dem Finger umfassen und die Düse vom Wischerarm abziehen.
- Den Schlauch von der Spritzdüse abziehen.

Der Einbau erfolgt sinngemäß in umgekehrter Reihenfolge.

- Schlauchverbindung aufstecken.
- Spritzdüse auf dem Wischerarm einrasten.
- Spritzbild und Einstellung der Spritzdüsen prüfen.

Waschdüsen hinten de- und montieren

- Schalten Sie die Zündung aus und ziehen Sie den Zündschlüssel ab.

Bewahren Sie den Senderschlüssel außerhalb der Senderreichweite (mindestens 2 m) auf.

- Bauen Sie das Heckscheibenwischerblatt wie zuvor bereits beschrieben aus.
- Mit einem Schraubendreher die Spritzdüse an den Halteclips (4 im Bild 23) am Wischerarm aufclipsen.
- Die Spritzdüse am Heckscheibenwischerarm aufklappen und vom Heckscheibenwischerarm abnehmen.
- Die Schlauchverbindung an der Spritzdüse abziehen.

Der Einbau erfolgt sinngemäß in umgekehrter Reihenfolge.

- Die Spritzdüse für Heckscheibenwaschanlage einstellen.

Waschdüsen hinten einstellen

- Markieren Sie mit einem wasserlöslichen Stift die (im Bild 22 mit A und B) angegebenen Auftreffpunkte auf der Scheibe.
- Spritzdüse mit Nadel-Einstellwerkzeug so einstellen, dass die Wasserstrahlen an den im Bild 22 gezeigten Stellen auf die Heckscheibe spritzen.

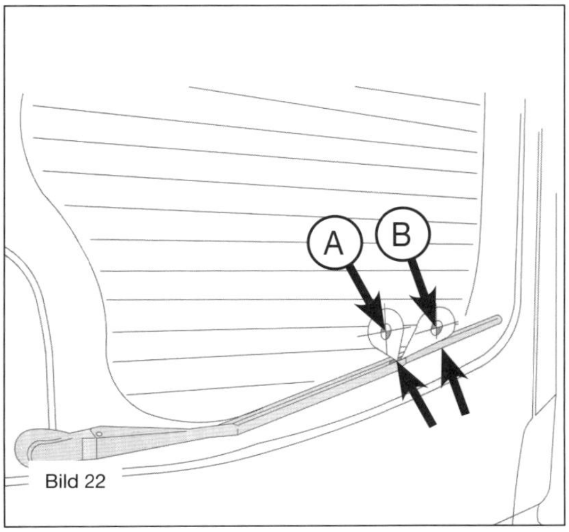

Bild 22
Auftreffpunkte auf der Heckscheibe.
A ca. 20 mm
B ca. 30 mm

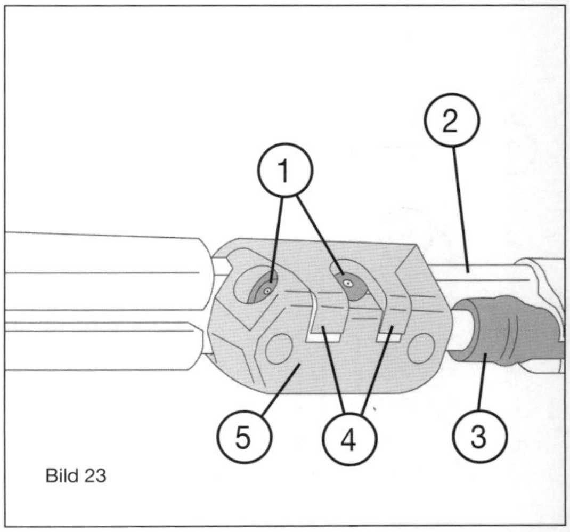

Bild 23
Waschdüse am Wischerarm.
1 Düsen
2 Wischerarm
3 Waschschlauch
4 Halteclip Waschdüse
5 Waschdüse

15 Stromlaufpläne

Sicherungen und Sicherungshalter

Damit Sie die Elektrik Ihres Autos einfach, zuverlässig und sicher nutzen können, gibt es Schaltstellen, Leitungsstränge und Sicherheitsvorkehrungen.

Prüfen Sie vor jeder Fehlersuche immer die verbauten Sicherungen. Überprüfen Sie auch, ob die Sicherungsbelegung bei Ihrem Fahrzeug identisch ist (siehe Fahrerhandbuch). Herstellerbedingt werden zwar bestimmte Belegungen ausgewählt, diese aber müssen nicht unbedingt Ihrer Variante entsprechen. Schließlich werden oft genug Ausstattungsvarianten ergänzt und erweitert. In den meisten Fällen erkennen Sie schon an der verbauten Sicherungsstärke, um welche Anschlussvariante es sich handelt. Einige wenige Sicherungen sind neben dem Sicherungskasten verbaut. Auch diese werden je nach Belegung in der Fahrzeugbedienungsanleitung beschrieben. Vergessen Sie nicht, dass viele »Kleinsicherungen« durchaus im Sicherungskasten zusätzlich abgesichert sein können! Solche Sicherungen werden auch »Vorsicherung« genannt. Die freien Sicherungsplätze und ihre Schaltfunktionen können sehr hilfreich bei der Erweiterung der Ausrüstung Ihres Sprinters sein.

Die E-Box vor der Sitzbox des Fahrersitzes neben der Batterie
Hier sind die Plätze für die Vorsicherungen, die als Streifensicherung ausgelegt sind, untergebracht. Für den Zugang zu den Sicherungsplätzen muss die Abdeckung unter dem linken Vordersitz demontiert werden, sodass der Zugang zum Verschlussdeckel möglich ist. Für den besseren Überblick, Umbaumaßnahmen oder eine Fehlersuche sollte der Fahrersitz ausgebaut werden.

Die E-Box am Bordnetzsteuergerät mit dem Relaisträger
Der Träger für Sicherungshalter und die Sicherungen auf dem Bordnetzsteuergerät SAM ist unter der Armaturentafel verbaut. Der Zugang ist nur für Sicherungen auf dem Bordnetzsteuergerät recht einfach möglich. Die Stecksicherungen sind recht gut vom Innenraum mit wenig Demontageaufwand zugänglich. Hier sind die meisten Endsicherungen der Schaltkreise untergebracht.

Die E-Box in der Sitzbox des Fahrersitzes
Der Sicherungshalter ist an der Seite der linken Sitzkonsole eingebaut. Er beinhaltet kleinere Stecksicherungen und einige Relaissteckplätze. Der Zugang ist nur für Sicherungen recht einfach möglich. Die Stecksicherungen sind recht gut vom Innenraum mit wenig Demontageaufwand zugänglich.

Relaisträger in der Sitzbox des Fahrersitzes
Hinter der Sicherungsbox des Fahrersitzes werden am gleichen Einbauort auch die Relaisträger für Sonderfahrzeuge und auch die sogenannte Zweitbatterie verbaut. Dann finden Sie hier auch die Batterietrennrelais. Der Zugang erfolgt wieder über die Abdeckung unter dem Fahrersitz von oben.

Relais und Sicherungsbelegungen
Die genaue Sicherungsbelegung ist von der Fahrzeugausstattung abhängig. Ein Schema ist als Aufkleber, lose bei den Sicherungshaltern oder in der Zusatzanleitung »Sicherungsbelegung« in Ihrem Bordbuch zu finden. Wir verweisen auf die aktuelle Belegungslisten in der Fahrzeugbedienungsanleitung. Sicherungen sind nach Steckplätzen nummeriert. Angegeben sind abgesicherter Verbraucher und der Stromstärke-Wert (in A), durch Farbe markiert.

Sicherungen wechseln

Durchgebrannte Sicherungen müssen durch gleichwertige Sicherungen (erkennbar an Farbe und Ampere-Zahl) ersetzt werden, die auch in der Sicherungsbelegung empfohlen werden.

Wechseln Sie Sicherungen nur im geparkten Fahrzeug.

- Schalten Sie alle Stromverbraucher und die Zündung aus.
- Anhand der Sicherungsbelegung feststellen, welche Sicherung zu dem ausgefallenen Verbraucher gehört.

■ Die entsprechende Sicherung herausziehen.
■ Die defekte Sicherung durch eine neue mit der gleichen Amperezahl ersetzen.

Kabelfarben und Kabelquerschnitt

Kabelfarbe
Im Schaltplan werden die Informationen über die Kabelfarbe und die Kabelstärke angegeben. Die Farben werden als Kürzel dargestellt. Die Farbangaben, die in Kombination mehrerer Farben bezeichnet werden, stellen Kabelkennzeichnungen mit einer Farblinie dar.

Die Kabelbezeichnung BK/WH ist beispielsweise die Bezeichnung für ein schwarzes Kabel mit einer weißen Linie. Die Grundfarbe des Kabels wird immer zuerst genannt. Wir stellen Ihnen in der nachstehenden Tabelle die gängigsten Farben und Abkürzungen im Schaltplan vor.

Kürzel	Farbe
BK	Schwarz
BN	Braun
BU	Blau
GN	Grün
GY	Grau
OG	Orange
PK	Rosa
RD	Rot
TR	Transparent
VT	Violett
WH	Weiß
YE	Gelb

Kabelquerschnitt
Auch der Kabel- (Leitungs)Querschnitt ist im Schaltplan angegeben. Er wird durch eine Zahl über der Angabe der Kabelfarbe dargestellt. Beim Suchen der entsprechenden Anschlusskabel kann das die Arbeit sehr erleichtern.

Beispiel: 1,5 YE/BK = 1,5 mm², gelbes Kabel, mit schwarzer Kennlinie.

Kabelinstandsetzungsarbeiten

Reparatur von Airbag- und Gurtstrafferleitungen
Das Airbag- und Gurtstraffersystem kann ausfallen. Fehlerhafte Reparaturen am Airbag- und Gurtstrafferleitungsstrang können zur Fehlfunktion des Insassenschutzes führen. Bei Reparaturen am Airbag- und Gurtstrafferleitungsstrang dürfen nur die dafür vorgesehenen Kontakte, Stecker und Leitungen verwendet werden. Leitungen des Airbag- und Gurtstrafferleitungsstrangs dürfen nur mit dem Leitungsstrang-Reparaturset und den Vorgängern repariert werden.

⚠ Bei Reparaturen an Leitungen des Airbag- und Gurtstraffersystems dürfen maximal zwei Reparaturstellen ausgeführt werden. Reparaturstellen erhöhen den elektrischen Widerstand in der Leitung und können Fehler in der Eigendiagnose des Systems auslösen. Bei Reparaturen am Airbag- oder Gurtstrafferleitungsstrang müssen die Quetschverbinder grundsätzlich geschrumpft werden, um Korrosion zu verhindern (Bild 1).

Wickeln Sie die Reparaturstelle nicht wieder in den fahrzeugeigenen Leitungsstrang ein und kennzeichnen Sie die

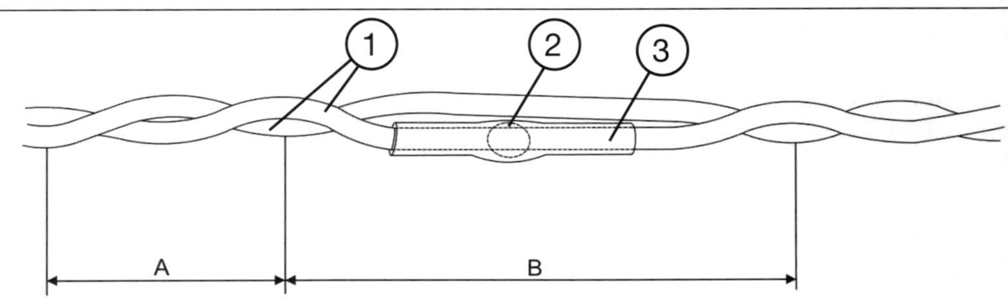

Bild 1

Bild 1
Reparatur CAN-Bus.
1 Leitungen verdrillt
2 Lötstelle (oder Lötverbinder)
3 Isolierung (oder Schrumpfschlauch)
A Verdrillungslänge 20 mm
B Maximale Gerade 50 mm

Reparaturstelle gut sichtbar mit gelbem Isolierband. Reparaturen im Bereich von Airbag oder Gurtstraffer sollten maximal 30 cm vom nächsten Kontaktgehäuse entfernt ausgeführt werden. Zusammen mit der Kennzeichnung durch das gelbe Isolierband ermöglicht diese Vorgehensweise einen schnellen Überblick über vorangegangene Reparaturen. Die Leitungen zu den Auslöseeinheiten (Airbags) haben in der Serie die Verdrillung mit der Schlaglänge 20 mm ±5. Diese Schlaglänge ist für die Serienfertigung über Normteilnummern für die Leitungspaare sichergestellt und muss bei den Reparaturlängen der verdrillten Leitungen zwingend eingehalten werden. Bei Reparaturarbeiten müssen die Leitungen zu den Auslöseeinheiten (Airbags) die gleiche Länge aufweisen. Beim Verdrillen der Leitungen (1) und (2) muss die Schlaglänge von A = 20 mm ±5 zwingend eingehalten werden. Es darf dabei kein Leitungsstück, zum Beispiel im Bereich von Quetschverbindern, größer als B = 50 mm ohne Verdrillung der Leitungen entstehen (Bild 1).

Reparaturmöglichkeiten CAN-Bus
Als CAN-Busleitung wird eine ungeschirmte Zweidrahtleitung (1) und (2) mit einem Querschnitt von 0,35 mm² oder 0,5 mm² verwendet.
Die Farbcodierungen der CAN-Busleitungen entnehmen Sie der folgenden Tabelle:

CAN Datenbus	Kabelfarbe
Antrieb CAN-High-Leitung	Blau/Weiß
Antrieb CAN-Low-Leitung	Blau
Peripherie CAN-High-Leitung	Grün/Weiß
Peripherie CAN-Low-Leitung	Grün
Innenraum CAN-High-Leitung	Braun/Rot
Innenraum CAN-Low-Leitung	Braun
Antrieb-Sensoren CAN-High-Leitung	Rosa/Weiß
Antrieb-Sensoren CAN-Low-Leitung	Rosa
Benutzer-Schnittst. CAN-High-Leitung	Violett/Weiß
Benutzer-Schnittst. CAN-Low-Leitung	Violett
Telematik CAN-High-Leitung	Schwarz/Weiß
Telematik CAN-Low-Leitung	Schwarz

Die Reparatur von CAN-Busleitungen kann sowohl mit Reparaturleitung in passendem Querschnitt als auch mit den gedrillten Leitungen »grün/braun« bzw. »weiß/blau« aus dem Zubehörhandel ausgeführt werden. Bei Reparaturarbeiten (wie im Bild 1) müssen beide Busleitungen die gleiche Länge aufweisen. Beim Verdrillen der Leitungen (1) und (2) muss die Schlaglänge von A = 20 mm eingehalten werden. Es darf dabei kein Leitungsstück, zum Beispiel im Bereich von Quetschverbindern (Pfeil), größer als B = 50 mm ohne Verdrillung der Leitungen entstehen. Versehen Sie die Reparaturstelle mit gelbem Klebeband, um eine vorangegangene Reparatur zu kennzeichnen.

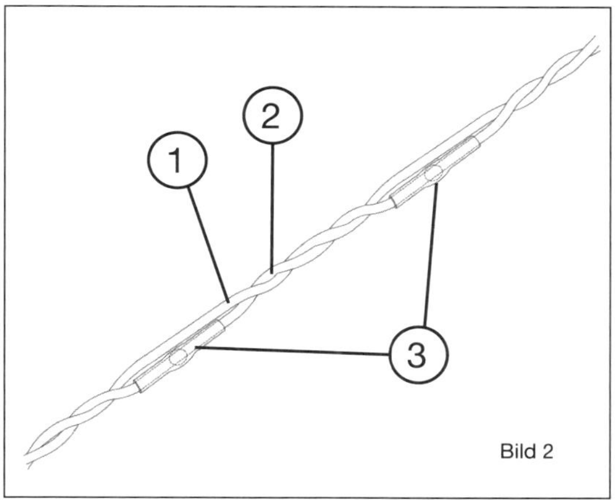

Bild 2

Bild 2
Es dürfen maximal zwei Reparaturstellen ausgeführt werden.
1 CAN-High
2 CAN-Low
3 Reparaturstelle

Massepunkte am Sprinter 910

Die Einbaulage der Massepunkte ist in der Übersicht im Bild 3 recht gut zu erkennen. Prüfen Sie die Anschlüsse auf Korrosion und festen Sitz der Anschlusskabel zur Karosserie. Hier entstehen leicht Fehler, die nicht über das Diagnosesystem direkt erfasst werden können.

Massepunkte im Motorraum
Die genaue Positionierung stellen wir Ihnen in der folgenden Tabelle für den Motorraum im Detail vor. Die »Kürzel Mercedes«-Bezeichnung finden Sie in den Schaltplänen wieder.

Massepunkt (Kürzel Mercedes)	Nummer im Bild 3
Leuchteneinheit vorne rechts (W2)	1
Leuchteneinheit vorne rechts 2 (W2/7)	2
Leuchteneinheit vorne links (W9)	16
Leuchteneinheit vorne links 2 (W9/7)	18
ESP Bremssteuergerät (W70)	17

Sichtprüfung Messen

Bild 3
Massepunkte am Sprinter 910.

1 Leuchteneinheit vorne rechts
2 Leuchteneinheit vorne rechts 2
3 Stirnwand innen rechts
4 Elektrische Lenkung
5 Batterieanschluss Karosserie
6 PTC-Zuheizer
7 Sitzkasten Beifahrer
8 Längsträger hinten rechts
9 D-Säule links
10 Längsträger hinten links
11 Tankeinfüllstutzen
12 Sitzkasten links 3
13 Sitzkasten links 2
14 Sitzkasten links 1
15 Stirnwand innen links
16 Leuchteneinheit vorne links
17 ESP-Bremssteuergerät
18 Leuchteneinheit vorne links 2
19 COC A-Säule links

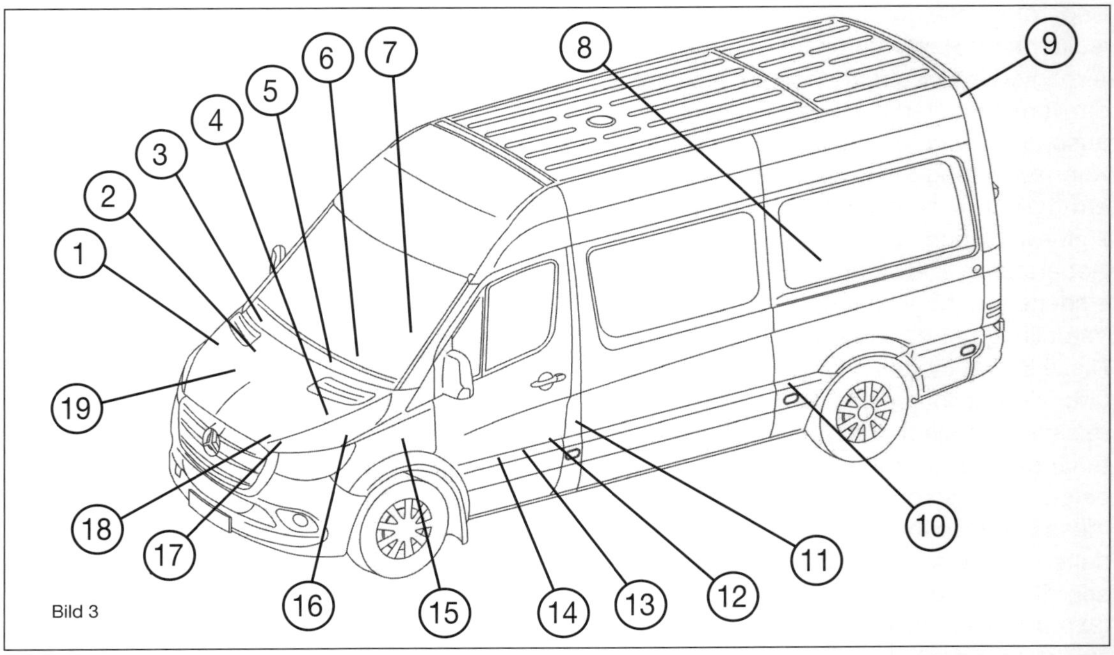

Bild 3

Massepunkte im Innenraum links
Die genaue Positionierung stellen wir Ihnen in der folgenden Tabelle für die linke Seite des Innenraums im Detail vor. Die »Kürzel Mercedes«-Bezeichnung in der Tabelle finden Sie in den Originalschaltplänen wieder.

Massepunkt (Kürzel Mercedes)	Nummer im Bild 3
D-Säule links (W29/8)	9
Sitzkasten Fahrerseite 1 (W105/1)	14
Sitzkasten Fahrerseite 2 (W105/2)	13
Sitzkasten Fahrerseite 3 (W105/3)	12

Massepunkte im Innenraum rechts
Die genaue Positionierung stellen wir Ihnen in der folgenden Tabelle für die rechte Seite des Innenraums im Detail vor. Die »Kürzel Mercedes«-Bezeichnung finden Sie in den Schaltplänen wieder.

Massepunkt (Kürzel Mercedes)	Nummer im Bild 3
Sitzkasten Beifahrerseite (W105/10)	7

Massepunkte im Instrumententafel
Die genaue Positionierung stellen wir Ihnen in der folgenden Tabelle für die Instrumententafel im Detail vor. Die »Kürzel Mercedes«-Bezeichnung finden Sie in den Schaltplänen wieder.

Massepunkt (Kürzel Mercedes)	Nummer im Bild 3
COC A-Säule links (W1/4)	19
Batterieanschluss Karosserie (W10)	5
PTC Zuheizer (W15/9)	6
Elektrische Lenkung (W30/12)	4
Stirnwand innen links (W43/3)	15
Stirnwand innen rechts (W43/4)	3

Massepunkte am Rahmen
Die genaue Position stellen wir Ihnen in der folgenden Tabelle für den Rahmen im Detail vor. Die »Kürzel Mercedes«-Bezeichnung finden Sie in den Schaltplänen wieder.

Massepunkt (Kürzel Mercedes)	Nummer im Bild 3
Tankeinfüllstutzen (W33/4)	11
Längsträger hinten links (W52/7)	10
Längsträger hinten rechts (W52/21)	8

Messgeräte und Diagnosetester

Geeignete Messmittel in der Elektrik
Verwenden Sie nur geeignete Messmittel wie Multimeter und Mess- und Prüfsysteme. Prüflampen mit Glühlampe können Schäden in der Elektronik verursachen und können zudem keine Messwerte ausgeben.

Vorgaben zur Diagnose am Fahrzeug
Vor unseren Hinweisen zum Umgang mit den Stromlauf- oder Schaltplänen möchten wir, weil dazu ein enger Zusammenhang besteht, nochmals kurz auf das Fahrzeugdiagnose-, Mess- und Informationssystem eingehen.

Wird das Diagnose- und Informationssystem während einer Prüf- oder Messfahrt im Aktionsbereich eines Airbags deponiert, besteht im Falle einer Airbag-Auslösung das Risiko von schweren bis tödlichen Verletzungen! Deshalb zu Prüf- oder Messfahrten stets einen Helfer mitnehmen, der auf einem Rücksitz das System bedient.

Zum Anschließen des Diagnose- und Testsystems schreibt Mercedes wie die meisten Hersteller folgendes Vorgehen vor:

- Die Handbremse anziehen.
- Das Fahrzeug mit einem Erhaltungsladegerät versehen (Batterie laden).
- Den Wählhebel bei Automatikfahrzeugen in die Stellung »P« oder »N« bringen.
- Den Fahrzeugdiagnosetester bei ausgeschalteter Zündung mit der Diagnoseleitung am Diagnoseanschluss des Fahrzeugs anschließen.
- Die Zündung einschalten.
- Alle elektrischen Verbraucher ausschalten.

Info zu den Schaltplänen

Zum Gebrauch der Stromlaufpläne
Die Bordelektrik wird in Aufbau und Vernetzung durch Stromlaufpläne (auch Schaltpläne genannt) dargestellt, die für Ihren Sprinter in gedruckter Form schon in der Grundausführung mehrere Hundert Seiten umfassen, also einen Ordner von ganz beträchtlichem Umfang füllen.
Das Schaltplanangebot enthält neben den einzelnen Stromlaufplänen für die Basisausstattung, die Elektrik für jeden der einzelnen Motoren bis hin zu Sonderausstattungen (z. B. für Klimaanlage, Einparkhilfe, Rückfahrkamera) auch zeitliche Überarbeitungen. Es macht sachlich wenig Sinn und der begrenzte Umfang dieses Buches lässt das auch nicht zu, einzelne Stromlaufpläne aus der Fülle herauszugreifen und in diesem Ratgeber darzustellen.

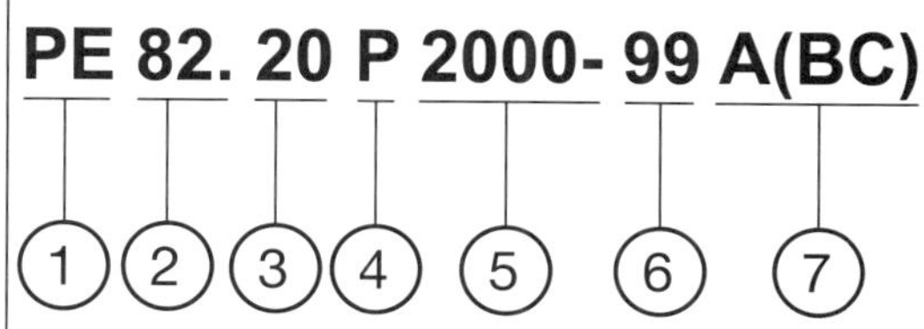

Bild 4

Bild 4
Bezeichnungen der Schaltpläne beim Sprinter.
1 Informationsart
2 Funktionsgruppe
3 Funktionsuntergruppe
4 Erstellerkenner
5 Ordnungsnummer
6 Informationseinheit-Nummer
7 Gültigkeitsbuchstabe(n)

Hinzu kommt noch, dass in den wenigsten Fällen tatsächlich der Fehler in der Verkabelung zu finden sein wird. Die Schaltfunktionen erfolgen heute überwiegend lastfrei. Zumindest nicht über die Tasten und Schalter, die der Fahrer bedient. Das Bordnetzsteuergerät übernimmt die Schaltfunktion.

Die Schaltpläne sind den Funktionsgruppen 00 – 91 zugeordnet. Zum leichteren Auffinden von einzelnen Schaltplänen haben wir in der »Suchhilfe der Schaltplangruppen« die Systeme nach Funktionsgruppen aufgelistet. Die Schaltpläne können dann mit der jeweiligen Dokumentennummer beim Mercedes-Benz-Händler ausgedruckt werden.

Die Schaltpläne sind als Funktionsschemas oder Steuergerätepläne erstellt und wie folgt aufgebaut:

Funktionsschemas

- Die zur Funktion gehörenden Steuergeräte und elektrischen Bauteile werden als Symbole dargestellt.
- Die funktionalen Verbindungen sind durch direkte Leitungen bzw. durch den Datenbus realisiert.

Steuergerätepläne:

- Steuergeräte werden komplett mit allen angeschlossenen Bauteilen dargestellt. Vorangestellt ist die Einspeisung (Spannungsversorgung) der jeweiligen Steuergeräte.
- Die Schaltpläne enthalten auch Verknüpfungen von möglichen Varianten und Funktionen.

Verknüpfungen sind, als Varianten erkennbar, eingerahmt und mit einer Kurzbezeichnung »U...«versehen und sind in den Legenden aufgeführt.

Sichtprüfung

Messen

Spannungsversorgung

Die wichtigsten Normkurzzeichen für die Funktionen im Bereich der Spannungsversorgung im Bordnetz Ihres Sprinters.

DIN-Norm	Beschreibung
D+	Dynamoplus
15	Geschaltetes Plus hinter Batterie (Ausgangskontakt vom Zündanlassschalter)
15a	Geschaltetes Plus vom Zündanlassschalter (hinter der Sicherung)
15R	Geschaltetes Plus hinter Batterie (Ausgangskontakt vom Zündanlassschalter) Radio
30	Ausgang direkt von Batterie-Plus
30a	Ausgang direkt von Batterie-Plus (hinter der Sicherung)
30al	Ausgeschaltetes Plus von Steuergerät für Bordnetz für Innenleuchte
31	Batterie-Minus oder Fahrzeugmasse
50	Ausgangskontakt vom Zündanlassschalter für Anlasser
75	Ausgangskontakt vom Zündanlassschalter für Ausschalten von Verbrauchern zur Entlastung der Batterie beim Anlassen
75a	Ausgeschaltetes Plus hinter dem Relais für die Entlastung der Batterie beim Anlassen (hinter der Sicherung)
86s	Ausgeschaltetes Plus durch Zündanlassschalter beim vollständigen Herausziehen des Schlüssels aus dem Zündanlassschalter
87	Ausgangskontakt vom Kraftstoffpumpenrelais oder vom Relais für Dieseldirekteinspritzanlage
87a	Ausgangskontakt vom Kraftstoffpumpenrelais oder vom Relais für Dieseldirekteinspritzanlage hinter der Sicherung

Signale und Beleuchtung

Die wichtigsten Normkurzzeichen für die Beleuchtung im Bordnetz. Die Klemmenbezeichnung finden Sie auf externen Bauteilen wie beispielsweise der Anhängekupplung.

DIN-Norm	Beschreibung
54	Bremsleuchten
56	Ausgang von Lichtschalter für Abblendlicht und Fernlicht
56a	Fernlicht
56aL	Fernlicht links
56aR	Fernlicht rechts
56b	Abblendlicht
56bL	Abblendlicht links
56bR	Abblendlicht rechts
57	Parklicht
58	Stand- und Schlusslicht, Kennzeichenleuchte
58d	Beleuchtung von Schaltern und Schalttafeleinsatz
58L	Standlicht, Schlusslicht und Parklicht links
58R	Standlicht, Schlusslicht und Parklicht rechts
49L	Blinker links

48R	Blinker rechts
49a	Blinkrelais Ausgang (nur konventionelle Blinkanlagen)
71	Eingang Signalhorn
71a	Eingang Signalhorn Tiefton
71b	Eingang Signalhorn Hochton

Spezielle Klemmenbezeichnung in den Mercedesschaltplänen
Die wichtigsten Kurzzeichen für die Funktionen in den Werksschaltplänen Bordnetz Ihres Sprinter 910.

DIN-Norm	Beschreibung
AB1(+)	Ansteuerung Fahrer-Airbag Stufe 1
AB1GND	Masseanschluss Fahrer-Airbag Stufe 1
AB2(+)	Ansteuerung Fahrer-Airbag Stufe 2
AB2GND	Masseanschluss Fahrer-Airbag Stufe 2
AC1	Multiphasen Wechselstrom Phase 1
AC2	Multiphasen Wechselstrom Phase 2
BL(+)	Bremslicht
BL/TSI(+)	Bremslicht und Fahrtrichtungsanzeiger, kombiniert
BLDCU	Multiphasen Wechselstrom Phase U
BLDCV	Multiphasen Wechselstrom Phase V
BLDCW	Multiphasen Wechselstrom Phase W
CLUTCH(+)	Ansteuerung Magnetkupplung
CRASH	Crash-Signal
EKPLauf	Spannungsversorgung Pumpe
HB(+)	Ansteuerung Fernlicht
MPACU	Multiphasen Wechselstrom Phase U
MPACV	Multiphasen Wechselstrom Phase V
MPACW	Multiphasen Wechselstrom Phase W
PUMPPhA	Ansteuerung Pumpe Phase A
PUMPPhB	Ansteuerung Pumpe Phase B
PUMPPhC	Ansteuerung Pumpe Phase C
Shield	Abschirmung
SENS	Sensorsignal
SENS(+)	Spannungsversorgung Sensor
SENS1	Sensorsignal Sensor 1
SENS2	Sensorsignal Sensor 1
SENSGND	Masseanschluss Sensor
SIG	Signal (wird auch als (+), (-), (1), (2), usw. ausgeführt
TL/PL/SML(+)	Schlusslicht, Parklicht und Seitenmarkierungslicht kombiniert
TL/PL(+)	Schlusslicht und Parklicht, kombiniert
WAKEUP	Wake-up-Signal, um Steuergeräte in Funktion zu setzen

Schaltplanzuordnung nach Bausystemen

Anhand dieser Schaltplannummer können Sie die Schaltpläne bei Ihrem Mercedes-Händler ausdrucken lassen oder bestellen.

Motor

System	Bemerkungen	Schaltplan
Schaltplan CDI	Elektrischer Schaltplan Steuergerät Common Rail Direct Injektion (CDI) Motor 651 im Typ 910 mit Code MI1 (Motor OM 651 DE 22 LA 84 kW (114 PS) 3800/min) außer Code ME0 (Elektromotor 85 kW) Steuergerät N3/31 Stecker M Motor 651 im Typ 910 mit Code MI2 (Motor OM 651 DE 22 LA 105 kW (143 PS) 3800/min) außer Code ME0 (Elektromotor 85 kW) Steuergerät N3/31 Stecker M Motor 651 im Typ 910 mit Code MI3 (Motor OM 651 DE 22 LA 130 kW (177 S) 3800/min) außer Code ME0 (Elektromotor 85 kW) Steuergerät N3/31 Stecker M	pe07.16-d-2100-97qab
	Elektrischer Schaltplan Steuergerät Common Rail Direct Injection (CDI) Motor 651 im Typ 910 mit Code MI1 (Motor OM 651 DE 22 LA 84 kW (114 PS) 3800/min) außer Code ME0 (Elektromotor 85 kW) Steuergerät N3/31 Stecker F Motor 651 im Typ 910 mit Code MI2 (Motor OM 651 DE 22 LA 105 kW (143 PS) 3800/min) außer Code ME0 (Elektromotor 85 kW) Steuergerät N3/31 Stecker F Motor 651 im Typ 910 mit Code MI3 (Motor OM 651 DE 22 LA 130 kW (177 PS) 3800/min) außer Code ME0 (Elektromotor 85 kW) Steuergerät N3/31 Stecker F	pe07.16-d-2100-97qaa
Schaltplan Kraftstoffpumpe	Motor 651 im Typ 910 außer Code ME0 (Elektromotor 85 kW) Steuergerät N118/9 Code MI1 Motor OM 651 DE 22 LA 84 kW (114 PS) 3800/min, Code MI1 Motor OM 651 DE 22 LA 84 kW (114 PS) 3800/min, Code MI2 Motor OM 651 DE 22 LA 105 kW (143 PS) 3800/min Code MI2 Motor OM 651 DE 22 LA 105 kW (143 PS) 3800/min Code MI3 Motor OM 651 DE 22 LA 130 kW (177 PS) 3800/min Code MI3 Motor OM 651 DE 22 LA 130 kW (177 PS) 3800/min Code MR5 Motor OM 651 DE 22 LA 125 kW (170 PS) 3800/min Code MR5 Motor OM 651 DE 22 LA 125 kW (170 PS) 3800/min	pe47.40-d-2101-97qaa
	Motor 274 im Typ 907 Steuergerät N118/9 Motor 642 im Typ 907 Steuergerät N118/9 Motor 651 im Typ 907 Steuergerät N118/9 Motor 654 im Typ 907 Steuergerät N118/9	pe47.40-d-2101-97laa
	Motor 651 im Typ 910 außer Code ME0 (Elektromotor 85 kW) Steuergerät N118/9	pe47.40-d-2101qaa
Schaltplan Glühendstufe	Motor 651 im Typ 910 außer Code ME0 (Elektromotor 85 kW) Steuergerät N14/8	pe15.20-d-2101-97qaa pe15.20-d-2101qaa
Schaltplan Rußpartikelsensor	Motor 651 im Typ 910 mit Code MI1 (Motor OM 651 DE 22 LA 84 kW (114 PS) 3800/min) außer Code ME0 (Elektromotor 85 kW) Sensor N74 Motor 651 im Typ 910 mit Code MI2 (Motor OM 651 DE 22 LA 105 kW (143 PS) 3800/min) außer Code ME0 (Elektromotor 85 kW) Sensor N74 Motor 651 im Typ 910 mit Code MI3 (Motor OM 651 DE 22 LA 130 kW (177 PS) 3800/min) außer Code ME0 (Elektromotor 85 kW) Sensor N74	pe49.20-d-2101qaa
Schaltplan NOx-Sensor	Motor 651 im Typ 910 mit Code MI1 (Motor OM 651 DE 22 LA 84 kW (114 PS) 3800/min) außer Code ME0 (Elektromotor 85 kW) Steuergerät N37/7, N37/8 Motor 651 im Typ 910 mit Code MI2 (Motor OM 651 DE 22 LA 105 kW (143 PS) 3800/min) außer Code ME0 (Elektromotor 85 kW) Steuergerät N37/7, N37/8 Motor 651 im Typ 910 mit Code MI3 (Motor OM 651 DE 22 LA 130 kW (177 PS) 3800/ min) außer Code ME0 (Elektromotor 85 kW) Steuergerät N37/7, N37/8	pe07.04-d-2102qaa

System	Bemerkungen	Schaltplan
Schaltplan Steuergerät AdBlue®	Motor 651 im Typ 910 mit Code KP6 (Abgasreinigung SCR Generation 3) außer Code ME0 (Elektromotor 85 kW) Steuergerät N118/5	pe49.20-d-2103qaa
Schaltplan Motor Start/Stopp	Motor 651 im Typ 910 außer Code ME0 (Elektromotor 85 kW)	pe15.00-d-2103qaa
Schaltplan Diagnosekupplung	Typ 907 Diagnosekupplung X11/4	pe5422d2002laa
Schaltplan Diagnosekupplung	Typ 910 außer Code ME0 (Elektromotor 85 kW) Diagnosekupplung X11/4	pe54.22-d-2002qaa
Schaltplan Steuergerät AdBlue®	Motor 651 im Typ 910 mit Code KP6 (Abgasreinigung SCR Generation 3) außer Code ME0 (Elektromotor 85 kW) Steuergerät N118/5	pe49.20-d-2103qaa
Funktionsschema Elektrik Abgasrückführung	Motor 651 im Typ 907, 910	pe14.20-d-2052tsa
Funktionsschema Elektrik Energiemanagement ECO Start-Stopp-Funktion	Typ 910 mit Motor 651 mit Code MJ8 (ECO Start-Stopp-Funktion)	pe54.10-d-2075tsc
Funktionsschema Elektrik Motor-Notlauf	Motor 651 im Typ 907, 910	pe07.10-d-2719-97tsa
Funktionsschema Elektrik Laufruheregelung	Motor 651 im Typ 907, 910	pe07.10-d-2711tsa pe07.10-d-2711-97tsa
Funktionsschema Elektrik Einspritzregelung	Motor 651 im Typ 907, 910	pe07.10-d-2704tsa pe07.10-d-2704-97tsa
Funktionsschema Elektrik Europäische On-Board-Diagnose	Motor 651 im Typ 907, 910	pe0710d2725tsa

Antrieb

System	Bemerkungen	Schaltplan
Schaltplan Steuergerät Mantelrohrmodul	Typ 910 außer Code ME0 (Elektromotor 85 kW) Steuergerät N80	pe46.10-d-2101qaa
Schaltplan Steuergerät elektronische Getriebesteuerung (EGS)	Getriebe 700.750 im Typ 910 mit Code GK8 (9G-TRONIC) außer Code ME0 (Elektromotor 85 kW) Steuergerät N15/3	pe27.19-d-2101qaa
Schaltplan Steuergerät elektrische Servolenkung	Typ 910 außer Code ME0 (Elektromotor 85 kW) Steuergerät N68	pe46.35-d-2101qaa
Schaltplan Steuergerät Antriebsstrang	Typ 910 außer Code ME0 (Elektromotor 85 kW) Steuergerät N127	pe54.21-d-2141qaa

Starter und Generator

System	Bemerkungen	Schaltplan
Starter, Generator, Batterie	Typ 910	PE15.00D210197QAA
		pe1500d2101laa
Funktionsschema Elektrik Starten	Motor 651 im Typ 907, 910	pe07.10-d-2701tsa
Funktionsschema Elektrik Generatormanagement	Typ 910 mit Motor 651	pe54.10-d-2064tsc
Funktionsschema Elektrik Motormanagement ECO Start-Stopp-Funktion	Motor 651 im Typ 907, 910 mit Code MJ8 (ECO Start-Stopp-Funktion)	pe07.10-d-2724tsa

Spannungsversorgung

System	Bemerkungen	Schaltplan
Schaltplan Sicherungsblock 9-fach	Typ 910 außer Code ME0 (Elektromotor 85 kW) Sicherungsblock F55/1	pe54.15-d-2400qaa
	Typ 910 außer Code ME0 (Elektromotor 85 kW) Sicherungsblock F55/2	pe54.15-d-2400qab
	Typ 910 außer Code ME0 (Elektromotor 85 kW) Sicherungsblock F55/3	pe54.15-d-2400qac
Schaltplan Sicherungsblock 9-fach	Typ 910 außer Code ME0 (Elektromotor 85 kW) Sicherungsblock F55/4	pe54.15-d-2400qad
	Typ 910 außer Code ME0 (Elektromotor 85 kW) Sicherungsblock F55/5	pe54.15-d-2400qae
Schaltplan Parametrierbares Sondermodul (PSM)	Typ 910 mit Code ED5 (Parametrierbares Sondermodul) außer Code E5M (Erweiterung PSM Standardkontakt) außer Code ME0 (Elektromotor 85 kW) Steuergerät N26/15 Typ 910 mit Code ED8 (Vorrüstung Elektrik, parametrierbares Sondermodul) außer Code E5M (Erweiterung PSM Standardkontakt) außer Code ME0 (Elektromotor 85 kW) Steuergerät N26/15	pe54.21-d-2500qaa
	Typ 910 mit Code E5M (Erweiterung PSM Standardkontakt) mit Code ED5 (Parametrierbares Sondermodul) außer Code ME0 (Elektromotor 85 kW) Steuergerät N26/15 Typ 910 mit Code E5M (Erweiterung PSM Standardkontakt) mit Code ED8 (Vorrüstung Elektrik, parametrierbares Sondermodul) außer Code ME0 (Elektromotor 85 kW) Steuergerät N26/15	pe54.21-d-2500qab
	Typ 910 außer Code ME0 (Elektromotor 85 kW) Steuergerät N10 Stecker MR1, MR2 , KLA, STERN	pe54.21-d-2127qab
Schaltplan Vorsicherungsdose	Typ 910 außer Code ME0 (Elektromotor 85 kW) Sicherungsdose F150/1	pe54.15-d-2510qaa
	Typ 910 mit Code E2I (Zusatzbatterie für Nachrüstverbraucher, Innenraum) außer Code ME0 (Elektromotor 85 kW) Sicherungsdose F150/5	pe54.15-d-2510qab
Schaltplan Steuergerät Signalerfass- und Ansteuermodul (SAM)	Typ 910 außer Code ME0 (Elektromotor 85 kW) Steuergerät N10 Stecker RBA1, RBA2, RBA3	pe54.21-d-2127qaa

System	Bemerkungen	Schaltplan
Schaltplan Steuergerät elektronisches Zündschloss (EZS)	Typ 910 außer Code ME0 (Elektromotor 85 kW) Steuergerät N73/8	pe54.21-d-2104qaa
Schaltplan Relaisbox Fahrzeuginnenraum (K100)	Typ 910 außer Code ME0 (Elektromotor 85 kW) K100	pe54.20-d-2400qaa
		pe54.20-d-2400qab
Schaltplan Sicherungs- und Relaismodul	Typ 910 außer Code ME0 (Elektromotor 85 kW) F152 Stecker H2, MF3, S1, S2, S5, S6, S7, S8, S10, S11, S12, S13, S14, S16, S19	pe54.15-d-2001qaa
	Typ 910 außer Code ME0 (Elektromotor 85 kW) F152 Stecker H1, H2, H15, MF1, MF2, S9, S17, S18	pe54.15-d-2001qab

Datenbus

System	Bemerkungen	Schaltplan
Schaltplan Benutzerschnittstelle-CAN	Typ 910 außer Code ME0 (Elektromotor 85 kW) X30/20 (CAN HMI)	pe00.19-d-2145qaa
Schaltplan Flex-Ray Fahrwerk	Typ 910 außer Code ME0 (Elektromotor 85 kW) (Flex E)	pe00.19-d-2405qaa
Schaltplan Innenraum-CAN	Typ 910 außer Code ME0 (Elektromotor 85 kW) N10 Stecker STERN, X30/73 (CAN B)	pe00.19-d-2185qaa
Schaltplan Telematik-CAN	Typ 910 außer Code ME0 (Elektromotor 85 kW) (CAN A)	pe00.19-d-2180qaa
Schaltplan Antriebssensor-CAN	Typ 910 außer Code ME0 (Elektromotor 85 kW) X30/81 (CAN I)	pe00.19-d-2171qaa
	Typ 910 außer Code ME0 (Elektromotor 85 kW) X30/21 (CAN C)	pe00.19-d-2170qaa
Schaltplan Peripherie-CAN	Typ 910 außer Code ME0 (Elektromotor 85 kW) X30/27 (CAN PER)	pe00.19-d-2135qaa

Beleuchtung

System	Bemerkungen	Schaltplan
Schaltplan Schaltergruppe Außenbeleuchtung und elektrische Feststellbremse	Typ 910 außer Code ME0 (Elektromotor 85 kW) Schaltergruppe S1	pe54.25-d-2101qaa
Schaltplan Innenbeleuchtung	Typ 910 außer Code ME0 (Elektromotor 85 kW)	pe82.20-d-2000qaa
Schaltplan Außenbeleuchtung	Typ 910 außer Code LG7 (LED High Performance-Scheinwerfer) außer Code ME0 (Elektromotor 85 kW) Leuchteinheit E1, E2	pe82.10-d-2000qaa
	Typ 910 mit Code LG7 (LED High Performance-Scheinwerfer) außer Code ME0 (Elektromotor 85 kW) Leuchteinheit E1/2, E2/2	pe82.10-d-2000qab

Sichtprüfung Messen

System	Bemerkungen	Schaltplan
Schaltplan Außenbeleuchtung	Typ 910 außer Code ME0 (Elektromotor 85 kW) Heckleuchte E3, E3/21, E4, E4/21	pe82.10-d-2000qac
Elektrischer Schaltplan Blink-/Warnblinkanlage	Typ 910 mit Code L77 (Elektr. Ausrüstung für Blinkleuchten zusätzlich) außer Code ME0 (Elektromotor 85 kW) Blinkmodul N9/1 Typ 910 mit Code LB3 (Blinkleuchten flach, zusätzlich hinten auf Dach) außer Code ME0 (Elektromotor 85 kW) Blinkmodul N9/1	pe82.10-d-2202qaa
Schaltplan Signaleinrichtungen/Notalarmanlage	Typ 910 außer Code ME0 (Elektromotor 85 kW)	pe82.00-d-2400qaa

Karosserie

System	Bemerkungen	Schaltplan
Schaltplan Steuergerät Kombiinstrument (KI)	Typ 910 außer Code ME0 (Elektromotor 85 kW) Kombiinstrument A1	pe54.30-d-2101qaa
Schaltplan Sitzsteuergerät Beifahrer	Typ 910 mit Code SF2 (Beifahrersitz elektrisch einstellbar) außer Code ME0 (Elektromotor 85 kW) Steuergerät N32/2	pe91.29-d-2105qaa
Schaltplan Sitzsteuergerät Fahrer	Typ 910 mit Code SF1 (Fahrersitz elektrisch verstellbar) außer Code ME0 (Elektromotor 85 kW) Steuergerät N32/1	pe91.29-d-2104qaa
Schaltplan beheizbare Heckscheibe	Typ 910 mit Code H22 (Heckscheibe heizbar) außer Code ME0 (Elektromotor 85 kW)	pe67.29-d-2000qaa
Schaltplan Frontscheibe heizbar	Typ 910 mit Code E2F (Vorrüstung Frontscheibenheizung) außer Code ME0 (Elektromotor 85 kW) Scheibenheizung R22/2 Typ 910 mit Code F49 (Windschutzscheibe heizbar) außer Code ME0 (Elektromotor 85 kW) Scheibenheizung R22/2	pe67.10-d-2000qaa
Schaltplan Sitzheizung (SIH)	Typ 910 mit Code H15 (Sitzheizung für Beifahrer) außer Code ME0 (Elektromotor 85 kW) Steuergerät N25/4 Typ 910 mit Code H16 (Sitzheizung für Fahrer) außer Code ME0 (Elektromotor 85 kW) Steuergerät N25/5	pe91.30-d-2000qaa
Schaltplan Heckscheibenwischer	Typ 910 mit Code W78 (Fenster in Heckklappe oder Heckdrehtür mit Wisch- und Waschanlage) außer Code ME0 (Elektromotor 85	pe82.30-d-2001qaa
Schaltplan Klimatisierungsautomatik (KLA)	Typ 910 mit Code HH4 (Klimatisierungsautomatik THERMOTRONIC) außer Code ME0 (Elektromotor 85 kW)	pe83.40-d-2000qaa
Schaltplan Steuergerät Anhängererkennung	Typ 910 mit Code E43 (Anhängersteckdose 13-polig) außer Code ME0 (Elektromotor 85 kW) Steuergerät N28/1 Typ 910 mit Code E57 (Elektrik für Anhängersteckdose) außer Code ME0 (Elektromotor 85 kW) Steuergerät N28/1	pe31.19-d-2101qaa
Schaltplan Steuergerät Supplemental Restraint System	Typ 910 außer Code ME0 (Elektromotor 85 kW) Steuergerät N2/5	pe91.60-d-2106qaa
Schaltplan Heizung	Typ 910 außer Code HH4 (Klimatisierungsautomatik THERMOTRONIC) außer Code HH9 (Klimaanlage halbautomatisch geregelt, TEMPMATIC) außer Code ME0 (Elektromotor 85 kW)	pe83.20-d-2000qaa

Schaltplan Steuergerät Standheizung (STH)	Typ 910 mit Code H12 (Warmwasser-Zusatzheizung) außer Code ME0 (Elektromotor 85 kW) Steuergerät N33 Typ 910 mit Code HZ9 (Zuheizer) außer Code ME0 (Elektromotor 85 kW) Steuergerät N33	pe83.70-d-2101qaa
	Typ 910 mit Code HH2 (Warmluft-Zusatzheizung elektrisch) außer Code ME0 (Elektromotor 85 kW) Steuergerät N33/4	pe83.70-d-2101qab
Schaltplan Steckdosen Fahrzeuginnenraum	Typ 910 außer Code ME0 (Elektromotor 85 kW)	pe82.00-d-2500qaa
Schaltplan Steuergerät Dachbedieneinheit (DBE)	Typ 910.0/1 mit Code F50 (Podest) außer Code ME0 (Elektromotor 85 kW) Steuergerät N70 Typ 910 außer Code ME0 (Elektromotor 85 kW) Basic, Standard Steuergerät N70	pe54.21-d-2107qaa
	Typ 910 bis 30.11.20 außer Code ME0 (Elektromotor 85 kW) Highline Steuergerät N70	pe54.21-d-2107qab
	Typ 910 ab 01.12.20 außer Code ME0 (Elektromotor 85 kW) Highline Steuergerät N70	pe54.21-d-2107qac
Schaltplan Steuergerät elektrische Servolenkung	Typ 910 außer Code ME0 (Elektromotor 85 kW) Steuergerät N68	pe46.35-d-2101qaa
Elektrischer Schaltplan Steuergerät Lordosenstütze	Typ 910 mit Code SE4 (Lordosenstütze Beifahrersitz) außer Code ME0 (Elektromotor 85 kW) Steuergerät N32/24 Typ 910 mit Code SE5 (Lordosenstütze Fahrersitz) außer Code ME0 (Elektromotor 85 kW) Steuergerät N32/23	pe91.29-d-2113qaa

Fenster und Türen

System	Bemerkungen	Schaltplan
Schaltplan Steuergerät Beifahrertür	Typ 910 außer Code ME0 (Elektromotor 85 kW) Steuergerät N69/2	pe72.29-d-2115qaa
Schaltplan Steuergerät Fahrertür	Typ 910 außer Code ME0 (Elektromotor 85 kW) Steuergerät N69/1	pe72.29-d-2114qaa
Schaltplan Schiebetür	Typ 910 außer Code ME0 (Elektromotor 85 kW)	pe72.16-d-2001qaa
Schaltplan Hecktür/Heckklappe	Typ 910 außer Code ME0 (Elektromotor 85 kW)	pe72.20-d-2050qaa

Bremsanlage

System	Bemerkungen	Schaltplan
Schaltplan (ESP ®)	Typ 910 außer Code ME0 (Elektromotor 85 kW) Steuergerät N30/4	pe42.45-d-2201qaa
Schaltplan Steuereinheit Aktiver Brems-Assistent	Motor 651 im Typ 910 mit Code BA3 (Aktiver Brems-Assistent) außer Code ME0 (Elektromotor 85 kW) Steuereinheit B92	pe30.30-d-2108qaa
Funktionsschema Elektrik ADAPTIVE BRAKE	Typ 907, 910	pe42.47-d-2051tsa
Funktionsschema Elektrik Aktiver Brems-Assistent	Typ 907, 910 mit Code BA3 (Aktiver Brems-Assistent)	pe30.30-d-2070tsa

Zusatzausrüstung

System	Bemerkungen	Schaltplan
Schaltplan Schnittstelle Aufbauhersteller	Typ 910 mit Code E2A (Abgriff ABH-Sondersignale Cockpit) mit Code EK1 (Klemmleiste für Elektroanschluss) außer Code ME0 (Elektromotor 85 kW) X145/1x1 - X145/1x10	pe54.18-d-2001qaa
	Typ 910 außer Code ME0 (Elektromotor 85 kW) OLU Vorrüstung	pe54.18-d-2001qab
Schaltplan Ladebordwand	Typ 910 mit Code EV3 (Vorrüstung elektr. Umfang für Ladebordwand) außer Code ME0 (Elektromotor 85 kW)	pe55.40-d-2000qaa
Schaltplan Steuergerät PARKTRONIC System (PTS)	Typ 910 mit Code JB6 (Park-Paket mit 360°-Kamera) außer Code ME0 (Elektromotor 85 kW) Steuergerät N62/3 Typ 910 mit Code JB7 (Park-Paket mit Rückfahrkamera) außer Code ME0 (Elektromotor 85 kW) Steuergerät N62/3	pe54.65-d-2101qaa
Schaltplan Steuergerät Reifendruck-kontrolle	Typ 910 mit Code RY2 (Reifendrucküberwachung an VA u. HA, drahtlos) außer Code ME0 (Elektromotor 85 kW) Steuergerät N88/2	pe40.15-d-2101qaa
Schaltplan Klimaanlage	Typ 910 mit Code HH9 (Klimaanlage halbautomatisch geregelt, TEMPMATIC) außer Code ME0 (Elektromotor 85 kW)	pe83.30-d-2000qaa
Schaltplan Dachlüfter	Typ 910 mit Code H72 (Dachlüfter elektrisch II) außer Code ME0 (Elektromotor 85 kW)	pe83.10-d-2100qaa
Schaltplan Steuergerät Tachograf	Typ 910 mit Code J19 (Tachograf 1 Tag/2 Fahrer Automatik (EG)) außer Code ME0 (Elektromotor 85 kW) Steuergerät A56 Typ 910 mit Code J4V (Vorrüstung intelligenter Tachograf EU) außer Code ME0 (Elektromotor 85 kW) Steuergerät A56 Typ 910 mit Code JD2 (Tachograph digital EG mit Drehzahl+Zusatzrecorder) außer Code ME0 (Elektromotor 85 kW) Steuergerät A56 Typ 910 mit Code JD6 (Intelligenter Tachograf EU) außer Code ME0 (Elektromotor 85 kW) Steuergerät A56 Typ 910 mit Code JV6 (Vorrüstung Tachograf)	pe54.61-d-2101qaa
Schaltplan Totwinkel-Assistent	Typ 910 mit Code J1V (Vorrüstung Totwinkel-Assistent) außer Code ME0 (Elektromotor 85 kW) Sensor B92/21, B92/24 Typ 910 mit Code JA7 (Totwinkel-Assistent) außer Code ME0 (Elektromotor 85 kW) Sensor B92/21, B92/24	pe54.71-d-2100qaa
Schaltplan Kipperanlage	Typ 910 mit Code P57 (Vorrüstung für Dreiseitenkipper) außer Code ME0 (Elektromotor 85 kW)	pe55.20-d-2000qaa
Schaltplan Steuergerät DC/AC-Wandler	Typ 910 mit Code EE1 (230 V Steckdose) außer Code ME0 (Elektromotor 85 kW) Steuergerät N24/3	pe54.10-d-2103qaa
Funktionsschema Elektrik Seitenwind-Assistent	Typ 907, 910 mit Code JA8 (Seitenwind-Assistent)	pe42.45-d-2053tsa
Funktionsschema Elektrik Reifendruck-kontrolle (RDK)	Typ 907, 910 mit Code RY2 (Reifendrucküberwachung an VA u. HA, drahtlos)	pe40.15-d-2050tsa
Funktionsschema Reiseinformationen im Display Kombiinstrument anzeigen	Typ 907, 910 NTG6	pe54.30-d-2504tsa
Funktionsschema Elektrik Aktiver Spurhalte-Assistent	Typ 907, 910 mit Code JB4 (Aktiver Spurhalte-Assistent)	pe54.71-d-2053tsa

Media-Systeme

System	Bemerkungen	Schaltplan
Schaltplan Steuergerät Mercedes-Benz Advanced Control	Typ 910 mit Code JA3 (Intelligente Aufbausteuerung) außer Code ME0 (Elektromotor 85 kW) Steuergerät N175	pe68.00-d-2001qaa
Schaltplan Audio-/COMAND-Display	Typ 910 mit Code E3M (MBUX Multimediasystem mit 7 Zoll Touchscreen) außer Code ME0 (Elektromotor 85 kW) Display A40/8 Typ 910 mit Code E4M (MBUX Multimediasystem mit 10,25 Zoll Touchscreen) außer Code ME0 (Elektromotor 85 kW) Display A40/8	pe82.00-d-2080qaa
Schaltplan Telefon (TEL)	Typ 910 mit Code E1B (Ablage für Smartphones incl. Wireless Charging) außer Code ME0 (Elektromotor 85 kW) Steuergerät N123/8	pe82.70-d-2000qaa
Schaltplan Radio	Typ 910 mit Code E1O (Einstiegsradio) außer Code ME0 (Elektromotor 85 kW) Radio N87/12	pe82.60-d-2000qaa
Schaltplan Radiovorrüstung	Typ 910 mit Code ER0 (Radio, Vorrüstung) außer Code ME0 (Elektromotor 85 kW)	pe82.60-d-2851qaa
Schaltplan Innenspiegel mit Display Rückfahrkamera	Typ 910 mit Code FR3 (Rückfahrkamera mit Innenspiegelanzeige) außer Code ME0 (Elektromotor 85 kW) Innenspiegeleinheit A67, Kamera B84/16 Typ 910 mit Code FV1 (Vorrüstung Rückfahrkamera mit Innenspiegelanzeige) außer Code ME0 (Elektromotor 85 kW) Innenspiegeleinheit A67, Kamera B84/16	pe68.49-d-2200qaa
Schaltplan Headunit	Typ 910 mit Code E3M (MBUX Multimediasystem mit 7 Zoll Touchscreen) außer Code E1E (Navigation) außer Code ME0 (Elektromotor 85 kW) Steuergerät A26/17	pe82.85-d-2110qaa
	Typ 910 mit Code E1E (Navigation) mit Code E3M (MBUX Multimediasystem mit 7 Zoll Touchscreen) außer Code E4M (MBUX Multimediasystem mit 10,25 Zoll Touchscreen) außer Code ME0 (Elektromotor 85 kW) Steuergerät A26/17 Typ 910 mit Code E4M (MBUX Multimediasystem mit 10,25 Zoll Touchscreen) außer Code E1E (Navigation) außer Code E3M (MBUX Multimediasystem mit 7 Zoll Touchscreen) außer Code ME0 (Elektromotor 85 kW) Steuergerät A26/17	pe82.85-d-2110qab
Schaltplan Steuereinheit Aktiver Abstands-Assistent DISTRONIC	Typ 910 mit Code ET4 (Aktiver Abstands-Assistent DISTRONIC) außer Code ME0 (Elektromotor 85 kW) Steuereinheit B92/1	pe30.30-d-2109qaa
Schaltplan Antennenmodul	Typ 910 außer Code ME0 (Elektromotor 85 kW) Antenne A2/153, A2/191, A3	pe82.62-d-2103qaa
Schaltplan Multifunktionskamera	Typ 910 mit Code JA9 (Verkehrszeichen-Assistent) außer Code ME0 (Elektromotor 85 kW) Kamera B84/13 Typ 910 mit Code JB4 (Aktiver Spurhalte-Assistent) außer Code ME0 (Elektromotor 85 kW) Kamera B84/13 Typ 910 mit Code JW5 (Spurhalte-Assistent) außer Code ME0 (Elektromotor 85 kW) Kamera B84/13 Typ 910 mit Code LA1 (Fernlichtassistent) außer Code ME0 (Elektromotor 85 kW) Kamera B84/13	pe54.21-d-2129qaa
Schaltplan Rückfahrkamera	Typ 910 mit Code FR7 (Vorrüstung Elektrik Rückfahrhilfe) außer Code ME0 (Elektromotor 85 kW) Kamera B84/3 Typ 910 mit Code FR8 (Rückfahrkamera) außer Code ME0 (Elektromotor 85 kW) Kamera B84/3	pe54.65-d-2103qaa
Schaltplan Lautsprecher	Typ 910 außer Code ME0 (Elektromotor 85 kW)	pe82.62-d-2102qaa
Schaltplan Steuergerät Media Interface	Typ 910 außer Code ME0 (Elektromotor 85 kW) Steuergerät A90/5, A90/10	pe82.60-d-2105qaa

16 Technische Daten

Im Sprinter finden sich durchaus noch bewährte Motorenkonzepte, die aber stetig überarbeitet wurden. Verschleißwerte sind wichtig, um eine Schadensursache genau untersuchen zu können. So kann dann die Entscheidung zur Revision oder zum Austauschmotor leichter getroffen werden.

Bezeichnung	OM 651	OM 654
Kraftstoff (Einspritzsystem)	Diesel (Common Rail)	
Hubraum	2148 cm^3	1950 cm^3
Zylinderzahl	4	4
Ventile pro Zylinder	4 (16 V)	4 (16 V)
Bohrung Ø mm	83,000 - 83,007 mm	82,000 - 82,018 mm
Hub mm	99,0 mm	92,3 mm
Kompressionsdruck Druckunterschied	17 - 30 bar (max. 3 bar)	19 - 33 bar (max. 5 bar)
Kolbendurchmesser (Gruppe A)	82,844 mm	81,800 - 82,000 mm
Kolbenüberstand/Kopfdichtung (neuer Motor)	0,75 mm	1,02 - 1,38 mm
Laufspiel	0,17 - 0,20 mm	0,06 - 0,15 mm
Stoßspiel 1. Ring	0,27 - 0,37 mm	> 0,80 mm
Stoßspiel 2. Ring	0,80 - 1,00 mm	> 0,80 mm
Höhenspiel 1. Ring	0,12 - 0,16 mm	> 0,10 mm
Höhenspiel 2. Ring	0,035 - 0,080 mm	> 0,10 mm
Höhenspiel Ölabstreifring	0,03 - 0,07 mm	keine Angabe
Aufladesystem	Abgasturbolader	
Nockenwellenantrieb	Steuerkette	
Ventilspiel	Hydrostößel	
Ölfilter	Filtereinsatz	
Ölmenge mit Filter	11,5 l	10,5 l
Ölmenge Filter	0,5 l	
Kühlmittelmenge MB 310.1	ca. 10,0 l	
Kühlerdeckel Öffnungsdruck	1,5 bar	1,4 bar
Getriebeöl 6-Gang-Schaltgetriebe	1,5 - 2,0 l (1,75 - 2,5 l)*	2,1 l (2,6 l)*
Getriebeöl Automatikgetriebe 7-Gang (ohne Drehmomentwandler) (mit Drehmomentwandler)	10,0 l*** 5,5 l 9,0 l	
Getriebeöl Automatikgetriebe 9-Gang	10,0 l	
Verteilergetriebe	0,55 l	0,55 l
Achsgetriebe vorne (4x4)	0,65 l (0,85 l***)	
Getriebeöl Hinterachsgetriebe	1,6 - 2,8 l**	1,5 - 2,2 l**
Bremsflüssigkeit	DOT4	
Servoflüssigkeit (soweit keine elektrische Lenkung verbaut ist)	ATF (DB 236.7)	
Klimaanlage Klimamittel (Automatik)	660 g (800 g)	
Klimaöl	80 cm^3	

*mit Nebenabtrieb, **je nach Achstyp, ***bei Neubefüllung

17 Anzugsdrehmomente

In diesem Kapitel stellen wir Ihnen die Anzugsmomente für die wichtigsten Verschraubungen am Fahrzeug zur Verfügung. Diese sind zum einen alphabetisch und zum anderen nach den Motorkennbuchstaben sortiert. Natürlich konnten wir nur diese Motoren darstellen, deren Daten bis zum Redaktionsschluss bekannt waren.
Alle Daten sollten Sie im Zweifel bei der Teilebestellung hinterfragen und wenn erforderlich korrigieren. Selbiges gilt auch für neue Motortypen. Übernehmen Sie niemals einfach Abmessungen eines anderen Motors, ohne diese zu überprüfen. Hier können leicht Schäden entstehen, die vermeidbar wären und oft recht teuer sind.

Motor

Sprinter 910 Motorbezeichnung	**OM 651**	**OM 654**
Abgaskrümmer	30 Nm	15 Nm
Anlasser am Getriebe	40 Nm	39 Nm
Anlasser Klemme 30	14 Nm	15 Nm
Ansaugkrümmer Stufe 1	14 Nm	8 Nm
Auspuffrohr am Krümmer/Turbo Stufe 1	-	8 Nm
Auspuffrohr am Krümmer/Turbo Stufe 2	-	23 Nm
Einspritzdüse (Düsenhalter) Stufe 1	15 Nm	15 Nm
Einspritzdüse (Düsenhalter) Stufe 2	90°	180°
Einspritzdüse (Düsenhalter) Stufe 3	90°	10°
Einspritzleitung Überwurfmutter Stufe 1 (am Injektor)	7 Nm	27 Nm (33 Nm)
Einspritzleitung Überwurfmutter Stufe 2	33 Nm	-
Hauptlagerdeckel (seitliche Schrauben) Stufe 1	60 Nm	10 Nm
Hauptlagerdeckel (seitliche Schrauben) Stufe 2	90°	45 Nm
Hauptlagerdeckel (seitliche Schrauben) Stufe 3	-	180°
Hallgeber Nockenwelle	6 Nm	8 Nm
Hochdruckpumpe (Halter)	20 Nm	8 Nm
Hochdruckpumpe Pumpenrad	70 Nm	60 Nm
Kurbelwinkelsensor	8 Nm	8 Nm
Kupplungsdruckplatte	22 Nm	
Kraftstoffverteilerrohr	14 Nm	8 Nm
Klopfsensor	20 Nm	
Lambdasonde NOx-Sensor	-	60 Nm
Abgastemperatursonde	-	20 Nm
Nockenwellenlagergehäuse Stufe 1 (5 mm)	9 Nm	6 Nm (5 Nm)
Nockenwellenlagergehäuse Stufe 2 (5 mm)	--	90° (-)
Nockenwellenrad Stufe 1	55 Nm	50 Nm
Nockenwellenrad Stufe 2	90°	90°
Ölablassschraube	30 Nm	

Sichtprüfung Messen

Sprinter 910 Motorbezeichnung	OM 651	OM 654
Ölfilter	25 Nm	
Öldruckschalter (Sensor)	--	14 Nm
Ölwannenschrauben 6 mm	9 Nm	-
Ölwannenschrauben 8 mm	20 Nm	-
Ölwannenschrauben Ölwannenoberteil Stufe 1	-	5 Nm
Ölwannenschrauben Ölwannenoberteil Stufe 2	-	10 Nm
Ölwannenschrauben Ölwannenunterteil Stufe 1	-	5 Nm
Ölwannenschrauben Ölwannenunterteil Stufe 2	-	10 Nm
Pleuellager Stufe 1 (kurze Seite)	5 Nm	5 Nm
Pleuellager Stufe 2 (kurze Seite)	25 Nm	30 Nm
Pleuellager Stufe 3 (kurze Seite)	90°	-
Pleuellager Stufe 3 (nur Erstmontage)	-	180°, dann lösen
Pleuellager Stufe 4 (kurze Seite)	-	90°
Schwungrad Stufe 1	45 Nm	45 Nm
Schwungrad Stufe 2	90°	90°
Ventildeckel (Zylinderkopfhaube) Stufe 1	9 Nm	8 Nm
Ventildeckel (Zylinderkopfhaube) Stufe 2	-	-
Ventildeckel (Zylinderkopfhaube) Stufe 3	-	-
Wasserpumpe	20 Nm	20 Nm
Zentral-Riemenscheibe Stufe 1	80 Nm	50 Nm
Zentral-Riemenscheibe Stufe 2	90°	45°
Zentral-Riemenscheibe Stufe 3	-	45°
Zentral-Riemenscheibe Stufe 4	-	45°
Glühkerzen	11 Nm	18 Nm
Zylinderkopf Stufe 1 (Schrauben M8)	10 Nm (20 Nm)	10 Nm
Zylinderkopf Stufe 2	50 Nm	50 Nm
Zylinderkopf Stufe 3	90°	+90°
Zylinderkopf Stufe 4	90°	+90°
Zylinderkopf Stufe 5	90°	+90°
Zylinderkopf Stufe 6	90°	+90°
Zylinderkopf Stufe 7 (im Steuerkasten)	-	20 Nm

Antrieb

Verschraubung	Anzugsdrehmoment
Abschirmblech Gelenkscheibe	9 Nm
Abschirmblech Gelenkwelle 8 mm	20 Nm
ABS-Sensor vorne und hinten	8 Nm
Aggregateträger an Aufbau vorne	175 Nm
Aggregateträger an Aufbau hinten Stufe 1	120 Nm

Verschraubung	Anzugsdrehmoment
Aggregateträger an Aufbau hinten Stufe 2	90°
Antriebswelle radseitig Stufe 1	30 Nm
Antriebswelle radseitig Stufe 2	lösen
Antriebswelle radseitig Stufe 3	100 Nm
Antriebswelle radseitig Stufe 4	180°
Antriebswelle Schelle Zwischenlager	10 Nm
Schraube Radlager vorne und hinten Normalrad 1. Stufe	90 Nm
Schraube Radlager vorne und hinten Normalrad 2. Stufe	120°
Achsschenkel am Federbein 1. Stufe	150 Nm
Achsschenkel am Federbein 2. Stufe	180°
Ausrücklager Schaltgetriebe (mit Sicherungsmittel)	11 Nm
Bremssattel hinten Stufe 1	80 Nm
Bremssattel hinten Stufe 2	45°
Bremssattel vorne und hinten Führungsbolzen	35 Nm
Bremssattel vorne Sattelträger M16 Stufe 1 (Stufe 2)	90 Nm (60°)
Feder Hinterachse Federblock vorne M12x1,5 (910.1) Stufe 1 (Stufe 2)	61 Nm (180°)
Feder Hinterachse Federblock vorne M12x1,5 (910.6) Stufe 1 (Stufe 2)	72 Nm (180°)
Feder Hinterachse Federblock vorne M12x1,5 (910.1/2) (910.6/7/8) Stufe 1 (Stufe 2)	89 Nm (180°)
Feder Hinterachse Federblock vorne M16x1,5 (910.1/2) (910.6/7/8)	244 Nm
Feder Hinterachse Schraube Federlasche M12x1,5 (M16x1,5)	89 Nm (244 Nm)
Getriebe Motorträger links Stufe 1 (Stufe 2)	90 Nm (90°)
Getriebe am Motor Schaltgetriebe	39 Nm
Kupplung 6-Gang-Schaltgetriebe (M8)	22 Nm
Kupplung Zweimassenrad an Kurbelwelle Stufe 1 (Stufe 2)	45 Nm (90°)
Kupplung Schwungrad Automatik an Kurbelwelle Stufe 1 (Stufe 2)	45 Nm (90°)
Kupplung Wandler Automatik an Kurbelwelle Stufe 1 (Stufe 2)	30 Nm (90°)
Koppelstange am Stabilisator	109 Nm
Koppelstange am Querlenker	106 Nm
Lenkgetriebe am Vorderachsträger Stufe 1 (Stufe 2)	150 Nm (120°)
Lenkgetriebe Kreuzgelenk	28 Nm
Motorlager Motorstütze am Rahmen rechts Stufe 1 (Stufe 2)	90 Nm (90°)
Motorlager Pendelstütze an Zylinderkurbelgehäuse Stufe 1 (Stufe 2)	60 Nm (120°)
Motorlager rechts an Rahmen	60 Nm
Ölverschlussschrauben Automatikgetriebe	35 Nm
Ölablassschraube Schaltgetriebe	30 Nm
Ölablassschraube Schaltgetriebe	30 Nm
Querlenker Achsgelenkbolzen vordere Schraube Stufe 1	180 Nm
Querlenker Achsgelenkbolzen vordere Schraube Stufe 2	90°
Querlenker Achsgelenkbolzen hintere Schraube Stufe 1	120 Nm

Verschraubung	Anzugsdrehmoment
Querlenker Achsgelenkbolzen hintere Schraube Stufe 2	180°
Radschraube Stahlfelge	240 Nm
Radschraube Alufelge	180 Nm
Schraube Stoßdämpfer Achsschenkel Stufe 1	150 Nm
Schraube Stoßdämpfer Achsschenkel Stufe 2	180°
Stoßdämpfer Domlager im Dom	170 Nm
Stoßdämpfer oben vorne	100 Nm
Stoßdämpfer hinten oben und unten	110 Nm
Spurstangenkopf Kontermutter	65 Nm
Spurstangenkopf am Achsschenkel	100 Nm
Spurstange am Lenkgetriebe	115 Nm
Starter am Getriebe	40 Nm
Traggelenk Schrauben am Achsschenkel Stufe 1	50 Nm
Traggelenk Schrauben am Achsschenkel Stufe 2	45°
Traggelenk Mutter am Querlenker	140 Nm

Karosserie

Verschraubung	Anzugsdrehmoment
Anhängekupplung am Rahmen	58 Nm
Anhängekupplung Kupplungsbock	58 Nm
Anhängekupplung Grundplatte (abnehmbare Kupplung)	90 Nm
Fensterheber Befestigungsschrauben	7 Nm
Geräuschdämmung von unten	2 Nm
Unterfahrschutz	25 Nm
Heckklappenscharnier	25 Nm
Heckklappenschloss	10 Nm
Heckklappenschloss Schließbügel	18 Nm
Kunststoffschrauben	8 Nm
Motorhaube Haubenscharnier	25 Nm
Motorhaube Haubenschloss	15 Nm
Spiegelbefestigungsschrauben	10 Nm
Türfangband	12 Nm
Türscharnier an der Karosserie	32 Nm
Türschloss Einbau in der Türe	20 Nm
Türschlossriegel (Bügel)	20 Nm

Sonstige Verschraubungen

Schraubengröße	M4	M5	M6	M8	M10	M12	M14	M16
Anzugsdrehmoment	0,5 Nm	3 Nm	10 Nm	20 Nm	45 Nm	60 Nm	100 Nm	200 Nm